冶金职业技能培训丛书

高炉生产知识问答

（第 3 版）

王筱留　编著

北 京
冶金工业出版社
2024

内 容 简 介

本书简要介绍了高炉炼铁和铁矿粉烧结的基本理论知识，并结合高炉生产中的生产特点和实际问题，用基本理论分析了主要的冶炼过程和生产现象，介绍了一些生产操作经验。全书共7章，主要内容包括：高炉生产概述，高炉用原燃料，高炉炼铁过程基本知识，高炉操作与事故处理，高炉开、停炉与休、复风，高炉高效、低耗、实现低碳冶炼的技术及其进步，高炉及其主要设备的选型和操作维护。

本书第3版在基本保持第2版原貌的基础上，删除部分陈旧内容，增补了新的技术知识，包括：喷吹煤粉、计算机控制、人工智能专家系统、高炉设备及选型、高炉长寿技术、铜冷却壁技术等，并列举生产实例，解答实际问题，使本书更适合现代高炉生产的炼铁、铁矿粉造块工人、技术人员和管理人员使用；本书也可作为冶金中等专业学校学生的培训教材。

图书在版编目（CIP）数据

高炉生产知识问答/王筱留编著 . —3 版 . —北京：冶金工业出版社，2013.1（2024.9 重印）

（冶金职业技能培训丛书）

ISBN 978-7-5024-6053-2

Ⅰ . ① 高…　Ⅱ . ① 王…　Ⅲ . ① 高炉炼铁—问题解答

Ⅳ . ①TF53—44

中国版本图书馆 CIP 数据核字（2012）第 220170 号

高炉生产知识问答（第 3 版）

出版发行	冶金工业出版社	电　话	(010)64027926
地　址	北京市东城区嵩祝院北巷 39 号	邮　编	100009
网　址	www.mip1953.com	电子信箱	service@mip1953.com

责任编辑　李培禄　美术编辑　彭子赫　版式设计　孙跃红
责任校对　卿文春　责任印制　窦　唯
北京虎彩文化传播有限公司印刷
1991 年 3 月第 1 版，2004 年 1 月第 2 版，2013 年 1 月第 3 版，2024 年 9 月第 3 次印刷
850mm×1168mm　1/32；16 印张；427 千字；479 页
定价 46.00 元

投稿电话　(010)64027932　投稿信箱　tougao@cnmip.com.cn
营销中心电话　(010)64044283
冶金工业出版社天猫旗舰店　yjgycbs.tmall.com
（本书如有印装质量问题，本社营销中心负责退换）

序

　　新的世纪刚刚开始，中国冶金工业就在高速发展。2002 年中国已是钢铁生产的"超级"大国，其钢产总量不仅连续七年居世界之冠，而且比居第二和第三位的美、日两国钢产量总和还高。这是国民经济高速发展对钢材需求旺盛的结果，也是冶金工业从 20 世纪 90 年代加速结构调整，特别是工艺、产品、技术、装备调整的结果。

　　在这良好发展势态下，我们深深地感觉到要适应这一持续走强要求的人员素质差距之惑。当前不仅需要运筹帷幄的管理决策人员，需要不断开发创新的科技人员，更需要适应这新一变化的大量技术工人和技师。没有适应新流程、新装备、新产品生产的熟练技师和技工，我们即使有国际先进水平的装备，也不能规模地生产出国际先进水平的产品。为此，提高技工知识水平和操作水平需要开展系列的技能培训。

　　冶金工业出版社根据这一客观需要，为了配合职业技能培训，组织国内有实践经验的专家、技术人员和院校老师编写了《冶金职业技能培训丛书》，以支持各钢铁企业、中国金属学会各相关组织普及和培训工作的需要。这套丛书按照不同工种分类编辑成册，各册根据不同工种的特点，从基础知识、操作技能技巧到事故防范，采用一问一答形式分章讲解，语言简练，易读易懂易记，适合于技术工人阅读。冶金工业出版社的这一努力是希望为更好发展冶金工业而做出的贡献。感谢编著者和出版社的辛勤劳动。

借此机会，向工作在冶金工业战线上的技术工人同志们致意，感谢你们为行业发展做出的无私奉献，希望不断学习适应时代变化的要求。

原冶金工业部副部长
中国金属学会理事长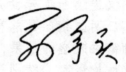

2003 年 6 月 18 日

第3版前言

2010 年，中国的炼铁工业已达到年产 6.2 亿吨以上，产能已达饱和状态，根据国家产业政策，将淘汰炉容 $400m^3$ 以下、装备落后、能耗高、环保达不到要求的高炉。与此同时，炼铁生产也进入低碳冶炼时期，要大力降低燃料比、减少排放，为适应这些进展，需要对本书进行再次修订。本着贯彻指导炼铁生产的"高效、优质、低耗、长寿、环保"的技术方针，修订中将不符合这"十字"技术方针的内容，被淘汰高炉使用的设备、操作技术的内容，不利于贯彻技术方针，特别是燃料比高、排放量多的有关内容进行了删改。而对有利于贯彻国家产业政策，符合"十字"技术方针的内容进行了必要的补充。作者力争以科学发展观、理论联系实际为出发点来回答和阐述生产中的实际问题，以帮助和促进生产第一线的炼铁工作者提高素质，适应新形势的要求，同时也帮助新参加炼铁生产的工人、工程技术人员、大专院校的学员和毕业生提高专业知识水平，掌握实际生产技术和技能。如能在这几个方面起到一定作用，就达到本次修订的目的了。

在第 3 版修订过程中选用了国内同行发表的新专著、新论文的资料和图表，在此表示感谢；特别感谢北京科技大学前校长杨天钧教授，冶金与生态工程学院副院长张建良教授，钢冶系副主任左海滨副教授的支持；衷心感谢祁成林博士、马超硕士在修改手稿的完成过程中所付出的辛勤劳动；还要感谢冶金工业出版社对本次修订工作的支持。

在第 2 版出版发行后，许多读者表达了热情的支持，也提出了不少宝贵建议，对此表示感谢。由于作者水平有限，书中疏漏及不妥之处恳请广大炼铁同行和读者批评指正。

王筱留

2012 年 4 月

第2版前言

由董一诚教授等人编写的《高炉生产知识问答》一书,自1991年出版以来已发行了万余册,颇受炼铁工作者,尤其是中小高炉工长们的欢迎,为我国炼铁工业的发展,起到积极的作用。10余年来,我国炼铁工业技术有了长足的进步,为适应当前炼铁工业发展的形势,满足企业培训工作的需要,受冶金工业出版社和董一诚教授的委托,我对本书进行了修订。商定的修订原则是:读者主要对象是在高炉炼铁岗位上工作的炼铁工作者;将一些目前已不适应炼铁生产实际的观点和技术做必要的删改,并对生产中可供参考的经验、技术进行增补。修订的主要内容有:在第2章中增加了有关烧结矿、球团矿性能的知识,删去一些烧结矿和球团矿生产的细节,生产中如需要这方面的知识,可查阅《烧结生产技能知识问答》等相关书籍;在第3章中删去了繁琐的工艺计算,读者在需要时可查阅相关教材或炼铁生产技术手册;第4、5章基本保持原貌;在第6章中增加了喷吹煤粉、计算机控制方面的知识;第7章改动较大,因为现在炼铁生产是"四分原料、三分设备、三分操作",设备方面的问题往往成为限制高炉生产率提高的因素,因此在修订中根据需要,对高炉及其设备选型方面的基础知识做了补充。

在修订过程中选用了国内同行们编写的有关专著、手册、教材的资料和图表,在此表示感谢。魏升明教授级高级工程师审阅了修订书稿，提出了宝贵意见；炼铁设计大师、教授级高级工程师吴启常提供了有关铜冷却壁性能的国内外资料，对他们给予本书修订的支持也表示衷心的感谢。同时还要感谢冶金工业出版社对本书修订工作给予的帮助。修订过程中尽管已付出较大努力，但因时间紧促，书中疏漏之处恳请广大读者批评指正。

王筱留

2003 年 6 月

第1版前言

为了满足广大炼铁和烧结工人以及中等专业学校的青年技术人员的要求，我们根据近年来各类炼铁技术培训班的学员提出的有关问题，以问答形式编写了本书。

本书简要地介绍了高炉炼铁和铁矿粉烧结的基本理论知识，并结合生产中的实际问题用基本理论分析了一些主要的冶炼过程和生产现象。同时，结合大、中、小高炉生产特点，介绍了一些生产操作经验。全书分八章共440问，书后还附有与高炉生产过程有关的一些主要参考数据。

高炉生产过程极其复杂，并且受到诸多因素的限制，要想以问题形式将生产知识逐一提出并作解答，并不是一件很容易的事；而且试想在一本基础读物中把高炉生产问题解答明白并且做到深浅适度，更是一件难事。我们编写本书，只是进行了一个初步尝试。希望广大读者和同行提出宝贵意见，以便我们有条件时做进一步修改。

全书由北京科技大学董一诚、余绍儒同志总编纂。其中炼铁原料、原理部分由唐山工程技术学院全泰铉、陈德泰同志编写，生产操作和强化冶炼部分由首钢魏升明同志编写，炼铁设备选型和高炉技术进步部分由董一诚、余绍儒同志编写。

河北省冶金厅副总工程师李振华同志对书中内容进行了审阅，并提出了宝贵意见。本书在编写过程中还得到其他一些同志的帮助和支持，在此一并致以诚挚的谢意。

　　由于水平有限，加之经验不足，书中错误和不妥之处敬请广大读者批评指正。

编　者

1989 年 10 月

目　录

第1章　高炉生产概述

第2章　高炉用原燃料

第3章　高炉炼铁过程基本知识

第4章　高炉操作与事故处理

第5章　高炉开、停炉与休、复风

第6章 高炉高效、低耗、实现低碳冶炼的技术及其进步

附 录

第1章 高炉生产概述

1-1 什么叫生铁？

答：生铁是含碳（C）1.7%[1]以上并含有一定数量的硅（Si）、锰（Mn）、磷（P）、硫（S）等元素的铁碳合金的统称，主要用高炉生产。

1-2 生铁有哪些种类？

答：生铁一般分为三大类：供炼钢用的炼钢铁，供铸造机件和工具用的铸造铁（包括制造球墨铸铁用的生铁），以及特种生铁，如作铁合金用的高炉锰铁和硅铁等。此外还有含特殊元素钒的含钒生铁。我国现行各类生铁的牌号和化学成分列于附表8。

1-3 高炉炼铁的工艺流程由哪几部分组成？

答：在高炉炼铁生产中，高炉是工艺流程的主体，从其上部装入的铁矿石、燃料和熔剂向下运动；下部鼓入空气（加热的鼓风）燃烧燃料，产生大量的高温还原性气体向上运动；炉料经过加热、还原、熔化、造渣、渗碳、脱硫等一系列物理化学过程，最后生成液态炉渣和生铁。它的工艺流程系统除高炉本体外，还有上料系统、装料系统、送风系统、回收煤气与除尘系统、渣铁处理系统、喷吹系统以及为这些系统服务的动力系统等。高炉炼铁工艺流程示意框图见图1-1。

---

[1] 本书凡未注明的百分含量均为质量分数。

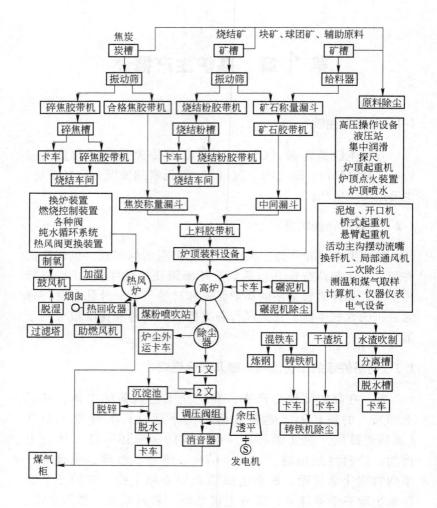

图 1-1 典型高炉炼铁工艺流程示意框图

1-4 上料系统包括哪些部分？

答：上料系统包括：贮矿场、贮矿槽、焦槽、槽上运料设备、矿石与焦炭的槽下筛分设备、返矿和返焦运输设备、入炉矿石和焦炭的称量设备、将炉料运送至炉顶的设备（皮带或料车与卷扬机）等。

1-5　装料系统包括哪些部分?

答：20 世纪 70 年代以前高炉采用料钟式的装料设备，它包括：炉顶受料斗、旋转布料器、大小料钟或三套料钟、大小料斗、料钟平衡杆与液压传动装置或卷扬机、活动炉喉挡板、探料尺等。由于钟式炉顶兼有密封炉顶和布料作用，高炉难以承受高压，所以现在已被淘汰，被无钟炉顶替代。

无料钟式高炉的装料设备包括：受料罐、上下密封阀、截流阀、中心喉管、布料溜槽、旋转装置及液压传动设备以及探料尺等。

高压操作的高炉还装有均压阀和均压放散阀等设备。

1-6　送风系统包括哪些部分?

答：送风系统包括：过滤器、鼓风机、冷风管道、放风阀、混风阀、热风炉、热风总管、环管、支管、风口。富氧送风时在送风管道上安装环形送氧管；在富氧管道上安装截断阀和逆止阀，流量调节阀及流量与压力仪表。加湿鼓风时在冷风管道上安装环形蒸汽喷入管，在蒸汽管道上安装截断阀、蒸汽流量调节阀、湿度计与蒸汽压力表等；在脱湿鼓风时，在鼓风机前还设有脱湿装置。

1-7　煤气回收与除尘系统包括哪些部分?

答：煤气回收与除尘系统一般包括炉顶煤气上升管、下降管、煤气截断阀或水封、重力除尘器，往后的湿法除尘设有洗涤塔与文氏管（或双文氏管）、环缝洗涤装置、电除尘、脱水器，国内还有使用蒸喷塔的。干式除尘的高炉则设有布袋除尘箱，有的设旋风除尘器。高压操作的高炉还装有高压阀组。为回收煤气的压力能，与高压阀组并联余压发电（TRT）设备。

1-8 渣铁处理系统包括哪些部分？

答：渣铁处理系统包括：出铁场、泥炮、开口机、炉前吊车、渣铁沟、渣铁分离器、铁水罐、铸铁机、修罐库、干渣坑、水渣池以及炉前水力冲渣系统。

1-9 喷吹系统包括哪些部分？

答：喷吹煤粉时有原煤场、原煤输送机、磨煤机、烘干用烟气发生炉、煤粉仓、煤粉输送设备及管道、高炉贮煤粉罐、混合器、分配调节器、喷枪、压缩空气及安全保护系统等。喷吹重油时有卸油泵、贮油罐、过滤器、送油泵、调压稳压装置、喷枪及蒸汽保温与吹扫装置。喷吹天然气时有天然气管道、自动截断阀、压力表、流量表、安全阀、放散阀、吹扫阀、流量调节阀等。

1-10 动力系统包括哪些部分？

答：动力系统包括电、水、压缩空气、工业氧、氮气、蒸汽等系统。

电系统包括高炉各系统的设备运转与控制、照明等双电源。

水系统包括高炉本体（包括风渣口）、热风炉阀门冷却用的工业水、软化水的给排水系统，铸铁机、煤气清洗系统、水力冲渣用水的循环分级利用给排水系统，以及事故备用水源与清洗水箱和水温升高时用的高压水设备。

此外，还有输送煤粉和动力用压缩空气，高炉富氧用的工业氧制备与输送系统，防火防爆、驱赶休风时管道与设备中残留煤气的氮气和蒸汽以及保温用的蒸汽等系统。

1-11 高炉生产有哪些特点？

答：一是长期连续生产。高炉从开炉到大修停炉这一期间内一直不停地连续运转，仅在设备检修或发生事故时才暂停生产

（休风）。高炉运行时，上部连续地装入炉料，下部不断地鼓风，煤气不断地从炉顶排出并回收利用，生铁、炉渣不断地聚集在炉缸定时或连续排出。

二是规模越来越大型化。现在已有 5000m³ 以上容积的高炉，日产生铁万吨以上，日消耗矿石近 2 万吨，焦炭等燃料 5000t。

三是机械化、自动化程度越来越高。为了准确连续地完成每日成千上万吨原料及产品的装入和排放，为了改善劳动条件、保证安全、提高劳动生产率，要求有较高的机械化和自动化水平。

四是生产的联合性。从高炉炼铁本身来说，从上料到排放渣铁，从送风到煤气回收，各系统必须有机地协调联合工作。从钢铁联合企业中炼铁工序的地位来说，炼铁工序也是非常重要的一环，高炉休风或减产会给整个联合企业的生产带来严重影响。因此，高炉工作者要努力防止各种事故，保证联合生产的顺利进行。

1-12　高炉生产有哪些产品和副产品？

答：高炉生产的产品是生铁。副产品是炉渣、高炉煤气和炉尘（瓦斯灰）。

1-13　高炉渣有哪些用途？

答：高炉渣的用途很广，主要有以下几方面：

（1）液态炉渣用水急冷成水渣，可做水泥原料。

（2）液态炉渣用高压蒸汽或高压空气吹成渣棉，可做绝热保温材料。

（3）液态炉渣用少量高压水冲到一个旋转的滚筒上急冷而成膨珠（膨胀渣），是良好的保温材料。也用做轻质混凝土骨料。

（4）用炉渣制成的矿渣砖、干渣块可做建筑和铺路材料。

1-14　高炉煤气有什么用途？

答：高炉煤气一般含有 20% 以上的一氧化碳、少量的氢，发热值一般为 2900~3800kJ/m³，是一种很好的低发热值气体燃料，除用来烧热风炉以外，还可供炼焦、均热炉和烧锅炉用。

1-15 高炉炉尘有什么用途？

答：炉尘是随高速上升的煤气带离高炉的细颗粒炉料，分为重力除尘灰和干法布袋除尘灰两种。一般含铁 30%~50%，含碳 15%~40%。经煤气除尘器回收后，可用作烧结矿原料。近年来炉尘中锌及其氧化物含量很高，直接将炉尘用于烧结，使锌负荷超过要求的 150g/t，给高炉生产带来危害，因此宜将含锌高的炉尘脱锌后再进入烧结。

1-16 高炉炼铁有哪些技术经济指标？

答：对高炉生产技术水平和经济效益的总要求是高效、优质、低耗、长寿、环保。其主要指标有：

（1）利用系数 η。它是评价高炉生产高效的指标，分为容积利用系数（$t/(m^3 \cdot d)$）和炉缸面积利用系数（$t/(m^2 \cdot d)$）两种。前者又因高炉容积计算方法的不同而有工作容积利用系数和有效容积利用系数之分。我国是把铁口中心线到炉喉间的高炉容积称为高炉有效容积（V_u），而欧美把风口中心线到炉喉间的容积称为高炉工作容积（V_p）。中国用有效容积计算所得出的系数值称为高炉有效容积利用系数 η_u，欧美用工作容积计算得出的系数值称为工作容积利用系数 η_p。

$$\eta_u = \frac{Pk}{V_u} \qquad t/(m^3 \cdot d)$$

$$\eta_p = \frac{Pk}{V_p} \qquad t/(m^3 \cdot d)$$

式中，P 为高炉每昼夜生产某品种生铁的合格产量，t/d；k 为该品种生铁折合为炼钢铁的折算系数。

由于同一座高炉的有效容积比工作容积大，所以计算所得的 η_p 要比 η_u 高，一般规律是 $\eta_u = 0.8\eta_p$。

炉缸面积利用系数 η_A 是每平方米高炉炉缸截面积（$A_缸$，m^2）一昼夜生产炼钢铁的吨数：

$$\eta_A = \frac{Pk}{A_缸} \qquad t/(m^2 \cdot d)$$

生产实践表明，用有效容积利用系数 η_u 来评估高炉业绩有片面性，对不同容积高炉 η_u 差别很大，而用炉缸面积利用系数 η_A 更接近于实际，这是高炉炉型特点所决定的，不同容积高炉的 V_u/A 不同，表 1-1 列出了不同容积高炉的 η_A 和 η_u 的对照，说明了这一问题。

表 1-1　中国不同容积高炉的 η_A 与 η_u 对照

有效容积 V_u/m^3	炉缸直径 d/m	炉缸面积 $A_缸/m^2$	$\frac{V_u}{A_缸}/m$	日产量 $/t$	有效容积利用系数 η_u $/t \cdot (m^3 \cdot d)^{-1}$	炉缸面积利用系数 η_A $/t \cdot (m^2 \cdot d)^{-1}$
5576	15.5	188.69	29.55	13383	2.4	70.93
4747	14.2	158.37	29.97	11393	2.4	71.94
3381	12.2	116.9	28.92	8453	2.5	72.31
2200	10.7	89.92	24.47	5720	2.6	63.61
1154	8.1	51.53	22.39	3462	3.0	67.18
1070	7.7	46.57	22.98	3210	3.0	68.92
750	6.8	36.32	20.65	2400	3.2	66.08
531	5.65	25.07	21.18	1752	3.3	69.88
449	5.40	22.90	19.60	1571.5	3.5	68.60

表 1-1 的数据说明，虽然大型高炉的 η_u 比小型高炉低了 1t/$(m^3 \cdot d)$左右，但 η_A 却比 η_u 高很多，为科学地利用 η_u 评估不同容积的利用系数业绩，可通过下式来换算不同容积高炉的 η_u。

$$\text{要求高炉的有效容积利用系数 } \eta_u = \frac{\text{已知高炉的 } \eta_u \times \text{已知高炉的 } V_u/A_缸}{\text{所求高炉的 } V_u/A_缸}$$

例如，某厂现有 $449m^3$ 高炉，大修扩容为 $1070m^3$ 高炉，$449m^3$ 高炉最高 $\eta_u = 4.0$ t/$(m^3 \cdot d)$，则

$$\eta_{u1070} = \frac{\eta_{u449} \times V_u/A_{\text{缸}449}}{V_u/A_{\text{缸}1070}} = \frac{4.0 \times 19.60}{22.98} = 3.41 \text{t}/(\text{m}^3 \cdot \text{d})$$

由此可以说明，不顾高炉冶炼的高炉容积大小，而要求达到同样高的 η_u 是不科学的；相反，要求达到相同的 η_A 为 66 ~ 70t/（m²·d）是应该的。

（2）冶炼强度 I。它是衡量高炉强化程度的指标，现已分为焦炭冶炼强度和综合冶炼强度两个指标。焦炭冶炼强度是指每昼夜、每立方米高炉容积消耗的焦炭量，即一昼夜装入高炉的干焦炭量（Q_K）与容积（V）的比值：

$$I_{\text{焦}} = \frac{Q_K}{V} \qquad \text{t}/(\text{m}^3 \cdot \text{d})$$

由于采取喷吹燃料技术，将一昼夜喷吹的燃料量 $Q_{\text{喷}}$ 与焦炭量 Q_K 相加值与容积之比就叫做综合冶炼强度：

$$I_{\text{综}} = \frac{Q_K + Q_{\text{喷}}}{V} \qquad \text{t}/(\text{m}^3 \cdot \text{d})$$

如同利用系数计算那样，冶炼强度也有用有效容积与工作容积计算的差别。

由于冶炼强度 I 与高炉有效容积利用系数 η_u 有着线性关系 $\eta_u = \dfrac{I}{K}$，中国高炉炼铁一向用提高 I 来达到提高 η_u。中国高炉冶炼强度高的达到 1.8 t/（m³·d），低的也在 1.2t/（m³·d）以上，这是造成中国高炉燃料比高于国外 50 ~ 100kg/t 的主要原因之一。我们认为今后不应再单纯追求高冶炼强度，而应该用高炉冶炼条件允许的炉腹煤气量或用煤气阻力系数，或用炉腹煤气量指数来判别冶炼强化程度。

（3）燃烧强度。它是每平方米炉缸截面积上每昼夜燃烧的干燃料吨数，用来对比不同容积高炉实际炉缸工作强化的程度：

$$I_A = Q_{\text{燃}}/A_{\text{缸}} \qquad \text{t}/(\text{m}^2 \cdot \text{d})$$

中国 2000m³ 以上大高炉的燃烧强度波动在 30.5 ~ 33.4t/（m²·d）。

（4）焦炭负荷。它是每批炉料中铁矿石总量（包括烧结矿、球团矿、天然矿和锰矿等）与每批炉料中焦炭量的比值，是用来估计燃料利用水平和用配料调节炉子热状态的参数：

$$P = Q_矿 / Q_焦$$

（5）休风率。休风率是高炉休风停产时间占规定日历作业时间的百分数。所谓规定日历作业时间是指日历时间减去计划大、中修时间和封炉时间。

以上 5 个指标都是反映高炉生产率、作业率方面的指标。高炉有效容积利用系数和冶炼强度越高，休风率越低，表示高炉越高产。

（6）生铁合格率。这是反映质量的指标。生铁的化学成分符合国家标准规定值时叫合格生铁。生产的合格铁量占高炉总产铁量的百分数叫生铁合格率。

（7）焦比 K。它是冶炼 1t 合格生铁所需要的干焦量：

$$K = \frac{Q_K}{P} \qquad kg/t$$

（8）折算焦比 $K_折$。它是将所炼某品种的生铁折算成炼钢铁以后，计算冶炼 1t 合格炼钢铁所需要的干焦炭量：

$$K_折 = \frac{Q_K}{P \times k} \qquad kg/t$$

（9）煤比 Y。煤比是每炼 1t 合格生铁所喷吹的粉煤量。

$$Y = \frac{Q_Y}{P} \qquad kg/t$$

（10）焦丁比 K_J。为有效利用焦炭，现代高炉生产中，将槽下筛出的碎焦再筛出 15mm 以上的焦丁与球团矿或小块烧结矿混装入炉，每吨生铁所消耗的焦丁量就是焦丁比：

$$K_J = \frac{Q_{K_J}}{P} \qquad kg/t$$

（11）燃料比。它是指冶炼 1t 合格生铁所消耗的干焦炭量与煤粉量和焦丁量之和。

$$K_{燃} = \frac{Q_K + Q_{K_J} + Q_M}{P} \qquad kg/t$$

（12）工序能耗。炼铁工序能耗是指某一段时间（月、季、年）内，高炉生产系统（原料供给、高炉本体、渣铁处理、鼓风、热风炉、喷吹燃料、碾泥、给排水）、辅助生产系统（机修、化验、计量、环保等）以及直接为炼铁生产服务的附属系统（厂内食堂、浴室、保健站、休息室、生产管理和调度指挥系统等）所消耗的各种能源的实物消耗量，扣除回收利用能源，并折算成标煤（29330kJ/t）与该段时间内生铁产量之比值。

（13）工序能耗等级评定指标。原冶金部为了将冶炼炼钢铁和铸造铁两个品种和不同冶炼条件的高炉炼铁工序能耗统一评定等级，按着鼓励先进、合理折算的原则，对两个主观上很难解决的因素（矿石品位和冶炼铁种）对工序能耗的影响规定了折算指标。一是规定入炉矿石品位为 55%，实际入炉矿石品位与 55% 的差值每降低 1%，工序能耗增加 0.8%，超过 55% 的部分不折算。二是以炼钢铁为基数，将铸造铁等按附表 4b 中各种生铁的换算系数折算。另外规定入炉吨废铁在 20kg 以内时，按厂内自循环废铁考虑，不进行折算。吨铁超过 20kg 的部分，以废铁含铁量 75% 计算入炉品位，即按考虑废铁后的含铁量与 55% 比较，增减 1% 含铁量都要按减增 0.8% 的工序能耗计算评定指标，即：

$$工序能耗评定指标 = \frac{总耗能量（公斤标煤）}{炼钢铁产量 + Z_{14} \times 1.14 + Z_{18} \times 1.18\cdots} \times \eta_{Fe}$$

式中　η_{Fe}——入炉品位与 55% 差值的影响系数。

（14）高炉寿命。有两种表示方法：一是一代炉龄，即从开炉到大修停炉之间的时间。一般 10 年以下为低寿命，10～15 年为中等，15 年以上为长寿。世界上一般高炉寿命在 15 年左右，长寿高炉已达 24 年以上。二是一代炉龄中每立方米有效容积产铁量。一般 5000t/m³ 以下为低寿命，5000～10000t/m³ 为中等，10000t/m³ 以上为长寿。世界上长寿高炉产量已达 15000t/m³ 以上。

第2章 高炉用原燃料

第1节 矿石、熔剂和燃料

2-1 高炉生产用哪些原料？

答： 高炉生产的主要原料是铁矿石及其代用品、锰矿石、燃料和熔剂。

铁矿石包括天然矿和人造富矿。一般含铁量超过 50% 的天然富矿，可以直接入炉；而含铁量低于 30% ~45% 的矿石直接入炉不经济，须经选矿和造块加工成人造富矿（烧结矿和球团矿）后入炉。

铁矿石代用品主要有：高炉炉尘、氧气转炉炉尘、轧钢皮、硫酸渣以及一些有色金属选矿的高铁尾矿等。这些原料一般均加入造块原料中使用。

锰矿石一般只在生产高炉锰铁时才使用。

2-2 高炉常用的铁矿石有哪几种，各有何特点？

答： 工业用铁矿石是以其中含铁量占全铁 85% 以上的该种含铁矿物来命名的。含铁矿物分为氧化铁矿（Fe_2O_3、Fe_3O_4）、含水氧化铁矿（$Fe_2O_3 \cdot nH_2O$）和碳酸盐铁矿（$FeCO_3$）。高炉炼铁使用的铁矿石也就分为赤铁矿（Fe_2O_3）、磁铁矿（Fe_3O_4）、褐铁矿（$Fe_2O_3 \cdot nH_2O$）和菱铁矿（$FeCO_3$）。

赤铁矿的特征是它在瓷断面上的划痕呈赤褐色，无磁性。质软、易破碎、易还原。含铁量最高是 70%。但有一种以 $\gamma\text{-}Fe_2O_3$ 形态存在的赤铁矿，结晶组织致密，划痕呈黑褐色，而且具有强磁性，类似于磁铁矿。

磁铁矿在瓷断面上的划痕为黑色，组织致密坚硬，孔隙度小，还原比较困难。磁铁矿可以看作是 Fe_2O_3 和 FeO 的结合物，其中 Fe_2O_3 69%，FeO 31%，理论含铁量为 72.4%。自然界中纯粹的磁铁矿很少见到，由于受到不同程度的氧化作用，磁铁矿中的 Fe_2O_3 成分增加，FeO 成分减少。当磁铁矿中的 FeO 成分减少到全铁量与 FeO 量之比（m_{TFe}/m_{FeO}）大于 7.0 时，叫做假象赤铁矿；$m_{TFe}/m_{FeO} = 3.5 \sim 7.0$ 时，叫做半假象赤铁矿；只有 m_{TFe}/m_{FeO} 小于 3.5 时称为磁铁矿。磁铁矿具有磁性，这是磁铁矿最突出的特点。

褐铁矿是含有结晶水的氧化铁矿石，颜色一般呈浅褐色到深褐色或黑色，组织疏松，还原性较好。褐铁矿的理论含铁量不高，一般为 37% ~ 55%，但受热后去掉结晶水，含铁量相对提高，且气孔率增加，还原性得到改善。

菱铁矿为碳酸盐铁矿石，颜色呈灰色、浅黄色或褐色。理论含铁量不高，只有 48.2%，但受热分解放出 CO_2 后，不仅提高了含铁量，而且变成多孔状结构，还原性很好。因此，尽管含铁量较低，仍具有较高的冶炼价值。

2-3　评价铁矿石质量的标准是什么?

答：评价铁矿石质量的标准如下：

（1）矿石含铁量是评价铁矿石质量最重要的标准。矿石有无开采价值，开采以后可否直接入炉和其冶炼价值如何，主要取决于矿石含铁量。矿石含铁量愈高，其冶炼价值愈高。随着含铁量的降低，矿石冶炼价值降低，而且，冶炼价值降低的幅度远比含铁量降低的幅度大。例如，今有 4 种铁矿石，其含铁量分别为 60%、50%、40%、30%，含铁量依次降低 10%，假定铁矿石中的铁全部以 Fe_2O_3 的形态存在，脉石主要为酸性脉石，生铁中的铁有 92% 由矿石带入，炉渣碱度 $m_{(CaO + MgO)}/m_{(SiO_2 + Al_2O_3)} = 1.1$，石灰石有效氧化钙含量为 53%，则用以上 4 种铁矿石分别炼出 1t 生铁时，铁矿石带入的脉石量和石灰石消耗量却依次增加 2.4 倍、4.5 倍、8 倍。由于脉石数量和石灰石用量增加，渣量也相应增加，使高炉焦比升高和产量降低。同时，由于渣量增加，高炉操作上也带来一系列的困难。因此，贫矿直接入炉经济上是不合算的，必须经过选矿提高其品位，再经过造块制成人造富矿入炉冶炼。常把矿石品位低于理论品位 70% 的定为贫矿。

（2）脉石的化学成分。脉石中 SiO_2、Al_2O_3 等酸性氧化物愈多，矿石冶炼价值愈低，而 CaO、MgO 等碱性氧化物愈高，矿石冶炼价值愈高。这是因为酸性脉石较高的矿石，为了得到一定碱度的炉渣，必须配入较多的熔剂，结果单位生铁的炉渣量增加，1kg SiO_2 在高炉内要形成 2kg 左右炉渣。每吨生铁消耗的含 Fe 矿石中，每增加 1% SiO_2，将使吨铁渣量增加 35~40kg，这使高炉焦比升高，产量降低。而含有较多碱性脉石的矿石，相当于矿石中已经配入了碱性熔剂，生产中可以少加或不加熔剂，减少渣量，有利于改善高炉生产指标。因此，含有一定数量碱性脉石的矿石，即使含铁量较低，其冶炼价值也是较高的。为了正确评价不同脉石成分的矿石，一般用去掉氧化钙以后的含铁量加以比较，这样更便于判断优劣。炉渣中含有一定数量的 MgO，能提高炉渣流动性和稳定性。因此，如果脉石中含有一定数量的 MgO，可以提高矿石的冶炼价值，而 Al_2O_3 过高的炉渣（如超过 18%~22%），流动性变差，因此，要求脉石中 Al_2O_3 不要太高，一般 $m_{SiO_2}/m_{Al_2O_3}$ 的值不应小于 2~3。

（3）矿石中的有害杂质（包括 S、P、Pb、Zn、As、Cu、K、Na、F 等）含量。矿石中的这些有害杂质含量高，其冶炼价值降低。硫（S）在钢材中引起热脆性。矿石中的 S 在高炉冶炼过程中可以去掉 90% 以上，但为了去 S，必然增加石灰石用量，增加渣量，消耗更多的热量，进而增加焦比和降低产量，因此矿石中的 S 越低越好，一般不得超过 0.1%~0.3%。磷（P）在钢材中引起冷脆性。而 P 在烧结和炼铁过程中完全不能去掉，原料中的 P 在一般情况下全部转入生铁中，因此矿石中 P 含量也是愈低愈好，并可根据规定的生铁含 P 量计算出矿石中允许的含 P

量进行配矿。

铅（Pb）熔点低，密度大，还原后沉积于高炉底部，易渗入砖缝而损坏炉衬。锌（Zn）沸点低，还原后形成蒸气随煤气上升到高炉上部冷凝，与炉料中粉末相互作用易形成炉瘤，或被氧化成 ZnO 渗入砖缝而损坏炉衬。砷（As）几乎全部还原进入生铁，使钢材冷脆。铜（Cu）易还原且全部进入生铁，少量 Cu 可以增加钢材的抗腐蚀性能，过量会使钢材热脆，并且降低钢材的焊接性能。

钾和钠（K、Na），其化合物一般在高炉下部高温区还原后形成 K、Na 蒸气，随煤气上升在炉身中、下部循环富集，破坏炉料的强度，加剧炉料的粉化，严重影响料柱透气性，并易造成高炉结瘤。氟（F）含量少可改善炉渣流动性，过量则会降低矿石的熔点，严重腐蚀炉衬和造成风、渣口破损。

铁矿石中有害元素的允许含量列于表 2-1。

表 2-1　铁矿石中有害元素的允许含量

元素	允许含量/%	说　明	
S	≤0.3		
P	≤0.03	对酸性转炉生铁	矿石允许含 P 量计算式： $$w_{P_{矿}} = \dfrac{(w_{P_{铁}} - w_{P_{熔,焦,附}}) \times w_{Fe_{矿}}}{w_{Fe_{铁}}}$$
	0.2 ~ 1.2	对碱性转炉生铁	
	0.05 ~ 0.15	对普通铸造生铁	
	0.15 ~ 0.6	对高磷铸造生铁	
Zn	≤0.1	要求吨铁锌负荷小于150g	
Pb	≤0.1		
Cu	≤0.2		
As	≤0.07	一般要求控制生铁中［As］≤0.1%，炼优质钢时，铁水中不应有［As］	
Ti	TiO₂ 15 ~ 16		
K，Na		要求吨铁原燃料带入炉内的 K₂O + Na₂O 的数量小于3kg	

（4）矿石的还原性。矿石还原性指矿石还原的难易程度。易还原的矿石，在冶炼过程中能提高煤气利用率，有利于降低焦比；而难还原的矿石，在冶炼过程中需消耗更多的热量，从而增加焦比。矿石还原性取决于矿石的矿物组成、结构致密程度、粒度和气孔度等因素，气孔度大和结构疏松的矿石还原性好。高炉常用的 4 种铁矿石中，磁铁矿还原性最差，赤铁矿居中，褐铁矿和菱铁矿由于受热过程中失去结晶水和放出 CO_2，产生大量的气孔，结构疏松，所以还原性最好。而一般人造富矿的还原性又比天然矿石要好，例如球团矿和 SFCA 高碱度烧结矿。

（5）矿石的软熔特性。软熔特性指矿石开始软化的温度和软熔温度区间（即软化开始到熔化终了的温度区间）。高炉冶炼要求矿石具有较高的软化温度和较窄的软熔温度区间。因为矿石软化温度高，在冶炼过程中就不会过早地形成初渣，成渣带位置低，矿石在上部区域的预热和预还原充分，初渣中 FeO 少；软熔区间窄，软熔层薄，有助于改善料柱透气性，有利于提高高炉生产指标。

矿石的还原性和软熔特性，是在实验室通过实验确定的。

（6）矿石的粒度组成。高炉冶炼要求矿石具有小而均匀的粒度组成，因为小粒度矿石有利于加快还原速度和提高煤气利用率，而均匀的粒度组成有利于改善炉内料柱的透气性。粒度小于 5mm 的粉末必须筛出，对于粒度上限，难还原的磁铁矿不能超过 40mm，易还原的赤铁矿和褐铁矿不大于 50mm，中、小高炉不大于 25～35mm。

（7）矿石的强度。要求矿石具有较高的强度，尤其是高温下的强度，因为如果矿石强度低，入炉后在上部料柱的压力下产生大量粉末，一方面增加炉尘损失量；另一方面严重影响料柱透气性，使高炉操作困难。

（8）矿石化学成分的稳定性。为了使高炉生产稳定，要求矿石化学成分要稳定，因为矿石化学成分的波动会引起炉温、炉渣碱度和生铁成分的波动，从而破坏高炉顺行，使高炉焦比升高，产量降低。为此，必须对成品矿石进行混匀处理，使入炉矿石含铁量波动在 ±0.1% 以下。

（9）矿石的热爆裂性能。天然矿石中含有带结晶水或碳酸盐的矿物，入炉后被加热分解出气体逸出而使矿石爆裂，产生粉末而影响高炉上部的透气性，这类矿石就不能直接入炉冶炼，需要破碎成粉矿做烧结原料。例如澳大利亚的扬迪块矿和巴西里欧多西块矿就是如此。

2-4　高炉为什么要用熔剂，常用的熔剂有哪几种，对熔剂的要求是什么？

答： 由于高炉造渣的需要，高炉配料中常加入一定数量的助熔剂，简称熔剂。其目的是使脉石中高熔点氧化物（SiO_2 1713℃、Al_2O_3 2050℃、CaO 2570℃）生成低熔点化合物，形成流动性良好的炉渣，达到渣铁分离和去除有害杂质的目的。

根据矿石中脉石和燃料灰分成分不同，以及冶炼生铁品种和质量的要求，高炉使用的熔剂有碱性的石灰石（$CaCO_3$）、白云石 [$(Ca, Mg)CO_3$]、菱镁石（$MgCO_3$）；酸性的硅石（SiO_2）；还有兼作含 MgO 和酸性熔剂的镁橄榄石和蛇纹石（$3MgO \cdot 2SiO_2 \cdot 2H_2O$），以及洗炉用的萤石（$CaF_2$）等。近年来也有用转炉钢渣代替石灰石和白云石作为熔剂调炉渣碱度的。

随着精料技术的进步，高碱度烧结矿加酸性料（天然块矿、球团矿和酸性烧结矿）的炉料结构的普遍推广，熔剂直接加入高炉的可能性越来越小，目前少量入炉的熔剂只是作为稳定炉况调节炉渣碱度的手段。

对直接入炉的熔剂的要求是：

（1）有效的熔剂性要高。对碱性熔剂要求（$CaO + MgO$）含量高，（$SiO_2 + Al_2O_3$）含量低，评价的指标是有效熔剂性：

白云石　$w_{RO_{有效}} = w_{(CaO+MgO)_白} - Rw_{(SiO_2)_白}$

石灰石　$w_{CaO_{有效}} = w_{CaO_石} - Rw_{(SiO_2)_石}$

式中，R 为高炉渣的碱度，可以是三元碱度 $m_{(CaO+MgO)}/m_{SiO_2}$，也可以是二元碱度 m_{CaO}/m_{SiO_2}；w 为质量分数，% 。❶

对酸性熔剂来说就是要求 SiO_2 含量高，一般要求硅石的 SiO_2 含量在90%以上。

（2）有害杂质 S、P 含量愈少愈好。

（3）粒度要均匀。石灰石粒度控制在 $25\sim40mm$，硅石的粒度控制在 $10\sim30mm$。

2-5　高炉用哪些燃料，各有何优缺点？

答：根据高炉对燃料的要求，高炉用燃料有：

（1）木炭。木炭由木材在足够温度下干馏而成，是最早使用的高炉燃料。它固定碳含量高，灰分低（一般在 0.5%～2.5% 之间）；几乎不含硫；气孔度高，堆密度只有 $115\sim250kg/m^3$。但木炭机械强度差，价格昂贵，特别是随着钢铁工业的发展，高炉容积不断扩大，如继续使用木炭，不仅机械强度满足不了要求，还会大量破坏森林，因此作为高炉燃料已被淘汰。

（2）无烟煤（或称白煤）。它的化学成分能基本满足炼铁的要求；低温强度好，可远距离运输；特别是我国无烟煤储量丰富的山西、河北的一些小高炉曾使用过。但它的气孔度很低，热稳定性差，在高炉内受热后碎裂成粉末，而且含硫一般也较高。现在已不再使用。

（3）焦炭。由煤在高温下（900～1000℃）干馏而成。它的化学成分完全能满足高炉炼铁的要求；机械强度大大高于木炭；热稳定性比白煤好；气孔度虽不如木炭，但比白煤大得多。焦炭是现代高炉理想的燃料，也是目前高炉的主要燃料，但由于炼焦过程中必须配入足够数量的结焦性能良好的焦煤才能获得优质焦炭，而除少数国家外，我国和世界各国焦煤资源均不足。因此，各国都尽力采取各种措施降低高炉焦炭消耗，同时寻找合适的代

❶ 本书中 w 表示质量分数，单位:%。

用燃料。

（4）喷吹用燃料。为了降低焦比，目前世界各国普遍采用从高炉风口喷入部分燃料以代替部分焦炭。喷吹用燃料有煤粉、重油和天然气。目前因油价高涨，已基本上淘汰了重油，天然气也逐步被煤粉替代。至于选用何种燃料为宜，一般根据各国资源条件而定，我国主要是喷吹煤粉。

（5）型焦。作为代用燃料，目前国内外都在研究用无烟煤、贫煤、褐煤等非结焦煤的成型技术，按工艺生产流程可分为热压成型和冷压成型两类。在高炉上使用型焦目前尚处于冶炼试验阶段，根据国外大多数高炉型焦冶炼试验表明，在炉况稳定顺行条件下，型焦是可以代替焦炭作为高炉燃料的。但型焦的强度（尤其是热强度）比冶金焦差，有待进一步研究解决。目前广泛采用捣固焦。

2-6　焦炭在高炉生产中起什么作用？

答：焦炭在高炉生产中起以下 4 方面的作用：

（1）提供高炉冶炼所需要的大部分热量。焦炭在风口前被鼓风中的氧燃烧，放出热量，这是高炉冶炼所需要热量的主要来源（高炉冶炼所消耗热量的 70% ~80% 来自燃料燃烧）。

（2）提供高炉冶炼所需的还原剂。高炉冶炼主要是含铁炉料中的铁和其他合金元素氧化物的还原及渗碳过程，而焦炭中所含的固定碳（C）以及焦炭燃烧产生的一氧化碳（CO）都是铁及其他氧化物进行还原的还原剂。

（3）焦炭是高炉料柱的骨架。由于焦炭在高炉料柱中约占 1/3 ~1/2 的体积，而且焦炭在高炉冶炼条件下既不熔融，也不软化，它在高炉中能起支持料柱、维持炉内透气性的骨架作用。特别是在高炉下部，矿石中氧化铁已还原成金属铁，脉石和熔剂已全部软化造渣并熔化为液体，只有焦炭仍以固体状态存在，这就保证了高炉下部料柱的透气性，使从风口鼓入的风能向高炉中心渗透，并使炉缸煤气能有一个良好的初始分布。

（4）生铁形成过程中渗碳的碳源。每吨炼钢铁渗碳消耗的焦炭在 45～50kg。

2-7　高炉冶炼过程对焦炭质量提出哪些要求？

答： 为了保证高炉冶炼过程的顺行和获得良好的生产指标，焦炭质量必须满足以下几方面的要求：

（1）固定碳含量要高，灰分要低。工业分析中，焦炭固定碳是按下式计算的：

$$w_{C_{固}} \times 100 = 100 - w_{(灰分 + 挥发分 + 有机物)} \times 100$$

焦炭中，挥发分和有机物数量不多，除固定碳以外，大部分是灰分。要求固定碳含量尽量高，是因为固定碳含量高，其发热值高，单位重量焦炭所提供的还原剂数量也多，有利于降低焦比。实践证明，焦炭中的固定碳含量提高 1%，可降低焦比 2%。而且高炉的焦比基数愈高，固定碳含量对焦比的影响愈显著。要求灰分含量要低，首先是因为灰分使焦炭中的固定碳含量降低。其次，焦炭中的灰分使焦炭强度降低，因碳素和灰分的线膨胀系数不同，在高温作用下产生内应力，使焦炭碎裂。尤其是灰分分布不均时，其影响更突出。第三，焦炭灰分大部分是 SiO_2（50% 左右）和 Al_2O_3（30% 左右）等酸性氧化物，因此焦炭灰分增加必须增加碱性熔剂用量，从而使渣量增加，焦比升高。一般生产经验是，焦炭灰分增加 1%，焦比升高 1%～2%，产量降低 2%～3%。焦炭灰分是焦炭等级区分的依据之一，国际上要求一级焦的灰分含量低于 10%。

我国焦炭中固定碳含量一般为 82%～84%，灰分含量为 11%～15%。

（2）含 S、P 杂质要少。进入高炉冶炼过程的 S，80% 以上来自焦炭，因此，降低焦炭含 S 量对降低生铁含 S 量具有重大意义。焦炭中的硫多数以硫化物、硫酸盐和有机硫的形态存在，其中以有机硫形态存在的占全部 S 量的 67%～75%。焦炭中的含 S 升高，必须相应提高炉渣碱度以改善炉渣脱硫能力，从而使石灰石用量增加，渣量增加，焦比升高，产量降低。焦炭含 S 升高 0.1%，焦比升高 1.5% ~3%，产量降低 2% ~5%。焦炭中的 S 来自煤，炼焦过程中只能除去一少部分 S，70% ~90% 的 S 留在焦炭中，因此，控制煤的含 S 量和选择合适的配煤比，乃是控制焦炭含 S 量的基本途径。目前正在研究生产缚 S 焦，即炼焦时加入 8% 的 CaO 作缚 S 剂，使焦炭中的一部分有机 S 与 CaO 作用形成 CaS（大约占全部 S 量的 30% ~50%），烧成后进入灰分中，高炉冶炼时直接进入炉渣，从而提高炉渣的脱 S 能力，这是利用高 S 煤炼焦的有效办法。我国焦炭含硫比较低，一般在 0.5% ~0.8% 之间。

焦炭中含 P 较少，对生铁质量无大影响。我国焦炭含 P 一般都低于 0.05%。

（3）焦炭的机械强度要好。焦炭在高炉下部高温区作为支撑料柱的骨架承受着上部料柱的巨大压力，如果焦炭的机械强度不高，则形成大量碎焦，恶化炉缸透气性，破坏高炉顺行，严重时无法进行正常生产。另外，机械强度不好的焦炭，在运输过程中产生大量的粉末，造成损失。因此，要求焦炭必须具有一定的机械强度。焦炭的机械强度是评价焦炭质量的主要指标之一。

（4）粒度要均匀，粉末要少。气体力学研究表明，大小粒度不均匀的散料，空隙度最小，透气性差。而粒度均匀的散料，空隙度大，煤气阻力小。因此，为了改善高炉透气性，保证煤气流分布合理和高炉顺行，不仅要求焦炭粒度合适，而且要求粒度均匀，粉末少。一般大型高炉使用 40 ~70mm 大块焦，中小型高炉使用 25 ~40mm 中块焦，但目前随着矿石粒度的不断降低，为了缩小焦炭粒度和矿石粒度的差别，以改善整个料柱的透气性，焦炭粒度也有随着降低的趋势。不少中小高炉已把焦炭粒度下限降到 15 ~20mm。

（5）水分要稳定。焦炭中的水分是湿法熄焦时渗入的，通常达 2% ~6%。焦炭中的水分在高炉上部即可蒸发完毕，对高炉冶炼没有影响。但由于焦炭是按重量入炉的，水分波动必然要引起干焦量的波动，从而引起炉况波动。因此，要求水分稳定，以便配料准确，稳定炉况。

（6）焦炭的反应性要低，抗碱性要强。焦炭反应性（CRI）指的是焦炭在高温下与 CO_2 反应形成 CO（$C_焦 + CO_2 = 2CO$）的能力。焦炭在与 CO_2 反应过程中会使焦炭内部的气孔壁变薄，从而降低焦炭的强度，加快焦炭破损，对高炉冶炼过程产生如下不利影响：铁的直接还原发展，煤气利用变坏，焦比升高；同时焦炭破损产生的焦粉恶化了高炉料柱的透气性，影响高炉顺行，所以要求焦炭的反应性低一些好（大型高炉要求 $CRI \leqslant 25\%$，中小型高炉 $CRI \leqslant 28\%$）。在炼焦生产中降低焦炭反应性的措施是：炼焦配煤中适当多用低、中挥发性煤；提高炼焦的终了温度；闷炉操作；采用干熄焦；降低焦炭灰分等。

焦炭抗碱性是焦炭在高炉内抵抗碱金属钾、钠及其盐类作用的能力。焦炭本身所含钾、钠碱金属量很低（$0.1\% \sim 0.3\%$），但其他炉料带入的钾、钠会富集在焦炭中。钾、钠是 $C + CO_2 = 2CO$ 反应的催化剂，还能与焦炭反应生成 C_8K、$C_{36}K$ 等，所以碱侵蚀会降低焦炭强度，给高炉生产造成危害。生产上提高焦炭抗碱能力的措施有：配煤中适当配用低变质程度弱黏结性气煤，采取措施降低焦炭的反应性等。

（7）焦炭的高温强度要好。焦炭的高温强度（CSR）是用焦炭在高温下与 CO_2 反应后的样品，经小转鼓测出的大于 10mm 的样品质量所占试样总质量的百分比表示的（见 2-9 问）。它显示焦炭在高温下的耐磨性，一般要求 CSR 值大高炉应达到 65% 以上，中小高炉在 60% 左右，CSR 过低，在高温下产生大量粉末会造成下部透气性变差，甚至炉缸堆积，恶化炉缸状态而造成炉况失常。

2-8　什么是焦炭的工业分析和元素分析，其主要内容有哪些?

答：按水分、灰分、全硫、挥发分和固定碳测定焦炭的组成称为工业分析；按焦炭所含碳、氢、氮、氧、硫等元素测定的组成称为元素分析。它们的内容是：

（1）水分用符号 M 表示（过去常用符号 W 表示）。影响焦炭水分的因素主要是熄焦方式，传统的湿法熄焦时，为充分熄焦水分含量为 4% ~ 6%，高时可达 10% 以上；干法熄焦时，一般为 0.5%，但在南方由于运输和贮存过程中焦炭吸收大气中的水分，焦炭水分也可达 1% ~ 1.5%。焦炭水分应保持稳定，水分波动会引起称量不准而造成炉温波动。水分过高还会使焦粉黏附在焦块上，影响焦炭筛分效果而恶化高炉内料柱的透气性。在湿法熄焦时，因喷水、洒水条件和焦炭块度不同，焦炭水分不稳定时，生产上应采用焦炭中子测水仪连续测定焦炭水分，通过微机自动计算干焦重量，自动补偿称量的盈亏，使入炉焦炭量保持准确，以消除水分波动造成的炉况不稳。

（2）灰分用符号 A 表示。焦炭灰分主要是酸性氧化物 SiO_2、Al_2O_3，生产中要用 CaO 来造渣，造成高炉炼铁渣量增大，焦比升高。我国高炉用焦炭的灰分含量一般在 11% ~ 15%，比其他国家要偏高一点（美国约 7.0%，德、英约 8%，法国约 9%，日本和俄罗斯 10%），这是由我国煤资源和洗煤工艺等决定的。

（3）挥发分用符号 V 表示。常用它来判断焦炭是否成熟，挥发分过高表示有生焦，强度差；过低则表示焦炭过火，过火焦炭裂纹多易碎。一般成熟焦炭的挥发分在 0.5% ~ 1%，在配煤中气煤量配得多时，也可达 1% ~ 2%。挥发分主要由碳的氧化物和氢组成，也含有少量的 CH_4 和 N_2，其组分多少与配煤和炼焦工艺有关，挥发分中 CO25% ~ 50%、$CO_2$10% ~ 40%、$H_2$5% ~ 30%、$CH_4$1% ~ 5%、$N_2$3% ~ 15%。

（4）固定碳用符号 $C_固$ 表示，它是煤经高温干馏后残留的固态可燃性物质。一般通过下式算得：

$$w_{C_固} = 100\% - w_{(M+A+V)} \quad \%$$

（5）氢在焦炭中以有机氢和挥发分中 H_2 的形态存在。焦炭中氢含量约为 0.4% ~ 0.6% 。由于氢含量与焦炭成熟程度有很好的相关性，而且敏感度大，所以有些人认为用氢含量判断焦炭成熟程度比用挥发分含量判断更科学可靠。

（6）氮在焦炭中以有机氮和挥发分中氮的形态存在，焦炭中的氮含量在 0.7% ~ 1.5% 。焦炭中的氮在焦炭燃烧时会形成氮的氧化物（NO、NO_2）而污染环境。

（7）硫在焦炭中以无机硫化物、硫酸盐和有机硫三种形态存在，测定的硫是这三者的总和，称为全硫。焦炭的含硫量主要取决于炼焦配煤中的硫含量，在炼焦过程中，煤中的硫 75% ~ 95% 转入焦炭，其他进入焦炉煤气。我国焦炭中含硫量在 0.5% ~ 0.8% 。

（8）氧在焦炭中的含量很少，一般是用下式算得：

$$w_O = 100\% - w_C - w_H - w_N - w_S - w_M - w_A$$

2-9　什么是焦炭的机械强度和热强度，测定的方法是什么？

答：（1）焦炭的机械强度是指成品焦炭的耐磨性、抗压强度和抗冲击的能力。测定焦炭机械强度的方法是转鼓试验。目前使用的转鼓有两种，即大转鼓（松格林转鼓）和小转鼓（米库姆转鼓）。

大转鼓直径 2000mm，宽 800mm，转鼓两端用直径 2000mm 的两块钢板，其间以 127 根长 800mm，直径 25mm 的圆钢沿圆周焊接，圆钢间隙为 25mm，转鼓中心有轴，由电动机带动。试验时，取 410kg 粒度大于 25mm 的焦炭装入鼓内，以 10r/min 的速度旋转 15min，用鼓内残留的焦炭公斤数为焦炭转鼓指标，以鼓外焦块中小于 10mm 的碎焦公斤数为焦炭耐磨指数。一般中型高炉用的焦炭的大转鼓指数应在 295 ~ 315kg 之间，大型高炉应在 315kg 以上，鼓外小于 10mm 的应低于 45kg。

小转鼓是由钢板制成的无穿心轴的密封圆筒，钢板厚 6 ~ 8mm，鼓内径和内宽均为 1000mm，内壁每隔 90° 焊角钢（100mm×50mm×10mm）一块，共计 4 块。试验时，取 50kg 大于 60mm 的试样装入鼓内，以 25r/min 的速度旋转 4min。试验后用直径 40mm 和直径 10mm 的圆孔筛筛分，以大于 40mm 的焦炭占试样总质量的百分数为抗碎强度指标，用 M_{40} 表示；小于 10mm 的焦炭占试样总质量的百分数为耐磨强度指标，用 M_{10} 表示。小型高炉（450 ~ 999m^3） M_{40} 在 60% ~ 70% 之间，中型高炉（1000 ~ 1999m^3） M_{40} 在 80% 以上，大型高炉（2000m^3 以上） M_{40} 应在 85% 以上；中、小型高炉 M_{10} 都应在 8% 以下，大型高炉 M_{10} 应达到 6% 以下。

大小转鼓测定焦炭强度，以小转鼓为好。应该指出，大小转鼓强度指标只代表焦炭的冷态强度，不能代表焦炭在高炉内的实际强度。

（2）焦炭的热强度（CSR）是指焦炭入炉后在高温下的耐磨性。由高炉解剖发现：焦炭一般至炉腰以下才变小，靠近风口循环区粒度减小最快。而焦炭的耐压强度一般为 5 ~ 6MPa，应完全能满足高炉要求（高炉风口平面料柱压力一般不大于 0.1MPa）。由此推论主要是焦炭在高温区发生碳素溶解损失反应，以及风口循环区高速气流引起的回旋运动而破损。因此，对焦炭除进行冷强度检验外，还应进行反应性和热转鼓强度的检验。

检验方法是：取粒度（20 ± 1）mm 的干焦 0.2kg 先测定其反应性，再将测定反应性后的试样全部装入直径 130mm、长 70mm 的小转鼓内，以 20r/min 的速度转 30min，取出过 10mm 的方孔筛，以试样粒度大于 10mm 的质量与原质量的百分比为热转鼓指标。目前国内外要求该指标大于 60%，高炉生产上用的焦炭已达到：宝钢 70.4%，首钢 64.6%，瑞典 64%，德国蒂森厂 66.3%；美国克莱尔顿厂 63.5%，我国中小型高炉要求大于 60%。

2-10　焦炭在高炉冶炼过程中性能有什么变化？

答：焦炭装入炉内随着炉料向下运动性能逐步劣化，主要受以下几个方面的作用：

（1）热应力。焦炭下降过程中被上升的煤气加热，由于焦炭自身的导热性能差，加热过程中导致焦炭表面与中心产生温度差。温差因焦块大小而异，波动在 150～250℃。温差在焦块内产生热应力，当热应力超过焦炭强度时，焦块就沿着出炉时已有的细小裂缝（500μm 左右）破裂而产生粉末。

（2）碳素溶解损失反应（$C_{焦} + CO_2 \rightarrow 2CO$）。当焦炭进入 850℃ 以上的区域时，其中的碳就开始与煤气中的 CO_2 反应形成 CO；而进入温度 1000℃ 以上区域时，溶损反应急剧进行；到 1200℃ 时，煤气中的 CO_2 就会瞬间全部与焦炭中 C 反应转变成 CO。溶损反应使焦炭变成薄壁蜂窝状，强度下降。更为严重的是还原出来的金属铁（新生态）、K_2O、Na_2O 和 Zn 等都是溶损反应的催化剂。K_2O 和 Na_2O 还与焦炭中的碳形成塞入式化合物 C_mK 等加剧了焦炭性能劣化。下述试验研究，证实了碱金属对焦炭的劣化作用：$1m^3$ 高炉冶金焦在 900℃ 与 CO_2 反应，浸透碱溶液的焦炭（含 K_2O 1.17%）与普通焦炭比较，浸透的在 10min 后出现粉末，60min 后碳完全转化成 CO，只剩下灰分；而普通焦炭经 180min 后失去碳 49%，但仍保持其原来形状。

（3）机械摩擦。焦炭在下降过程中与炉墙、不同运动速度的炉料间发生机械摩擦，特别是燃烧带周边，高速旋转运动的焦炭与相对不动或缓慢移动的死料柱焦炭之间发生了强烈的摩擦，使已经历热应力和溶损反应后强度降低的焦炭进一步劣化而产生相当数量的焦粉，积聚在循环区与死料柱之间和下炉缸。

（4）铁水的溶蚀。铁矿石中的氧化铁还原成海绵状金属铁后渗碳，熔化温度降低，进入高温区后转变成液态的铁滴。穿过焦炭层时，铁液溶解焦炭中的碳而渗碳，同时溶蚀了焦炭，使焦炭强度降低。软熔后的炉渣中的氧化物（FeO、MnO、P_2O_5）直接还原也溶蚀了焦炭。

表 2-2 列出了宝钢对 1 号高炉焦炭在炉内粒度变化的取样结果。

表2-2 宝钢1号高炉内焦炭粒度变化

取样位置	粒度组成/%					平均粒度/mm
	>40mm	40~20mm	20~10mm	10~5mm	<5mm	
入炉焦	85.7	14.15	12	0	0	48.9
炉身上部	64.7	33.2	0.5	0.1	1.5	42.4
炉身中部	74.0	25.1	0.3	0.2	0.4	44.5
炉腰上部1	82.0	15.4	1.0	0.3	1.3	45.8
炉腰上部2	65.5	29.1	0.3	0.3	2.3	42.0
炉腰下部	54.7	36.3	1.8	1.6	5.6	38.8
炉腹上部	21.8	41.6	10.4	4.4	21.8	25.8
风口焦	17.9	50.6	21.5	4.8	5.2	27.8

表2-2中焦炭粒度变化说明焦炭经过高温区的溶损反应和软熔带的液态渣铁的溶蚀是焦炭性能劣化的主要原因。

2-11 焦炭质量对高炉冶炼有何影响?

答：焦炭质量的优劣对高炉冶炼过程及生产的技术经济指标影响很大。在本章2-7问中已简要说明了焦炭的性能和组分对生产指标的影响。本问主要是从焦炭的骨架作用来说明。焦炭质量差会造成块状带内焦粉量增加，料柱的孔隙度降低，煤气通过阻力增加，影响煤气量分布，边缘热负荷增大。而且炉尘量增大，炉尘中碳含量升高。在软熔带内焦窗内粉末多，会严重影响煤气流的分配。在滴落带，焦粉的增加使料柱的透气性透液度变差，熔融物（主要是炉渣）滞留量增加，严重影响煤气流的合理分布。特别对风口区的循环区影响更大，造成燃烧带深度减小，高度增加，边缘气流增加，气流难以到达炉子中心，炉缸内温度降低，渣铁反应变差，铁水成分变坏。出铁出渣因渣铁流动性变差而出现不正常，严重时会形成液态产物淤积，炉缸堆积，风口大量烧坏或出现风口涌渣或灌渣。由于煤气流的三次分配不正常而造成气流分布紊乱，也造成炉内热交换变坏，破坏了正常的还原过程，最终是煤气利用严重降低，燃料比升高。这种影响对 4000～5000m³ 级高炉尤为严重，根据研究和生产实践的结果，可以说焦炭质量已成为建设高炉容积大小的决定性因素、高炉喷吹煤粉量多少的决定性因素及炉缸状态的决定性因素。

（1）决定炉容大小。由于高炉容积大，虽然 H_u/D 值低，但其绝对高度增加，焦炭在炉内停留时间变长，焦炭劣化程度将增加。为保证高炉顺行和获得好的操作生产指标，焦炭的性能需要更优，才能满足要求。如果质量差，就达不到高炉大型化的效果。前苏联的 2 座 5000m³ 级高炉就是如此。前苏联契连泊维茨钢铁公司的世界第一座 5000m³ 高炉，其焦炭质量差，M_{40} 不到 80%。虽然采用富氧，其产量平均达不到 10000t/d。而韩国的 5500m³ 高炉使用焦炭 M_{40}、M_{10}，灰分质量优于前苏联契钢，日产量达到 15000t。我国宝钢 1 号高炉第三代炉容扩到将近 5000m³，使用焦炭 M_{40} 85%～90%，M_{10} <6%，CRI 24% 以下，CSR 67% 以上。日产量达到 12000t 以上。就目前我国使用国产煤炼焦获得的焦炭质量来看（M_{40} 85%，M_{10} 7%，CRI 25% 左右，CSR 60% 左右，灰分 12%）是不宜建设大于 3000m³ 高炉的。

（2）决定煤比高低。随着喷煤量的增加，焦炭负荷增大，焦炭在炉内停留时间增长，其工作条件劣化，需要承受更严重的破损作用、热应力、碱金属、锌等对熔损反应的催化作用。宝钢对不同喷煤量下焦炭在炉内的行为研究得出的结果示于表 2-3。

表 2-3　不同喷煤量下焦炭的工作条件

煤比 /kg·t⁻¹	焦比 /kg·t⁻¹	负荷 （矿焦比）	料柱内			循环区内滞留时间 /h	平均粒度/mm		
			滞留时间 /h	负荷增加 /%	熔损率/%		入炉焦	风口焦	差值
0	489.3	3.474	6.50	6.00	29.63	1.00	—	—	—
100	400.0	4.250	9.06	5.53	36.25	1.393	50.4	23.0	27.4
200	310.7	5.47	14.92	12.33	46.47	2.294	53.04	17.15	35.9

实践证明，高喷煤比生产对焦炭提出了更高的质量要求，可以认为，在焦炭质量达不到 M_{40} 88%，M_{10} 6%，CRI 70%，不宜盲目地将喷煤量提高到 180~210kg/t 以上。否则，即使短时间内达到了 180kg/t 以上，其燃料比也随之升高，达不到低燃料比、低碳炼铁的目的。

（3）决定炉缸工作状态。高炉炉缸工作状态决定着高炉的生产指标。而决定炉缸工作状态好坏的重要因素之一是焦炭质量。高炉自软熔带以下，就只有焦炭是固体，它成为软熔带以下料柱的骨架，其组成的焦塔（俗称焦炭死料柱）的透气性和透液性决定着高炉下部顺行情况。如果燃烧带形成的煤气不能合理地分布到炉子中心和边缘，保证不了焦塔中心部位的温度达到 1400~1450℃时，炉渣难以在此部位自由滴落和流动，滞留在焦塔中，降低了它的孔隙度（$\varepsilon_c - h_t$，ε_c 是焦炭孔隙度，h_t 是炉渣在焦塔中的滞留率），导致高温煤气流过困难，高温煤气带的热不能加热中心焦炭，从而形成恶性循环，造成透液性差的区域扩大，严重时造成炉缸堆积。另外，风口循环区与焦炭之间，焦炭被磨损形成焦粉外壳，焦炭性能差的会加厚，这个外壳阻碍煤气向中心渗透。生产者往往采用加大风速和鼓风动能达到扩大燃烧带，但是结果往往是相反的，燃烧带并没有扩大，而燃烧带气流中产生了顺时针的涡流，将未加热的渣铁液滴和碎焦扫入下炉缸，造成堆积，出现风口下端烧坏。如果不及时处理，特别是改善焦炭质量，炉缸堆积发展严重，炉况将持久失常。

2-12　什么是捣固焦，有何特点？

答：捣固焦是在一种炼焦配煤中，配入较多的高挥发分煤和弱黏结性煤，在装煤推焦车的煤箱内用捣固机将已配好的煤捣实成略小于炭化室的煤饼，然后从焦炉机侧推入炭化室内经高温干馏得到的产品。

捣固炼焦的特点是：

（1）增加煤料的堆密度。顶装炼焦时煤料的堆密度在

$0.74t/m^3$ 左右，而捣固炼焦煤料密度因受压捣实后提高到 $1.0t/m^3$ 左右，这样煤料颗粒间距减小；

（2）因煤料颗粒间距减小，炼焦过程中产生的胶质体填充的孔隙减少，这就相对地扩展了黏结范围，这样虽然捣固焦对比顶装焦少配了焦煤和肥煤，减少了胶质体数量，但其黏结范围仍能形成好的焦饼；

（3）由于煤料堆密度的增加，炼焦过程中单位体积煤料析出的煤气量增加了膨胀压力。

这些因素使多孔体焦炭的气孔壁增厚，气孔率降低，而且趋向均匀，导致 M_{40}、M_{10} 都有所改善，CRI 和 CSR 也略有改善。总之，捣固炼焦的亮点是节省主焦煤，多用高挥发分气煤、低变质程度弱黏结性煤，而产生出一定质量的焦炭。欧洲用1/3焦煤（高挥发分气煤）代替部分焦煤炼出的焦炭成功地运用于$1800m^3$高炉，印度塔塔钢铁公司将 5.0m 捣固焦生产的焦炭使用于 $4200m^3$ 高炉。到 2010 年，中国生产的捣固焦的能力已超 1.55 亿吨，主要使用在$2000m^3$ 及以下的中小高炉，部分捣固焦与顶装焦混合使用于$2000m^3$ 及以上高炉。

捣固炼焦是解决优质焦煤短缺、合理利用炼焦资源等问题的重要炼焦工艺，要使捣固焦的质量提高，适应高炉，特别是大中型高炉冶炼的要求，即生产出优质的一级冶金焦，还有一些问题需要深入研究。

（1）入炉煤质量指标。目前我国捣固焦尚无科学的入炉煤质量指标来指导生产，各生产厂的配煤均以效益为主要目的。然而决定焦炭冷热强度的却正是炼焦配煤。从本质而言，焦炭强度取决于焦炭气孔壁薄厚和其组成以及形成气孔的均匀程度和原有的体积。多孔体焦炭的强度分为气孔壁强度、孔状体强度和块焦强度。前两者合称为焦料结构强度，它是 M_{40} 的内涵。块焦强度中 M_{40} 既依附于结构强度，又取决于焦炭中裂纹和其数量与特性。由于中等变质程度、黏结性肥煤和焦煤占 50% 以上配煤生成的焦炭气孔壁厚而牢固，裂纹少，故 M_{40} 和 M_{10} 指标好，而且焦炭的显微结构在光学上各向异性占优势，其 CRI 和 CSR 指标也好。理论与实践表明，以低变质程度、高挥发分的炼焦煤（例如气煤）为主配煤炼焦炭，其显微结构在光学上各向同性占优势，其 CRI 和 CSR 指标均差。为获得性能好的捣固焦，配煤中必须保持有一定数量黏结性的肥煤和焦煤。实践表明，大中高炉使用的一级焦配煤中，黏结性煤至少要达到 20% ~25%；而现在一些焦化厂的配煤中很少配，甚至有的完全不配黏结性煤，其生产的焦炭体 CRI 在 40% 以上，CSR 则在 50% 以下。这种焦炭在高炉内表现极差，造成炉况失常，燃料比升高，产量降低。

（2）入炉煤的密度与采用的捣固强度。生产实践表明捣固煤饼入炉的密度控制在 0.98 ~1.05t/m³ 较好，既有利于组织生产，也有利于获得质量较好的捣固焦炭，现在一些焦化厂，因配入的黏结性煤少或不配，采用加大捣固强度来增加配煤密度，有的密度甚至超过 1.10 ~1.15t/m³，这样使焦炭产生较多的横向扁性孔隙，而且大都是盲肠状的。这种焦炭从外形看粒度小了，CRI 也低了，但进入高炉后表现极差，在国内和欧洲的高炉使用后，大家普遍认为这种焦炭与顶装焦比在高炉内发热量低，产生 CO 少，会造成焦比升高，产量降低。这种情况下，1kg 捣固焦只能起到 80% ~85% 炉顶装焦的作用。

（3）炼焦过程的温度控制。这仍是一个捣固炼焦未解决的问题，焦炉采用焦炉煤气加热时，捣固焦炉的高向加热均匀性变差，温差变大，这样焦饼上部成热不均匀。据测定，炭化室高 4.3m、焦炉约 200mm 高的焦饼发黑，炭化室高 6.25m、焦炉约 350mm 的焦饼发黑，显然这部分焦炭的性能很差，影响捣固焦整体质量。

2-13　铁矿石入炉前需要经过哪些加工处理？

答：为了满足高炉冶炼对铁矿石质量的一系列要求，铁矿石入炉前必须进行必要的加工处理。矿石性质不同，加工处理的方法也不同。对于天然富矿，首先要经过破碎和筛分以获得合适而均匀的粒度，然后在储矿场按平铺直取法进行混匀，达到稳定化学成分的目的。对褐铁矿、菱铁矿和致密难还原的磁铁矿，还要进行适当的焙烧处理，以驱逐其结晶水和 CO_2、提高品位、疏松组织、改善还原性。对于贫铁矿，一般都要经过破碎、筛分、细磨和精选，得到含铁 65%～68% 的精矿粉，然后经过造块（烧结或球团）得到人造富矿，再按高炉粒度要求进行适当的破碎和筛分后入炉。铁矿石入炉前加工处理的工艺流程如图 2-1 所示。

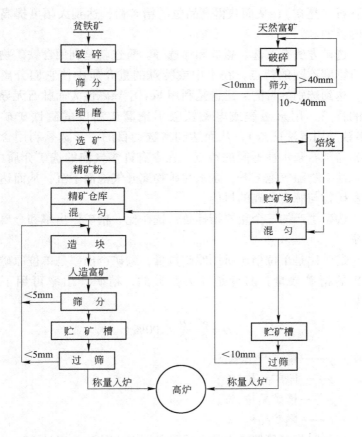

图 2-1　铁矿石预处理的一般流程

2-14　选矿的目的和基本原理是什么，有哪几种选矿方法？

答：选矿的目的是为了提高铁矿石的含铁品位，去除部分有害杂质，对于复合矿石，可通过选矿回收其中有用成分。

选矿的基本原理就是将矿石破碎和磨细到矿物单体分离的程度，使矿石中的有用矿物和脉石分离，然后利用有用矿物和脉石的不同性质，如密度、导磁性或亲水性等的不同，采用适当的方法使它们分离集聚，收集其中的有用矿物集合体（精矿）而废弃脉石（尾矿），从而获得高品位的精矿粉，达到大幅度提高品位的目的。

选矿方法有重选、磁选和浮选等。重选就是利用含铁矿物与脉石密度不同的特点，在水中或特殊的重介质中使它们分离聚集，达到选别的目的。磁选是利用 Fe_3O_4 导磁性大而脉石无导磁性的特点，用永磁铁或电磁铁吸引细磨矿粉中的磁铁矿矿物（多数采用湿法磁选），从而达到富选的目的。浮选是利用含铁矿物与脉石亲水性不同的特点，在含有许多气泡的选矿介质中，疏水性矿物随气泡上升，亲水性矿物离开气泡而下沉，从而达到含铁矿物与脉石分离的目的。

选矿生产的三个重要指标是：选矿比、精矿产出率和金属回收率。

选矿比是单位精矿所用原矿数量，精矿产出率是单位原矿所产出的精矿数量，两者是互为倒数的，精矿产出率可用下式计算：

$$\gamma = \frac{\alpha - \theta}{\beta - \theta} \times 100\%$$

式中　γ——精矿产出率，%；

　　　α——原矿品位，%；

　　　β——精矿品位，%；

　　　θ——尾矿品位，%。

金属回收率是精矿中的金属量与原矿中的该金属量之比，用下式计算：

$$\varepsilon = \frac{\gamma\beta}{\alpha} \times 100\%$$

2-15　什么叫精料，它的目标是哪些?

答：精料是指原燃料入高炉前，采取措施使它们的质量优化，成为满足高炉强化冶炼要求的炉料，在高炉冶炼使用精料后可获得优良的技术经济指标和较高的经济效益。做好精料工作的内容提法很多，例如有"高、熟、净、小、匀、稳"，也就是入炉品位要高，多用烧结矿和球团矿，筛除小于 5mm 的粉末，控制入炉矿的粒度上限，保证粒度均匀，化学成分稳定等。较全面的提法是"（1）渣量小于 300kg/t；（2）成分稳定、粒度均匀；（3）具有良好的冶金性能；（4）炉料结构合理。"

2000 年全国炼铁工作会和炼铁学术年会提出，并经 2002 年炼铁工作会议和炼铁学术年会再次确认的"十五"（到 2005 年）应达到的精料水平列于表 2-4 ~ 表 2-6。

表 2-4　焦炭指标

项　目	灰分/%	M_{40}/%	M_{10}/%	CRI/%	CSR/%
平　均	≤11.5	≥85	≤6	暂无要求	
先　进	≤11.0	≥90	≤6		

表 2-5　烧结矿指标

项　目	化 学 成 分			成 分 波 动		粒度分布/%			高温冶金性能
	$w_{(TFe)}$/%	$w_{(SiO_2)}$/%	$w_{(FeO)}$/%	$w_{(TFe)}$/%	R	>50mm	<10mm	<5mm	
平均	≥56.0	≤7.0	≤9.0	≤ ±0.1	±0.03	≤10	≤40	≤5	暂无要求
先进	≥57.0	≤5.0	≤7.0	≤ ±0.05	±0.03	≤10	≤30	≤3	

表 2-6　球团矿指标

项目	$w_{(TFe)}/\%$	$w_{(SiO_2)}/\%$	$w_{(FeO)}/\%$	每个球的抗压强度/N	大于 6.3mm 转鼓指数/%	冶金性能
平均	≥65.0	≤4.0	<1.0	>2250	>95	暂无要求
先进	≥66.0	≤3.0	<1.0	≥2500	>95	

2-16　什么叫高炉炉料结构，如何选定合理的炉料结构？

答： 高炉炉料结构是指高炉炼铁生产使用的含铁炉料构成中烧结矿、球团矿和天然矿的配比组合。随着精料技术的发展，烧结矿和球团矿逐步淘汰了品位低、SiO_2 含量高、冶金性能差的天然块矿。但长期实践表明，即便高炉使用单一的熟料烧结矿或球团矿生产，并不能获得最佳的指标和效益。对烧结矿、球团矿以及天然富块矿的冶金性能等的测试研究后，了解到它们有各自的优缺点，从而人们就探索如何发挥和利用它们的优点组合成一定的炉料结构模式，来使高炉生产获得好的指标和效益。由于世界各国，甚至一个国家不同地区的资源条件、交通运输和社会经济等的差异，各自的炉料结构也不完全相同。长期以来中国、日本、前苏联（现独联体）以及欧洲的德国等的炼铁炉料是以烧结矿为主，所以发展成合适炉料结构的普遍规律为高碱度烧结矿配加一定数量的酸性料（氧化球团、普通酸性烧结矿或天然富块矿）。北美地区是以球团矿为主，其炉料结构向熔剂性球团矿和酸性球团矿配加超高碱度烧结矿的方向发展。

炉料结构的选定要根据各自的资源条件、资源市场供矿和价格、到厂的运输情况等进行技术经济比较后确认。我国的宝钢和日本的钢铁企业是以进口矿石为炉料，最初的炉料结构是以进口富矿粉生产的高碱度烧结矿配加进口球团矿，后因石油危机引起球团矿价格上涨，为降低生产成本，配加的酸性料中用部分进口富块矿替代球团矿，富块矿的配比用到 20% 左右，球团矿的配比降到 5% ~ 10% 。我国的一些厂例如武钢、宝钢集团梅山冶金公司等自己不生产球团矿，进口球团矿价贵，它们的炉料结构为自产高碱度烧结矿配加富块矿，配比达到 20% 左右。另一些厂例如杭钢、济钢、包钢、鞍钢、太钢等都有自产球团矿，它们的炉料结构就是高碱度烧结矿配加酸性氧化球团。在球团矿数量足够时，配加球团矿的比例达到 30% ~ 40%，随着高炉产量的增加，球团矿生产跟不上时，球团矿配比下降，富块矿的比例增加。现在俄罗斯球团矿生产得到发展，部分俄罗斯钢铁厂的高炉炉料结构中球团矿配比达到 40% ~ 50%。荷兰霍戈文厂、芬兰罗德罗基厂和德国的一些厂的炉料结构是高碱度烧结厂配加 30% 的酸性氧化球团。我国某些厂既无球团矿，又无合适的富块矿，例如酒钢利用自己的资源采用球团烧结矿生产普通酸性烧结矿作为酸性料与高碱度烧结矿搭配。前苏联的一些厂也曾用过这样的炉料结构。

2-17　什么叫矿石的冶金性能，它们是如何测定的？

答：生产和研究中把含铁炉料（铁矿石、烧结矿、球团矿）在热态及还原反应条件下的一些物理化学性能：还原性；低温还原粉化；还原膨胀；荷重还原软化和熔滴性称为矿石的冶金性能。

（1）还原性是指在高炉冶炼的温度条件下，用还原气体（CO、H_2）夺取矿石中与铁结合氧难易程度的一种量度，是评价矿石质量的最重要的指标。但是直到现在还很难完全模拟高炉冶炼实际条件在实验室内测定矿石的还原性，也很难用现有测定法测得的数据来推算高炉生产指标。但是通过测定还是可为评价矿石质量提供相对比较数值，为选用矿石提供依据。

还原性按国家标准 GB/T 13241—91（表 2-7）测定。

测得的结果用还原性指数（RI）和还原速率指数（RVI）表示，一般认为 RI 小于 60% 为还原性差的矿石，而大于 80% 为还原性好的矿石。天然富块矿的 RI：海南矿 51% ~ 57%；澳矿 55% ~ 70%；印度矿 66% ~ 73%。烧结矿的 RI 随炉渣碱度而变化：普通烧结矿小于 50%；自熔性烧结矿 60% 左右；高碱度烧结矿 85%（碱度 1.7 ~ 1.8）；90%（碱度 2.0 ~ 2.1）；80% ~ 85%（超高碱度 2.5 ~ 4.0）。球团矿的 RI 与所含 SiO_2 和 MgO 等的数量有关，一般在 60% ~ 70%。

表 2-7　我国铁矿石还原性测定法（GB/T 13241—91）

项　目	指　标
还原管直径/mm	$\phi75$
试样粒度/mm	
矿石、烧结矿	10 ~ 12.5
球团矿	10 ~ 12.5
试样质量/g	500
还原气体成分/%	
CO	30 ± 0.5
N_2	70 ± 0.5
还原气体流量/L·min^{-1}	15 ± 1
还原温度/℃	900 ± 10
还原时间/min	180
还原减重的记录时间/min	10
还原度指数	RI
还原速率指数	RVI

注：$RI = \left[\dfrac{180min\ 还原的失重量\ (g)}{还原前矿样中铁以高价氧化物存在时的总氧量\ (g)} + \dfrac{0.11 \times 试验前试样的\ FeO\ 含量}{0.43 \times 试验前试样的\ TFe\ 含量} \right] \times 100$；

RVI——以三价铁状态为基准，当摩尔比为 0.9（相当于还原度为 40%）时的还原速率，以质量分数每分钟表示。

（2）低温还原粉化性能。在 400 ~ 600℃ 铁矿石（特别是用富矿粉生产的和含 TiO_2 高的烧结矿）中 Fe_2O_3（尤其是骸晶状的）还原到 Fe_3O_4 或 FeO 发生晶格变化体积增大，同时还存在 CO 的析碳反应（$2CO = CO_2 + C$），在这种双重的作用下铁矿石产生裂缝，严重破裂，乃至粉化。这种还原粉化使料柱的空隙度降低，透气性恶化，影响高炉生产指标。

低温还原粉化性能按国家标准 GB/T 13242—91 规定测定（表2-8），测定结果用 $RDI_{+3.15}$ 作为考核指标（日本和我国宝钢用 $RDI_{-3.0}$ 作为考核指标）。一般要求 $RDI_{+3.15}$ 要大于 65%，我国烧结矿生产的原料中大多配有一定数量磁精粉，所以 $RDI_{+3.15}$ 都在 70% 以上，只有宝钢（富赤铁矿粉生产）的烧结矿和攀钢（含 TiO_2 高）的烧结矿的 $RDI_{+3.15}$ 低于 65%。

表 2-8　铁矿石低温还原粉化率测定方法（GB/T 13242—91）

项　目	指　标
试样粒度/mm	10 ~ 12.5
试样量/g	500 ± 1
还原气体成分/%	
CO	20 ± 0.5
CO_2	20 ± 0.5
N_2	60 ± 0.5
还原气流量/L · min^{-1}	15 ± 1
还原温度/℃	500
还原时间/min	60
转鼓：	
直径 × 长度/mm × mm	$\phi 130 \times 200$
转速/r · min^{-1}	30 ± 1
试验时间/min	10
试验结果：	
还原粉化指数	$RDI_{+3.15}$
还原强度指数	$RDI_{+6.3}$
磨损指数	$RDI_{-0.5}$

（3）还原膨胀性能。铁矿石，尤其是酸性氧化球团矿，在还原过程中出现体积膨胀、结构疏松并产生裂纹，造成其抗压强度大幅度下降，会给高炉生产造成难行和悬料。引起铁矿石还原膨胀的原因主要有 Fe_2O_3 还原到 Fe_3O_4，再还原成 FeO 所引起的晶格变化，以及 FeO 还原成金属铁时铁晶须的生成和长大。当原料中有起催化作用的 K_2O、Na_2O、Zn、V 等存在时，更会造成球团

矿的异常膨胀,可达球团矿原体积的300%以上。生产上抑制还原膨胀的措施有:合理配矿,配加 MgO 等添加物,适当提高焙烧球团矿温度等。

还原膨胀性能按国家标准 GB/T 13240—91 测定。它是模拟高炉内的煤气成分:30% CO、70% N_2 还原试样,用减重法测定还原度,用水浸法测定体积变化,按下式算出还原膨胀指数 RSI:

$$RSI = （V - V_0）/V_0 \times 100\%$$

式中,V_0 为试样原始体积;V 为试样膨胀后体积。

(4)荷重还原软化性能和熔滴性能。在高炉冶炼过程中,随着温度的升高和还原反应的进行,铁矿石发生形态变化,由固体转变为液体,但是它不是纯物质晶体,不能在一个熔点上转变,而是在一定温度范围内完成由固变软再熔的过程。这样矿石的软化性能需用两个指标来表达:软化开始温度和软化区间。一般规定在荷重还原过程中收缩率4%时的温度作为软化开始温度,而收缩率到40%时的温度作为软化终了温度,两者温度差就定为软化区间。高炉冶炼要求软化开始温度高一些,区间窄一些以保持炉况稳定,有利于气-固相还原反应的进行。

在高炉内矿石软化后,继续往下运动,进一步被加热和还原,矿石熔融转为熔渣和金属铁,达到自由流动并积聚成液滴,从软熔带滴落进入滴落带的焦柱。在滴落开始前,软熔层被软熔物填充,透气性变得很差,煤气通过的压降增大,生产实践和实测结果表明,高炉软熔带的煤气压降占了总压降的60%。人们在实验室内模拟高炉冶炼条件下软熔和滴落过程,并测定矿石开始熔化温度 T_S(压降陡升温度),开始滴落温度 T_D(第一滴液滴滴落时的温度)和滴落终了温度 T_E(最后一滴液滴滴落时的温度),以及熔滴过程中压降(Δp)变化情况。将开始熔化温度与开始滴落温度的温度差 $\Delta T = T_D - T_S$ 称为熔滴温度区间,用最高压降 Δp_{max} 来判断滴落区的透气性状况,并用 T_S、T_D、ΔT、Δp_{max} 作为评价矿石熔滴性能的指标。高炉操作要求 T_S 要高一些,ΔT

要小一些，Δp_{max} 要低些。

目前我国矿石的荷重还原软化性能和熔滴性能测定的方法还没有标准化。现将最常用的测定方法之一列于表 2-9。

表 2-9 铁矿石荷重软化和熔滴性能测定方法的工艺参数

工 艺 参 数	荷重软化性能测定	熔融滴落性能测定
反应管尺寸/mm×mm	$\phi19 \times 70$（刚玉质）	$\phi48 \times 300$（石墨质）
试样粒度/mm	2~3（预还原后破碎）	10~12.5
试样量	反应管内 20mm 高	反应管内 65mm±5mm 高
荷重/N·cm^{-2}	0.5×9.8	9.8
还原气体成分	中性气体（N_2）	30%φ_{CO} + 70%φ_{N_2}
还原气体量/L·min^{-1}	1（N_2）	12
升温速度/℃·min^{-1}	10（0~900℃）； 5（>900℃）	10（950℃恒温 60min）； 5（>950℃）
过程测定	试样高度随温度的收缩率	试样的收缩值、差压、熔滴带温度、滴下物
结果表示	T_{BS}：开始软化温度（收缩 4%）； T_{BE}：软化终了温度（收缩 40%）； ΔT_B：软化温度区间	T_S：开始熔化温度； T_D：开始滴落温度； $\Delta T = T_D - T_S$：熔滴区间； Δp_{max}：最大差压值，Pa； S：熔滴性能特征值 $S = \int_{T_S}^{T_D} (p_m - \Delta p_s) \cdot dT$； 此外，还要称量残留物质量

注：$1N/cm^2 = 10kPa$。

第 2 节 烧结矿的基本知识

2-18 什么是含铁矿粉烧结？

答：广义的烧结是一定温度下靠固体联结力将散状粉料固结

成块状的过程。炼铁领域内的烧结是指把铁矿粉和其他含铁物料通过熔化物固结成具有良好冶金性能的人造块矿的过程，它的产物就是烧结矿。

2-19 铁矿粉烧结生产有何意义？

答：首先，烧结生产是一种人造富矿的生产过程，由于有了这种造块方法，自然界中大量存在的贫矿便可通过选矿和烧结成为能满足高炉冶炼要求的优质人造富矿，从而使自然资源得到充分利用，有力地推动了钢铁工业的发展。

其次，烧结过程中可以利用采矿过程中产生的富矿粉、高炉炉尘、炼钢尘泥、轧钢皮、铁屑、硫酸渣等其他钢铁及化工工业的若干废料，使这些废料得到有效利用，做到变"废"为宝，变"害"为利。

第三，经过烧结生产制成的烧结矿，与天然矿相比，粒度合适，还原性和软熔性好，成分稳定，造渣性能良好，保证了高炉生产的稳定顺行。尤其是烧结料中配入一定数量熔剂后生产的自熔性或熔剂性烧结矿，可使高炉冶炼少加或不加石灰石，降低炉内热消耗，从而改善高炉生产指标。

最后，烧结过程可以除去 80% ~ 90% 的 S 和部分 Zn、F、As 等有害杂质，大大减轻了高炉冶炼过程中的脱硫任务，提高了生铁质量。

由于铁矿粉烧结生产具有上述优点，自 20 世纪 50 年代以来，烧结生产技术有了突飞猛进的发展。

2-20 现代烧结生产的工艺流程是什么样的？

答：现在国内外最广泛采用的是带式抽风烧结，其工艺流程和作业框图示于图 2-2。

2-21 铁矿粉是怎样在烧结机上烧结成烧结矿的？

答：在现代烧结生产中，将铁矿粉、熔剂、燃料、代用品及

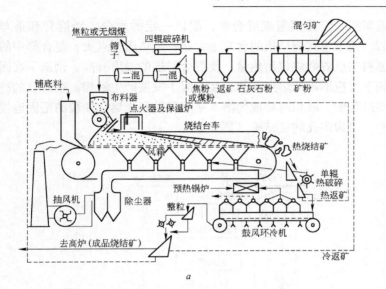

a

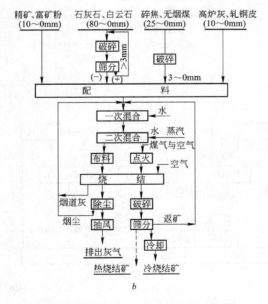

b

图 2-2 烧结生产工艺流程和作业框图

a—工艺流程；*b*—作业框图

返矿按一定比例组成混合料，配以一定的水分，经混合和造球后，铺于带式烧结机的台车上，在一定负压下点火，混合料中的燃料被点着燃烧放出热量，使混合料层的温度升高，创造了在固相下反应形成低熔点矿物，在高温下发展产生液相。在往后的冷却过程中，液相冷凝成为溶入液相颗粒和未熔化颗粒的坚固连接桥，成为多孔的烧结矿（图 2-3）。

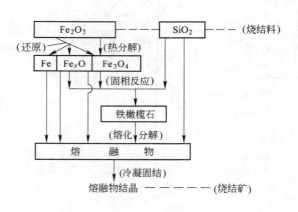

a

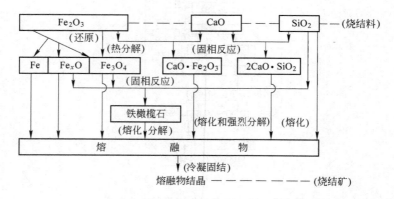

b

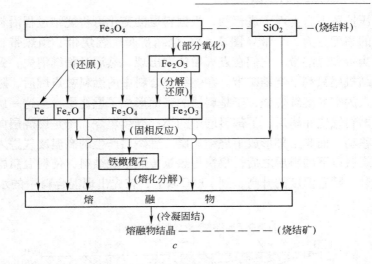

c

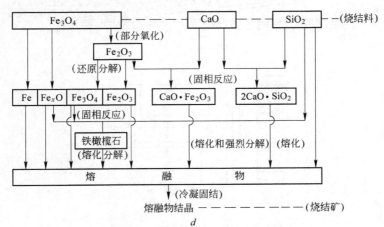

d

图 2-3　烧结矿形成过程示意图

a—赤铁矿酸性烧结矿；b—赤铁矿熔剂性烧结矿；

c—磁铁矿酸性烧结矿；d—磁铁矿熔剂性烧结矿

2-22　抽风烧结生产的特点是什么？

答：烧结混合料点火以后，整个烧结过程是在 9.8 ~ 15.7kPa 负压抽风下自上而下进行的，根据料层的变化可将烧结过程沿料层的高度分为 5 个带（图 2-4）：烧结矿带、燃烧带、预热带、干燥带和过湿带。它们在点火后依次出现，然后又相继消失，到烧结机尾只剩下烧结矿带。在烧结混合料中的燃料被点燃后，随抽入的空气继续燃烧，于是料层的表面形成了燃烧层，当这一层的燃料燃烧完毕后，下部料层中的燃料继续燃烧，于是燃烧层向下移动，而其上部形成了烧结矿层。燃烧层产生的高温废气进入燃烧层以下的料层之后，很快将热量传递给烧结料，使料温急剧上升。随着温度的升高，到 100℃ 以上，首先出现混合料中的水分

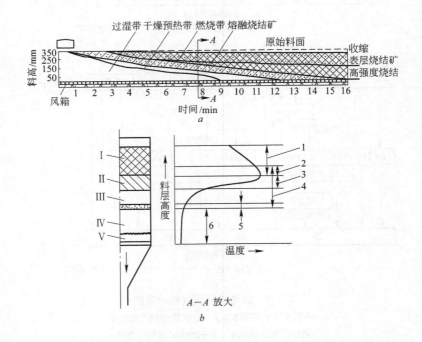

图 2-4　带式烧结机上烧结过程各带示意图（a）和烧结过程示意图（b）
Ⅰ—烧结矿层；Ⅱ—燃烧层；Ⅲ—预热层；Ⅳ—冷料层；Ⅴ—垫底料层
1—冷却，再氧化；2—冷却，再结晶；3—固体碳燃烧液相形成；
4—固相反应氧化、还原、分解；5—去水；6—水分凝结

蒸发，达到 300~400℃，水分蒸发完毕，继续升高到 800℃，混合料中的燃料着火。这样，燃烧层下部形成了100~400℃之间以水分蒸发为主的干燥层和 400~800℃ 之间的预热层。实际上，干燥层和预热层之间没有明显的界线，因此，也有统称为干燥-预热层的。高温废气将热量传递给混合料使之干燥和预热之后，进入干燥层以下的料层，当温度下降到水蒸气的露点（大约60℃）以下时，在干燥层中蒸发进入废气的水分在这里重新凝结，形成了过湿层。随着烧结过程的进行，燃烧层、预热层和干燥层逐渐下移，烧结矿层逐渐扩大，湿料层逐渐缩小，最后全部烧结料变为烧结矿层。

2-23　烧结矿层中发生哪些物理、化学变化？

答：烧结矿层在料层的最上部，抽入的空气首先要穿过烧结矿层，而烧结矿层中已无燃料的燃烧，所以被抽入的空气冷却，发生熔融矿物的结晶和新相的形成过程，并将自身的热量传递给空气，使空气温度升高（称为自动蓄热作用）。由于气流作用和来不及逸出的气泡及冷却时的体积收缩，熔融物冷却后成为多孔状块矿，使料层透气性增加，负压降低。在与空气接触的烧结矿表面层，还可能发生低价氧化物的再氧化反应。

燃烧层内主要是固体燃料的燃烧，引起料层温度的升高和液相的生成。燃烧层的温度高达 1350~1600℃，超过了烧结料的软化和熔化温度，为产生一定数量的液相使烧结料黏结成块创造了条件。此外，燃烧层内还发生碳酸盐和硫酸盐的分解，磁铁矿的氧化，赤铁矿的热分解以及在固体燃料颗粒的周围高级氧化物的还原等反应。由于燃烧层内存在大量液相黏结物，气体通过料层的阻力增加，透气性变坏，不利于提高产量，因此，生产中要求燃烧层的厚度不要太大，一般在 15~50mm 之间。

干燥层中主要发生水分的蒸发。由于烧结过程的气流速度很快，烧结料又是细粒散料，所以，烧结料温度能迅速提高，在一个很窄的区域（13~30mm）内完成干燥过程。在预热层中，水分蒸发完毕，干料温度继续升高，达到着火温度（800℃左右）。此层内发生部分碳酸盐的分解，硫酸盐的分解和磁铁矿的局部氧化，以及烧结料各成分之间的固相反应。干燥和预热层中，由于升温速度过快，料球易受破坏，恶化料层透气性。

在过湿层中，重新凝结的水分充塞于烧结料颗粒之间，使气流通过的阻力增加；同时，由于水分过多，超过混合料的原始水分，严重时使物料成泥泞状，严重降低料层透气性，大大降低烧结速度。粒度愈细和吸水性差的物料，这种现象愈明显。

2-24 烧结料层中固体炭的燃烧有何特点？

答：烧结料层中固体炭的燃烧有以下特点：

（1）混合料中的含碳量按质量计算只有 3.5% ~ 6%，按体积计算不到 10%，小颗粒固体炭稀疏地分布在矿粉中间，碳和空气接触比较困难，因此，为了使碳的燃烧充分，需要较大的空气过剩系数，通常达到 1.4 ~ 1.5。

（2）由于燃料粒度小和空气流速快，燃烧非常迅速，所以燃烧过程集中在一个厚度不大（15 ~ 50mm）的高温区进行；烧结过程的传热条件特别有利，废气温度降低很快。这种情况下，固体炭燃烧过程中的所有二次反应（$CO_2 + C = 2CO$，$2CO + O_2 = 2CO_2$）都不会有明显发展，废气成分中不仅有 CO_2 和 CO，还会有残余氧。

（3）料层中的气氛，既存在还原区，又存在氧化区。固体炭颗粒表面附近为还原区，此处 CO 浓度高，O_2 和 CO_2 浓度低，又因炭粒与矿粒接触紧密，使铁的高级氧化物还原成为低级氧化物；而离炭粒较远的地方则为氧化区。由于炭量少和分布稀疏，总的烧结过程属于氧化气氛。

（4）由于燃烧层温度高，燃烧反应速度非常快，固体炭的燃烧处于扩散速度控制，故一切影响扩散速度的因素都影响燃烧速度，如缩小粒度，增加气流速度和空气中的含氧量（富氧烧结）等都能加快燃烧速度。

（5）为加快固体炭的燃烧，现代烧结生产工艺中将混合料中所需要的炭分两次配入，50%左右的炭配入一混前的混合料中，余下部分则在二混造球后加入，使炭粉裹在球的表面，以改善固体炭的燃烧动力学条件，加快燃烧速度。

2-25　烧结矿生产中为什么混合料中要配加熔剂？

答：20 世纪 50 年代生产的烧结矿是不加熔剂的自然碱度的酸性烧结矿。高炉使用这种烧结矿冶炼时，需要在高炉配料中加入熔剂以满足造渣的要求。熔剂加入高炉后由于分解耗热和分解出来的 CO_2 与焦炭中的碳发生碳素溶损反应吸收大量的高温热量，造成高炉的焦比升高，高炉配料中每增加 100kg 石灰石，焦比要升高 35kg/t 左右。为此在 20 世纪 60 年代，将高炉造渣要求的石灰石全部破碎成小于 3mm 的粉加入烧结混合料中，生产出的烧结矿碱度在 1.35～1.50 称为自熔性烧结矿，完全消除了往高炉配料中加石灰石的现象，高炉生产的指标得到改善。随着精料技术的进步，为克服自熔性烧结矿强度差、冶金性能不够好的缺点，20 世纪 70～80 年代又发展为生产碱度在 1.75～2.10 的还原性和强度都好的高碱度烧结矿，以便与酸性料搭配，形成合理的炉料结构，以满足高炉强化冶炼的要求。

2-26　烧结矿生产中使用哪些熔剂，对它们有什么要求？

答：烧结矿生产中使用的熔剂有：石灰石、生石灰、消石灰、白云石、轻烧白云石、蛇纹石等。对它们总的要求是有效成分高，有害杂质少，粒度合适。

（1）石灰石是生产自熔性和高碱度烧结矿最常用的熔剂，应选用 $SiO_2 + Al_2O_3$ 含量低的。为使它在烧结过程中分解和完全矿化，最好将其破碎到 1～3mm 之间。

（2）生石灰和消石灰。生产中用部分生石灰或消石灰代替石灰石以强化烧结过程，尤其在细磨精矿粉烧结时，加入 4%左右的生石灰可提高产量 30%～35%。因为生石灰在混合料中消化成 Ca（OH）$_2$ 的胶凝体颗粒，增加混合料的成球性能，也增大混合料的湿容量，使混合料在烧结过程中保持较好的透气性。生产中应使用活性大、不过烧的生石灰，粒度应小于 5mm。

有些厂在生产中用消石灰代替生石灰，以解决生石灰配加时的扬尘和生石灰吸水消化造成混合料水分难掌握等问题。但在使用消石灰时要控制好含水量和解决好结块问题。一般消石灰的水分控制在 15% ~20%。

（3）白云石和轻烧白云石。白云石加入混合料是用以调节烧结矿的 MgO 含量，以保证高炉生产的炉渣中达到所要求的 MgO 含量。但是白云石很难破碎，所以生产中有用轻烧白云石代替白云石的。

（4）蛇纹石（3MgO · 2SiO$_2$ · 2H$_2$O）是一种高镁、高硅、低钙熔剂，在高品位低 SiO$_2$ 富矿粉烧结时用来调节烧结矿中 MgO 含量，例如我国宝钢和日本钢铁厂在烧结混合料中就配加 3% 左右的蛇纹石。我国磁精矿粉烧结的厂家，因混合料中 SiO$_2$ 含量就高，所以不采用蛇纹石，而采用白云石或轻烧白云石。宝钢使用的蛇纹石含 MgO 37.94%、SiO$_2$ 37.81%，粒度控制在 1.5mm 左右。

在欧洲广泛使用镁橄榄石（2MgO · SiO$_2$）。

2-27　为什么自熔性烧结矿和高碱度烧结矿的成品矿上有时会出现"白点"？

答：在生产自熔性和高碱度烧结矿时，混合料加入相应数量石灰石粉以保证其所要求的碱度。这些石灰石粉在生产废气中 CO$_2$ 含量和总压力的条件下在 809℃（预热带）时开始分解，910℃ 时沸腾分解，它应在预热带和燃烧带内共约 2min 的时间内完全分解完毕。分解出来的 CaO 应溶入液相中（或在固相条件下）与其他矿物结合形成铁酸盐或硅酸盐，这种反应被称为 CaO 的矿化反应。实际生产中由于石灰石粒度过粗或分布不均匀或由于点火不均而导致烧结不均匀等原因，石灰石没能在液相凝固前分解完，或分解后没能完全矿化，烧结矿中就会出现游离 CaO

的白点，它就是生石灰，它能在吸收水分（外喷水和大气湿分中的水）时消化，严重影响烧结矿的强度。而且这些"白点"在高炉槽下筛出后，还影响烧结矿的碱度，使高炉渣的碱度发生波动而影响炉况。

石灰石的分解速度和 CaO 的矿化程度与烧结温度、石灰石和矿石粒度有关。在用低温烧结生产高碱度烧结矿时，烧结温度限制在 1250 ~ 1270℃，无法用提高温度的方法来加快分解和提高矿化度，所以控制混合料的粒度是提高分解速度和矿化度以消灭"白点"的有效措施。试验表明，矿粉及石灰石粒度小于 3mm 时，在 1200℃ 下焙烧 1min，矿化程度可达 95% 以上。如果把矿粉粒度提高到 6mm、石灰石粒度提高到 3 ~ 5mm，则矿化程度分别下降到 87% 和 60%。生产熔剂性烧结矿时，石灰石粒度不大于 3mm，可保证 90% 以上的矿化程度。

2-28　烧结矿由哪些矿物组成，它们是怎样影响烧结矿性能的？

答：烧结矿是烧结过程的最终产物，是许多种矿物的复合体，矿物组成非常复杂。

一般烧结矿中的含铁矿物有：磁铁矿（Fe_3O_4）；赤铁矿（Fe_2O_3）；浮氏体（Fe_xO）。主要黏结相矿物有：铁橄榄石（$2FeO \cdot SiO_2$）；钙铁橄榄石（$CaO_x \cdot FeO_{2-x} \cdot SiO_2$）；硅灰石（$CaO \cdot SiO_2$）；硅钙石（$3CaO \cdot 2SiO_2$）；正硅酸钙（$2CaO \cdot SiO_2$）；硅酸三钙（$3CaO \cdot SiO_2$）；铁酸钙（$CaO \cdot Fe_2O_3$，$2CaO \cdot Fe_2O_3$，$CaO \cdot 2Fe_2O_3$）；钙铁辉石（$CaO \cdot FeO \cdot 2SiO_2$）；硅酸盐玻璃质等。

当脉石中含有较多的 Al_2O_3 或烧结料中 Fe_2O_3 较多时还有：铝黄长石（$2CaO \cdot Al_2O_3 \cdot SiO_2$）；铁铝酸四钙（$4CaO \cdot Al_2O_3 \cdot Fe_2O_3$）；铁黄长石（$2CaO \cdot Fe_2O_3 \cdot SiO_2$）；钙铁榴石（$3CaO \cdot Fe_2O_3 \cdot 3SiO_2$）。

MgO 含量较多时会出现：钙镁橄榄石（$CaO \cdot MgO \cdot SiO_2$）；镁黄长石（$2CaO \cdot MgO \cdot 2SiO_2$）；镁蔷薇辉石（$3CaO \cdot MgO \cdot 2SiO_2$）。

脉石中含有萤石时，烧结矿中则含有枪晶石（$3CaO \cdot 2SiO_2 \cdot CaF_2$）。

烧结含钛铁矿时会出现：钙钛矿（$CaO \cdot TiO_2$，$3CaO \cdot 2TiO_2$）；梢石（$CaO \cdot TiO_2 \cdot SiO_2$）。

此外还有少量游离的 SiO_2 和 CaO。

烧结矿中各矿物通过自身的强度和还原性影响烧结矿的强度和还原性。通过研究可以找到烧结矿强度和还原性之间的关系。例如日本小仓厂烧结矿的统计规律是：

$$S = 4.13S_0(1 - \varepsilon)^2$$
$$R = [R_1S_1 + R_2S_2 + R_3S_3 + \cdots + R_nS_n]$$

式中，S 为烧结矿强度；S_0 为烧结矿矿物基体的平均强度；ε 为烧结矿的气孔率；R 为烧结矿的还原性；R_1、R_2、R_3、$\cdots$、R_n 为烧结矿含 Fe 矿物的还原性；S_1、S_2、S_3、$\cdots$、S_n 为各含 Fe 矿物在烧结矿中的含量，且 $\sum\limits_{n=1}^{n} S = 1.0$。

有关烧结矿中主要矿物及黏结相的强度和还原性列于表 2-10。

表 2-10　烧结矿中主要矿物及黏结相的强度和还原性

主要矿物及黏结相	抗压强度/kPa	还原率[1]/%
赤铁矿（Fe_2O_3）	2617	49.9
磁铁矿（Fe_3O_4）	3616	26.7
铁橄榄石（$2FeO \cdot SiO_2$）	1960～2548	1.0～13.2
钙铁橄榄石（$CaO_x \cdot FeO_{2-x} \cdot SiO_2$）		
$x = 0$	1960	1.0
$x = 0.25$	2597	2.5
$x = 0.5$	5547	2.7
$x = 1.0$	2283	6.6
$x = 1.0$（玻璃体）	451	3.1
$x = 1.5$	1000	4.2
铁酸一钙（$CaO \cdot Fe_2O_3$）	3626	40.1
铁酸二钙（$2CaO \cdot Fe_2O_3$）	1392	28.5

[1]1g 试样在 700℃时，用 1.8L 发生炉煤气还原 15min。

从表 2-10 中可以看出，赤铁矿、磁铁矿、铁酸一钙和铁橄榄石的强度较好，铁酸二钙强度差些，玻璃质强度最差。钙铁橄

榄石当 $x = 0.25 \sim 1.0$ 时强度尚好。铁橄榄石和钙铁橄榄石强度好，但还原性差。铁酸一钙的强度和还原性都好。

2-29 烧结矿的宏观结构和微观结构对烧结矿质量有何影响？

答：烧结矿的宏观结构有微孔海绵状、粗孔蜂窝状和石头状。一般来说微孔海绵状结构的烧结矿，强度和还原性都好，是理想的宏观结构。燃料用量适中和各种操作条件都合适时，可以得到这种结构的烧结矿。当燃料用量偏高和液相数量偏多时出现粗孔蜂窝状结构，有熔融而光滑的表面，其还原性和强度都有所降低。如果燃料用量过多，造成过熔，则出现气孔很少的石头状烧结矿，强度好，但还原性很差。相同的燃料用量下，液相黏度低时形成微孔结构，黏度高时形成粗孔结构。

烧结矿的微观结构是指显微镜下矿物组成的形状、大小和它们相互结合排列的关系。烧结矿中的矿物按其结晶程度分为自形晶、半自形晶和他形晶三种。具有极完好的结晶外形的称为自形晶，部分结晶完好的称为半自形晶，形状不规整且没有任何完好结晶面的称为他形晶。矿物的结晶程度取决于本身的结晶能力和结晶环境。烧结矿中最多的含铁矿物磁铁矿往往以自形或半自形晶的形态存在，这是因为磁铁矿在升温过程中较早地再结晶长大，有良好的结晶环境，并且具有较强的结晶能力。其他黏结相在冷却过程中开始结晶，并按其结晶能力的强弱以不同的自形程度充填于磁铁矿中间，来不及结晶的以玻璃体存在。矿物呈完好的结晶状态时强度好，而呈玻璃态时强度差。

由铁矿物和黏结相组成的常见显微结构列于表 2-11。

表 2-11 烧结矿常见的显微结构

斑状结构	首先结晶出自形、半自形晶的磁铁矿，呈斑晶状与较细粒黏结相或玻璃质结合而成
粒状结构	首先结晶出的磁铁矿晶粒，因冷却较快，多呈半自形或他形晶，与黏结相结合而成

骸晶结构	早期结晶的磁铁矿，呈骨架状的自形晶，内部常为硅酸盐黏结相充填
共晶结构	（1）磁铁矿呈圆点状或树枝状，分布于橄榄石中，赤铁矿呈细点状分布于硅酸盐晶体中，构成圆点或树枝状共晶结构； （2）磁铁矿、硅酸二钙共晶结构； （3）磁铁矿与铁酸钙共晶结构，多在高碱度烧结矿中
熔蚀结构	在高碱度烧结矿中，磁铁矿多被熔蚀成他形晶或浑圆状，晶粒细小
针状交织结构	磁铁矿颗粒被针状铁酸钙胶结

烧结矿的显微结构和矿物结晶形态也是影响质量的重要因素。例如，烧结矿的低温还原粉化性能就与 Fe_2O_3 的结晶形态有密切关系（表 2-12）。

表 2-12　各种形态赤铁矿的低温还原粉化率

赤铁矿的种类	低温还原粉化率/%
斑状赤铁矿（烧结矿中大约 70%）	2.7
线状赤铁矿（烧结矿中大约 5%）	17.8
（球团矿中大约 90%）	22.4
树枝状赤铁矿（烧结矿中大约 20%）	18.0
骸晶状菱形赤铁矿（烧结矿中大约 7.9%）	46.5
晶格状赤铁矿（矿石中约 100%）	17.7
粒状赤铁矿（某些矿石中几乎 100%）	10.3

2-30　正硅酸钙对烧结矿质量有何影响？

答： 正硅酸钙（$2CaO \cdot SiO_2$）是一般碱度的熔剂性烧结矿中常含有的矿物。它是固相反应的最初产物，由于熔点很高（2130℃），烧结温度下不发生熔化和分解，直接转入成品烧结矿中。由于正硅酸钙在冷却过程中发生一系列的晶型转变，体积膨胀，产生内应力，导致烧结矿粉碎，严重影响烧结矿强度。表 2-13 列出了正硅酸钙晶型转变温度和各晶系的密度。

表 2-13　正硅酸钙（C_2S）的晶型特性

晶　型	稳定范围/℃	晶　系	密度/$g \cdot cm^{-3}$
α－C_2S 高温型	2130～1438	六方	3.07（1500℃）
α′－C_2S 中温型	1438～850	斜方	3.31（700℃）
γ－C_2S 低温型	850～273	斜方	2.97
β－C_2S 介稳型	<675	单斜	3.28

在 850℃时，发生 α′→γ 的变异过程，体积膨胀 12%；当温度降至 525～20℃时，β→γ，体积膨胀 10%。因此，熔剂性烧结矿容易产生粉化现象。生产高碱度（或超高碱度）烧结矿（碱度 2.5～5.0），促使产生 $3CaO \cdot SiO_2$ 及 $CaO \cdot Fe_2O_3$，可防止 C_2S 的生成；加入 MgO、Al_2O_3、B_2O_3、Cr_2O_3 等添加剂，稳定 β－C_2S，防止其晶型转变，可减轻粉化现象。另外，操作过程中减少配碳量，严格控制温度，减少固相反应中产生 C_2S 的机会，对防止烧结矿粉化现象也是有效的。

2-31　什么叫铁酸钙理论，发展铁酸钙液相需要什么条件？

答：生产高碱度烧结矿，使烧结矿的黏结相主要由铁酸钙组成，可使烧结矿的强度和还原性同时得到提高。这是因为：

（1）铁酸钙（CF）自身的强度和还原性都很好。

（2）铁酸钙是固相反应的最初产物，熔点低，生成速度快，超过正硅酸钙的生成速度，能使烧结矿中的游离 CaO 和正硅酸钙减少，提高烧结矿的强度。

（3）由于铁酸钙能在较低温度下通过固相反应生成，减少 Fe_2O_3 和 Fe_3O_4 的分解和还原，从而抑制铁橄榄石的形成，改善烧结矿的还原性。所以，发展铁酸钙液相，不需要高温和多用燃料，就能获得足够数量的液相，以还原性良好的铁酸钙黏结相代替还原性不好的铁橄榄石和钙铁橄榄石，可大大改善烧结矿的强度和还原性。这就是铁酸钙理论。

生成铁酸钙黏结相的条件为：

（1）高碱度。虽然固相反应中铁酸钙生成早，生成速度也快，但一旦形成熔体后，熔体中 CaO 与 SiO_2 的亲和力和 SiO_2 与 FeO 的亲和力都比 CaO 与 Fe_2O_3 的亲和力大得多，因此，最初形成的 CF 容易分解形成 CaO·SiO_2 熔体，只有当 CaO 过剩时（即高碱度），才能与 Fe_2O_3 作用形成铁酸钙。

（2）强氧化性气氛。可阻止 Fe_2O_3 的还原，减少 FeO 含量，从而防止生成铁橄榄石体系液相，使铁酸钙液相起主要黏结相作用。

（3）低烧结温度。高温下铁酸钙会发生剧烈分解，因此低温烧结对发展铁酸钙液相有利。

2-32　什么是高碱度烧结矿，它的冶金性能如何？

答： 生产上把碱度（m_{CaO}/m_{SiO_2}）1.6 以上的烧结矿叫做高碱度烧结矿，它的矿物组成示于表 2-14。

表 2-14　高碱度烧结矿矿物组成

厂　别	矿物组成（体积分数）/%						
	磁铁矿	赤铁矿	铁酸钙	正硅酸钙	玻璃质	黄长石	其　他
鞍钢新烧	35	15	35	3	10	少	2
宝钢	25	25	25~30	3	10		2
首钢	35	15	35	3	10	少	2
梅山	45	15	25	3	12		
马钢	35	20~25	25~30	3	12	少	
武钢二烧	35	15	35	3	10		
柳钢	40.7	17.7	30.3	5.0	4.5	1.8[①]	
包钢	50	10	25	3	10	2	少（枪晶石）
本钢	33	16	44	2	5		

①其中黄长石0.2%，钙铁橄榄石1.6%。

高碱度烧结矿具有良好的冶金性能：

（1）还原性。高碱度烧结矿具有很好的还原性，各厂的高碱度烧结矿的还原性因生产条件和烧结工艺的差别而有所不同，但总的规律是一样的，就是还原性与碱度有峰值关系，碱度低时

FeO 高，形成铁橄榄石（$2FeO \cdot SiO_2$）和钙铁橄榄石（$CaO_x \cdot FeO_{2-x} \cdot SiO_2$），它们的还原性都差，当碱度提高到一定数值时，铁酸钙成为主要黏结相，特别是以针状析出时，还原性最好呈现峰值（图2-5）；碱度再进一步提高后，烧结矿中出现还原性较差的铁酸二钙（$2CaO \cdot Fe_2O_3$），导致还原性下降。所以各厂在生产高碱度烧结矿时，最好通过试验研究将碱度确定在峰值左右。

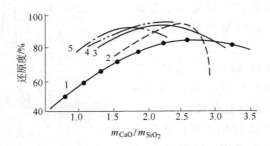

图2-5　我国部分企业的烧结矿的还原度与碱度的关系
1—酒钢；2—韶钢；3—杭钢；4—邯钢；5—攀钢

（2）冷强度和抗低温还原粉化性能都较好。影响烧结矿强度的因素很多，其中烧结矿中主要矿物的自身强度与温度变化过程中有无矿物相变引起的体积变化起着很大作用。高碱度烧结矿主要矿物的自身强度较高，矿物结构是牢固的熔融结构和交织结构也较合理，而且影响烧结矿强度最严重的正硅酸钙数量减少，所以强度好。

高碱度烧结矿中 Fe_2O_3 主要与 CaO 结合成铁酸钙，减少了低温还原粉化严重的骸晶状菱形赤铁矿，还原粉化率也随之降低。

（3）荷重还原软化性能。影响烧结矿的软化性能的因素主要是其渣相的软化温度、还原性的好坏等，高碱度烧结矿中高熔点的矿物多，而且还原性好，所以它具有较高的软化开始和终了温度，软化温度区间变窄。

（4）熔滴性能。总的趋势是随着碱度的提高，熔滴温度上升，熔滴温度区间变窄，而超高碱度烧结矿在高炉冶炼的温度条件下不能熔滴，必须与酸性料配合后才能熔滴。图 2-6 是在实验室内测定的熔滴性能曲线，它显示出在同一温度条件下碱度高的熔滴温度升高，区间窄，而压降则相对低。

2-33　什么叫 SFCA 烧结矿，它有什么特点，生产 SFCA 应具备什么条件？

答：SFCA 烧结矿是以针状复合铁酸钙为黏结相的高还原性的高碱度烧结矿的简称，复合铁酸钙中有 SiO_2、Fe_2O_3、CaO 和 Al_2O_3 四种矿物组成，用它们符号的第一个字母组合成 SFCA。我国

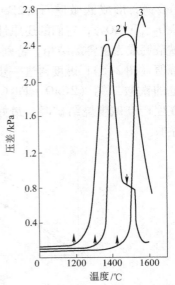

图 2-6　不同碱度烧结矿的熔滴性能曲线

1—碱度 1.01；2—碱度 1.5；3—碱度 1.87

↑—压差陡升温度；↓—滴落开始温度

学者用 X 射线衍射研究这种铁酸钙的晶体结构是 Ca_mSi_n（Fe, Al）$_xO_y$，例如用本溪南芬矿生产的是 $Ca_3Si_{1.4}$（$Fe_{0.97}Al_{0.03}$）$_9O_{19}$；用澳矿生产的是 $Ca_3Si_{1.1}$（$Fe_{0.95}Al_{0.05}$）$_{10}O_{20}$，国外学者确定的组成是 $xFe_2O_3 \cdot ySiO_2 \cdot zAl_2O_3 \cdot 5CaO$，其中 $x+y+z=12$。在这种复合矿物中 Al_2O_3 固溶于 Fe_2O_3 中，而 SiO_2 则与 CaO、固溶有 Al_2O_3 的 Fe_2O_3 形成 SFCA。研究证明，烧结矿中的 SiO_2 有 80% 左右进入了 SFCA，这就把难还原的铁硅酸盐降低了很多，导致烧结矿强度变差的 $2CaO \cdot SiO_2$ 的数量也大幅度下降，而且因大量的 Fe_2O_3 形成了针状结构的 SFCA，导致低温还原粉化的再生骸晶状 Fe_2O_3 也减少很多。

生产 SFCA 烧结矿的条件为：

（1）低温。点火温度：1000℃；烧结温度：磁精粉 1230 ~ 1250℃；赤富粉 1250 ~ 1270℃。烧结温度高于 1270℃时 SFCA 开始分解，铁酸钙数量下降，而且由针状转变为还原性差的柱状。

（2）高碱度。以 1.8 ~ 2.2 为宜，碱度低时不仅 SFCA 少，而且铁酸钙大多为片状和柱状；碱度超过 2.2 时，大量出现难还原的铁酸二钙。

（3）SiO_2、Al_2O_3 含量。它们对 SFCA 的形成有重要影响，SiO_2 很低时，只能生成片状铁酸钙，SiO_2 达到 3%时 SFCA 开始由片状向针状发展。含量 4% ~8% 时都可获得针状交织结构，但 SiO_2 高时还原性差，特别是 1200℃时的高温还原性。Al_2O_3 过少不利于 SFCA 的形成，最佳含量由 $m_{Al_2O_3}/m_{SiO_2} = 0.1 ~ 0.2$ 决定，最高不宜超过 0.3 ~0.35，因为在这样的比值下，针状向板柱状转变，还原性变差。

（4）气氛。需要控制较强的氧化性气氛，对于磁精粉来说，要 Fe_3O_4 氧化成 Fe_2O_3 才能保证铁酸钙的形成，对于赤富粉来说要防止 Fe_2O_3 还原到 Fe_3O_4。

（5）保温。宜在 1100℃以上温度区保持 5min。

2-34 烧结过程能去除哪些有害元素？

答：烧结过程能去除以下有害元素：

（1）去硫。硫是钢铁的主要有害杂质。高炉冶炼过程中虽能去硫，但去除 1kg 硫需要 26.5kg 焦炭，炼钢过程中去硫，比高炉困难得多。然而，在烧结过程中去除大部分硫，既不需要额外的燃料消耗，又可大大减轻炼铁、炼钢过程中的去硫任务，是十分经济合理的，这也是烧结生产的一大优点。

烧结过程中所以能去硫，主要靠硫化物的高温分解和氧的燃烧作用。分解和燃烧产生的 SO_2 随气流逸去，通常，硫化物的去硫率可达 90%以上，有机硫达 94%，而硫酸盐去硫率只有 70%左右。

影响烧结过程去硫效果的因素有：

1）燃料用量。燃料用量多，料层温度高，有利于硫化物的分解和氧化，但燃料用量过多会带入更多的硫量，而且易造成还原性气氛，对脱硫不利；而燃料用量不足，料层温度低，不利于硫的分解和氧化，生产中必须控制适宜的燃料用量，还有一点要注意的是烧结过程的脱硫是放热反应，所以用高硫矿粉烧结时应适当减少配碳量，一般混合料中增加 1% 硫，可相应减少 0.5% 的燃料。

2）矿石粒度。粒度小、比表面积大，有利于脱硫，但粒度过小，料层透气性变坏则影响烧结，所以应在不降低透气性的限度内尽量缩小粒度，一般生产中控制的粒度在 6mm 以下，且粒度小于 1mm 的矿石应尽量少。

3）烧结碱度和熔剂性质，烧结料中增加碱性熔剂，脱硫效果降低。因为高温下石灰石具有强烈的吸硫作用，消石灰和生石灰对气流中的 SO_2 和 SO_3 吸收能力强，不利于脱硫；而加入白云石和石灰石粉，因能分解放出 CO_2，增强了氧化气氛，脱硫效果较前者强。MgO 有可能提高烧结料的软化温度，对脱硫有利。

（2）去氟、去砷。除了硫以外，烧结过程中还能去除部分砷、氟等有害元素，但去除率不高，一般去氟率为 10% ~ 15%，多时可达 40%；去砷率为 30% ~ 40%。

去氟的反应式为：

$$2CaF_2 + SiO_2 = 2CaO + SiF_4 \uparrow$$

易挥发的 SiF_4 在料层下部又可能被吸收，因此去除率不高。烧结过程中加入一定量的蒸汽，可以大大提高去氟率，因为蒸汽和萤石有如下反应：

$$CaF_2 + H_2O = CaO + 2HF \uparrow$$

去砷的反应式为：

$$2FeAsS + 5O_2 = Fe_2O_3 + As_2O_3 \uparrow + 2SO_2 \uparrow$$

2-35 对烧结矿进行冷却的目的是什么？

答：烧结矿从机尾卸下时，平均温度达 750 ~ 800℃，这种高温烧结矿如果不进行冷却，运输、加工和贮存都有很大困难，因此，必须进行冷却。另外，高炉使用冷烧结矿，有如下各种优点：

（1）冷烧结矿可以用皮带运输机直接送到高炉，大大简化运输系统。

（2）冷烧结矿便于进行高炉槽下过筛，大大减少入炉料中的粉末，有利于改善高炉料柱透气性。

（3）高炉使用冷烧结矿可以延长贮矿槽、上料系统和炉顶装料设备的使用寿命，并可改善配料和上料系统的劳动条件。

（4）高炉使用冷烧结矿后，因炉顶温度降低，有利于维护炉顶设备，可以提高炉顶压力，强化高炉冶炼。用热烧结矿的高炉，炉顶温度高达 400~500℃，为了保护炉顶设备，炉顶压力只能维持 49~78kPa，而用冷烧结矿的高炉，炉顶温度都在250℃以下，在无钟炉顶上炉顶压力可提高到150kPa以上，现代大高炉上甚至可达 250~300kPa，对强化高炉冶炼是十分有利的。尤其是采用无钟炉顶的高炉，为了提高密封效果和保持炉顶高压，必须使用冷烧结矿。

对烧结矿进行冷却，需要专门的冷却设备，基建投资有所增加；另外由于急冷，烧结矿中的粉末增多，成品率有所下降。随着高炉冶炼的不断强化，目前烧结厂都用冷矿工艺。

2-36　冷却烧结矿的方法有哪几种？

答：目前绝大部分采用空气冷却法，20 世纪 50 年代曾用过自然通风冷却，也就是在矿车中冷却、露天堆放自然冷却和在料仓中冷却，这些都已淘汰，现在全部用强制通风冷却。

强制通风冷却法有：

（1）带式烧结机上冷却。烧结终了以后，在烧结机上通过抽风或鼓风进行冷却，冷却效率较高，冷却速度快，同时改善了烧结矿的破碎和筛分条件。我国某厂一台 115m^2 烧结机，将前65m^2 用于烧结，后 50m^2 用于冷却，冷却时间只需 11~13min。

此法的缺点是功率消耗大，烧结段受冷却段的干扰，冷却不均匀和不能利用热返矿预热烧结料。现在已基本淘汰。

（2）带式冷却机。这是一种专用的冷却设备。烧结矿在带有密封罩的链板机上缓慢移动，通过密封罩内的抽风机进行强制冷却。它兼有冷却、输送和提升的功能，是比较成功的冷却设备。缺点是链板有空行，设备重量大，需要的特殊材料较多。

（3）环式冷却机。环式冷却机由沿着环形轨道水平运动的若干个冷却台车组成。冷却台车在带有抽风机的密封罩内被抽入的冷空气所冷却。这种设备的冷却效果比较好，由 750～800℃ 冷却到 100～150℃ 的时间为 25～30min，设备运转平衡可靠，机械事故少，是比较理想的冷却设备。缺点是占地较大，设备重，基建投资大。

（4）塔式和平式振冷机。坐在弹簧上的机体在电磁振动机的作用下发生振动，热烧结矿在塔式（或平式）振冷机中沿螺旋板（或水平振动板）向下（或向前）运动，同时被抽入或鼓入的冷风冷却。此法在工艺流程上尚存在一些问题有待于进一步解决，但配于小型烧结厂还是可行的。

2-37 烧结矿有哪些质量指标？

答：评价烧结矿质量的指标有以下几种：

（1）烧结矿品位。它是指烧结矿含铁量高低。作为质量指标的烧结矿品位，一般指扣除烧结矿中的碱性氧化物含量以后的含铁量，即：

$$w_{Fe} = \frac{w_{TFe}}{100 - w_{(CaO + MgO)}} \times 100\%$$

式中　　w_{Fe}——扣除碱性氧化物含量以后的含铁量，%；

　　　　w_{TFe}——化验得到的烧结矿全铁量，%；

$w_{(CaO + MgO)}$——化验得到的烧结矿（CaO + MgO）含量，%。

（2）烧结矿碱度。一般用 m_{CaO}/m_{SiO_2} 表示。根据碱度高低，烧结矿分为熔剂性、自熔性和普通（即非自熔性）烧结矿三种。

碱度高于高炉炉渣碱度的叫熔剂性烧结矿；等于高炉炉渣碱度的叫自熔性烧结矿；低于高炉炉渣碱度的叫普通烧结矿。

（3）烧结矿含硫及其他有害杂质含量。

（4）烧结矿还原性。烧结矿的还原性是通过还原性试验后计算而得的，即用还原性试验过程中失去的氧量与试样还原前的总氧量之比值来表示。测定方法见本书第 2-17 问。

（5）烧结矿转鼓指数。有冷转鼓和热转鼓两种，常用的是冷转鼓。它是衡量烧结矿在常温下抗磨剥和抗冲击能力的指标，现在我国根据 ISO 标准，制定了 GB 3209—87 取代原有 YB 421—77 的原部颁标准。GB 3209—87 标准采用转鼓为 $\phi1000\text{mm} \times 500\text{mm}$，内侧有两块成 $180°$ 的高 50mm 的提升板，装料 15kg，转速 25r/min，转 200 转鼓后采用筛孔为 $6.3\text{mm} \times 6.3\text{mm}$ 的机械摇动筛，往复 30 次，以大于 6.3mm 的粒级表示转鼓强度，以小于 0.5mm 的粒级表示抗磨强度。

$$转鼓强度 \quad T = \frac{M_1}{15} \times 100\%$$

$$抗磨强度 \quad A = \frac{15 - (M_1 + M_2)}{15} \times 100\%$$

式中　M_1——鼓后大于 6.3mm 粒级的质量，kg；

　　　M_2——鼓后 0.5~6.3mm 粒级的质量，kg。

（6）烧结矿筛分指数。筛子内长 800mm，内宽 500mm，高 100mm，筛孔 $5\text{mm} \times 5\text{mm}$，取 100kg 试样，放入筛上，往复运动 10 次，以筛下 0~5mm 部分与原始试样质量（100kg）之比为筛分指数：

$$筛分指数 = \frac{100 - A}{100} \times 100\%$$

式中，A 为筛分试验后大于 5mm 部分的质量，kg。

（7）烧结矿落下强度。表示烧结矿抗冲击能力的指标。取 25kg 大于 15mm 的成品烧结矿试样，装入能上下移动的箱内，提到规定高度（一般取 1.8m）以后打开箱底，使烧结矿全部落到钢板上，再将烧结矿全部收集起来，重复 3~4 次试验，然后筛出 0~5mm 的粉末，此质量与原始试样质量之比（百分数）为落下强度指标。

（8）烧结矿热还原粉化率。系指烧结矿在 400~600℃ 还原条件下的机械强度。测定方法见本书第 2-17 问。

（9）软熔性能。见本书第 2-17 问。

2-38　什么是烧结矿品位、"扣 CaO 品位"和"扣有效 CaO 品位"？

答： 烧结矿品位是指成品烧结矿的含铁量。随着精料技术的进步，我国烧结矿品位逐步提高，由过去的 50% 左右提高到现在的 58%~60%。由于在烧结过程中加入相当数量的熔剂生产着不同碱度的烧结矿，这样同样品位的矿粉生产的烧结矿碱度低时含铁量高；而碱度高时含铁量低。为使烧结矿品位有可比性，人们普遍采用"扣 CaO 品位"。近年来鉴于烧结矿 SiO_2 含量对高炉渣量的影响很大，而我国烧结矿生产使用的精矿粉的 SiO_2 含量远高于进口富矿粉的含量，在生产中各厂配加不同品种和数量进口矿时所生产出烧结矿的 SiO_2 含量出现巨大差异。因此有人建议在评价烧结矿的品位时，应考虑 SiO_2 含量这一重要因素，提出将"扣 CaO 品位"修正为"扣有效 CaO 品位"，即

烧结矿有效 CaO = 烧结矿 CaO - （烧结矿 SiO_2 × 高炉渣碱度）

扣有效 CaO 品位 = 烧结矿品位 / [1 - （烧结矿有效 CaO ÷ 100）]

例如，首钢炼铁厂使用两种烧结矿：首钢总公司烧结厂生产的烧结矿和迁安首钢矿业公司生产的烧结矿：

公司	碱度	w_{SiO_2}/%	w_{CaO}/%	w_{TFe}/%	扣 CaO 品位/%	扣有效 CaO 品位/%
首钢总公司	1.65	5.00	8.25	57.5	62.67	58.97
首钢矿业公司	1.65	6.00	9.90	57.5	63.82	58.85

高炉生产表明，"扣有效 CaO 品位"更接近于冶炼结果。

2-39 烧结矿中 FeO 含量对烧结矿质量有何影响，如何选定烧结矿中 FeO 含量？

答：FeO 在烧结矿中主要以：与 Fe_2O_3 结合的 Fe_3O_4 （磁铁矿）；与 SiO_2 结合的 $2FeO \cdot SiO_2$ （铁橄榄石）；与 SiO_2 和 CaO 结合的 $CaO_x \cdot FeO_{2-x} \cdot SiO_2$ （钙铁橄榄石）以及少量的 FeO_x （浮氏体）等形态存在。在富矿粉烧结时，在配碳偏高，燃料粒度偏粗，燃料分布偏析严重时，烧结料层的局部地区出现还原性气氛，C 和 CO 将 Fe_2O_3 还原成 Fe_3O_4 和 FeO，还原出来的 Fe_3O_4 和 FeO 与其他矿物形成低熔点液相，冷凝固结后烧结矿中就有上述几种形态的 FeO 存在。在用磁精粉生产时，由于局部还原性气氛而使精矿粉中的 Fe_3O_4 没有氧化成 Fe_2O_3，所以在烧结矿中还能观察到残留的原生 Fe_3O_4。

FeO 含量对烧结矿质量的影响主要表现在强度和还原性两个方面。普遍的规律是 FeO 含量高，烧结矿的强度好些，而还原性差些。因此生产中常习惯用 FeO 含量来判断烧结矿的强度和还原性。烧结矿的强度和还原性是烧结矿生产中需要处理好的一对矛盾。从这个角度看，对一定原料条件的烧结生产中有一个 FeO 含量适宜值，它兼顾了强度和还原两个方面。当要求降低燃料消耗和改善还原性时，该值应选定得低一些；当要求提高烧结矿强度以改善烧结矿粒度组成，以及改善低温还原粉化性能时，该值应定得稍高一些。各厂应根据自己的条件制定稳定 FeO 含量的指标和措施。总的来说，我国大部分重点企业烧结矿中 FeO 含量已控制在 10% 以下，但很多地方中小型烧结厂生产的烧结矿 FeO 含量偏高，应采取措施降到 10% 左右以改善烧结矿的还原性，使高炉燃料比降到 520kg/t。

2-40 影响烧结矿强度的因素有哪些？

答：烧结矿强度受到各种因素的影响，主要是矿物组成；宏观和微观结构；原料的粒度组成和冷却速度等。现在广泛生产高碱度烧结矿，应发展强度好的矿物铁酸钙，减少强度低和温度变化过程中发生相变而使体积膨胀的矿物，例如正硅酸钙（见本书第2-30问）和骸晶状菱形赤铁矿（见本书第 2-29 问）。在宏观结构上应控制好液相的数量和流动性，使烧结矿在冷凝固结为厚壁海绵状结构，在微观上要尽可能形成针状交织熔蚀结构。原料粒度上一定要控制好上限，因为粒度过粗在烧结过程中难以熔融溶入液相，而在冷凝固结时也不能被液相牢固地粘在一起，石灰石粒度过粗还会在烧结矿中形成"白点"，都将使强度变坏。冷却速度影响强度表现在两个方面：一是冷却速度过快，液相冷凝过程不能将其内部的能量完全释放出来而成为玻璃质，玻璃质性脆易碎，在贮运过程中极易碎成粉末，所谓烧结矿热处理就是通过加热后再缓慢冷却，使隐藏在玻璃质内的能量释放出来而转变为晶体，以增加烧结矿的强度；另一是冷却速度过快，烧结矿块的外表面和中心温差过大，会产生热应力，这种热应力也降低了烧结矿的强度，同样可以通过热处理的办法来消除。

2-41　改善烧结矿质量可采取哪些技术措施？

答：改善烧结矿质量的有效措施是烧结精料、优化配料、偏析布料、厚料层烧结、低温烧结等。有条件的还可采用热风烧结、球团烧结、低硅烧结等。

2-42　什么是烧结精料？

答：在我国高炉精料很大程度上取决于烧结矿的质量。而要生产出优质烧结矿就应采取各种措施实现精混合料烧结。

（1）提高品位、降低 SiO_2。主要途径是选矿采用细磨深选使精矿粉的品位提高到 68% 左右，我国首钢迁安铁矿、本钢南芬铁矿都做到了；另一途径是适当配加进口富矿粉，使烧结矿碱度1.7 ~2.0 的情况下品位达到59% ~60%，SiO_2 含量降到4.5% ~5%。

（2）优化烧结混合料的配料。配料前对可选用的各种含铁料进行烧结特性的测定，包括：1）同化性，即与 CaO 反应生成低熔点液相的能力；2）铁酸钙生成特性，即该矿粉在烧结过程中 SF-

CA 生成的难易程度和生成 SFCA 的稳定性；3）液相的流动性，它受液相数量和黏度的影响，有效液相量多、黏度适宜，可获得微孔海绵状厚壁结构的固结，改善烧结矿的强度和还原性；4）黏结相的自身强度等。将这些特性测出后比较，在经济合理的条件下取它们的优者配料。

（3）稳定原料的化学成分和粒度组成。首先要严格含铁料的入厂时的化学成分的稳定性和粒度组成等质量指标；其次是管理料场，进行小条多层堆料和分块堆料的中和混匀；第三是进行含铁料的预配料并稳定预配料比例等。

（4）选用固定碳高，灰分、挥发分和硫低的燃料，以及优质熔剂，加工到最佳粒度范围 0.5 ~ 3mm。在选用生石灰时要强调其活性和粒度，提高生石灰的强化效果。

2-43　什么叫低硅烧结矿，生产它应采取哪些技术措施？

答： 低硅烧结矿是指 SiO_2 含量低于 5% 的烧结矿，世界上低硅烧结矿也有 SiO_2 含量低于 4% 的。它的优点是品位高、SiO_2 低，使高炉炼铁的渣量减少，而低硅烧结矿的冶金性能好，软熔温度升高，软熔温度区间变窄，高温（1200℃）还原性好，这可使高炉内软熔带位置下移，厚度变薄，有利于高炉内间接还原发展和料柱透气性改善。我国矿石的原始品位低（平均 33%，比世界平均品位低 11%）经磁选后的品位一般在 65% 左右，SiO_2 含量达 8% 甚至有的超过 10%。要生产低硅烧结矿，混合料中必须配加进口富矿粉（SiO_2 含量：澳矿 3.5%；印度矿 2% 左右；巴西 0.65%）。我国宝钢烧结矿的 SiO_2 已达到 4.5% 左右，达到世界水平。

生产低硅烧结矿时应采取一定的技术对策以防止烧结矿生产时液相数量不足而引发烧结矿强度变差：

（1）适当提高烧结矿的二元碱度以增加 CaO 含量，从而也增加铁酸钙的数量；

（2）适当提高烧结混合料中的粉/核比例，粒度细的粉粒能促进固相反应快速进行，易生成烧结液相；

（3）对烧结料进行烧结特性的测定，然后进行配矿设计，优化配料，使混合料中形成合适的有效液相数量，满足低硅烧结矿对黏结相量的要求。

2-44 什么叫小球/球团烧结？

答：小球烧结又叫球团烧结，是20世纪80年代出现的一种强化烧结过程的工艺，它是把混合料全部制成上限为6~8mm、下限为1.5~2.0mm的小球进行烧结的方法。与一般烧结的不同点在于基本上消灭了混合料中0~1.5mm的粉料，全部制成小球；与球团矿的不同点在于上限为6~8mm，没有大于8mm的大球，在烧结机上靠液相固结成烧结矿，而不是固结成球团矿。由于需要把全部烧结料制成小球，因此必须强化造球过程，采用特殊的有机电解质润湿剂或对水和混合料进行磁场处理等办法，提高混合料的成球性能，并使用高效率的成球设备等。

试验研究表明，小球烧结特别适合于细磁精粉烧结，可以提高产量10%~50%。这主要是因为小球料粒度均匀，细粒部分少，强度好，料层内的通气孔较大而均匀，且不易被破坏，这不仅使原始料层的透气性好（较一般料高27%~35%），而且使烧结过程中也能保持良好的透气性，有利于强化烧结过程。此外，小球烧结还有以下各种好处：

（1）小球料的冷凝带和干燥带阻力较普通料小。由于小球料透气性好，透过的风量大，废气中水气分压小，冷凝的水分减少。同时由于小球料孔隙大，比表面小，摩擦力小，有利于气流通过和水分蒸发，使干燥带厚度减小。

（2）小球烧结的气流分布合理。冷凝带和干燥带阻力减小，使烧结前期风量增加；小球料堆密度和粒度大，软化和熔融较困难，易形成致密结构的烧结矿，使冷却带的阻力增加，因而烧结后期风量减少，这在一定程度上缓和了一般烧结过程中风量过分集中于后期的矛盾。

（3）因为小球料具有良好的透气性，可在较小的负压和较厚的料层条件下获得比普通烧结料好得多的指标，有利于降低烧结矿成本。

（4）由于小球料冷凝带含水少，阻力小，因此小球烧结有可能取消烧结料的预热。

2-45　什么叫热风烧结，它有什么好处？

答：将预先加热的空气抽入料层进行烧结的方法称为热风烧结。热风烧结有以下好处：

（1）由于热风带入部分物理热，可大幅度节约固体燃料，通常可节约 20% ~ 30%，还可使烧结过程总热耗降低 10% ~ 13%。

（2）烧结料层的温度分布均匀，克服了上层热量不足，冷却快，烧结矿强度差；下层温度过高，FeO 含量过高，还原性差的缺点，减少了上下层烧结矿质量的差别。

（3）由于固体燃料用量减少，烧结气氛得到改善，还原区相对减小，烧结矿中的 FeO 降低，还原性提高。

（4）由于抽入热风，料层受高温作用的时间较长和冷却速度缓慢，有利于液相的生成和液相数量的增加，有利于晶体的析出和长大，各种矿物结晶较完全；减少急冷而引起的内应力，烧结矿结构均匀，从而烧结矿的强度提高。

热风烧结时，由于抽入的是热风，降低了空气密度，增加了抽风负荷，气流的含氧量也相对降低，使烧结速度受到一定影响，为此需采取改善混合料的透气性、适当增加真空度等措施加以弥补，以保持较高的生产率。

2-46　什么叫烧结矿热处理，它有什么好处？

答：将已经烧结完毕并经过冷却的烧结矿表层进行再加热，以消除内应力的方法叫做烧结矿热处理。

试验研究表明，用 1000 ~ 1100℃ 的高温对烧结矿进行热处理，可以提高烧结矿强度和降低 FeO 及含硫量。经过 1 ~ 3min

的热处理，粉末减少 5% ~ 6%，成品率提高 10%，FeO 降低 0.5% ~ 1.0%，除去 40% 以上的残余硫。强度提高是由于热处理可消除表层烧结矿因急冷而产生的内应力和裂纹，使黏结相中的玻璃质因迅速再结晶而减少。又由于热处理是在氧化气氛中进行的，所以 Fe_3O_4 氧化成 Fe_2O_3，FeO 降低；同时，在玻璃体转化为结晶体时，体积收缩 16% ~ 18%，使烧结矿的孔隙率增加，从而改善了烧结矿的还原性。此外，以 FeS_x 形态存在的残留硫也因氧化而部分除去，故含硫量也有所降低。

2-47　什么是烧结矿整粒，其对高炉冶炼有什么意义？

答：烧结矿整粒是把冷却后的烧结矿经破碎和筛分，使烧结矿无过大的粒度（我国要求粒度大于 50mm 的不超过 10%，国外普遍要求粒度为 35 ~ 40mm 的不超过 10%）和过小的粉末（粒度小于 5mm 的不超 5%）。运往高炉的成品烧结矿要求粒度均匀，而且强度有保证。因为在整粒过程中，经破碎、筛分和落差转运将大块中未黏结好的和有裂纹的料破碎和筛除，这样出烧结厂的烧结矿的转鼓强度和筛分指数都会有所增加。

经整粒后的烧结矿粒度均匀、粉末减少，高炉料柱透气性得到改善，有利于高炉顺行，也为高炉进一步强化创造了条件，从而使高炉生产的产量增加，利用系数提高，焦比下降。

2-48　如何改善入高炉烧结矿的粒度？

答：改善入高炉烧结矿的粒度组成应由烧结和炼铁联合起来做好，主要的技术措施是：

（1）烧结厂。

1）采取烧结精料技术（见本书第 2-42 问），强化混料制粒，稳定烧结工艺制度（厚料层，低碳、低水、低温烧结）生产强度好的高碱度烧结矿；

2）强化烧结矿的冷却和整粒工作；

3）减轻烧结矿从烧结到炼铁烧结矿槽的破碎，主要是减少转运次数，降低转运落差。

（2）炼铁厂。

1）尽量加大或增加使用烧结矿槽而避免建设中间缓冲矿槽，因为烧结矿经缓冲矿槽，既增加了转运次数，而且在中间矿槽贮存烧结矿还会产生部分烧结矿的风化粉碎，增加小于 5mm 的粒级；

2）实行半槽卸矿降低卸矿时的落差；

3）提高槽下振动筛的筛分效率。

2-49 烧结生产的能耗如何，如何降低？

答： 烧结工序的能耗（标煤）在 2010 年为 53.71kg/t，约占联合企业总能耗的 7.4% 左右。烧结能耗主要是点火、固体燃料和动力三个方面。点火燃耗占 5% ~ 10%，平均 6.5%；固体燃料消耗占 75% ~ 85%，平均 80%；动力消耗占 13% ~ 20%；其他消耗约占 0.5%。烧结工序的动力消耗差别很大，因为它与生产工艺、冷却工艺、原燃料加工、除尘设施、烟气脱硫情况等有关。

降低烧结能耗主要是降低固体燃料消耗和点火能耗。

（1）点火能耗。中国炼铁企业烧结点火能耗先进的 0.05GJ/t 左右，一般的在 0.08 ~ 0.12GJ/t，高的在 0.15GJ/t 以上。造成这样大的差距的原因在于对点火功能的认识不同，选用的点火器的性能差别很大。

至今，很多烧结工作者还在沿袭传统点火理念操作，认为必须将点火温度控制在 1200 ~ 1250℃，点火时间控制在 1.5min 左右，使料层的表面产生足够的液相来固结表面 15 ~ 30mm 的烧结料。这样的点火温度必然造成点火能耗很高。但是要知道，这样的高能耗点火并不能提高成品率，因为高温下形成的液相在台车出点火器时就被抽入的冷空气快速冷却，来不及释放全部能量而析晶，大部分成为玻璃质，受到烧结机尾单辊破碎机的破碎而成为小于 5mm 的返矿。

新的点火理念应是用较少的能耗将料层中的固体燃料点着，保证料层在垂直方向上 15～30mm 以下部分能顺利进到烧结就可以。新的点火制度是在点火器优化燃烧（保证煤气完全燃烧，温度分布均匀）的前提下控制好以下几点：燃烧器炉腔内维持 0Pa 压力或者微负压；点燃温度（1000±50）℃，点火时间 30～50s，这样可将点火能耗降到 0.08GJ/t 以下。

（2）固体燃料能耗。中国炼铁企业烧结的固体燃料能耗先进的 42kg/t 左右，一般的在 48～52kg/t 左右，高的在 65kg/t 以上。降低固体燃料消耗是降低烧结工序能耗的重点，具体措施有：

1）提高料温。可利用热返矿在一混二混中加热，更重要的是在混合料布到台车前的布料器处加热效果会更好。料温每提高 10℃，固体燃料消耗可降低 2kg/t 烧结矿左右。

2）混合料配加活性石灰。其作用在于强化制粒效果，增加小球的强度，改善混合料粒度组成，调高烧结料层透气性，而且生石灰消化放热可提高料温（10℃左右），活性生石灰粒度细，比表面积大，易于形成低熔点的物质，降低液相生成温度，可降低燃耗，实践证明，生石灰配加比控制在 5.5%～7.5%（根据烧结矿碱度选择），降低固体燃料消耗 1.25%～1.5%。

3）维持好返矿平衡，提高烧结矿成品率。生产中应将返矿量控制在 25%～30%，实际生产中很多厂家返矿量在 45%～50%，应尽量改进。返矿量减少 2% 左右，可降低固体燃料消耗 0.5～0.6kg/t。

4）混合料配加钢渣、铁屑、轧钢氧化铁皮均可降低固体燃料消耗。

5）低温烧结既可获得优质烧结矿，还可以降低固体燃料消耗。从过去传统的 1350～1500℃ 的烧结温度降低到（1200±50）℃ 的低温烧结可降低固体燃料消耗 7%～8%。

6）采用先进的偏析布料，使固体燃料分布更接近烧结过程的热量需求，即燃料上部多下部少的分布，或采用双层烧结等，可降低固体燃料消耗 5% 以上。

7）采用厚料层烧结。在现代大型烧结机上，料层厚度已达
750～800mm。厚料层烧结时，自蓄热能加强，可节省下部固体
燃料。烧结过程中，强氧化气氛可增加低价氧化物氧化的放热，
也节省了固体燃料燃烧放热，同时厚料层烧结增加了成品率。因
此厚料层烧结可减少燃耗 15～20kg/t。

（3）动力消耗。主要是水、电两方面，重点是电耗。烧结
机抽风机容量占烧结厂总装机容量的 50% 左右。减少抽风系统
的漏风率，增加通过料层的有效风量及降低烧结负压是节电的主
攻方向。世界上先进的烧结机漏风率在 20%，而我国烧结机漏
风率一般在 55%～60%，差距很大。其原因在于设计落后，部
件质量差，生产中维护检修不及时、不到位等。这需要多方面大
力协作，优化设计，加强密封，改进台车、首尾风箱隔板弹性滑
道的结构等，同时生产中要科学管理，搞好检修，使漏风率降到
30%～40%，才能大幅度降低电耗。

第 3 节　球团矿的基本知识

2-50　什么是球团矿，它有何特点？

答：球团矿是细精矿粉（ -200 目，即粒度小于 0.074mm
的矿粉占 80% 以上、比表面积在 1500cm^2/g 以上）加入少量的
添加剂混合后，在造球机上加水，依靠毛细力和旋转运动的机械
力造成直径 8～16mm 的生球，然后在焙烧设备上干燥，在高温
氧化性气氛下 Fe_2O_3 再结晶的晶桥键固结成的品位高、强度好、
粒度均匀的球状炼铁原料。它有以下特点：

（1）使用品位很高的精矿粉（浮选的赤铁矿精粉或磁选的
磁铁矿精粉）生产，酸性氧化球团矿的品位可达 68%，SiO_2 含
量在 1%～2%；

（2）无烧结矿具有的大气孔。所有气孔都以微气孔形式存
在，有利于气 - 固相还原；

（3）FeO 含量低（一般在 1% 左右），矿物主要是 Fe_2O_3，还
原性好。由于其 SiO_2 含量低，因此高温（1200℃）还原性更优

于烧结矿和天然矿;

（4）冷强度好，每个球可耐 2800 ~ 3600N（300 ~ 400kg·f）的压力，粒度均匀，运输性能好;

（5）自然堆角小在 24° ~ 27°，在高炉内布料易滚向炉子中心;

（6）含硫很低，因为在强氧化性气氛下焙烧，可以去除原料中 95% ~ 99% 的硫;

（7）具有还原膨胀的缺点，在有 K_2O、Na_2O 等催化的作用下会出现异常膨胀;

（8）酸性氧化球团矿的软熔性能较差，即它的软化开始温度低，软熔温度区间窄，软熔过程中的 Δp_{max} 高，但它仍比天然富块矿的好，仍是合适炉料结构中高碱度烧结矿的最佳搭配料。

2-51　精矿粉是怎样成为 8 ~ 16mm 的生球的?

答: 精矿粉的成球是由其在自然状态下滴水成球的特性和在机械力作用下密集的能力造成的。在造球机上成球的过程按下列 3 个阶段进行:

（1）母球形成。装入造球盘中的物料通常水分含量为 8% ~ 10%，处于比较松散的状态，各个矿粉颗粒为吸附水和薄膜水所覆盖，毛细水仅存在于各颗粒间的接触点上，其余空间为空气所充填，颗粒之间接触不紧密，薄膜水还不能起作用。另外，由于毛细水数量太少，毛细孔过大，毛细压力小，颗粒间结合力较弱，不能成球，为此，须进行不均匀的点滴润湿，并通过机械力的作用，使部分颗粒接触得更紧密，造成更细的毛细孔和较大的毛细压力，将周围矿粒拉向水滴中心，形成较紧密的颗粒集合体，从而形成母球。

（2）母球长大。母球在造球盘上继续滚动，母球进一步压紧，内部毛细管变细，过剩的毛细水被挤到母球表面，这样过湿的母球靠毛细力作用将周围含水较少的矿粉黏结起来，使母球长大。当母球的水分低于适宜的毛细水含量后，母球停止长大。此时为了使母球达到所需的粒度，必须向母球表面补充喷水。但喷水量要适度，如果过大，颗粒完全为水所饱和而产生重力水，使颗粒脱离接触，瓦解母球，对造球极为不利。

（3）生球压实。仅靠毛细力结合起来的生球，强度不大。为了提高生球强度，必须停止喷水，使生球在造球盘上滚动，将生球内部的毛细水全部挤出，为周围矿粉所吸收；同时使生球内的矿粉颗粒排列得更紧密，使薄膜水层有可能相互接触，形成众多颗粒共有的水化膜而加强结合力，从而使生球强度大大提高。如能把全部毛细水从球中挤出，就可得到强度最好的生球。当生球达到一定粒度和密度后，由于造球盘的离心力作用，生球自动被抛出盘外。

从造球机出来的生球用瓷辊筛筛去粒度大于 16mm 和小于 8mm 的，生球抗压强度要达到 15 ~ 20N/个球，落下强度（单个生球从 0.5m 高处落到钢板上反复跌落，直到生球破坏为止的次数）不小于 4 次，符合以上两个指标即是合格生球。

2-52　生球是怎样焙烧成合格球团矿的？

答： 生球焙烧之前必须进行干燥处理，它对提高球团矿产量和质量都有重要意义。因为未经干燥的生球直接焙烧，会在开始阶段因加热过急、水分蒸发过快而出现生球爆裂现象，使部分生球粉化，恶化焙烧料层的透气性，使球团矿焙烧不均匀，废品率增加，产量和质量下降。因此任何焙烧设备都配备有烘干设施，使生球能缓慢加热，水汽化而脱除。

生球经干燥后，强度有所提高，但还不能满足高炉冶炼的需要，需要在高温下进一步焙烧固结。在焙烧过程中，根据生球的矿物组成和焙烧制度（温度、气氛等）的不同，生球内部的颗粒之间发生不同的固相反应。以常用的磁精粉生产的酸性氧化球团矿的焙烧为例，可以发生 3 种固结形式：

（1）Fe_3O_4 氧化形成 Fe_2O_3 微晶键，然后微晶长大和再结晶。生球在氧化性气氛中加热到 200 ~ 300℃ 时 Fe_3O_4 氧化成 Fe_2O_3 并生成 Fe_2O_3 微晶，这种新生的 Fe_2O_3 微晶具有高度迁移能力，使它们在相邻的颗粒接触处结合形成微晶键（又叫晶桥），随着温度的升高，这种现象由球团矿表层向内部推进，在高温 1100~1300℃ 下 Fe_2O_3 微晶长大并再结晶，使颗粒结合成牢固的整体，使球团矿具有很高的氧化度和强度。

（2）磁铁矿 Fe_3O_4 再结晶。在氧气不足的地方，未氧化成 Fe_2O_3 的 Fe_3O_4 也能在 900℃ 以上的高温下通过扩散形成 Fe_3O_4 晶键连接，Fe_3O_4 的再结晶和长大使磁铁矿颗粒结合成一个整体，但这种形式固结的球团矿强度低于 Fe_2O_3 再结晶固结的球团矿。

（3）液相黏结。在强氧化性气氛中，焙烧温度过高时，脉石和添加剂中的低熔点矿物可形成液相；而在中性或还原性气氛中 Fe_3O_4 与 SiO_2 作用生成低熔点 $2FeO \cdot SiO_2$ 液相。一旦这种液相生成会将 Fe_3O_4 颗粒包围，恶化 Fe_3O_4 的氧化，而只能以渣相固结。由于 $2FeO \cdot SiO_2$ 冷凝时很难结晶，常成玻璃质，性脆，强度低。

以上几种固结形式在焙烧过程中可能同时发生，而随着焙烧条件和生球成分的不同，其中的某一形式占优势。因此在酸性氧化球团矿的焙烧过程中，一定要控制好焙烧的强氧化性气氛（烟气中含 O_2 大于 8%）和温度（1200℃ ±10℃）。

2-53　球团矿的生产和焙烧过程是怎样进行的？

答：球团矿的生产工艺流程如图 2-7 所示。

图 2-7 是典型的我国球团矿生产工艺流程，与国外不同的是在混料后造球前（或配料后混料前）加有烘干设施，这是弥补精矿粉水分高而且不稳定的不足，一般烘干设施是将精矿粉水分控制到比最适宜造球水分低 1%~2%。由于我国精矿粉粒度过粗，比表面积小，所以在新建的球团厂的流程中又加了润磨机，在造球前混合料经润磨机加工，可使精矿粉的比表面积增加 10%~15%，有利于造球。

球团矿的焙烧过程示于图 2-8。

球团矿焙烧过程大体上可分为：生球干燥、焙烧固结和冷却 3 个阶段。所发生的物理化学反应有：水分蒸发和分解（在生产白云石球团，自熔性球团或高碱度球团矿时还有相应的碳酸盐分解），燃料燃烧（在生产多孔球团时发生），氧化去硫，晶桥固结及气 –

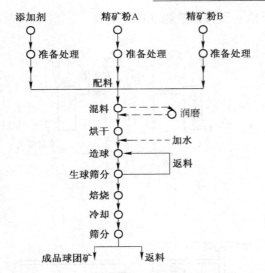

图 2-7 球团矿生产的工艺流程

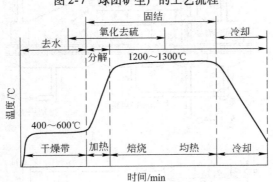

图 2-8 球团焙烧过程示意图

固相间传热等。上述过程在焙烧竖炉上是从上到下垂直进行的,在带式焙烧机上是依次沿台车前进方向水平布置的,在链箅机 – 回转窑上则分别在链箅机、回转窑和冷却机 3 个设备上进行的。

2-54 目前主要有哪几种球团焙烧方法,各有什么特点?

答:目前国内外焙烧球团矿的方法有 3 种:竖炉焙烧;带式

焙烧；链箅机－回转窑焙烧（图2-9）。

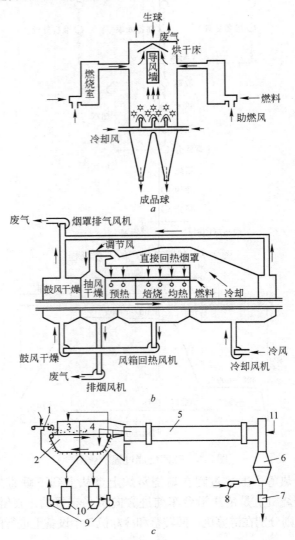

图 2-9　球团矿焙烧设备示意图

a—竖炉；b—带式机；c—链箅机－回转窑

1—布料器；2—链箅机；3—干燥室；4—预热室；5—回转窑；6—冷却机；
7—振动给料器；8—冷却风机；9—抽烟机；10—多管除尘器；11—燃烧器

（1）竖炉是最早采用的球团矿焙烧设备。现代竖炉在顶部设有烘干床，焙烧室中央设有导风墙。燃烧室内产生的高温气体从两侧喷入焙烧室向顶部运动，生球从上部均匀地铺在烘干床上被上升热气流干燥、预热，然后沿烘干床斜坡滑入焙烧室内焙烧固结，在出焙烧室后与从底部鼓进的冷风气相遇，得到冷却。最后用排矿机排出竖炉。一般竖炉是矩形断面，但也有少量圆形断面的。

竖炉的结构简单，对材质无特殊要求；缺点是单炉产量低，只适用于磁精粉球团焙烧，由于竖炉内气流难于控制，焙烧不均匀造成球团矿质量也不均匀。目前国外已完全淘汰竖炉，我国中小型企业利用竖炉设备简单、投资少等特点用来生产酸性氧化球团，以适应炉料结构改进的需要。

（2）带式焙烧机是目前使用最广的焙烧设备。带式焙烧机与带式烧结机相似，但实质差别甚大。一般焙烧球团矿全靠外部供热，沿机长度方向分为干燥、预热、焙烧、均热和冷却5个带，生球在台车上依次经过上述5个带后焙烧成成品球团矿。

带式焙烧机生产的特点是：1）采用铺底料和铺边料以提高焙烧质量，同时保护台车延长台车寿命；2）采用鼓风和抽风干燥相结合以改善干燥过程，提高球团矿的质量；3）鼓风冷却球团矿，直接利用冷却带所得热空气助燃焙烧带燃料燃烧，以及供干燥带使用；4）只将温度低含水分高的废气排入烟囱；5）适用于各种不同原料（赤铁矿浮选精粉、磁铁矿磁选精粉或混合粉）球团矿的焙烧。

我国鞍钢、包钢和首钢曹妃甸京唐公司等已建有大型带式焙烧机，生产出的球团矿质量良好，满足 3200～5500m³ 高炉的要求。

（3）链算机－回转窑系统。它是由链算机、回转窑和冷却机组合成的焙烧工艺。链算机与带式焙烧机相似，但只用于干燥和预热，介质是由回转窑排出的热废气。回转窑是一个内衬耐火材料的圆筒，倾角5°左右，窑内填充率7%。窑头装有烧嘴，燃烧形成的热废气与进入窑内的球团矿成逆向运动。球在窑内边焙烧边翻动，当它移动到窑头，焙烧过程完成；球落到冷却机上冷却降温。冷却风被加热送入窑内作为燃料燃烧的助燃空气，也可送入链箅机用作干燥生球。此焙烧工艺的特点是：1) 链箅机只用作干燥和预热，所以不需铺底料；2) 球团矿在窑内不断滚动，各部分受热均匀，球团中颗粒接触更紧密，球团矿的强度好而且质量均匀；3) 根据生产工艺要求来控制窑内气氛生产氧化球团或还原（金属化）球团，还可以通过氯化焙烧处理多种金属矿物，例如氯化焙烧硫酸渣球团回收金、银等多种有色金属；4) 生产操作不当，会因高温带产生过多液相而造成"结圈"。

我国在首钢矿业公司已建成年产百万吨的链箅机－回转窑系统。宝钢、武钢、沙钢已建成年产 500 万吨链箅机－回转窑厂。

3 种球团矿焙烧工艺的特点列于表 2-15。

表 2-15　3 种焙烧球团矿生产工艺的特点比较

工艺名称	优　缺　点	生产能力	球团矿质量	基建投资	管理费用	耗电量
竖炉焙烧球团	优点：结构简单，维修方便，不需要特殊材料，热效率高 缺点：均匀加热困难，生产能力受限制	最大单机产量 2000t/d，适于中小型企业	不均匀	低	低	高
带式机焙烧球团	优点：操作简单，控制方便，可以处理各种矿石，生产能力大 缺点：上下层质量不均，台车易损，需要高温合金，需铺边底料，流程复杂	单机生产能力 6000 ～ 6500t/d，适于大型企业	良好	中	高	中

工艺名称	优 缺 点	生产能力	球团矿质量	基建投资	管理费用	耗电量
链箅机－回转窑	优点：设备简单，可以处理各种铁矿石，生产各种球团矿焙烧均匀，球团矿质量好，产量高，需少量耐热合金 缺点：易结圈，维修工作量大，大型部件运输安装难度大	单机生产能力6500～12000t/d，适于大型企业	好	高	中	低

2-55　国产球团与进口球团相比有何特点？

答：我国球团矿生产起步较晚，但近年来发展很快。2011年产能已达2.2亿吨/年（其中竖炉球团占39.77%，链－回球团占56.79%，带式球团占3.44%），已能占炉料结构中的比例达18%，现在每年还需进口少量国外球团（巴西、印度、秘鲁等）。两者相比，我国球团矿的特点或者说差距表现在：

（1）品位低，SiO_2含量高。我国球团矿比进口球团矿的含铁量低3%～5%；SiO_2高3%～4%；

（2）我国生产球团矿的精矿粉粒度粗小于0.074mm（－200目）的只有60%～80%，比表面积小，大部分在1000cm²/g左右，造球困难，靠多加膨润土来弥补，除少数厂家膨润土的添加量在1.5%～2.5%外，绝大部分厂家添加量在5%以上，而每多配加1%膨润土，就使球团矿的品位降低0.6%。国外造球用精矿粉的比表面积达到1500～1700cm²/g，膨润土添加量在0.5%左右；

（3）球团矿焙烧不均匀，尤其是用竖炉焙烧的球团矿；

（4）部分竖炉生产的球团矿的强度差，FeO含量高，冶金性能差。

2-56　什么叫橄榄石球团矿和白云石球团矿？

答：橄榄石球团矿是在生产球团的料中配加镁橄榄石而制成

的一种酸性氧化球团矿。镁橄榄石（$2MgO \cdot SiO_2$）具有较高的熔点，含有相当数量的 MgO，加入球团料可改善球团矿的高温冶金性能，也起到一定的抑制球团矿异常膨胀的作用。但是却又增加了球团矿的 SiO_2 含量，降低了它的品位。

白云石球团矿是在球团料中添加白云石粉制成的一种熔剂性球团矿。由于白云石中既含有 MgO，也含有 CaO，所以生产出的这种球团矿因 MgO 的作用可改善球团矿的冶金性能，因 CaO 而提高了球团矿的碱度，而且比橄榄石球团矿的 SiO_2 含量少，因此高炉使用后，渣量比橄榄石球团矿的少。

2-57 什么叫金属化球团矿，高炉使用它有何特点？

答： 金属化球团矿属于预还原球团矿。球团矿经过气体或固体还原剂还原处理后得到不同程度金属化的产品。金属化程度用球团矿中还原出的金属铁量与全铁量之比，即（$w_{Fe金}/w_{TFe}$）× 100% 来评价，它被称为金属化率。一般预还原球团矿的金属化率在 60% ~95%。有两大类生产金属化球团矿的方法：一类是用气体还原剂在竖炉内还原氧化球团；另一类是用固体还原剂（煤）在回转窑内还原氧化球团；也可以在链箅机 – 回转窑系统的加长回转窑内既完成球团矿的焙烧，又完成球团矿的预还原；现在还有用转底炉完成球团矿焙烧和还原的工艺在运行。一般高金属化率的球团矿用于炼钢以代替废钢，金属化率低的（65% ~85%）用作高炉原料。

美国、俄罗斯等高炉使用金属化球团矿的实践表明：球团矿的金属化率每提高 10%，可降低焦比 4% ~6%，产量提高 5% ~7%。造成节焦增产效果的原因是：直接还原减少，r_d 下降，节省了氧化铁还原消耗的热量，煤气利用得到改善；虽然炉料中焦炭数量减少，料柱透气性变差后 Δp 上升，但是炉料的软熔温度升高，软熔带位置下移，厚度变薄，有利于煤气流合理分布，而且炉料的堆积密度增加，有利于炉料下降，所以炉料下降并没有变坏而是有所改善，使产量提高。

但是高炉能否大量使用金属化球团矿决定于经济效益。因为使用金属化球团矿冶炼后，吨铁的能耗（预还原消耗的能量与高炉冶炼消耗的能量之和）要比不使用时高。有人认为这样是不经济的；但也有人认为用便宜的煤代替昂贵的焦炭是合算的。

2-58 什么是冷固球团矿？

答：冷固球团矿在低温下借助于黏结剂固结铁矿粉制成的球团矿，它不经高温焙烧，铁矿粉颗粒没参与化学反应，仍保持原料的特性。曾试用过多种黏结剂，如石灰、糖浆、废纸浆、水玻璃、水泥等几十种，但大部分没有获得成功，或制成的球团矿不能满足高炉冶炼的要求。曾在高炉上试用过的冷固球团有：

（1）水泥固结球团。用 5% ~ 12% 的波特兰水泥熟料与矿粉制成球团矿，经养护和长时间贮存完成固结；

（2）高压蒸养球团。在含 SiO_2 6% ~ 8% 的矿粉中加入细磨石灰制成球团矿，经干燥后在高压釜中以 0.6 ~ 0.8MPa 高压蒸汽养护完成固结；

（3）碳酸化冷固球团。精矿粉以消石灰（15% ~ 20%）作黏结剂，用糖渣作催化剂制成球团矿，在低温（40 ~ 70℃）和含 CO_2（20% ~ 25%）的气体中养护，经过碳酸化反应生成碳酸钙微晶结构使球团矿固结。

此外，我国一些厂家将废纸浆和水玻璃作为黏结剂与精矿粉一起用压球机制成球团矿。经养护后用于中小高炉（约占炉料的 5% ~ 10%）。

这些冷固球团矿的共同缺点是：1）必须养护，有的时间过长（约 1 个月）；2）黏结剂用量都较多，使球团矿品位降低；3）高温强度差，球团矿进入高炉后易碎，产生粉末，影响高炉生产。因此，所有冷固球团矿都没有得到发展。原来我国一些厂使用的冷固球团都被竖炉氧化球团矿所代替。

第 ③ 章 高炉炼铁过程基本知识

第1节 高炉内的分解和还原过程

3-1 高炉原料中的游离水对高炉冶炼有何影响?

答: 游离水存在于矿石和焦炭的表面和空隙里。炉料进入高炉之后，由于上升煤气流的加热作用，游离水首先开始蒸发。游离水蒸发的理论温度是 100℃，但是要料块内部也达到 100℃，从而使炉料中的游离水全部蒸发掉，就需要更高的温度。根据料块大小的不同，需要到 120℃，或者对大块来说，甚至要达到 200℃游离水才能全部蒸发掉。

一般用天然矿或冷烧结矿的高炉，其炉顶温度为150~300℃，因此，炉料中的游离水进入高炉之后，不久就蒸发完毕，不增加炉内燃料消耗。相反，游离水的蒸发降低了炉顶温度，有利于炉顶设备的维护，延长其寿命。另外，炉顶温度降低使煤气体积缩小，降低煤气流速，从而减少炉尘吹出量。

3-2 高炉原料中的结晶水对高炉冶炼有何影响?

答: 炉料中的结晶水主要存在于水化物矿石（如褐铁矿 $2Fe_2O_3 \cdot 3H_2O$）和高岭土（$Al_2O_3 \cdot 2SiO_2 \cdot 2H_2O$）中间。高岭土是黏土的主要成分，有些矿石中含有高岭土。试验表明，褐铁矿中的结晶水从 200℃开始分解，到 400~500℃才能分解完毕。高岭土中的结晶水从 400℃开始分解，但分解速度很慢，到 500~600℃迅速分解，全部除去结晶水要达到 800~1000℃。

高温下分解出来的结晶水与高炉内的碳发生下列反应:

500~850℃之间:

$$2H_2O + C \Longrightarrow CO_2 + 2H_2 - 83134kJ$$

850℃以上：

$$H_2O + C \Longrightarrow CO + H_2 - 124450kJ$$

可见，高温区分解结晶水，对高炉冶炼是不利的，它不仅消耗焦炭，而且吸收高温区热量，增加热消耗，降低炉缸温度。

到达高温区分解参加上述反应的结晶水所占比例称为结晶水高温区分解率 ψ_{H_2O}，一般 $\psi_{H_2O} = 0.3 \sim 0.5$，即有 30% ~ 50% 的结晶水在高温区分解。

3-3　高炉内碳酸盐分解的规律如何，对高炉冶炼有何影响？

答： 炉料中的碳酸盐主要来自熔剂（石灰石或白云石），有时矿石也带入一少部分。炉料中的碳酸盐主要有 $CaCO_3$、$MgCO_3$、$MnCO_3$、$FeCO_3$ 等，这些碳酸盐在下降过程中逐渐被加热发生吸热分解反应。它们的开始分解温度和激烈分解温度（即化学沸腾温度）是由各自的分解压（p_{CO_2}，即分解反应达到平衡状态时 CO_2 分压）与高炉内煤气中 CO_2 分压和煤气的总压决定的。碳酸盐的 p_{CO_2} 是随温度升高而增大的，当 p_{CO_2} 超过高炉内煤气的 CO_2 分压时，它们就开始分解，而 p_{CO_2} 超过煤气的总压时就激烈分解，即化学沸腾。由于高炉冶炼条件不同，不同高炉内的总压力和 CO_2 分压也有差别，碳酸盐在不同高炉内开始分解和化学沸腾分解温度也有差别。$FeCO_3$、$MnCO_3$ 和 $MgCO_3$ 的分解比较容易，分解吸热也不多，具体数据如下：

碳酸盐	$FeCO_3$	$MnCO_3$	$MgCO_3$	$CaCO_3$
开始分解温度/℃	380 ~ 400	450 ~ 550	550 ~ 600	740
分解出 1kg CO_2 吸热/kJ	1995	2180	2490	4045

以上分解都发生在低温区，对高炉冶炼无大影响。而石灰石 $CaCO_3$ 就不一样，它的开始分解温度在 700℃ 以上，而沸腾分解温度在 960℃ 以上，而且分解速度受料块粒度影响很大，一方面

是分解出的 CO_2 向外扩散制约分解；另一方面反应生成的 CaO 的导热性很差，阻挡外部热量向中心部位传递，石灰石块中心不易达到分解温度，这样石灰石总有部分进入高温区分解。此时分解反应产物 CO_2 就会与焦炭发生碳素溶解损失反应：$CO_2 + C =\ 2CO$，此反应是吸热反应。这样进入高温区分解的 $CaCO_3$ 会消耗自身分解的热和部分分解出的 CO_2 与 C 反应热，即分解出 1kg CO_2 的热量 $Q_分$ 为：

$$Q_分 = 4045 + \psi_{CaCO_3} \times 3770$$

式中，ψ_{CaCO_3} 为 $CaCO_3$ 进入高温区分解部分所占的比例，称为石灰石高温区分解率，一般 $\psi_{CaCO_3} = 0.5 \sim 0.7$。如果高炉炼 1t 生铁消耗 100kg 石灰石，石灰石有 50% 进入高温区分解，石灰石含 CO_2 45%，则每 100kg 石灰石在高炉内要消耗热量：

$$100 \times 0.45 \times (4045 + 0.5 \times 3770) = 266850 （kJ）$$

相当于入炉焦炭（含固定碳 85%，焦炭在风口前的燃烧率为 0.8，每千克碳在风口前燃烧放热量为 9800kJ）266850/（9800 × 0.85 × 0.8）=40kg。生产实践表明，高炉炼铁每使用 100kg 石灰石，焦比要升高 30 ~ 40kg。因此生产中要求去除高炉配料中的石灰石。其途径是将石灰石加入烧结配料生产自熔性或高碱度烧结矿。在用天然矿冶炼时，小高炉上可用生石灰代替石灰石；大高炉上控制其粒度在 25 ~ 35mm 以改善石灰石分解条件。

3-4　什么是高炉炼铁的还原过程，使用什么还原剂?

答：自然界中没有天然纯铁，在铁矿石中铁与氧结合在一起，成为氧化物，它们是 Fe_2O_3、Fe_3O_4 和 FeO：

铁的氧化物	Fe_2O_3	Fe_3O_4	FeO
摩尔比 x_O/x_{Fe}	1.5	1.33	1.0
理论含氧量/%	30	27.6	22.2

高炉炼铁就是要将矿石中的铁从氧化物中分离出来。铁氧化

物失氧的过程叫还原过程，而用来夺取铁氧化物中的氧并与氧结合的物质就叫还原剂。凡是与氧结合能力比铁与氧结合能力强的物质都可以做还原剂，但从资源和价格考虑最佳还原剂是 C、CO 和 H_2。C 来源于煤，将它干馏成焦炭作为高炉炼铁的主要燃料，煤磨成粉喷入高炉成为补充燃料。CO 来自于 C 在高炉内氧化形成，H_2 则存在于燃料中的有机物和挥发分，也来自于补充燃料的重油和天然气。

3-5 在高炉炼铁过程中铁矿石所含氧化物哪些可以被还原，哪些不能被还原？

答：高炉炼铁选用碳作为还原剂，判断铁矿石中氧化物能否在高炉冶炼条件下被还原，就要比较该氧化物中元素与氧的亲和力同碳与氧亲和力谁大谁小：前者大于后者就不能还原，前者小于后者则能还原。判别元素与氧亲和力大小最常用的手段之一是氧化物的分解压 p_{O_2} 和标准生成自由能 $\Delta G^\ominus$。

所谓氧化物的分解压 p_{O_2} 就是氧化物分解为元素和氧的反应达到平衡时氧的分压。氧化物的 p_{O_2} 越大，元素与氧结合能力越小，氧化物的稳定性越小，就越易被还原剂还原，一般来说，随着温度升高 p_{O_2} 增大，氧化物变得越易还原。

所谓氧化物的标准生成自由能是热力学的函数之一，用作判断冶金过程中反应的方向及平衡状态的依据。对大多数元素的氧化物来说，标准生成自由能 $\Delta G^\ominus$ 的负值数越大，它的稳定性越高，越难还原。一般来说随温度升高氧化物的 $\Delta G^\ominus$ 的负值数变小，即氧化物的稳定性变差，只有 CO 例外，随着温度升高 CO 的 $\Delta G^\ominus$ 负值数变大，也就是 CO 变得更稳定，即 C 与 O_2 的结合能力越强，C 在高温下可以还原更多的氧化物，这也是 C 作为还原剂的优越性。

根据铁矿石中各种氧化物的 p_{O_2} 或 $\Delta G^\ominus$ 与 CO 的 p_{O_2} 或 $\Delta G^\ominus$（图 3-1），对比它们的负值大小可判断在高炉内哪些可以被还原，哪些不能还原：

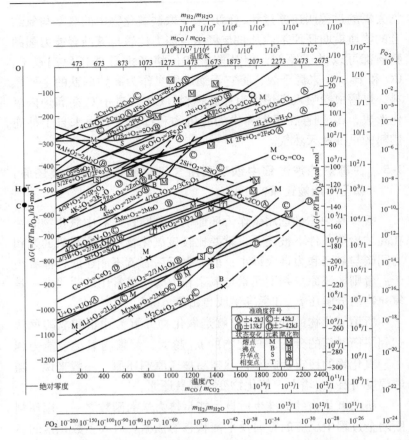

图 3-1 氧化物分解压 p_{O_2} 和标准生成自由能 $\Delta G^{\ominus}$（或氧势）图

（1）极易被还原：Cu、Ni、Pb、Co；它们的氧化物 p_{O_2} 和 $\Delta G^{\ominus}$ 与温度关系的线位于铁氧化物的线之上，它们的线与碳氧化物线相交于较低温，所以容易被 CO 还原。

（2）较难被还原：P、Zn、Cr、Mn、V、Si、Ti。但是 P、Zn 是几乎 100% 被还原的，其余的只能部分被还原：Mn 50% ~ 80%；V 80%；Si 5% ~ 70%；Ti 1% ~ 2%；它们的 $p_{O_2} - T$ 和 $\Delta G^{\ominus} - T$ 曲线的位置在铁氧化物的线之下，而且与碳氧化物的线

交于较高温度，因此在高炉内属难还原的元素。

（3）完全不能还原：Mg、Ca、Al。它们的氧化物 $\Delta G^{\ominus} - T$ 线在图 3-1 的最下方说明它们与氧的亲和力最强，而它们的 $\Delta G^{\ominus} - T$ 线与 CO 生成的 $\Delta G^{\ominus} - T$ 线相交点的温度很高，在高炉冶炼的炉缸中很难达到，甚至不可能达到，因此完全不能被还原。

3-6　铁氧化物在高炉内的还原反应有哪些规律？

答：还原反应规律如下：

（1）还原顺序。不论用何种还原剂，铁氧化物还原是由高级氧化物向低级氧化物到金属逐级进行的，顺序是：

$$>570℃ \quad Fe_2O_3 \longrightarrow Fe_3O_4 \longrightarrow FeO \longrightarrow Fe$$

$$<570℃ \quad Fe_2O_3 \longrightarrow Fe_3O_4 \longrightarrow Fe$$

在低于 570℃时，Fe_3O_4 还原得到 Fe，而不是 570℃以上那样是 FeO，是因为 FeO 在 570℃是不能稳定存在的，它会分解为 Fe_3O_4 和 Fe。

（2）用气体还原剂 CO、H_2 还原时：

1）Fe_2O_3 是不可逆反应：

$$3Fe_2O_3 + CO =\!=\!= 2Fe_3O_4 + CO \tag{3-1}$$

$$3Fe_2O_3 + H_2 =\!=\!= 2Fe_3O_4 + H_2O \tag{3-2}$$

2）Fe_3O_4 和 FeO 是可逆反应：

$$>570℃ \quad Fe_3O_4 + CO =\!\rightleftharpoons\!= 3FeO + CO_2 \tag{3-3}$$

$$Fe_3O_4 + H_2 =\!\rightleftharpoons\!= 3FeO + H_2O \tag{3-4}$$

$$FeO + CO =\!\rightleftharpoons\!= Fe + CO_2 \tag{3-5}$$

$$FeO + H_2 =\!\rightleftharpoons\!= Fe + H_2O \tag{3-6}$$

$$<570℃ \quad \frac{1}{4}Fe_3O_4 + CO =\!\rightleftharpoons\!= \frac{3}{4}Fe + CO_2 \tag{3-7}$$

$$\frac{1}{4}Fe_3O_4 + H_2 =\!\rightleftharpoons\!= \frac{3}{4}Fe + H_2O \tag{3-8}$$

为保证反应向右进行达到高炉冶炼的目的，必须用过量的还原剂来保证：

$$>570℃ \quad Fe_3O_4 + n_1CO \longrightarrow 3FeO + (n_1-1)CO + CO_2 \tag{3-9}$$

$$FeO + n_2 CO \longrightarrow Fe + (n_2 - 1)CO + CO_2 \quad (3\text{-}10)$$

$$Fe_3 O_4 + n_3 H_2 \longrightarrow 3FeO + (n_3 - 1)H_2 + H_2 O \quad (3\text{-}11)$$

$$FeO + n_4 H_2 \longrightarrow Fe + (n_4 - 1)H_2 + CO_2 \quad (3\text{-}12)$$

$$< 570℃ \frac{1}{4}Fe_3 O_4 + n_5 CO \Longrightarrow \frac{3}{4}Fe + (n_5 - 1) + CO_2 \quad (3\text{-}13)$$

$$\frac{1}{4}Fe_3 O_4 + n_6 H_2 \Longrightarrow \frac{3}{4}Fe + (n_6 - 1) + H_2 O \quad (3\text{-}14)$$

式中，n 称为过剩系数，其值随温度而变，可由该温度下可逆反应达到平衡状态时的煤气成分或平衡常数确定：

对 CO $\qquad n = \dfrac{100}{\varphi_{CO_2}}$ 或 $n = 1 + \dfrac{1}{K_p}$

对 H₂ $\qquad n = \dfrac{100}{\varphi_{H_2O}}$

通过实验室测定和热力学计算得到上述诸反应的平衡气相成分列于表 3-1。而根据这些数据作成的图示于图 3-2。

表 3-1　铁氧化物还原反应的平衡气相成分

反应式	成分	成分含量/%									
		600℃	700℃	800℃	900℃	1000℃	1100℃	1200℃	1300℃	1350℃	1400℃
$Fe_3O_4 + CO$	CO_2	55.2	64.8	71.9	77.6	82.2	85.9	88.9	91.5		93.8
$=3FeO + CO_2$	CO	44.8	35.2	28.1	22.4	17.8	14.1	11.1	8.5		6.2
$FeO + CO$	CO_2	47.2	40.0	34.7	31.5	28.4	26.2	24.3	22.9	22.2	
$=Fe + CO_2$	CO	52.8	60.0	65.3	68.5	71.6	73.8	75.7	77.1	77.8	
$Fe_3O_4 + H_2$	H_2O	30.1	54.2	71.3	82.3	89.0	92.7	95.2	96.9		98.0
$=3FeO + H_2O$	H_2	69.9	45.8	28.7	17.7	11.0	7.3	4.8	3.1		2.0
$FeO + H_2$	H_2O	23.9	29.9	34.0	38.1	41.1	42.6	44.5	46.2	47.0	
$=Fe + H_2O$	H_2	76.1	70.1	66.0	61.9	58.9	57.4	55.5	53.8	53.0	

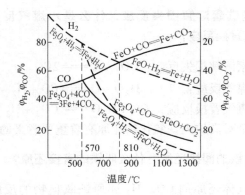

图 3-2　不同温度下 CO、H_2 还原铁氧化物气相平衡图

根据表 3-1 或图 3-2 上的平衡气相成分可以算出任何温度下的 n 值，例如在 1000℃ FeO 还原到 Fe 时平衡气相成分中 CO_2 值为 28.4% （体积分数），则 $n = \dfrac{100}{28.4} = 3.52$。

3）上述诸还原反应中，只有反应式 3-5 是放热反应，其余都是吸热反应。在图 3-2 上反应式 3-5 随温度升高曲线走向上方，而其余各反应的曲线则往下方。这样，随着温度的升高，反应式 3-5 的 n 值越来越大，而其余反应的 n 值则越来越小。两组还原平衡曲线（通常称它们为 Fe－O－C 系和 Fe－O－H 系气相平衡曲线）相交在 810℃。它告诉人们：在 810℃ 时 CO 和 H_2 夺氧能力相等，高于 810℃ 时 H_2 的夺氧能力大于 CO，而低于 810℃ 时则相反。

（3）用固体还原剂碳时，反应为：

$$3Fe_2O_3 + C \Longrightarrow 2Fe_3O_4 + CO \qquad (3\text{-}15)$$

$$Fe_3O_4 + C \Longrightarrow 3FeO + CO \qquad (3\text{-}16)$$

$$FeO + C \Longrightarrow Fe + CO \qquad (3\text{-}17)$$

上述诸反应均为不可逆反应，而且都是吸热反应，所以都在高温下进行。

3-7　什么是碳素溶解损失反应，什么是水煤气反应，什么是水煤气置换反应？

答：碳素溶解损失反应：$CO_2 + C \!=\!\!=\!\! 2CO$　　　　　　(3-18)

水煤气反应：　　　　$H_2O + C \!=\!\!=\!\! CO + H_2$　　　(3-19)

水煤气置换反应：$CO + H_2O \!=\!\!=\!\! CO_2 + H_2$　　(3-20)

这是 3 个对高炉内铁氧化物还原有着重要意义的反应。

3-8　什么叫铁的间接还原，什么叫铁的直接还原？

答：用气体还原剂 CO、H_2 还原铁氧化物的反应叫做间接还原，3-6 问中式 3-1 ~ 式 3-8 属间接还原。高炉内的 CO 是由焦炭和喷吹煤粉中碳氧化而来的，间接还原是间接消耗碳的反应。由于 Fe_3O_4、FeO 的间接还原都是可逆反应，所以需要过量还原剂保证反应的顺利进行，它们在高炉内块状带的中低温区进行。

用固体还原剂碳还原铁氧化物的反应叫直接还原。3-6 问中式 3-15 ~ 式 3-17 属直接还原。因为直接还原是不可逆反应，它不需要过量还原剂保证，但它们是大量的吸热反应，需要燃烧很多碳放出热量来保证，它们在高炉内高温区进行。在高炉内块状带内固体的铁矿石与焦炭接触发生直接还原的几率是很少的。实际的直接还原是借助于碳素溶解损失反应、水煤气反应与间接还原反应叠加而实现的。实质上两个固相间的直接还原是由两个气固相反应——间接还原与碳素溶损反应叠加而成的。

例如，$FeO + C \!=\!\!=\!\! Fe + CO$ 反应是由以下反应叠加而实现：即

$$
\begin{array}{lll}
\text{CO 间接还原} & FeO + CO \!=\!\!=\!\! Fe + CO_2 & \text{放热 13190 J/mol} \\
+)\quad \text{碳素溶损反应} & CO_2 + C \!=\!\!=\!\! 2CO & \text{吸热 165390 J/mol} \\
\hline
\text{直接还原} & FeO + C \!=\!\!=\!\! Fe + CO & \text{吸热 152200 J/mol}
\end{array}
$$

或者

H_2 间接还原	$FeO + H_2 \longrightarrow Fe + H_2O$	吸热 28010 J/mol
+) 水煤气反应	$H_2O + C \longrightarrow H_2 + CO$	吸热 124190 J/mol
直接还原	$FeO + C \longrightarrow Fe + CO$	吸热 152200 J/mol

3-9 什么叫一氧化碳利用率和氢利用率?

答:(1)一氧化碳利用率是衡量高炉炼铁中气固相还原反应中 CO 转化为 CO_2 程度的指标,也是评价高炉间接还原发展程度的指标,一氧化碳利用率用 η_{CO} 表示,其值常用小数:

$$\eta_{CO} = \frac{炉顶煤气中 CO_2 含量}{炉顶煤气中 CO 和 CO_2 含量总和} = \frac{\varphi_{CO_2}}{\varphi_{CO} + \varphi_{CO_2}}$$

在生产高炉上 η_{CO} 低的在 0.35,高的达到 0.52。从高炉生产工艺理论上分析在入炉铁矿石的 O/Fe 比值为 1.4 ~ 1.5 之间时,η_{CO} 可高达 0.6 左右。

(2)氢利用率是衡量高炉炼铁中氢参与铁氧化物还原转化为 H_2O 的程度的指标,氢利用率用 η_{H_2} 表示,其值也用小数:

$$\eta_{H_2} = \frac{H_2 参与间接还原形成的 H_2O 量}{炉顶煤气中 H_2 量 + 还原形成的 H_2O 量}$$

由于还原形成的 H_2O 量无法在炉顶煤气成分分析中测得,所以 η_{H_2} 常用下式计算:

$$\eta_{H_2} = \frac{入炉总 H_2 量 - 炉顶煤气中 H_2 量}{入炉总 H_2 量}$$

$$= 1 - \frac{炉顶煤气中 H_2 量}{入炉总 H_2 量}$$

在现代生产高炉上喷吹含 H_2 燃料时,η_{H_2} 可达 0.4 ~ 0.48。

(3)高炉炼铁中 η_{CO} 和 η_{H_2} 由高炉内极易达到平衡的水煤气置换反应密切联系在一起:

氢的间接还原	$FeO + H_2 \longrightarrow Fe + H_2O$	
+) 水煤气置换反应	$H_2O + CO \longrightarrow H_2 + CO_2$	
CO 的间接还原	$FeO + CO \longrightarrow Fe + CO_2$	

这样 H_2 促进了 CO 的间接还原，从而提高了 η_{CO}，然而在煤气中 CO_2 含量超过了水煤气置换反应的平衡值时，多余的 CO_2 又会与 H_2 反应形成 H_2O 和 CO，这时还原反应又相当于消耗了 H_2：

$$\text{CO 的间接还原} \quad FeO + CO === Fe + CO_2$$
$$+) \quad \text{水煤气置换反应} \quad CO_2 + H_2 === CO + H_2O$$

$$\text{H}_2\text{ 的间接还原} \quad FeO + H_2 === Fe + H_2O$$

所以在高炉炼铁过程中，η_{CO} 和 η_{H_2} 是相互促进又相互制约的，大量的研究和生产资料的统计表明，它们的关系为：

$$\eta_{H_2} = 0.88\eta_{CO} + 0.1$$

或

$$\eta_{H_2}/\eta_{CO} = 0.9 \sim 1.1$$

由于高炉内高温区水煤气置换反应的作用，而中低温区 H_2 还原能力低于 CO，间接还原反应中过剩系数 η 要求大，所以 H_2 在高炉内的利用率不可能超过 0.5。

3-10 什么叫铁的直接还原度和高炉直接还原度？

答：高炉内铁矿石还原过程中直接消耗碳产生 CO 和参与 $CO_2 + C = 2CO$ 的反应都属于直接还原，直接还原度就是反映这类反应发展程度的标志，是衡量高炉能量利用的重要指标。它有铁的直接还原度和高炉直接还原度两种表示方法。

（1）铁的直接还原度 r_d，高炉内高价铁氧化物还原到 FeO 时都是以间接还原为前提的。从 FeO 还原到金属铁，部分是间接还原，其余是直接还原，将铁的直接还原度定义为从 FeO 中以直接还原方式还原得到的 Fe 量与全部被还原的铁量的比值：$r_d = w_{Fe_d}/w_{Fe全还}$。由于 $w_{Fe_d} = \dfrac{56}{16}w_{O_{dFe}} = \dfrac{56}{12}w_{C_{dFe}}$，所以在计算 r_d 时，可以通过物料平衡计算出 $w_{O_{dFe}}$ 或 $w_{C_{dFe}}$ 来获得 r_d，也可以通过 Rist 操作线作图求得。

（2）高炉直接还原度 R_d。它是高炉内以直接还原方式夺取的氧量与还原中夺取的总氧量的比值：$R_d = \dfrac{w_{O_d}}{w_{O_总}}$。$w_{O_d}$ 包括了铁直接还原；少量元素 Si、Mn、P 和特殊矿中的 Nb、Cr、V、Ti 等氧化物直接还原；石灰石分解出 CO_2 与 C 反应和脱硫反应 $[S]$ + (CaO) + C $=$ (CaS) + CO 等夺取的氧量；$w_{O_总} = w_{O_d} + w_{O_i}$，$w_{O_i}$ 就是高价氧化物间接还原和 FeO 间接还原夺取的氧量。

3-11 高炉炼铁中铁的直接还原和间接还原发展程度与碳消耗有什么关系？

答：在高炉炼铁过程中不可避免地既有铁的间接还原，也有铁的直接还原，从 3-8 问知两种还原各有特点：间接还原消耗热量少，但需要过量还原剂保证，因此作为还原剂消耗的碳多；直接还原相反，消耗热量多而消耗还原剂少。高炉内碳的消耗（也就是燃料消耗）既要保证还原剂的需要，也要保证热量的需求。而碳在氧化成 CO 时，既放出热量供冶炼需要，也成为间接还原的还原剂，因此可从还原剂和热量需求上来分析。

（1）作为还原剂的碳消耗。

直接还原　　FeO + C $=$ Fe + CO

$$w_{C_d} = \frac{12}{56} w_{[Fe]} r_d$$

间接还原　　FeO + nCO $=$ Fe + $(n-1)$CO + CO_2

$$w_{C_i} = n \frac{12}{56} w_{[Fe]} (1 - r_d)$$

若以还原单位 Fe 为基准，$w_{[Fe]} = 1$，用 r_d 作横坐标，碳消耗作纵坐标作图可得图 3-3。得出的 w_{C_d} 和 w_{C_i} 随 r_d 变化的两条线，它们相交于 O' 点，此时 $w_{C_d} = w_{C_i}$，也就是在 r_d 为 r_{d_o} 时，Fe 直接还原形成的 CO 量正好满足 $w_{[Fe]}(1 - r_{d_o})$ 所要求的还原剂量，这时作为还原剂消耗的碳最低。解 $w_{C_d} = w_{C_i}$ 得 $r_{d_o} = n/(1+n)$。它表明决定最低还原剂消耗的 r_{d_o} 是过剩系数 n，而 n 是随温度而变的，所以 r_{d_o} 也随温度而变，一般 $r_{d_o} = 0.7 \sim 0.8$。

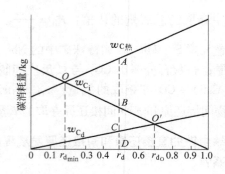

图 3-3 碳消耗与铁的直接还原度的关系

（2）作为热量提供者的碳消耗。

通过炼铁过程的热平衡可以推导出：

$$w_{C_热} = A + Br_d$$

$$A = (Q - 5076) / (9800 + v_风 \cdot c \cdot t)$$

$$B = (5076 + 0.215v_风 \cdot c \cdot t) / (9800 + v_风 \cdot c \cdot t)$$

式中　Q——冶炼单位 Fe 消耗的热量，kJ/kg；

9800——燃烧 1kg 碳成为 CO 时放出热量，kJ/kg；

$v_风 \cdot c \cdot t$——燃烧 1kg 碳所需热风带来的热量，kJ/kg，其中 $v_风$ 为燃烧 1kg 碳消耗风量，m^3/kg；c 为热风的热容，kJ/($m^3 \cdot ℃$)；t 为风温。

在 $w_C - r_d$ 图上画出此线，交还原剂耗碳线于 O 点，该交点处的碳消耗既能满足还原剂的需要，也能满足热量的需要，是高炉炼铁的最低碳消耗。因为 O 点左侧 $w_{C_i} > w_{C_热}$，而其右侧 $w_{C_热} > w_{C_i}$。所以 O 点处的直接还原度是冶炼的最低直接还原度 $r_{d_{min}}$，解 $w_{C_i} = w_{C_热}$ 可得 $r_{d_{min}} = \dfrac{0.215n - A}{0.215n + B}$，在现代高炉操作条件下 $r_{d_{min}} = 0.2 \sim 0.3$，在喷吹含 H_2 燃料时，由于 H_2 的间接还原作用，$r_{d_{min}}$ 可降到 $0.10 \sim 0.15$。

3-12　高炉炼铁中煤气利用程度与碳消耗有什么关系？

答：3-11 问中的图 3-3 上决定碳消耗的是 w_{C_i} 和 $w_{C_热}$，而间接还原反应 $FeO + nCO \rightarrow Fe + (n-1)CO + CO_2$ 中 n 为 1000℃ 反应达到平衡时的值。高炉是逆流反应器，反应式 3-10 产生的煤气上升过程中还进一步还原高价氧化铁 Fe_3O_4 和 Fe_2O_3，即进行式 3-9 和式 3-1 反应，这两个反应发生以后煤气中的 CO 和 CO_2 与 1000℃ 下反应式 3-10 平衡时煤气中的 CO 和 CO_2 含量不同，在高炉内进行完反应式 3-9 和式 3-1 后煤气到达炉顶，其中 CO 和 CO_2 的含量就会成为炉顶煤气中的 CO 和 CO_2 含量，而它们的 $\dfrac{\varphi_{CO_2}}{\varphi_{CO} + \varphi_{CO_2}}$ 比值就是 CO 的利用率。

η_{CO} 与 r_d 的关系画在 $w_C - r_d$ 图上，可得到不同 η_{CO} 时的碳消耗。

在高炉喷吹高含氢燃料（例如天然气等），煤气中 H_2 含量增加，就应考虑反应式 3-14、式 3-11、式 3-2 进行后对碳消耗的影响，也就是氢的间接还原 r_{iH_2} 降低了 CO 间接还原和 C 直接消耗的碳，受 η_{H_2} 的制约，到达炉顶煤气中的 H_2 含量也相应会有所增加。在生产中常用 $\eta_{CO+H_2} = \dfrac{\varphi_{CO_2} + \varphi_{H_2O}}{\varphi_{CO} + \varphi_{CO_2} + \varphi_{H_2} + \varphi_{H_2O}}$ 比值来表示炉顶煤气利用程度。考虑 H_2 间接还原后的图 3-3 和图 3-4 将变成图 3-5。

3-13　高炉内除了铁以外还有哪些元素还原进入生铁？

答：在 3-5 问中谈到高炉冶炼条件下 Cu、As、Ni、Co、Fe 可以全部被还原，Cr、Mn、V、Si、Ti 部分被还原，因此，当矿石中含有这些元素时，它们就会还原进入生铁。一般情况下，生铁中常含有的合金元素为 Mn、Si、P、S、C。其中 Mn、Si、S 的含量可以控制，而 P 的含量不能控制，炉料中的 P 全部进入生铁。图 3-4 为不同 η_{CO} 时碳元素消耗与铁的直接还原度的关系。

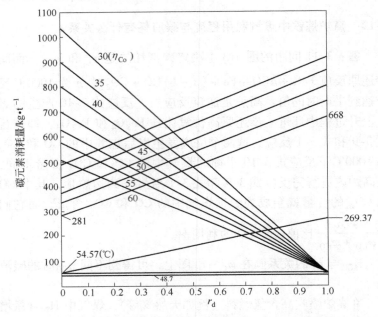

图 3-4 不同 η_{CO} 时碳元素消耗与铁的直接还原度的关系

（1）易还原元素的还原。所谓易还原元素是指在高炉冶炼条件下，它们与氧的亲和力小于 FeO，这些氧化物有 Cu、Co、Ni、W、Sn 等。进入铁矿石中这些元素的氧化物将被还原成元素，将全部进入生铁。

1）Cu。在矿石中 Cu_2O 可与 SiO_2 形成硅酸盐 $2Cu_2O \cdot SiO_2$、$Cu_2O \cdot SiO_2$、$Cu_2O_2 \cdot SiO_2$，它们很容易被 H_2 和 CO 还原，开始还原的温度分别为 420K（147℃）和 453K（180℃）。

2）Co。钴与氧形成两种氧化物：CoO 和 Co_3O_4。在 1000℃ 时 CoO 就分解，而在 200~300℃ 时它们均可被 CO 和 H_2 还原成元素而溶入铁中。

3）Ni。镍与氧形成 Ni_2O_3、Ni_3O_4 和 NiO，其中 Ni_2O_3 加热到 800℃ 时就分解为 NiO，而 Ni_3O_4 在温度高于 450℃ 时就转变为 NiO，因此 Ni 在很低的温度下就可被 CO 和 H_2 还原成金属状

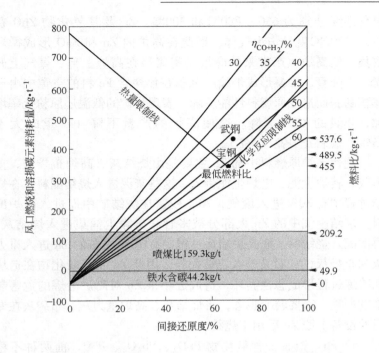

图 3-5　考虑 H_2 间接还原后不同 η_{CO+H_2} 时的碳元素消耗与
铁的间接还原度 r_i 的关系

态。不仅如此，在低温下金属 Ni 还可与 CO 形成 $Ni(CO)_4$，因
此在高炉上用红土矿冶炼且炉顶温度较低时，有 10% 的 Ni 以
$Ni(CO)_4$ 的形态被带出炉外。

　　Ni 的硅酸盐（$2NiO \cdot SiO_2$）和硅铝酸盐也在较低的温度下被
H_2（300℃）和 CO（400℃）还原。

　　4）Zn。近年来 Zn 对高炉冶炼带来了危害，成为需要解决的
重要问题。Zn 的氧化物属易还原的。在自然界中 Zn 以硅酸盐
$Zn_2SiO_4 \cdot H_2O$ 形态存在，它可在 1250℃ 被 C 还原，900 ~
1200℃ 被 H_2 和 CO 还原。Zn 可与 Fe 形成 $FeZn_2$ 和 $FeZn_3$，它们
在 662℃ 和 773℃ 熔化。Zn 还能被 CO 和 CO_2 氧化成 ZnO，开始

氧化温度分别为 650 ~ 780℃ 和 300℃。Zn 及其氧化物 ZnO 在 970 ~ 1200℃ 就升华为气体，因此在高炉内 Zn 和 ZnO 形成循环富集，给高炉生产带来的麻烦是富集后在高炉上部、煤气上升管、下降管，冷凝形成炉瘤。沉积在焦炭含 Fe 料的空隙中由于体积膨胀而造成原燃料性能下降，表现为矿的低温还原粉化率增加，焦炭的 CSR 下降。这使高炉的产量下降（严重时大于 25%）燃料比升高（6%）。

现代高炉原燃料中的 Zn 主要是由烧结灰、高炉布袋灰、重力灰、转炉尘泥、电炉尘泥带入。这些灰泥进入烧结配料，在烧结过程中有 30% 进入废气，70% 残留在烧结矿中而进入高炉配料。烧结废气中的 Zn 大部分被多管和电除尘捕集进入烧结灰，再次配入烧结料，而高炉冶炼过程中有 70% 左右的 Zn 进入重力灰和布袋灰，它们又进入烧结配料。因此 Zn 及其氧化物在造块和冶炼过程形成恶性循环，造成近年来 Zn 对高炉冶炼的危害越来越严重。需要转变观念，将烧结灰、高炉重力灰、布袋灰在专门的设备上脱 Zn 后用于烧结。

5）Pb。铅有三种氧化物 PbO_2、Pb_3O_4、PbO，前两种不稳定，很容易分解为 PbO。PbO 在 800℃ 左右能升华为气体。它很容易被 CO 还原成 Pb。也存在 $PbCO_3$ 和 $PbSO_4$，这两种盐类在 750 ~ 800℃ 时分解为 PbO，然后被 CO 还原成 Pb。Pb 在铁水和炉渣中的溶解度很小，相应为 0.09% 和 0.04%。Pb 的密度比 Fe 大，因此还原的 Pb 聚集在炉底铁水层之下，是造成炉底破损的原因之一。由 PbO 能升华随煤气上升，因此在炉缸以上的砖衬空隙内，风口三个套的接触处等也会有金属 Pb 存在。

中国的矿石中有时会有 Pb，例如南方广东、湘东地区的矿中会有 Pb，在生产中要用炉底预留的排 Pb 口定期排 Pb。

（2）较难还原元素的还原：P 和 As。属于这个范畴的是 P 和 As，它们的 $\Delta G^{\ominus} - T$ 线与 CO 的 $\Delta G^{\ominus} - T$ 的交点温度与 Fe 与 CO 相交点温度处于同一水平，所以它们的氧化物只能用 C 还原，但却能被 C 全部还原而进入生铁。

　　磷在高炉的炉料中主要以磷酸盐形态赋存：$(CaO)_3 \cdot P_2O_5$、$[(FeO)_3P_2O_5] \cdot 8H_2O$ 等，在高炉内遇 SiO_2，硅酸根取代 P_2O_5，在 900~1000℃ P_2O_5 被 C 还原成元素状态 P。在有金属 Fe 存在的情况下形成 Fe_3P、Fe_2P 等，化合物而溶入铁中，被还原出来的磷还易于挥发而随煤气上升，遇还原出来的海绵铁而被吸收。总的来说，炉料中的磷是 100% 被还原进入生铁，因此生产中只有通过配矿限制入炉磷量来控制铁水中的磷含量。只是在冶炼高磷生铁、磷铁合金时炉渣中有少量的磷。

　　砷在高炉内的还原类似于磷，但较 P 更易还原，一般是以砷酸盐状态进入高炉，其酸根为 As_2O_5。400℃ 左右它分解为 As_2O_3，然后在 500~1000℃ 范围内被 CO、H_2 和 C 还原而 100% 地进入铁水。要求高炉铁水中的 As 含量低于 0.07%，因此要在高炉配料中限制 As 的带入量。中国南方的矿石（大宝山矿、湘东矿）中含有砷，使用时要注意。

　　(3) 难还原元素的还原。难还原元素指的是在高炉冶炼的条件下，它们与氧的亲和力远大于 Fe，而且它们的 $\Delta G^{\ominus} - T$ 线与 CO 的 $\Delta G^{\ominus} - T$ 线交于 1000℃ 以上。它们只能在高炉的高温区由碳还原，而且还原的数量可以通过冶炼条件的改变来控制，如 Mn、Si、Cr、Ti、V 等。

　　1) 锰的还原。Mn 氧化物也是逐级还原的，顺序为：

$$MnO_2 \longrightarrow Mn_2O_3 \longrightarrow Mn_3O_4 \longrightarrow MnO \longrightarrow Mn$$

失氧量分别为 25.0%、33.3%、50%、100%。

　　用 CO 和 H_2 很容易把高级氧化物还原到 MnO。MnO 是相当稳定的化合物，它的分解压比 FeO 小得多。1400℃ 下用 H_2 还原，平衡气相中只有 0.16% 的 H_2O，用 CO 还原则只有 0.03% 的 CO_2。因此，用气体还原 MnO 是很困难的。高炉内，MnO 只能通过直接还原得到：

$$(MnO) + C =\!=\!= [Mn] + CO - 287327kJ$$

　　当温度在 1100~1200℃ 时，Mn 的高级氧化物已还原到 MnO，而 MnO 未开始还原就和 SiO_2 组成硅酸盐进入熔融炉渣。

含 MnO 的炉渣熔点很低，1150 ~ 1200℃ 即可熔化，因此绝大部分 Mn 是从液态炉渣中还原出来的。

由于 MnO 在炉渣中大部分以硅酸锰的形态存在，因此更难还原。要求还原温度在 1400 ~ 1500℃ 以上。所以，高温是 Mn 还原的首要条件。从 MnO 中还原 1kg Mn 所需要的热量为 287327/55 = 5224（kJ），它比从 FeO 中还原 1kg Fe 所需要的热量大一倍。

高炉内存在有利于 Mn 还原的条件。首先，高炉内铁的存在和 Mn 能溶于铁水中就有助于 MnO 的还原，当铁存在时，MnO 在 1030℃ 就开始还原。其次，高炉中有大量 C 存在，在温度高于 1100℃ 时能生成 Mn_3C，它是放热反应，有助于 MnO 还原这一吸热反应的进行，同时，Mn_3C 中的 C 能强烈地从 MnO 中还原 Mn。最后，高炉渣中大量 CaO 的存在也能促进 MnO 的还原：

$$MnSiO_3 + CaO = CaSiO_3 + MnO + 59023kJ$$
$$+)\quad MnO + C = Mn + CO - 287327kJ$$
$$\overline{MnSiO_3 + CaO + C = CaSiO_3 + Mn + CO - 228304kJ}$$

这是因为 CaO 对 SiO_2 的亲和力比 MnO 强，CaO 可以把 MnO 从硅酸锰中置换出来，增加渣中 MnO 的活度，促进其还原，同时，还原反应的吸热量也减少。因此，高碱度是 Mn 还原的重要条件。

Mn 在高炉内部分挥发，到上部又氧化成 Mn_3O_4。炼普通生铁时，有 40% ~ 60% 的 Mn 进入生铁，有 5% ~ 10% 的 Mn 挥发进入煤气，其余进入炉渣。

2）硅的还原。SiO_2 是非常稳定的化合物，分解压力很小，很难还原。高炉条件下用 CO 还原 SiO_2 是不可能的。只能用固体碳部分地从 SiO_2 还原，在冶炼普通生铁时，SiO_2 的还原率仅为 5% ~ 10%。

Si 氧化物还原也是逐级进行的：

> 1500℃ $\qquad SiO_2 \longrightarrow SiO \longrightarrow Si$

< 1500℃ $\qquad SiO_2 \longrightarrow Si$

　　大量的研究表明高炉内硅还原是分两步完成的：第一步是焦炭和喷吹煤粉的灰分中的 SiO_2 与 C 反应形成 SiO 蒸气；第二步是随煤气上升的 SiO 蒸气被铁珠吸收或吸附在焦炭块上，被铁中 [C] 和焦炭的 C 还原成 Si：

$$SiO_2 + C =\!=\!= SiO \uparrow + CO$$

$$SiO + [C] =\!=\!= [Si] + CO$$

$$SiO + C =\!=\!= [Si] + CO$$

　　研究表明，焦炭中的硫也可能参与了 Si 的还原：

$$SiO_2 + C + S =\!=\!= SiS \uparrow + CO$$

SiS 随煤气上升为铁滴吸收而溶入其中：

$$SiS =\!=\!= [Si] + [S]$$

上述是普通生铁硅的还原过程，在高炉冶炼高硅的镜铁或硅铁时，光靠焦炭灰分中的 SiO_2 还原就达不到所要求的含硅量，还需从炉料中的 SiO_2 还原：

$$(SiO_2) + 2C + Fe =\!=\!= FeSi$$

　　实际上，现代高炉炼钢生铁中的含硅量为 0.3% ~ 0.5%，远低于滴落带中铁滴所含的 Si 量 2% ~ 4%，因此在现代高炉生产中要控制生铁中的含硅量。主要的技术措施是：① 精料以控制 Si 源，就是努力降低焦炭和煤粉中的灰分和含铁炉料中的 SiO_2 量；② 选择合适的炉渣碱度以降低渣中 SiO_2 的有效浓度，一般三元碱度控制在 1.45 ~ 1.55，二元碱度高时取低值，低时取高值；③ 创造条件发展硅氧化的耦合反应如下：

$$[Si] + 2(FeO) =\!=\!= (SiO_2) + 2[Fe]$$

$$[Si] + 2(MnO) =\!=\!= (SiO_2) + 2[Mn]$$

$$[Si] + 2(CaO) + 2[S] =\!=\!= (SiO_2) + 2(CaS)$$

④ 精心操作，使高炉稳定顺行，炉缸有充足的物理热等。

　　3）钒和钛的还原。在攀枝花、承德、马鞍山等地区的矿石中含有 V 和 Ti，部分东北地区的矿中也会有 Ti，在高炉冶炼中，它们部分地还原而进入生铁。钒有多种氧化物 V_2O_5、VO_2、V_2O_3、VO，在较高的温度下 V_2O_5 可被 H_2 和 CO 还原到 V_2O_3，

而从 V_2O_3 还原到元素 V 则只能由 C 完成。在有 Fe 存在时还原变得容易一些，碱性渣也有利于 V 的还原。V 是有益元素，在高炉炼铁中采用碱性渣将矿石中的 V 尽可能多地还原而进入生铁，一般可达到 85% ~ 90% 。

高炉内 Ti 只能由碳直接还原，进入高炉的钛铁矿 $FeTiO_4$ 在块状带和软熔带逐步还原为 $FeO \cdot TiO_4$ 和 TiO_2 ，进入滴落带后，发生焦渣界面反应：$2Ti + C \rightarrow Ti_2O_3 + CO$；$TiO_2 + C \rightarrow TiO + CO$；$TiO_2 + 3C \rightarrow TiC + 2CO$；$TiO_2 + 1/2N_2 + 2C \rightarrow TiN + 2CO$；$TiO_2 + 2C \rightarrow [Ti] + 2CO$ 。反应生成的 TiC、TiN(s) 以固溶体形式弥散于渣中，这是含 Ti 炉渣变稠的主要原因。在铁水与炉渣的界面发生的反应有 $TiO_2 + 3[C] \rightarrow TiC + 2CO$，$TiO_2 + 1/2 N_2 + 2[C] \rightarrow TiN + 2CO$，还原进入生铁的 [Ti] 也会与溶于铁水中的 [C]、[N] 反应形成 TiC、TiN。理论上讲，Ti 在铁水中的溶解度是很低的，在 1450℃ 左右时约为 0.09% ，而实际攀钢的铁水中 [Ti] 远超过此数值，是不是 TiC 和 TiN 也弥散在铁水中有待研究，含 TiC 和 TiN 的炉渣沉积在炉底、炉缸与石墨等形成不同色调的高熔点含 Ti 堆积物有利于护炉，这是现在广泛采用的钛渣护炉的依据。

4）铬的还原。在某些进口矿中含有 Cr，冶炼过程中要了解其行为。铬有多种氧化物：CrO_3、CrO_2、Cr_2O_3、Cr_3O_4 和 CrO，其中 Cr_2O_3 和 CrO 最稳当。高炉生产表明铬氧化物在炉渣中已还原到 CrO，它被 C 还原为金属 Cr 而溶于铁水。金属 Fe 的存在有利于 Cr 的还原，高炉内进入铁水的 Cr 可达入炉量的 92% ~ 98% 。

3-14 从铁氧化物中还原铁和从复杂化合物中还原铁有什么区别？

答： 高炉原料中的铁氧化物常与其他化合物结合形成复杂化合物，比如烧结矿中的 $2FeO \cdot SiO_2$、$MnO \cdot SiO_2$，熔剂性烧结矿中的 $CaO \cdot Fe_2O_3$ 等。形成这些复杂化合物时放出热量，能位降低，因此，从这些化合物中还原铁要比从自由铁氧化物中还原铁困难，要消耗更多的热量。

例如：
$$FeO + C = Fe + CO - 152161kJ$$

$$2FeO \cdot SiO_2 + 2C = 2Fe + SiO_2 + 2CO - 352671kJ$$

如果渣中含有较多的 CaO，就可以促进 $2FeO \cdot SiO_2$ 的还原。因为 CaO 对 SiO_2 的亲和力比 FeO 大，它能把 $2FeO \cdot SiO_2$ 中的 FeO 置换出来，使其成为自由 FeO，而 CaO 则与 SiO_2 结合形成更加稳定的 $2CaO \cdot SiO_2$，并放出热量：

$$Fe_2SiO_4 + 2CaO = Ca_2SiO_4 + 2FeO + 91841kJ$$

$$+)\quad 2FeO + 2C = 2Fe + 2CO - 304322kJ$$

$$\overline{Fe_2SiO_4 + 2CaO + 2C = 2Fe + Ca_2SiO_4 + 2CO - 212481kJ}$$

从 $MnO \cdot SiO_2$ 中还原 Mn 的规律与上述情况相似。

3-15　铁矿石是如何被还原剂还原的？

答：铁矿石与气体还原剂 CO、H_2 间的还原反应是气固反应，根据铁氧化物还原的顺序性，还原过程中的单体矿石颗粒的断面呈层状结构以及没有进行反应的核心部分随反应过程的进行逐步缩小的事实，用还原过程中呈层状结构的矿石颗粒截面（图 3-6）来说明还原的各个环节，各个环节进行的顺序如下：

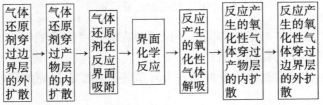

（1）任何固体在气流中，其表面都吸附有一个相对静止的气膜－边界层，在高炉内矿石表面就有煤气边界层，CO、H_2 必须扩散通过它到达矿石表面，而还原生成的氧化性气体 CO_2、H_2O 也要扩散通过边界层而进入主气流；这种扩散过程称外扩散。

（2）通过还原矿石表面形成还原产物层——多孔铁壳，随着还原的进行，产物层逐步向中心推进，厚度增加，还原气体 CO、H_2 和产物氧化性气体 CO_2、H_2O 扩散通过时称内扩散。

（3）还原气体的吸附、界面化学反应与氧化性气体的脱附具有吸附自动催化特性，即它们的速度具有由慢到加快的自动催化现象，其过程可表达为：

$$FeO_{固} + CO_{气} = FeO_{固} \cdot CO_{气} \quad （吸附过程）$$

$$FeO_{固} \cdot CO_{气} = Fe_{固} \cdot CO_{2气} \quad （界面化学反应）$$

$$Fe_{固} \cdot CO_{2气} = Fe_{固} + CO_{2气} \quad （脱附过程）$$

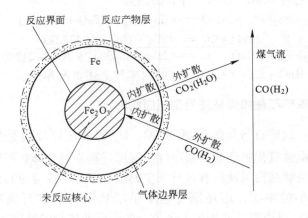

图 3-6　铁矿石的还原过程示意图

（4）在气体内扩散的同时，也还存在着速度缓慢的 Fe、FeO 等原子和离子的固相扩散。

（5）上述诸过程中最慢的一个环节将是铁矿石还原的限制性环节。

3-16　哪些因素影响铁矿石的还原速度？

答：铁矿石还原速度的快慢，主要取决于煤气流和矿石的特性，煤气流特性主要是煤气温度、压力、流速和成分等，矿石特性主要是粒度、气孔度和矿物组成等。

（1）煤气中 CO 和 H_2 的浓度。提高煤气中 CO 和 H_2 的浓度，既可以提高还原过程中的内外扩散速度，又可以提高化学反应速度，同时也增大了与平衡浓度的差值，从而可以加快铁矿石的还原速度。实验结果表明，铁矿石的还原速度随着煤气中 CO 和 H_2 浓度的增加而增加，随着 CO_2 和 H_2O 浓度的增加而减缓。

　　煤气中 H_2 浓度的增加，对加快铁矿石的还原速度更为有效。因为 H_2 半径小、密度小、黏度小，在固体还原产物层内的扩散能力和氧化物表面上的吸附能力都比较强，气体还原产物 H_2O 的扩散能力也比 CO_2 强。根据气体分子运动论的规律，气体分子运动速度与其相对分子质量的平方根成反比，因此，H_2 的扩散速度是 CO 扩散速度的 3.74 倍（$\sqrt{\varphi_{CO}}/\sqrt{\varphi_{H_2}} = 3.74$）**❶**，而 H_2O 的扩散速度是 CO_2 的 1.56 倍（$\sqrt{\varphi_{CO_2}}/\sqrt{\varphi_{H_2O}} = 1.56$）。因此，$H_2$ 比其他气体更快地到达矿石中心，产物 H_2O 也易于扩散出来，从而加快矿石的还原速度。在用 CO 与 H_2 的混合气体时，还原速率基本上与煤气含 φ_{H_2} 与 $\dfrac{\varphi_{H_2}}{\varphi_{H_2} + \varphi_{CO}}$ 呈线性关系。

　　（2）煤气温度。表面化学反应速度和扩散速度皆随温度的升高而加快。因此，高温对加速铁矿石的还原有利，尤其是扩大 800 ~ 1000℃ 的间接还原区，对加速高炉内的还原过程是关键。从分子运动论的观点来看，这是因为高温下分子运动激烈，增加了氧化物分子与还原剂碰撞的机会，同时，高温下活化分子数目增加，促进还原反应进行。

　　（3）煤气流速。当反应处于外部扩散速度范围时，提高煤气流速对加快还原速度是非常有利的，这是因为提高煤气流速有利于冲散固体氧化物周围阻碍还原剂扩散的气体薄膜层，使还原剂直接到达氧化物表面。但是，当气流速度提高到一定程度后（即超过临界速度），气体薄膜层完全冲走，随即反应速度受内扩散速度或界面反应速度的控制，此时进一步提高煤气流速就不再起加快还原速度的作用，而高炉内的煤气流速远超过临界速

---

　　❶ φ 表示体积分数，单位为%。

度，所以煤气速度对炉内矿石还原过程没有影响。相反，由于气流速度过快而煤气利用率变坏，对高炉冶炼不利。因此，煤气流速必须控制在适当的水平上。

（4）煤气压力。提高煤气压力阻碍碳元素溶损反应，使其平衡逆向移动，提高气相中 CO_2 消失的温度，这就相当于扩大了间接还原区，对加快还原过程是有利的。同时，从分子运动论的观点看来，提高煤气压力使气体密度增大，增加了单位时间内与矿石表面碰撞的还原剂分子数，从而加快还原反应。但是，随着压力的提高，还原速度并不成比例地增加。这是因为提高压力以后，还原产物 CO_2 和 H_2O 的吸附能力也随之增加，阻碍还原剂的扩散，同时，由于碳素溶损反应的平衡逆向移动，气相中的 CO_2 浓度增加，更接近 CO 间接还原的平衡组成，这些对铁氧化物的还原是不利的。因此，提高压力对加快还原的作用是不明显的。提高压力的主要意义在于降低压差，改善高炉顺行，为强化冶炼提供可能性。

（5）矿石粒度。同一重量的矿石，粒度愈小，与煤气的接触面积愈大，煤气利用率愈高。而对每一个矿粒来说，表面被还原的金属铁层厚度相同的情况下，粒度愈小，相对还原度愈大。因此，缩小粒度能提高单位时间内的相对还原度，从而加快矿石的还原速度。另外，缩小矿石粒度，缩短了扩散行程和减少了扩散阻力，从而加快了还原反应。

但是，粒度缩小到一定程度以后，固体内部的扩散阻力愈来愈小，最后由扩散速度范围转入化学反应速度范围，此时进一步缩小粒度也就不再起加快还原的作用。这一粒度称为临界粒度。高炉条件下的临界粒度约为 3～5mm。另外，粒度过小会恶化料柱透气性，不利于还原反应。

比较合适的粒度对大高炉来说是 10～25mm。

（6）矿石气孔度和矿物组成。气孔度是影响矿石还原性的主要因素之一。气孔度大而分布均匀的矿石还原性好，因为气孔度大，矿石与煤气接触面积大，同时，也减少了矿石内部的扩散阻力。

组成矿石的矿物中，硅酸铁是影响还原性的主要因素，铁以硅酸铁的形态存在时就难还原。烧结矿中 FeO 高，硅酸铁也高，因此较难还原。球团矿一般都在氧化气氛中焙烧，因此 FeO 少，故还原性好。熔剂性烧结矿之所以还原性好，是因为 CaO 对 SiO$_2$ 的亲和力比 FeO 大，它能分离硅酸铁，减少烧结矿中的硅酸铁含量。

3-17　生铁生成过程中渗碳反应是如何进行的？

答：生铁的形成过程主要是已还原出来的金属铁溶入其他合金元素和渗碳过程。

高炉炉身中的铁矿石一部分在固体状态下就被还原成了金属铁，叫做海绵铁。取样分析表明，炉身上部出现的海绵铁中已经开始了渗碳过程。不过低温下出现的固体海绵铁是以 α - Fe 的形态存在的，所以它溶解的碳很少，最多也只有 0.022%。随着温度超过 723℃，α - Fe 转变为 γ - Fe（奥氏体），溶解碳的能力大大提高。固体状态下的渗碳是按下式进行的：

$$2CO = CO_2 + C_黑$$
$$+)\quad 3Fe_固 + C_黑 = Fe_3C_固$$
$$\overline{\quad 3Fe_固 + 2CO = Fe_3C_固 + CO_2 \quad}$$

CO 分解产生的炭黑（粒度极小的固体炭）非常活泼，它也参加铁氧化物的还原反应，同时与已还原生成的固体铁发生渗碳反应。CO 的分解在 450 ~ 600℃ 范围内最有利，因此炉身上部就可能按上述反应进行渗碳过程。不过由于固体状态下接触条件不好和海绵铁本身溶解碳的能力很弱，所以固体金属铁中的含碳量是很低的。炉身取样分析表明，海绵铁中的碳量最多有 1%。大量的渗碳过程在下部高温区液体状态下进行：

$$3Fe_液 + C = Fe_3C_液$$

根据高炉解剖资料分析，矿石在高炉内随着温度的升高，由固相区块状带经过半熔融状态的软熔带进入液相滴落带。矿石进入软熔带以后，矿石还原度可达 70%，出现致密的金属铁和炉渣成分的熔解聚合。再提高温度达到 1300 ~ 1400℃ 时，含有大量

FeO 的初渣从矿石机体中分离出去，焦炭空隙中形成金属铁的"冰柱"。此时金属铁以 γ - Fe 的形态存在，含碳量达到 0.3% ~ 1.0%，由相图分析得知，此金属铁仍属固体。温度继续提高至 1400℃以上，"冰柱"经炽热焦炭的固相渗碳，熔点降低，才熔化为金属铁滴，穿过焦炭空隙流入炉缸。由于液体状态下与焦炭的接触条件改善，加快了渗碳过程，生铁含碳立即增加到 2% 以上，到炉腹处的金属铁中已含有 4% 左右的碳了，与最终生铁成分中的含碳量相差不多。总之，生铁的渗碳过程从炉身上部的海绵铁开始，大部分渗碳过程在炉腰和炉腹基本完成，炉缸部分只进行少量渗碳。因此软熔带的位置和滴落带内焦柱的透液性对渗碳起着重要作用。铁滴在滴落带内走过的途径越长，在滴落带停留的时间越多，它渗入的碳量越多。

由 Fe - C 状态图可知，含碳量 4.3% 为共晶生铁，此时铁的熔点最低，因此一般生铁中的含碳量为 4% 左右。生铁中的最终含碳量与生铁中其他合金元素含量有关。凡是能与碳作用形成稳定化合物的元素能促进渗碳，如 Mn、Cr、V、Ti 等。含 Mn 15% ~20% 的镜铁含碳量达 5.5%，含 Mn 达 80% 的锰铁含碳量达 7%。凡是能促进碳化物分解，与铁作用形成稳定化合物的元素能阻止渗碳，如 Si、P、S 等。铸造生铁由于含硅量较高，含碳量只有 3.5% ~4.0%，硅铁含碳量更低，只有 2%。在现代高炉上，冶炼低硅生铁，炼钢生铁的铁水含碳量在 4.5% ~5.4% 之间波动。

铁水渗碳量与铁水温度和生铁中各元素含量的经验式有：

$$w_{[C]} = 1.34 + 2.54 \times 10^{-3} t - 0.35 w_{[P]} + 0.17 w_{[Ti]} - 0.54 w_{[S]} + 0.04 w_{[Mn]} - 0.03 w_{[Si]}$$

如考虑高炉内煤气压力和 CO 含量对生铁含碳量影响，则经验式有：

$$w_{[C]} = -8.62 + 28.8 \frac{\varphi_{CO}}{\varphi_{CO} + \varphi_{H_2}} - 18.2 \left(\frac{\varphi_{CO}}{\varphi_{CO + H_2}} \right)^2 - 0.244 w_{[Si]} + 0.00143 t + 0.00278 p_{顶CO}$$

式中，t 为铁水温度，℃；$w_{[Si]}$、$w_{[Mn]}$、$w_{[S]}$、$w_{[P]}$、$w_{[Ti]}$ 为各元

素在铁水中的含量,% ；φ_{CO}、φ_{H_2} 为炉顶煤气中 CO、H_2 的含量,% ；$p_{顶CO}$ 为炉顶煤气中 CO 分压，kPa。

第2节　高炉内的造渣过程

3-18　高炉内炉渣是怎样形成的?

答: 高炉造渣过程是伴随着炉料的加热和还原而产生的重要过程——物态变化和物理化学过程。

(1) 物态变化。铁矿石在下降过程中，受上升煤气的加热，温度不断升高，其物态也不断改变，使高炉内形成不同的区域：块状带、软熔带、滴落带和下炉缸的渣铁贮存区（图3-7）。

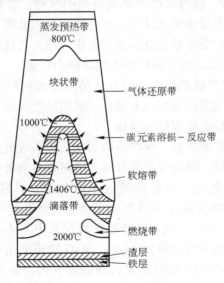

图 3-7　高炉断面各带分布图

1）块状带。在这里发生游离水蒸发、结晶水和菱铁矿的分解、矿石的间接还原（还原度可达30% ~40%）等现象。但是矿石仍保持固体状态，脉石中的氧化物与还原出来的低级铁和锰氧化物发生固相反应，形成部分低熔点化合物，为矿石中脉石成分的软化和熔融创造了条件。

2）软熔带。固相反应生成的低熔点化合物在温度提高和上面料柱重力作用下开始软化和相互黏结，随着温度继续升高和还原的进行，液相数量增加，最终完全熔融，并以液滴或冰川状向下滴落。这个从软化到熔融的矿石软熔层与焦炭层间隔地形成了软熔带。一般软熔带的上边界温度在 1100℃ 左右，而下边界温度在 1400～1500℃。在软熔带内完成矿石由固体转变为液体的变化过程以及金属铁与初渣的分离过程：还原出的金属铁经部分渗碳而熔点降低，熔化成为液态铁滴，脉石则与低价铁氧化物和锰氧化物等形成液态初渣。

3）滴落带。软熔带以下填满焦炭的区域，在软熔带内熔化成的铁滴和汇集成渣滴或冰川流的初渣滴落入此带，穿过焦柱而进入炉缸。在此带中铁滴继续完成渗碳和溶入直接还原成元素的 Si、Mn、P、S 等，而炉渣则由中间渣转向终渣。

4）下炉缸渣铁贮存区。这是从滴落带来的铁和渣积聚的地区，在这里铁滴穿过渣层时和渣层与铁层的交界面上进行着渣铁反应，最突出的是硅氧化和脱硫。

（2）炉渣形成过程。块状带内固相反应形成低熔点化合物是造渣过程的开始，随着温度的升高，低熔点化合物中呈现少量液相，开始软化黏结，在软熔带内形成初渣，其特点是 FeO 和 MnO 含量高，碱度偏低（相当于天然矿和酸性氧化球团自身的碱度），成分不均匀。从软熔带滴下后成为中间渣，在穿越滴落带时中间渣的成分变化很大：FeO、MnO 被还原而降低，熔剂的或高碱度烧结矿中的 CaO 的进入使碱度升高，甚至超过终渣的碱度，直到接近风口中心线吸收随煤气上升的焦炭和喷吹煤粉的灰分，碱度才逐步降低。中间渣穿过焦柱后进入炉缸积聚，在下炉缸渣铁贮存区内完成渣铁反应，吸收脱硫产生的 CaS 和硅氧化形成的 SiO_2 等成为终渣。

3-19　炉渣的主要成分是什么?

答：炉渣成分来自以下几个方面：

（1）矿石中的脉石；

（2）焦炭和喷吹煤粉的灰分；

（3）熔剂氧化物；

（4）被浸的炉衬；

（5）初渣中含有大量矿石中的氧化物（如 FeO、MnO 等）。

对炉渣性质起决定性作用的是前三项。脉石和灰分的主要成分是 SiO_2 和 Al_2O_3，称酸性氧化物；常用的碱性熔剂石灰石、白云石的氧化物主要是 CaO 和 MgO，称碱性氧化物。当这些氧化物单独存在时，其熔点都很高，SiO_2 熔点 1713℃，Al_2O_3 熔点 2050℃，CaO 熔点 2570℃，MgO 熔点 2800℃，高炉条件下不能熔化。只有它们之间相互作用形成低熔点化合物，才能熔化成具有良好流动性的熔渣。原料中加入熔剂的目的就是为了中和脉石和灰分中的酸性氧化物，形成高炉条件下能熔化并自由流动的低熔点化合物。炉渣的主要成分就是上述 4 种氧化物。用特殊矿石冶炼时，根据不同的矿石种类，炉渣中还会有 CaF_2、TiO_2、BaO、稀土元素等氧化物。另外，高炉渣中总是含有少量的 FeO、MnO 和硫化物。

3-20　炉渣在高炉冶炼过程中起什么作用?

答：由于炉渣具有熔点低、密度小和不溶于生铁的特点，所以高炉冶炼过程中渣、铁才能得以分离，获得纯净的生铁，这是高炉造渣过程的基本作用。另外，炉渣对高炉冶炼还有以下几方面的作用：

（1）渣铁之间进行合金元素的还原及脱硫反应，起着控制生铁成分的作用。比如，高碱度渣能促进脱硫反应，有利于锰的还原，从而提高生铁质量；SiO_2 含量高的炉渣促进 Si 的还原，从而控制生铁含 Si 量，酸性渣还用来排碱等。

（2）炉渣的形成造成了高炉内的软熔带及滴落带，对炉内煤气流分布及炉料的下降都有很大的影响，因此，炉渣的性质和数量对高炉操作直接产生作用。

（3）炉渣附着在炉墙上形成渣皮，起保护炉衬的作用。但是渣皮过厚，甚至形成渣瘤又影响高炉生产；另一种情况下炉渣又可能侵蚀炉衬，起破坏性作用。因此，炉渣成分和性质直接影响高炉寿命。

在控制和调整炉渣成分和性质时，必须兼顾上述几方面的作用。

3-21 什么叫炉渣碱度？

答： 炉渣碱度就是用来表示炉渣酸碱性的指数。尽管组成炉渣的氧化物种类很多，但对炉渣性能影响较大和炉渣中含量最多的是 CaO、MgO、SiO_2、Al_2O_3 这四种氧化物，因此通常用其中的碱性氧化物 CaO、MgO 和酸性氧化物 SiO_2、Al_2O_3 的质量分数之比来表示炉渣碱度，常用的有以下几种：

（1）四元碱度

$$R = m_{(CaO + MgO)} / m_{(SiO_2 + Al_2O_3)}$$

（2）三元碱度

$$R = m_{(CaO + MgO)} / m_{SiO_2}$$

（3）二元碱度

$$R = m_{CaO} / m_{SiO_2}$$

高炉生产中可根据各自炉渣成分的特点选择一种最简单又具有代表性的表示方法。渣的碱度在一定程度上决定了其熔化温度、熔化性温度、黏度及黏度随温度变化的特征，以及其脱硫和排碱能力等。因此碱度是非常重要的代表炉渣成分的实用性很强的参数。

3-22 什么叫碱性炉渣和酸性炉渣？

答： 炉渣成分可分为碱性氧化物和酸性氧化物两大类。现代炉渣结构理论认为熔融炉渣是由离子组成的。熔融炉渣中能提供氧离子 O^{2-} 的氧化物称为碱性氧化物；反之，能吸收氧离子的氧化物称为酸性氧化物；有些既能提供又能吸收氧离子的氧化物则称为中性氧化物或两性氧化物。组成炉渣的各种氧化物按其碱性的强弱排列如下：

K_2O、Na_2O、BaO、PbO、CaO、MnO、FeO、ZnO、MgO、CaF_2、Fe_2O_3、Al_2O_3、TiO_2、SiO_2、P_2O_5。

其中 CaF_2 以前可视为碱性氧化物，Fe_2O_3、Al_2O_3 为中性氧化物，而 TiO_2、SiO_2、P_2O_5 为酸性氧化物。碱性氧化物可与酸性氧化物结合形成盐类，如 $CaO \cdot SiO_2$、$2FeO \cdot SiO_2$ 等，并且酸碱性相距越大，结合力就越强。以碱性氧化物为主的炉渣称为碱性炉渣，以酸性氧化物为主的炉渣称为酸性炉渣。生产中常把二元碱度 $m_{CaO}/m_{SiO_2} > 1.0$ 的称碱性渣，把 $m_{CaO}/m_{SiO_2} < 1.0$ 的称酸性渣。

3-23　炉渣的软熔特性对高炉冶炼有什么影响？

答：炉渣的软熔特性与矿石的软化特性有关，其对高炉冶炼的影响是，矿石软化温度愈低，初渣出现得愈早，软熔带位置越高，初渣温度低，进入炉缸后吸收炉缸热量，增加高炉热消耗；软化区间愈大，软熔带融着层愈宽，对煤气流的阻力愈大，对高炉顺行不利。所以，一般希望矿石软化温度要高些，软化区间要窄些。这样软熔带位置较低，初渣温度较高，软熔带融着层较窄，对煤气阻力较小。一般矿石软化温度波动在 900～1200℃ 之间。

3-24　什么叫炉渣的熔化温度，它对高炉冶炼有什么影响？

答：炉渣的熔化温度指炉渣完全熔化为液相的温度，或液态炉渣冷却时开始析出固相的温度，即相图中的液相线温度。单一晶体具有确定的熔点，而炉渣没有确定的熔点，炉渣从开始熔化到完全熔化是在一定的温度范围内完成的。

　　熔化温度是炉渣熔化性的标志之一，熔化温度高，表明它难熔，熔化温度低，表明它易熔。难熔炉渣在炉内温度不足的情况下，可能黏度升高，影响成渣带以下的透气性，不利于高炉顺行；但难熔炉渣成渣带低，进入炉缸时温度高，增加炉缸热量，对高炉冶炼有利。易熔炉渣流动性好，有利于高炉顺行，但降低炉缸热量，增加炉缸热消耗。因此，选择炉渣熔化温度时，必须兼顾流动性和热量两方面的因素。广泛用于高炉炼铁的以 SiO_2、CaO、Al_2O_3 为组成的三元渣系相图示于图 3-8a，而组分中加入 MgO 的四元系的等熔化温度图示于图 3-8b、c、d、e，不同炉渣的熔化温度可从相图中查得。

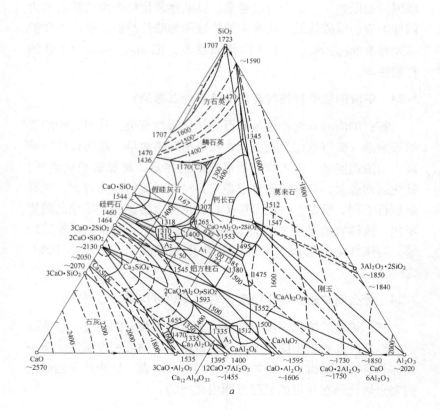

a

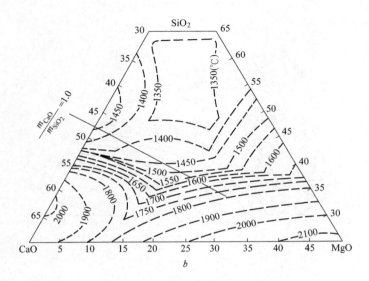

b

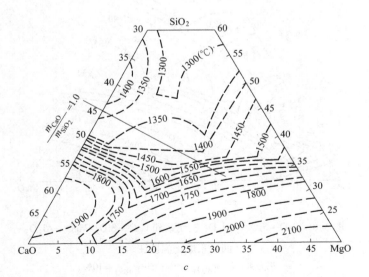

c

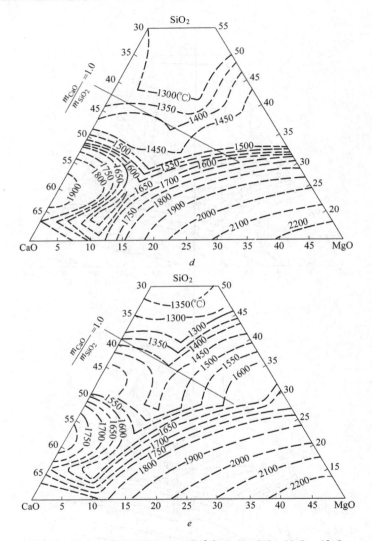

图 3-8　CaO – SiO₂ – Al₂O₃ 三元系和 CaO – SiO₂- MgO – Al₂O₃

四元系熔化温度图

a—三元系；b—$w_{Al_2O_3}=5\%$；c—$w_{Al_2O_3}=10\%$；

d—$w_{Al_2O_3}=15\%$；e—$w_{Al_2O_3}=20\%$

3-25 什么叫炉渣熔化性温度，它对高炉冶炼有什么影响？

答： 炉渣熔化之后能自由流动的温度叫做熔化性温度。有的炉渣虽然熔化温度不高，但熔化之后却不能自由流动，仍然十分黏稠，只有把温度进一步提高到一定程度之后才能达到自由流动的状态，因此，为了保证高炉的正常生产，只了解炉渣的熔化温度还不够，还必须了解炉渣自由流动的温度，即熔化性温度。

炉渣的熔化性温度是通过绘制炉渣黏度–温度曲线的方法来确定的，如图 3-9 所示。曲线 A 中的明显转折点 f，或者对像曲线 B 那样没有明显转折点的长渣来说其黏度值为 $2 \sim 2.5\mathrm{Pa \cdot s}$［$20 \sim 25\mathrm{P}$（泊）］的点 e 所对应的温度称为熔化性温度，因为炉渣自由流动的最大黏度为 $2 \sim 2.5\mathrm{Pa \cdot s}$（$20 \sim 25\mathrm{P}$）。有时也把 $45°$ 斜线与黏度–温度曲线相切点所对应的温度作为熔化性温度。各种炉渣的熔化性温度都由黏度试验得出的黏度–温度曲线求得。

熔化性温度说明该温度下炉渣能否自由流动，因此，炉渣熔化性温度的高低影响高炉顺行和炉渣能否顺利排出。只有熔化性温度低于高炉正常生产所能达到的炉缸温度，才能保证高炉顺行和炉渣的正常排放。

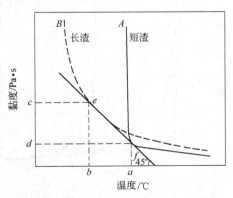

图 3-9 炉渣熔化性温度示意图

3-26 什么叫炉渣黏度，它对高炉冶炼有什么影响？

答： 炉渣黏度直接关系到炉渣流动性的好坏，而炉渣流动性又直接影响高炉顺行和生铁质量，因此它是高炉工作者最关心的一个炉渣性质指标。

炉渣黏度是流动性的倒数。黏度是指速度不同的两层液体之间的内摩擦系数。试验结果表明，流速不同的两层液体之间的内摩擦力与接触面积的大小和速度差的大小成正比，与两液层之间的距离成反比，即

$$F = \eta S \frac{\mathrm{d}v}{\mathrm{d}x}$$

式中　　F——内摩擦力，N；

S——接触面积，cm^2；

$\dfrac{\mathrm{d}v}{\mathrm{d}x}$——两液层间的速度梯度，$\mathrm{cm/(s \cdot cm)}$ 或 s^{-1}；

η——比例系数，或称黏度系数，简称黏度，单位用 Pa·s（帕·秒)表示，过去使用"泊"（P）为单位，1P =0.1Pa·s。

实际中炉渣的黏度是用专门的黏度计来测定的。将测定的结果绘制成黏度 – 温度曲线和等黏度曲线图（图 3-10、图 3-11）。

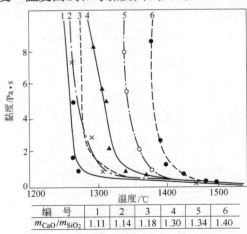

编　号	1	2	3	4	5	6
m_{CaO}/m_{SiO_2}	1.11	1.14	1.18	1.30	1.34	1.40

图 3-10　不同碱度炉渣黏度与温度的关系

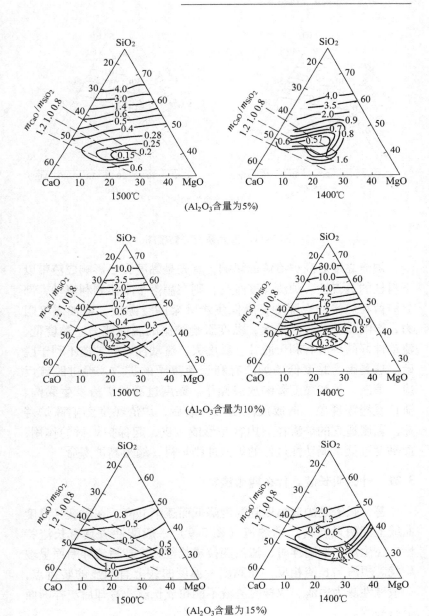

(Al₂O₃含量为5%)

(Al₂O₃含量为10%)

(Al₂O₃含量为15%)

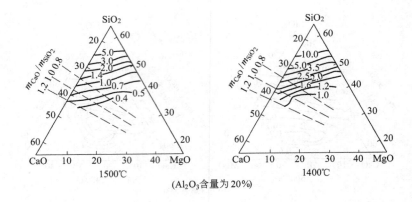

图 3-11　四元系渣等黏度图

炉渣黏度对高炉冶炼的影响，首先是黏度大小影响成渣带以下料柱的透气性。炉渣黏度过高，则在滴落带不能顺利流动，部分滞留在焦炭的空隙中，降低焦炭骨架的空隙度，增加煤气阻力，影响高炉顺行。其次，黏度影响炉渣的脱硫能力。黏度低、流动性好的炉渣有利于脱硫，黏度大、流动性差的炉渣不利于脱硫。这是因为黏度低的炉渣有利于硫离子的扩散，促进脱硫反应。第三，炉渣黏度影响放渣操作。黏度过高的炉渣发生黏沟、渣口凝渣等现象，造成放渣困难。最后，炉渣黏度影响高炉寿命。黏度适宜的炉渣在炉内容易形成渣皮，起保护炉衬的作用，而黏度过低，流动性过好的炉渣冲刷炉衬，缩短高炉寿命。

3-27　什么叫长渣，什么叫短渣?

答：长渣是炉渣黏度随温度降低而逐渐升高，在黏度－温度曲线上无明显转折点的炉渣（图 3-9）一般酸性渣具有长渣特性，在生产中取渣样时，渣液能拉成长丝，冷却后渣样断面呈玻璃状。短渣与长渣相反，在黏度－温度曲线上有明显的转折点，一般碱性渣为短渣，取样时渣液不能拉成长丝，冷却后渣样断面呈石头状。

3-28　哪些因素影响炉渣黏度?

答：影响炉渣黏度的因素为：

（1）温度是影响炉渣黏度的主要因素，一般规律是黏度随温度升高而降低。碱性渣（短渣）在温度超过熔化性温度的拐点以后，黏度低但随温度的变化不大，而酸性渣（长渣）的黏度始终是随温度升高而缓慢降低，且在相同温度下其黏度高于碱性渣。

（2）碱度。图 3-10 为不同碱度时炉渣黏度与温度的关系，当碱度小于 1.2 时，炉渣的熔化性温度较低，相应其黏度也较低；随着碱度的提高，熔化性温度上升，黏度也升高。造成这种现象的原因是随着碱性氧化物数量的增加，熔点升高，使一定温度下渣的过热度减小而使黏度增高，另外过多的碱性氧化物以质点悬浮在炉渣中使黏度增高。在生产中如遇这些情况，加入少量 CaF_2 可明显降低炉渣黏度，例如包头含氟矿冶炼时就是这样。

（3）MgO 含量对黏度有相当大的影响，尤其在酸性渣中更为明显。在含量不超过 20% 时，MgO 含量的增加使黏度下降，但在三元碱度不变，用 MgO 代替 CaO 时，这种作用就不明显。MgO 含量在 8%~12% 时有利于改善炉渣的稳定性和难熔性。

（4）Al_2O_3 对黏度的影响是：当 Al_2O_3 含量不大时它可使碱性渣的黏度降低，但是高于一定数值后，对于不同碱度的炉渣，黏度开始增加，目前为提高入炉品位，使用高品位的东半球富矿，其 Al_2O_3 含量偏高，造成炉渣中的 Al_2O_3 含量达到 15%，有的甚至达到 16% 以上，这时炉渣黏度上升。为此应适当提高炉渣的碱度，例如宝钢的二元碱度值在 1.22~1.24，三元碱度值在 1.45~1.50；或适当提高渣中 MgO 含量，例如武钢炉渣中的 MgO 含量在 11%~11.5%。

（5）FeO 能显著降低炉渣黏度。一般终渣含 FeO 很少，约 0.5%，影响不大。但初渣中它的含量却很大，最多可达 35%，平均在 2%~14% 之间波动。含 FeO 20%~30% 的炉渣，其熔化温度不高于 1150℃，因此，FeO 能大大降低炉渣熔化温度和黏度，起着稀释炉渣的作用，对冶炼有一定好处。但过多的 FeO 会造成初渣和中间渣的不稳定，因为 FeO 在下降过程中不断被还原，使初渣和中间渣的熔化温度和黏度发生很大变化，引起炉况不顺。

（6）MnO 对炉渣黏度的影响和 FeO 相似。不过，目前我国炼钢生铁不要求含 Mn，因此，高炉渣中 MnO 含量很少，影响不大。

（7）CaF_2 能显著降低炉渣的熔化性温度和黏度。含氟炉渣的熔化性温度低，流动性好，在炉渣碱度很高的情况下（1.5 ~ 3.0），仍能保持良好的流动性，因此，高炉生产中常用萤石（主要成分是 CaF_2）作洗炉剂。

（8）TiO_2 对炉渣黏度的影响：碱度为 0.8 ~ 1.4 和 TiO_2 含量为 10% ~ 20% 的范围内，钛渣的熔化性温度在 1300 ~ 1400℃ 之间，1500℃ 下的黏度为 $0.5Pa \cdot s$（5P）以下。碱度相同时，随着 TiO_2 含量的增加熔化性温度升高，黏度降低。从 TiO_2 对炉渣的熔化性温度和黏度的影响来看，钛渣对高炉生产不会有多大影响。但实际上钒钛铁矿的冶炼由于炉渣过于黏稠而感到困难。这主要是由钛渣性质的不稳定造成的。高炉还原气氛中，一部分 TiO_2 很容易还原成低价氧化物（Ti_2O_3、TiO）和金属钛，生成的金属钛一部分进入生铁，还有一部分与炉内的 C、N_2 作用生成熔点很高的 TiC 和 TiN，呈固体颗粒掺入渣中，渣中钛的低价氧化物和碳氮化合物使炉渣黏稠起来，以致影响正常的出渣出铁。因此，冶炼钒钛铁矿时必须防止 TiO_2 的还原。目前采取的办法是炉缸渣层中喷射空气或矿粉，造成氧化气氛，以防止或减少 TiO_2 的还原。

上述各种炉渣成分对熔化温度和黏度的影响汇总于图 3-12。曲线 I 为基准，增加 CaO、MgO、TiO_2 使之变为曲线 III 这种渣，即熔化温度上升，黏度下降；而增加 FeO、MnO、K_2O、Na_2O 使之变为曲线 IV 这种渣，即熔化温度和黏度都下降；而增加

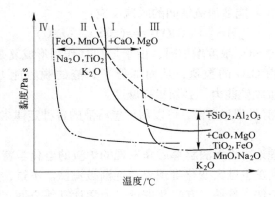

图 3-12　炉渣成分、黏度和熔化温度关系的示意图

SiO_2、Al_2O_3 使之变为曲线 Ⅱ，即成为长渣。

3-29　关于炉渣结构有哪两种理论？

答： 关于炉渣结构的两种理论是：分子结构理论和离子结构理论。

（1）炉渣分子结构理论。这种理论是根据固体炉渣的相分析和化学分析提出来的，它认为液态炉渣和固态炉渣一样是由各种矿物分子构成的，其理论要点是：

1）熔融炉渣是由各种自由氧化物分子和由这些氧化物所形成的复杂化合物分子所组成。自由氧化物分子有 SiO_2、Al_2O_3、P_2O_5、CaO、MgO、MnO、FeO、CaS、MgS 等，复杂化合物分子主要有 $CaO \cdot SiO_2$、$2FeO \cdot SiO_2$、$3CaO \cdot Fe_2O_3$、$2MnO \cdot SiO_2$、$3CaO \cdot P_2O_5$、$4CaO \cdot P_2O_5$ 等。

2）酸性氧化物和碱性氧化物相互作用形成复杂化合物，且处于化学动平衡状态，温度越高，复杂化合物的离解程度越高，熔渣中的自由氧化物浓度增加，温度降低，自由氧化物浓度降低。

3）只有熔渣中的自由氧化物才能参加反应，如只有熔渣中的自由 CaO 才能参加渣铁间的脱硫反应：

$$[FeS] + (CaO) = (CaS) + (FeO)$$

当炉渣中的 SiO_2 浓度增加时，由于与 CaO 作用形成复杂化合物，减少了自由 CaO 的数量，从而降低了炉渣的脱硫能力。因此，要提高炉渣脱硫能力，必须提高碱度。

4）熔渣是理想溶液，可以用理想溶液的各种定律来进行定量计算。

这种理论由于无法解释后来发现的炉渣的电化学特性和炉渣黏度随碱度发生巨大变化等现象而逐渐被淘汰。不过，在判断反应进行的条件、难易、方向及进行热力学计算等方面，至今仍然沿用。

（2）炉渣离子结构理论。炉渣的离子结构理论是根据对固体炉渣的 X 射线结构分析和对熔融炉渣的电化学试验结果提出来的。对碱性和中性固体炉渣的 X 射线分析表明，它们都是由正负离子相互配位所构成的空间点阵结构。酸性氧化物 SiO_2 虽然不是由离子构成的，但是 SiO_2 所生成的硅酸盐却是由金属正离子和硅酸根负离子组成的。硅酸根离子 SiO_4^{4-} 中，Si 和 O 之间是共价键，而硅酸根与金属之间是离子键。对熔渣进行电化学试验的结果表明，熔体能导电，有确定的电导值，与典型的离子化合物的电导值差不多，且随着温度的升高而导电性增强。这正是离子导电的特性。熔渣可以电解，在阴极上析出金属。以上这些现象用熔渣的分子结构理论是无法解释的，于是提出了熔渣的离子结构理论。

离子结构理论认为，液态炉渣是属于由各种不同的正负离子所组成的离子溶液。组成炉渣的离子主要有以下几种（1Å=0.1nm）：

离子	Si^{4+}	Al^{3+}	Mg^{2+}	Fe^{2+}	Mn^{2+}	Ca^{2+}	O^{2-}	S^{2-}
半径/Å	0.39	0.57	0.78	0.83	0.91	1.06	1.32	1.74

其中半径最小、电荷最多的 Si^{4+} 与 O^{2-} 结合力最大，按下式结合形成硅氧复合负离子：

$$Si^{4+} + 4O^{2-} \rightleftharpoons SiO_4^{4-}$$

Al^{3+} 半径也较小，电荷较多，因此有时也与 O^{2-} 结合形成复合负离子 AlO_4^{5-} 或 AlO_2^-，有时还以正离子 Al^{3+} 的形态存在。其他半径较大、电荷较少的不能形成复合负离子，单独以正离子的形态存在。

硅氧复合负离子按其结构特点又称硅氧复合四面体，如图 3-13 所示。四面体的四个顶点是氧离子，四面体中心位置上是 Si^{4+} 离子，Si^{4+} 的四个正化合价与四个氧离子的四个负化合价结合，而四个氧离子的其余四个负化合价，或与周围其他正离子 Fe^{2+}、Mn^{2+}、Mg^{2+}、Ca^{2+} 等结合，或与其他硅氧四面体的 Si^{4+} 结合，形成共用顶点。构成熔渣的离子中，硅氧复合负离子体积最大，四面体中 Si—O 之间的距离为 $1.32 + 0.39 = 1.91$（Å），O—O 之间的距离为 $1.32 + 1.32 = 2.64$（Å）。同时，复合负离子的结构最复杂，其周围结合的金属离子最多，因此，它是构成炉渣的基本单元，炉渣的许多性质决定于复合离子的形态。

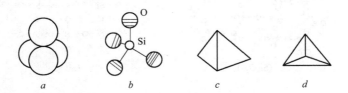

图 3-13 硅氧复合四面体结构图

a—氧离子的紧密堆积；b—四面体示意图；
c—四面体侧面；d—四面体平面投影

只有 $x_O/x_{Si} = 4$ 时，一个 Si^{4+} 与四个 O^{2-} 结合形成四个负化合价的复合负离子，与周围的金属正离子结合形成一个单独单元，四面体才可以单独存在。而当 x_O/x_{Si} 比值减小，四面体不能单独存在，此时是两个以上四面体共用顶点 O^{2-}，形成由数量不等的四面体结合而成的群体负离子，如图 3-14 所示。具有群体负离子的熔渣，其物理性质与四面体单独存在的熔渣完全不相

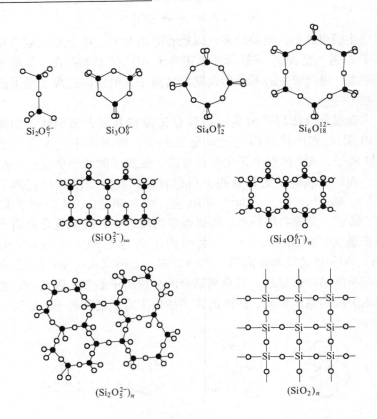

图 3-14　硅氧离子结构示意图

同，即熔渣的物理性质取决于复合负离子的结构形态。

　　以上就是熔渣的离子结构理论。这种结构理论能比较圆满地解释炉渣成分对其物理化学性质的影响，是目前得到公认的理论。

3-30　现代炉渣离子结构理论如何解释炉渣碱度与黏度之间的关系？

　　答：炉渣离子结构理论认为，炉渣黏度取决于构成炉渣的硅

单独存在，还是两个以上数量不等的四面体结合而成群体负离子。比如，n_O/n_{Si} = 3.5 时，两个四面体连接在一起形成 $Si_2O_7^{6-}$；n_O/n_{Si} = 3.0 时，三个四面体连在一起形成 $Si_3O_9^{6-}$，或者四个四面体连在一起形成 $Si_4O_{12}^{8-}$，或者六个四面体连在一起形成 $Si_6O_{18}^{12-}$ 等等（图 3-14 上部所示）。连接形成的负离子群体越庞大、越复杂，炉渣黏度也越大。如果继续降低碱度，从而使 n_O/n_{Si} 比值进一步降低时，就进一步出现了由众多四面体聚合而成的巨大的负离子群，它们的结构形式又各不相同，有链状的 $(SiO_3^{2-})_\infty$、环带形的 $(Si_4O_{11}^{6-})_n$、层状的 $(Si_2O_5^{2-})_n$、骨架状的 $(SiO_2)_n$ 等等（图 3-14 下部所示）。最后一个由纯 SiO_2 组成的无限多个四面体连接形成的骨架状负离子群 $(SiO_2)_\infty$，实际上已经是不能流动的了。

相反，炉渣中增加碱性氧化物 CaO、MgO、FeO、MnO 等，增加氧离子浓度，从而提高 n_O/n_{Si} 比值，则复杂结构开始裂解，结构越来越简单，直到 n_O/n_{Si} = 4 而成为完全能自由流动的单独的硅氧四面体为止，此时熔渣黏度降到最小值。不过碱度过高时黏度又上升是由于形成熔化温度很高的渣相，熔渣中开始出现不能熔化的固相悬浮物所致。

3-31　什么叫炉渣的稳定性，它对高炉冶炼有什么影响？

答：炉渣稳定性是指当炉渣成分和温度发生变化时，其熔化性温度和黏度能否保持稳定。稳定性好的炉渣，遇到高炉原料成分波动或炉内温度变化时，仍能保持良好的流动性，从而维持高炉正常生产。稳定性差的炉渣，则经不起炉内温度和炉渣成分的波动，黏度发生剧烈的变化而引起炉况不顺。高炉生产要求炉渣具有较高的稳定性。

炉渣稳定性分热稳定性和化学稳定性。热稳定性可以通过炉渣黏度－温度曲线转折点的温度（即熔化性温度）高低和转折的缓急程度（即长渣短渣）来判断，而化学稳定性则可以通过等黏度曲线和等熔化温度曲线随成分变化的梯度来判断。

炉渣稳定性影响炉况稳定性。使用稳定性差的炉渣容易引起炉况波动，给高炉操作带来困难。

3-32 什么叫炉渣的表面性质，它对高炉冶炼有什么影响？

答：高炉渣的表面性质是指炉渣与煤气之间的表面张力和炉渣与铁水之间的界面张力。这类张力可理解为两相（液－气、液－液）间生成单位面积的新的交界面所消耗的能量，如渣层中生成气泡。表面张力以 σ 代表、界面张力以 $\sigma_界$ 代表，炉渣的 σ 在 $0.2 \sim 0.6N/m$；$\sigma_界$ 在 $0.9 \sim 1.2N/m$，而金属的表面张力（即铁水与煤气之间的 σ）可达 $1 \sim 2N/m$，比炉渣的 σ 大很多，这是因为金属质点质量大，金属键作用力也强。炉渣的表面张力是由其各种氧化物表面张力的加权和：$\sigma = \sum x_i \sigma_i$（$x_i$ 为 i 组分的摩尔分数；σ_i 为纯 i 组分的表面张力）。高炉渣内的 SiO_2、TiO_2、K_2O、CaF_2 等表面张力较低，这些物质在表面层中的浓度大于内部的浓度，成为"表面活性物质"。

高炉炼铁是多相反应，即在相界面上发生反应，炉渣的表面性质必然对多种反应的进行和不同相的分离过程产生影响。典型的例子是攀钢和包钢炉渣的泡沫渣和一些高炉的铁损严重。经过研究认为高炉内有很多产生气泡的反应和气体穿过渣层的现象，因此生成气泡是不可避免的，关键在于气泡能否稳定地存在于炉渣层中，一旦形成稳定的气泡就成泡沫渣。滴落带焦层中的"液泛"现象就是属于这个范畴；当炉渣流出炉外时，由于大气压力低于炉内压力，溶于渣中气体体积膨胀，起泡尤为严重，造成渣沟及渣罐外溢，引起生产事故。攀钢渣中有 TiO_2，包钢渣中有 CaF_2，由于它们是表面活性物质从而降低了炉渣的表面张力，一旦 σ 与炉渣黏度 η 的比值过小时，就出现上述泡沫渣现象。如果说普通炉渣的 σ/η 在 1.0 左右，攀钢的高 TiO_2 炉渣的 σ/η 则只有 0.3，在生产中就会出现相当严重的泡沫渣。而当 $\sigma_界/\eta$ 偏小时，液态铁珠"乳化"为高弥散度的细滴，悬浮于渣中，形成相对稳定的乳状液，结果造成较大的铁损。

3-33　什么叫高炉内硫的循环富集？

答：炼铁炉料中天然矿以 Fe_2S、$CaSO_4$、$BaSO_4$ 的方式，高碱度烧结矿以 CaS 和少量硫酸盐方式，焦炭和喷吹煤粉以有机硫 C_nS_m、灰分中 FeS 等方式带入炉内。每吨生铁炉料带入炉内的总硫量称为硫负荷，在我国其值在 4～6kg/t，其中 80% 是由燃料带入的。

随着炉料在炉内下降受热，炉料中的硫逐步释放出来；燃料中的部分硫在炉身下部和炉腹以 CS 和 COS 形式挥发，而矿石中的部分硫则分解和还原，以硫蒸气或 SO_2 进入煤气。但主要还是在风口发生燃烧反应时以气体化合物的形式进入煤气，燃烧和分解生成的 SO_2，经还原和生成反应成硫蒸气和 H_2S 等，所以在炉缸煤气中有 CS、S、CS_2、COS、H_2S，它们随煤气上升与下降的炉料和滴落的渣铁相遇而被吸收，在 1000℃ 及其以下地区的煤气中仅保留 COS 和 H_2S。炉料中自由碱性氧化物多、渣量大而且碱度高、流动性好，吸收的硫越多。结果是软熔带处的总硫量大于炉料带入炉内硫量，这样在高温区和低温区之间形成了硫的循环富集（图 3-15）。被炉料和渣铁吸收的硫少部分进入燃烧带再次氧化参加循环运动；大部分在渣铁反应时转入炉渣后排出炉外；也有极少部分硫随煤气逸出炉外，在冶炼炼钢铁时大概有 5%，而在冶炼铸造铁时可达 10%～15%。

3-34　炉渣是如何脱硫的？

答：硫在铁水和炉渣中以元素 S、FeS、MnS、MgS、CaS 等形态存在，其稳定程度依次是后者大于前者。其中 MgS 和 CaS 只能溶于渣中，MnS 少量溶于铁中，大量溶于渣中，FeS 既溶于铁中，也溶于渣中。炉渣的脱硫作用就是渣中的 CaO、MgO 等碱性氧化物与生铁中的硫反应生成只溶于渣中的稳定化合物 CaS、MgS 等，从而减少生铁中的硫。

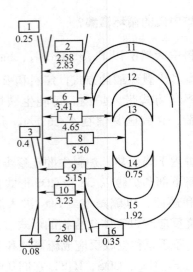

图 3-15　高炉内硫的循环与富集

（图中带小数点的数字表示吨铁炉料的含硫量，单位为 kg/t）

1—矿石；2—焦炭；3—喷油；4—铁；5—渣；6—块状带；7—软熔带；
8—滴下带；9—风口带；10—炉缸；11—块状带吸收；12—软熔带吸收；
13—滴下带吸收；14—焦炭气化反应；15—风口前燃烧；16—剩余部分

按分子论的观点，渣铁间的脱硫反应是以下如下形式进行的：

$$[FeS] \Longleftrightarrow (FeS)$$

$$(FeS) + (CaO) \Longleftrightarrow (CaS) + (FeO)$$

$$(FeO) + C \Longleftrightarrow [Fe] + CO \uparrow$$

即渣铁界面上生铁中的 [FeS] 向渣面扩散并溶入渣中，然后与渣中的 (CaO) 作用生成 CaS 和 FeO，由于 CaS 只溶于渣而不溶于铁，FeO 则被固体碳还原生成 CO 离开反应界面，生成 Fe 进入生铁中，从而脱硫反应可以不断进行。总的脱硫反应是：

$$[FeS] + (CaO) + C \Longleftrightarrow [Fe] + (CaS) + CO - 149140kJ$$

现代炉渣离子结构理论认为，熔融炉渣不是由分子构成而是由离子构成的，因此，脱硫反应实际上是离子反应而不是分子反应。渣铁之间的脱硫反应是通过渣铁界面上离子扩散的形式进行的，即渣中的 O^{2-} 离子向铁水面扩散，把自己所带的两个电子传给 S，使铁水中的 S 原子成为 S^{2-} 离子进入渣中，而由于失去电子变成中性原子的氧与碳作用形成 CO 进入煤气中，进入渣中的 S^{2-} 离子则与渣中的 Ca^{2+}、Mg^{2+} 等正离子保持平衡。因此，脱硫反应实际上是渣铁界面上氧和硫的离子交换，可用如下离子反应式表示：

$$[S] + 2e = S^{2-}$$
$$+)\quad O^{2-} - 2e = [O]$$
$$\overline{[S] + O^{2-} = S^{2-} + [O]}$$

渣中的碱性氧化物不断供给氧离子和进入生铁中的氧原子与固体碳作用形成 CO，不断离开反应面，使上述脱硫反应继续进行。

3-35　什么叫硫的分配系数，影响它的因素有哪些？

答：硫在炉渣中的质量分数 $w_{(S)}$ 与在铁水中的质量分数 $w_{[S]}$ 之比叫做硫分配系数，用 L_S 表示：$L_S = w_{(S)}/w_{[S]}$。它说明炉渣脱硫后，硫在渣与铁之间达到的分配比例。它分为理论分配系数 L_S^0 和实际分配系数 $L_S^{实}$。炉缸内渣铁间脱硫反应达到平衡状态时的分配系数称为理论分配系数，研究计算结果 L_S^0 可高达 200 以上；而高炉内的实际脱硫反应因动力学条件差而达不到平衡状态，所以 $L_S^{实}$ 远比 L_S^0 小得多，一般低的只有 20 ~ 25，而高的也不会超过 80。

L_S 与脱硫反应的平衡常数 K_S、硫在铁液和炉渣中的活度和炉渣中的氧势有关：凡能提高平衡常数 K_S 的（例如温度）都有利于 L_S 的提高；铁液中硫的活度与铁水的成分有关，碳、硅、磷有利于提高硫在铁液中的活度及 L_S；而硫在渣中的活度及渣中的氧势与炉渣成分有关，炉渣碱度越高，提供脱硫的 O^{2-} 越多，L_S 越大，而渣中 FeO 越少，即渣的氧势越低，L_S 也越大。但是，对于高炉的脱硫更重要的是改善脱硫动力学条件，使 $L_S^{实}$

提高。转炉炼钢过程中由于氧势很高，它的 L_S^0 不超过 40，但由于熔池沸腾搅拌，动力学条件好，它的 $L_S^{\text{实}}$ 可达 30 以上，说明改善脱硫的动力学条件是提高 $L_S^{\text{实}}$ 的重要条件。高炉脱硫是在铁滴穿过下炉缸积聚的渣层、下炉缸内渣层与铁层的交界面和出铁过程中铁口通道内等三处进行的，动力学条件最好的是铁口通道内，其次是铁滴穿过渣层，而渣铁层界面最差。由此可以看出，高炉生产不应该放上渣（实际上现代高炉上已不设渣口，已没有可能再放上渣），应使炉渣都通过铁口通道与铁水一起放出以发挥其脱硫能力，提高 $L_S^{\text{实}}$。

3-36 哪些因素影响炉渣的脱硫能力？

答： 影响炉渣脱硫能力的因素有以下几项：

（1）炉渣化学成分。

1）炉渣碱度。炉渣碱度是脱硫的关键性因素。一般规律是炉渣碱度愈高，脱硫能力愈强。这是因为炉渣碱度高，则渣中 CaO 含量高，相对减少了 SiO_2 含量，提高渣中氧负离子的浓度（因为 SiO_2 与 O^{2-} 结合形成硅氧复合负离子 SiO_4^{4-}，从而降低渣中 O^{2-} 离子浓度）。因此，碱性渣的脱硫能力比酸性渣强得多。

但是，碱度过高使渣的流动性变坏，阻碍硫的扩散，同时由于过高的碱度下容易析出正硅酸钙的固体颗粒，不仅提高了黏度，而且降低了炉渣的实际碱度，从而使炉渣的脱硫能力大大降低。高碱度渣只有在保证良好流动性的前提下才能发挥较强的脱硫能力。

2）MgO。MgO 也具有一定的脱硫能力，但不及 CaO，这是由于 MgS 不及 CaS 稳定。但渣中一定范围内增加 MgO 含量能提高炉渣的稳定性和流动性，还可以提高总碱度，这就相当于增加了氧负离子浓度，有利于脱硫反应。

3）Al_2O_3。Al_2O_3 不利于脱硫，因为它与 O^{2-} 离子结合形成铝氧复合负离子 AlO_2^-，降低渣中氧离子浓度。因此，当碱度不

变而增加渣中 Al_2O_3 含量时，炉渣脱硫能力就要降低。但用 Al_2O_3 代替 SiO_2 时，脱硫能力有所提高。这是因为 Al_2O_3 能结合的氧离子数比 SiO_2 少，反应式为：

$$SiO_2 + 2O^{2-} \rule[0.5ex]{2em}{0.4pt} SiO_4^{4-}$$

$$Al_2O_3 + O^{2-} \rule[0.5ex]{2em}{0.4pt} 2AlO_2^{2-}$$

即 60 个单位的 SiO_2 结合了 2 个氧离子，而 102 个单位的 Al_2O_3 只结合了 1 个氧离子。

4）FeO。FeO 对脱硫极为不利，因为发生如下反应：

$$Fe^{2+} + O^{2-} \rule[0.5ex]{2em}{0.4pt} [Fe] + [O]$$

增加了生铁中氧的浓度，对脱硫反应不利。因此，渣中 FeO 要尽量少。

（2）渣铁温度。温度对炉渣脱硫能力的影响有两个方面：一是由于脱硫反应是吸热反应，提高温度对脱硫反应有利；二是提高温度降低炉渣黏度，促进硫离子和氧离子的扩散，对脱硫反应也是有利的。

（3）提高硫分配系数 L_S。见本书 3-35 问。

（4）高炉操作。当高炉不顺行、煤气流分布失常、炉缸工作不均匀时，高炉脱硫效果降低，生铁含硫量升高。因此，正确运用各种调剂因素，保证高炉顺行，是充分发挥炉渣脱硫能力，降低生铁含硫量的重要条件。

3-37　什么叫渣铁间的耦合反应？

答：高炉炉缸内渣铁间进行着多种反应。它们可分为两大类：一类是有碳参与的基本反应；另一类是没有碳参与的耦合反应。

基本反应有：

$$(FeO) + [C] \rule[0.5ex]{2em}{0.4pt} [Fe] + CO$$

$$(MnO) + [C] \rule[0.5ex]{2em}{0.4pt} [Mn] + CO$$

$$(SiO_2) + 2[C] \rule[0.5ex]{2em}{0.4pt} [Si] + 2CO$$

$$(CaO) + [S] + [C] \rule[0.5ex]{2em}{0.4pt} (CaS) + CO$$

$$(CaS) + 2(SiO_2) + 2[C] \Longrightarrow (CaO) + SiO + SiS + 2CO$$

耦合反应是指没有碳及其氧化产物 CO 参与的，铁液中非铁元素与熔渣中氧化物之间的氧化还原反应，它们是：

$$2(FeO) + [Si] \Longrightarrow [Fe] + (SiO_2)$$

$$2(MnO) + [Si] \Longrightarrow [Mn] + (SiO_2)$$

$$2(CaO) + [Si] + 2[S] \Longrightarrow 2(CaS) + (SiO_2)$$

$$(CaO) + [Mn] + [S] \Longrightarrow (CaS) + (MnO)$$

耦合反应实际是渣铁间瞬时的电化学反应，即金属元素放出电子成为正离子，例如 $Ca = Ca^{2+} + 2e$, $Mn = Mn^{2+} + 2e$ 等，而非金属元素获得电子而成为负离子，例如 $S + 2e = S^{2-}$, $O + 2e = O^{2-}$。

在生产中冶炼低硅生铁，就是要选择合适的炉渣黏度以降低渣中的 SiO_2 活度，发展 [Si] 氧化的耦合反应。

3-38　什么叫碱害，如何利用炉渣排碱？

答：所谓碱害是指炉料带入高炉内含碱金属 K、Na 的盐类（绝大部分是复合硅酸盐）在高炉生产过程中形成循环积累，给生产带来的危害。碱金属硅酸盐比 FeO 更稳定，所以要到高温区 FeO 全部还原后被 C 还原成蒸气：

$$K_2SiO_3 + C \Longrightarrow 2K_{气} + CO + SiO_2$$

进入煤气流，在上升过程中与其他物质反应转变为氰化物、氟化物、碳酸盐、硅酸盐和氧化物：

$$K_{气} + C + \frac{1}{2}N_2 \Longrightarrow KCN_{气}$$

$$K_2SiO_3 + 2HF \Longrightarrow 2KF_{气} + SiO_2 + H_2O$$

$$4K_{气} + 2SiO_2 + 2FeO \Longrightarrow 2K_2SiO_3 + 2Fe$$

$$2K_{气} + 2CO_2 \Longrightarrow K_2CO_3 + CO$$

$$2K_{气} + 3CO \Longrightarrow K_2CO_3 + 2C$$

$$2K_{气} + FeO \Longrightarrow K_2O + Fe$$

它们在中温区凝聚。如同硫在高炉内的循环富集那样，碱在

高低温度区内也存在循环积累。在我国包钢试验高炉上的研究表明:

(1) 循环区范围,下自风口,上到 1000℃ 等温线,下降的矿石和焦炭中的含碱量都在 1000℃ 左右开始升高,在矿石软熔前达到最高值,软熔后形成的炉渣中含量又降低,焦炭在软熔带以下地区含量最高,在接近风口带时下降。

(2) 富集积累约为炉料带入量的 2.5 ~ 3.0 倍。

(3) 循环的碱来自风口燃烧带和软熔带还原生成的碱金属蒸气及其生成物 KCN、KF,它们随煤气上升,沿途部分被炉料吸收反应生成 K_2SiO_3 和 K_2CO_3 等盐类,再随炉料下降而循环。这种循环积聚给高炉生产带来的害处是:

1) 气化上升的碱金属、氰化物、氟化物在较低温度的炉墙上冷凝,附着在其上逐步黏结,炉墙上出现结厚而发展成炉瘤,特别是结厚物和炉瘤中的 K_2O 与煤气中的 CO_2 反应形成质地坚硬而且难于去除的 K_2CO_3,给炉况及处理造成很大的麻烦;

2) 部分上升的碱金属及其化合物遇焦炭会冷凝在其孔隙中,液态冷凝物使焦炭的孔隙度降低影响料柱透气性,而且碱金属还会与焦炭的碳形成化合物 KC_8 和 KC_{24},降低了焦炭强度,并增大了焦炭的反应性,促进碳素溶损反应的进行,也降低了焦炭的热强度,导致焦炭在下降过程中破损,也严重影响料柱的透气性;

3) 部分碱蒸气凝聚在矿石上,K_2O 与矿石中的铁氧化物形成多种化合物 $(K_2O)_2Fe_2O_3$、$(K_2O)_4Fe_2O_3$ 和 K_2FeO 等,随着它们被 CO 还原和 $2CO \rightarrow CO_2 + C$ 反应的进行,引起料块膨胀和爆裂,对球团矿的影响尤为严重。而且冷凝的碱氧化物及盐类还降低了矿石的软熔温度,造成软熔带上移和变厚;

4) 碱金属进入耐火砖衬,催化 $2CO = CO_2 + C$ 反应,使耐火砖膨胀,一些厂取样分析的结果表明,耐火砖内 K_2O 的含量可高达 10% ~ 35%,引起耐火砖的线膨胀系数变化平均为 9%,体膨胀率 30%。严重时耐火砖的膨胀造成炉壳开裂,当碱金属渗透到炉底炉缸耐火砖衬中积累还能造成炉底炉缸烧穿。

防治碱害的措施有严格控制碱金属入炉量（国外一般控制在 $2 \sim 3kg/t$），选用抗碱侵蚀能力强的耐火材料，精心操作等。而利用炉渣排碱是重要手段：

（1）降低炉渣碱度，使 K_2O、Na_2O 与 SiO_2 结合形成硅酸盐随炉渣排出炉外，为排除 90% 以上的碱，炉渣碱度应控制在 $0.85 \sim 0.90$（图 3-16）。

（2）降低炉渣碱度的同时提高渣中（MgO）含量以同时满足排碱脱硫的要求（图 3-17），在三元碱度 $m_{(CaO+MgO)}/m_{(SiO_2)}$ 保持不变时用 5% MgO 代替 5% CaO，炉渣排碱能力可提高 20%。

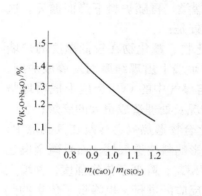

图 3-16　炉渣碱度与渣中
$w_{(K_2O+Na_2O)}$ 的关系
$w_{(SiO_2)} = 28.10\%$；$w_{(MgO)} = 8.77\%$；

$w_{[Si]} = 0.60\% \sim 0.85\%$

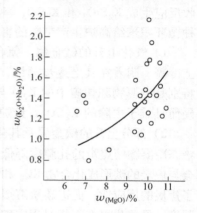

图 3-17　渣中（MgO）含量对
$w_{(K_2O+Na_2O)}$ 的影响

（3）必要时适当加大渣量。

第 3 节　碳的气化与煤气和炉料运动

3-39　高炉内碳的气化反应有什么规律？

答： 高炉内碳的气化是另一个物态变化：固体的焦炭和煤粉

气化转为气态的煤气。一般来说碳与氧燃烧反应同时生成两种化合物 CO 和 CO_2，最终产物为 CO 的称为不完全燃烧，1kg 碳放热 9800kJ/kg；最终产物为 CO_2 的称为完全燃烧，1kg 碳放热 33400kJ/kg。研究表明碳在空气中燃烧时同时产生 CO 和 CO_2，这两种氧化物绝对的相互排斥是不可能的，究竟最终获得哪一种取决于温度和环境的氧势，高温（1200℃ 以上）、缺氧时一定是 CO。

高炉内碳的气化分为：（1）风口前燃烧带内与鼓入的热风燃烧气化；（2）在燃烧带以外与矿石和熔剂中氧化物的氧反应而气化。从炉顶装入高炉的焦炭有 65% ~ 80% 在风口前燃烧气化（称做焦炭在风口前的燃烧率），其余 35% ~ 20% 是在下降过程中与炉料氧化物的直接还原中气化。从风口喷吹入炉缸的煤粉有 70% ~ 85% 在风口前气化，其余 30% ~ 15%（称为未燃煤粉）是在随煤气上升过程中与炉料氧化物中的氧反应而气化。实际上焦炭和煤粉中有 10% 是不气化的，而是溶入铁水成生铁的一种合金元素。

在风口前燃烧带，热风带入的氧多，在燃料的表面发生 $3C + 2O_2 = 2CO + CO_2$ 反应，产生的 CO 在燃烧带焦点处又与 O_2 反应成 CO_2，但是随着煤气离开燃烧带中心，环境就变为碳多且无自由氧，CO_2 与 C 反应而成为 CO（见图 3-18）。

燃烧带内另一种碳的气化反应是鼓风带入的湿分 H_2O 和煤粉带入的水分 H_2O 在燃烧带内与炽热的碳反应生成 CO 和 H_2：

$$H_2O + C = H_2 + CO$$

在燃烧带以外，碳的气化全通过直接还原途径而形成 CO：

$$(FeO) + C = [Fe] + CO$$
$$(MnO) + C = [Mn] + CO$$
$$(P_2O_5) + 5C = 2[P] + 5CO$$
$$SiO_{2焦灰} + C = SiO + CO$$
$$(SiO_2) + 2C = [Si] + 2CO$$
$$[S] + (CaO) + C = (CaS) + CO$$

即使间接还原产生 CO_2 和 H_2O，也会在 850℃ 以上高温区与燃料中的碳进行碳素溶解损失反应：

$$CO_2 + C = 2CO$$
$$H_2O + C = H_2 + CO$$

所以高炉内燃料中的碳不论在何处气化，其最终产物都是 CO。

3-40 高炉炉缸燃料的燃烧反应有什么特点，燃烧产物的成分和数量如何计算？

答：研究表明煤的燃烧要经历三个次过程：加热蒸发和挥发物分解；挥发分燃烧和碳结焦；残焦燃烧。进入高炉的焦炭在炼焦过程中已完成前两个次过程，到达风口燃烧带只需完成最后一个次过程。喷入高炉的煤粉需要完成全部三个次过程，这三个次过程可循序进行，也可重叠甚至同时发生。焦炭是具有一定粒度的块状物，它进入炉缸燃烧不受时间限制，可通过各种方式燃烧直到完全气化。喷吹煤粉进入炉缸燃烧，不仅比焦炭燃烧多了两个次过程，而且它是粉状，能随气流流动，它应在炉缸燃烧带内停留的有限时间（0.01~0.04s）和有限空间（燃烧带长度 1.2~1.4m）内完成，否则将随煤气上升而成为未燃煤粉，过量的未燃煤粉会给高炉生产带来很多麻烦。所以要采取技术措施加快煤粉的燃烧过程，保证煤粉在燃烧带内的燃烧率达到 70%~85%。

在现代高炉上，炉缸燃烧反应是在燃料做剧烈旋转运动中与氧反应而气化的，完全替代了 20 世纪 50 年代前高炉没有强化时的层状燃烧。

如 3-39 问已叙述的，在炉缸燃料中碳的燃烧反应的产物是 CO，属不完全燃烧，燃烧产物由 CO、H_2 和 N_2 组成。在已知鼓风中氧含量，湿度 f 后，可用燃烧 1kg 碳、$1m^3$ 鼓风或生产 1t 生铁为基准计算出燃烧带煤气的成分和数量。只要原始数据正确无误，三种计算所得煤气成分是相同的。表 3-2 为以不同基准计算出的炉缸燃料燃烧产物的成分和数量。

表 3-2　炉缸燃料燃烧产物的成分和数量计算

煤气量	以燃烧1kg碳为基准容积/m³	以1m³鼓风为基准容积/m³	以生产1t生铁为基准（考虑喷煤）容积/m³	百分比/%
V_{CO}	$22.4/12 = 1.8667$	$2 \times [(1-f)O_2 + 0.5f]$	$(22.4/12) \times m_{C风}$ $= 1.8667 m_{C风}$	$V_{CO} \times 100 / V_{缸气}$
V_{H_2}	$v_{C风}f$	f	$V_{Fe风}f + \dfrac{22.4}{2} \times m_{H_2喷}$	$V_{H_2} \times 100 / V_{缸气}$
V_{N_2}	$v_{C风}(1-f)(1-V_{O_2})$	$(1-f)(1-V_{O_2})$	$V_{Fe风}(1-f)(1-V_{O_2}) + \dfrac{22.4}{28} m_{N_2喷}$	$V_{N_2} \times 100 / V_{缸气}$
$V_{缸气}$	$V_{CO+H_2+N_2}$	$V_{CO+H_2+N_2}$	$V_{CO+H_2+N_2}$	100%

注：$v_{C风}$——燃烧1kg碳消耗的风量，$\dfrac{22.4}{2 \times 12}\left[\dfrac{1}{(1-f)O_2 + 0.5f}\right]$，$m^3/kg$；

$\qquad V_{Fe风}$——冶炼1t生铁消耗的风量，m^3/t；

$\qquad m_{C风}$——冶炼1t生铁风口前燃烧的碳量，kg/t；

$m_{H_2喷}$，$m_{N_2喷}$——冶炼1t生铁喷吹的煤粉所带来的 H_2 和 N_2 量，kg/t；

$\qquad V_{缸气}$——炉缸内气体总体积，m^3。

由表 3-2 看出影响炉缸煤气成分的因素有鼓风湿度、鼓风含氧量和喷吹物等。当鼓风湿度增加时，由于水分在风口前分解成 H_2 和 O_2，炉缸煤气中的含 H_2 量和 CO 量增加，N_2 含量相对下降。喷吹含 H_2 量较高的喷吹物时，炉缸煤气中含 H_2 量增加，CO 和 N_2 相对下降。当鼓风中的氧浓度增加时（如富氧鼓风），炉缸煤气中的 CO 浓度增加，N_2 浓度下降，由于 N_2 浓度下降的幅度较大，煤气中的 H_2 浓度相对增加。前两种情况下炉缸煤气量增加，后一种情况下煤气量下降。

3-41　炉缸燃烧反应在高炉冶炼过程中起什么作用？

答：炉缸燃烧反应在高炉冶炼过程中的作用如下：首先，焦炭和喷吹燃料在风口前燃烧放出的热量，是高炉冶炼过程中的主要热量来源。高炉冶炼所需要的热量，包括炉料的预热、水分蒸发和分解、碳酸盐的分解、直接还原吸热、渣铁的熔化和过热、炉体散热和煤气带走的热量等，绝大部分由风口前燃料燃烧供给。其次，炉缸燃烧反应的结果产生了还原性气体 CO 和 H_2，为炉身中上部固体炉料的间接还原提供了还原剂，并在上升过程中将热量带到上部起传热介质的作用。第三，由于炉缸燃烧反应过程中固体焦炭不断变为气体离开高炉，为炉料的下降提供了 40% 左右的自由空间，保证炉料的不断下降。第四，风口前焦炭的燃烧状态影响煤气流的初始分布，从而影响整个炉内的煤气流分布和高炉顺行。第五，炉缸燃烧反应决定炉缸温度水平和分布，从而影响造渣、脱硫和生铁的最终形成过程及炉缸工作的均匀性，也就是说炉缸燃烧反应影响生铁的质量。由此可见，炉缸燃烧反应在高炉冶炼过程中起着极为重要的作用，正确掌握炉缸燃烧反应的规律，保持良好的炉缸工作状态，是操作高炉和达到高产优质的基本条件。

3-42　什么叫风口燃烧带和风口回旋区？

答： 炉缸内燃料燃烧的区域称为燃烧带。它包括氧化区和还原区，如图 3-18 所示。风口前自由氧存在的区域称为氧化区，自由氧消失到 CO_2 消失的区域称为还原区。由于燃烧带是高炉内唯一属于氧化气氛的区域，因此亦称氧化带。在燃烧带中，当 O_2 过剩时，C 首先与 O_2 反应生成 CO_2，只有当 O_2 开始下降时，CO_2 才与 C 反应，使 CO 急剧增加，CO_2 逐渐消失。因此，燃烧带的尺寸可按 CO_2 消失的位置确定，实践中常以 CO_2 降到 1% ~ 2% 的位置定为燃烧带的界限。在喷吹含 H_2 燃料时，由于 H_2O 较 CO_2 有更强的扩散能力，燃烧带向中心相应延伸，这种情况下的燃烧带的边界定在 H_2O 的浓度降到 1% ~2% 处。

在现代高炉中热风以 100m/s 以上的速度通过风口射向炉缸中心，遇到由上方滑落下来的焦炭和喷入的煤粉发生燃烧反应，与此同时焦炭和煤粉在高速鼓风冲击下做回旋运动，其速度因粒度大小、互相碰撞和进入回旋区时的初速度而在 4 ~ 30m/s 的大范围内波动。做高速回旋运动的固、气多相流产生的离心力与作用在此区域外部的料柱有效重力相平衡，从而在每个风口前形成一个疏散而近似梨形的空间，通常称它为风口回旋区（或风口循环区），如图 3-18 所示。从回旋区上方滴流下来的液体（约 20 ~ 40g/s 的熔渣和铁液）被高速气流抛向炉子中心与焦粒回旋运动中产生的而又未气化的碎焦形成较致密的回旋区外壳。回旋区的尺寸略小于燃烧带，回旋区的前端约为燃烧带氧化区的边缘，而燃烧带的还原区则在回旋区外壳之外的焦炭层内。

燃烧带和回旋区的大小及它们在炉缸截面上的分布对高炉内煤气流和温度场的分布有极重要的影响，因此布置好风口位置以尽量缩小相邻两燃烧带之间的死区、控制好与炉缸直径相适应的燃烧带和回旋区的大小成为高炉操作的重要内容。

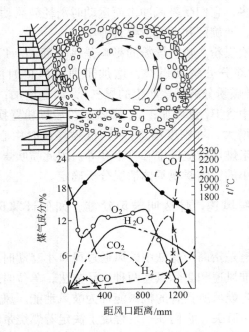

图 3-18　风口前燃烧带与回旋区示意图

影响燃烧带和回旋区大小的因素有：

（1）鼓风参数。鼓风参数包括风量、风温、风压、湿度等。一般来说能增大鼓风通过风口时的风速，从而增加鼓风动能的，都可使燃烧带和回旋区增大，如加大风量、提高风温；而增加风压却相反，它使同样质量鼓风的体积缩小，降低鼓风动能。

（2）燃料燃烧速度。碳的气化反应速率高，则气化性物质消耗快，燃烧带缩小。富氧鼓风，燃料的反应性好，介质温度高等都将缩小燃烧带。

（3）上部炉料和煤气分布情况。如果燃烧带上方的分布为边缘矿石少、焦炭多的边缘发展型，则燃烧带缩小；若实行的是中心加焦技术，边缘矿石多、而中心焦炭多的中心发展型，则燃烧带向中心延伸。如果上部炉料负荷重、堆密度大，作用于回旋区上的有效重力大，回旋区会缩小；而焦炭粒度大，落入回旋区的液态物数量多，它们受鼓风冲击而运动时消耗鼓风动能多，鼓风动能衰减快，回旋区和燃烧带都会缩小。

（4）喷吹煤粉。喷吹煤粉的影响是多方面的：1）喷吹煤粉在直吹管内部分分解和燃烧，增加了通过风口时的混合气体（鼓风加部分煤粉分解燃烧产生的煤气），动能增加；2）燃烧带形成的煤气中含 H_2 量增加；3）喷吹煤粉后煤粉置换部分焦炭，炉料中负荷增大，堆密度增加；4）低喷煤量时中心气流发展，大喷煤量时未燃煤粉造成中心打不开等。因此喷吹煤粉对燃烧带和回旋区大小的影响要视具体情况分析确定。

3-43 什么叫风速，什么叫鼓风动能，如何计算风速和鼓风动能？

答： 风速是指高炉炼铁中鼓风通过风口小套端时所达到的速度，它有标准风速和实际风速两种表示方法，单位时间内每个风口鼓入高炉内鼓风所具有的机械能称为鼓风动能。风速和鼓风动能与冶炼条件有关，它们在一定程度上决定着燃烧带和回旋区的大小，也就决定着初始煤气的分布。

　　风速是用单位时间内通过一个风口的风量 Q（m^3/s）除以风口截面积（m^2）求得。用标准状态下的风量 Q_0 算得的风速称为标准风速：

$$v_0 = Q_0 \Big/ \left(\frac{\pi}{4} n d^2 \right) \quad m/s$$

而用冶炼实际风温（$t_风$）和热风压力 p 条件下算得的为实际风速：

$$v = \left(Q_0 \times \frac{273 + t_风}{273} \times \frac{0.101}{p} \right) \Big/ \left(\frac{\pi}{4} n d^2 \right) \quad m/s$$

　　鼓风动能按下式计算：

$$E = \frac{1}{2} m v^2 = \frac{1}{2} \times \frac{Q_0 \rho_0}{gn} \times \left(\frac{Q_0}{nf} \times \frac{273 + t_风}{273} \times \frac{0.101}{0.101 + p_风} \right)^2 \quad kg \cdot m/s$$

或　$$E = \frac{1}{2} \times \frac{\rho_0 Q_0}{n} \times \left(\frac{Q_0}{nf} \times \frac{273 + t_风}{273} \times \frac{0.101}{0.101 + p_风} \right)^2 \quad kN \cdot m/s$$

式中　Q_0 ——鼓风量，m^3/s；

　　　　n ——风口个数；

　　　　d ——风口直径，m；

　　　　f ——每个风口的截面积，$\frac{\pi}{4} d^2$，m^2；

　　　　$t_风$ ——热风温度，℃；

　　　　$p_风$ ——热风压力，MPa；

　　　　ρ_0 ——标准状态时鼓风密度，kg/m^3；

　　　　g ——重力加速度，$9.81 m/s^2$。

3-44　什么叫风口前理论燃烧温度，它与炉缸温度有什么区别？

　　答：风口前燃料燃烧所能达到的最高温度，即假定风口前燃料燃烧放出的热量全部用来加热燃烧产物时所能达到的最高温度叫做风口前理论燃烧温度，也叫高炉火焰温度或绝热火焰温度。一般用燃烧带内的热平衡方程式计算。

　　（1）燃烧带热量收入有：

1）燃料中碳燃烧生成 CO 放热 $Q_{碳}$。风口前燃烧的碳量为 $Kw_{C_{焦}}n_{焦} + Mw_{C_{煤}}n_{煤}$，燃烧 1kg 焦炭中的碳放热 9800kJ（按焦炭中的碳中 50% 为石墨、50% 为无定型计算），而燃烧 1kg 煤粉中的碳放热 10460kJ（按煤中的碳均为无定型计算），为简化一般此值均用 9800kJ/kgC，焦炭在风口前燃烧率 $n_{焦}$ 与冶炼有关，一般在 0.65 左右；而煤粉在风口前的燃烧率 $n_{煤}$ 正常炉况时，烟煤在 0.7 左右，而无烟煤则要高些，为 0.8 ~ 0.85。

2）热风带入物理热 $Q_{风}$。它取决于热风温度和该风温下的平均比热容，$Q_{风} = V_{风} c_{风} t_{风}$。

3）焦炭带入物理热 $Q_{焦}$。焦炭自炉顶装入，下降过程中被上升煤气加热，进入燃烧带时，其温度已达到 1500 ~ 1700℃，其值取决于两个方面：加热它的煤气温度高低和煤气与焦炭之间的热交换好坏，在炉况正常时，进入燃烧带时焦炭的温度达到 $(0.7 ~ 0.75)t_{理}$。$Q_{焦} = Kn_{焦} c_{焦} t_{焦} = (0.7 ~ 0.75) Kn_{焦} c_{焦} t_{理}$，过去常将 $t_{焦}$ 定为 1500℃，这相当于炉况正常下 $t_{理} = 2150℃$，在现代大高炉上 $t_{理}$ 有的达到 2300 ~ 2350℃，这时 $t_{焦}$ 将达到 1650 ~ 1700℃。

4）喷吹燃料带入的物理热 $Q_{喷}$。喷吹燃料进入高炉时的温度一般在 80℃ 左右，喷吹用载体（压缩空气或氮气）的温度也不高，$Q_{喷} = Mc_{煤} t_M + V_{喷} c_{V_{喷}}t_{喷}$，在实际生产计算 $t_{理}$ 时常忽略不计。

（2）燃烧带热量支出有：

1）燃烧形成高温煤气带走热量 $Q_{煤气}$：

$$Q_{煤气} = V_{煤气}c_{煤气}t_{理} = (V_{CO} + V_{N_2})c_{CO, N_2}t_{理} + V_{H_2}c_{H_2}t_{理}$$

2）进入燃烧带的水分分解热量 $Q_{水分}$。进入燃烧带的水分有两部分，即鼓风湿分和喷吹煤粉的水分。

$$Q_{水分} = (V_{风} \varphi_{风} + M\varphi_M) \times 10800$$

3）喷吹燃料的分解热 $Q_{喷分}$。喷吹煤粉分解热取决于煤种，具体数值通过测定得到，一般采用 300kJ/kg。

$$Q_{喷分} = Mq_{分} = 300M$$

4）燃料燃烧剩余灰分随煤气离开燃烧带时带走热量 $Q_{灰}$。

$$Q_{灰} = KA_k ct_{理} + Mn_{煤} A_M ct_{理}$$

5）未燃煤粉离开燃烧带时带走热量 $Q_{未燃}$：

$$Q_{未燃} = M(1 - n_{煤}) ct_{理}$$

热平衡方程式为：

$$Q_{碳} + Q_{风} + Q_{焦} + Q_{喷} = Q_{煤气} + Q_{水分} + Q_{喷分} + Q_{灰} + Q_{未燃}$$

将多项式带入，并整理得到 $t_{理}$ 计算式：

$$t_{理} = [Kc_{焦} n_{焦} + Mc_M n_M + V_{风} c_{风} + Mc_M t_M + V_{喷} c_{喷} t_{喷} +$$
$$Kn_{焦} c_{焦} t_{焦} - 10800(V_{风} \varphi_{风} + M\varphi_M) - Mq_{分}]/[(V_{CO} + V_{N_2})$$
$$c_{CO,N_2} + V_{H_2} c_{H_2} + KA_k c + Mn_M A_M c + M(1 - n_M)c_M]$$

生产中简化上述算式，将喷吹燃料和压缩空气带入热量、灰分和未燃煤粉带走的热量省略，将 $t_{焦} = (0.7 \sim 0.75)t_{理}$，并取 $c_{焦}$ 的平均值为 $1.675 kJ/(kg \cdot ℃)$，将焦炭在风口前燃烧率 $0.65 \sim 0.70$ 代入，得到：

$$t_{理} = \frac{Q_{碳} + Q_{风} - Q_{水分} - Q_{喷分}}{(V_{CO} + V_{N_2})c_{CO,N_2} + V_{H_2}c_{H_2} - 0.85K}$$

在计算时，可采用燃烧 1kg 碳、100m³ 风和冶炼 1t 生铁三种不同基准进行。在不喷吹燃料时采用前两种基准较简便，在喷吹燃料时，则采用后一种较好，因为喷吹燃料时采用第一种要将喷吹煤粉量折成 1kg 碳中的比例；而采用第二种时，要将喷煤量折成每 100m³ 风的喷吹量等。在原始数据准确度高时，三种基准计算结果相同，误差应在 1% 以下。

理论燃烧温度是指燃烧带在理论上能达到的最高温度，生产中一般指离开燃烧带煤气的平均温度。而炉缸温度一般是指炉缸渣铁的温度，两者有本质上的区别。理论燃烧温度可达 1900 ~ 2400℃，而炉缸温度一般在 1500 ~ 1700℃ 左右。

3-45　哪些因素影响理论燃烧温度？

答：影响理论燃烧温度的因素有：

（1）鼓风温度。鼓风温度升高，则鼓风带入的物理热增加，理论燃烧温度升高。鼓风湿度为 1.5% 且无富氧无喷吹时，鼓风温度和理论燃烧温度的数值对应如下：

风温/℃	理论燃烧温度/℃
800	1994
900	2013
1000	2154
1100	2237
1200	2319

（2）鼓风富氧度。鼓风含氧量提高以后，N_2 含量减少，此时虽因风量减少而使 $Q_风$ 有所降低。但由于 V_{N_2} 降低的幅度大，理论燃烧温度显著升高。风温为 1100℃，鼓风湿度为 1.5%，无喷吹时有下列关系：

鼓风含氧量/%	理论燃烧温度/℃
21	2237
22	2267
23	2314
24	2360
25	2404

$t_理$ 与风温、富氧率和湿度的关系示于图 3-19。

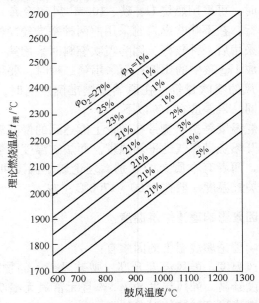

图 3-19　风温、富氧率和湿度对风口前燃烧温度的影响

（3）喷吹燃料。由于喷吹物分解吸热和 V_{H_2} 增加，理论燃烧温度降低。由于各种喷吹燃料的分解热不同：含 H_2 22% ~24% 的天然气分解热为 3350kJ/m³，含 H_2 11% ~13% 的重油分解热为 1675kJ/kg，含 H_2 2% ~4% 的无烟煤分解热为 1047kJ/kg，所以，喷吹天然气降低理论燃烧温度最剧烈，重油次之，无烟煤降低最少。

不同煤种降低 $t_{理}$ 的数值为：

煤种	挥发分/%	$\Delta t_{理}$
长焰烟煤	35 以上	3.4 ~3.5
烟煤	25	2.8
混合煤	20	2.5 ~2.8
无烟煤	10 以下	1.5 ~2.0

风口前理论燃烧温度与喷煤比的关系示于图 3-20。

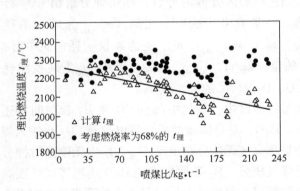

图 3-20　风口前理论燃烧温度与喷煤比的关系

（4）鼓风湿度。鼓风湿度的影响与喷吹物相同，由于水分分解吸热，理论燃烧温度降低。每 1% 湿度降低 $t_{理}$ 45℃左右。

3-46　煤气上升过程中量、成分和温度发生什么变化？

答：燃烧带内形成的煤气进入炉缸、炉腹及其在上升过程中，由于在高温区内各种形成 CO 的碳气化反应的发生（见 3-39 问），使煤气的量和成分都有变化。主要表现为 CO 数量和百分比都增大。由高温区进入中温间接还原区时的煤气，常被称为炉腹煤气，其数量和成分可按以下各式计算：

$$V_{CO} = V_{CO_燃} + \frac{22.4}{12}m_{C_d} + 2\psi_{CO_2} \times \frac{22.4}{44}m_{CO_2熔} + \frac{22.4}{28}m_{CO_焦挥}$$

$$V_{H_2} = V_{H_2燃} + \frac{22.4}{2}(m_{H_2焦有机} + m_{H_2焦挥})$$

$$V_{N_2} = V_{N_2燃} + \frac{22.4}{28}(m_{N_2焦有机} + m_{N_2焦挥})$$

炉腹煤气量　　$V_腹 = V_{CO} + V_{H_2} + V_{N_2}$

式中，$V_{CO_燃}$、$V_{H_2燃}$、$V_{N_2燃}$ 为燃烧带生成的 CO、H_2、N_2 量，m^3/t；m_{C_d} 为直接还原耗碳，包括了 Fe、少量元素及脱硫等耗碳，kg/t；ψ_{CO_2} 为熔剂在高温区分解的分数，即熔剂分解出 CO_2 再与 C 反应的分数，一般在 0.5 ~ 0.75 之间；$m_{CO_2熔}$ 为吨铁消耗熔剂中 CO_2 总量，kg/t；$m_{H_2焦有机}$、$m_{N_2焦有机}$ 为吨铁消耗焦炭中有机 H_2 和有机 N_2 的量，kg/t；$m_{CO_焦挥}$、$m_{H_2焦挥}$、$m_{N_2焦挥}$ 为吨铁消耗焦炭挥发分中 CO、H_2 和 N_2 的量，kg/t。

在间接还原区内，煤气中部分 CO 和 H_2 参与间接还原而转化为 CO_2、H_2O，易分解碳酸盐分解出少量 CO_2 也进入煤气。由于生产中炉顶煤气无法分析出 $H_2O_还$，所以无论是取样分析或计算都是干煤气成分，H_2 还原生成的 H_2O 还不算在炉顶煤气成分中，而单独算出。另外过去长时间认为炉顶煤气中有 CH_4，理论上讲高炉内没有生成 CH_4 的条件，相反焦炭和喷吹燃料（特别是天然气 90% 以上是 CH_4）带入的 CH_4 在高炉内要分解，现代的气相色谱仪分析炉顶煤气表明炉顶煤气中没有 CH_4，用奥氏分析仪吸收法分析煤气出现 CH_4，纯属分析误差所造成。

炉顶煤气的量可按以下各式计算：

$$V_{CO_2顶} = V_{CO_2间} + \frac{22.4}{44}(1 - \psi_{CO_2})m_{CO_2熔} + \frac{22.4}{44}m_{CO_2焦挥}$$

$$V_{CO_顶} = V_{CO} - V_{CO_{2间}}$$

$$V_{H_{2顶}} = V_{H_2} - V_{H_{2间}}$$

$$V_{N_{2顶}} = V_{N_2}$$

$$V_{顶总} = V_{CO_{2顶}} + V_{CO_顶} + V_{H_{2顶}} + V_{N_{2顶}}$$

式中　　$V_{CO_{2间}}$——间接还原生成的 CO_2 量，m^3/t；

$V_{H_{2间}}$——间接还原消耗的 H_2 量，m^3/t；

$m_{CO_{2焦挥}}$——吨铁消耗焦炭挥发分中 CO_2 的量，kg/t。

其余同炉腹煤气计算式。

高炉内煤气量、成分以及煤气温度沿高炉高度的变化示于图 3-21。

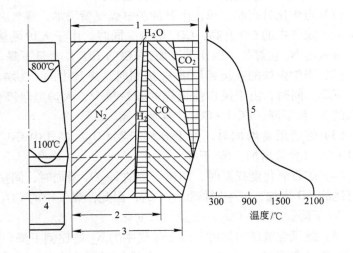

图 3-21　煤气上升过程中量、成分以及煤气温度沿高炉高度的变化

1—炉顶煤气量 $V_顶$；2—风量 $V_风$；3—炉缸燃烧带煤气量 $V_燃$；

4—风口中心线；5—煤气温度

由于炉缸燃烧带内形成的煤气中 CO 量是鼓风中氧量（包括热风中的自由氧和湿分中的氧）的 1 倍，所以在不富氧时 $V_燃/V_风 \approx 1.25$，富氧鼓风后此比值增大，增大数值与富氧率相对应。

炉顶煤气量因直接还原、熔剂分解、焦炭挥发分的析出等又比 $V_燃$ 增大，$V_顶/V_风 \approx 1.4$。

煤气温度由于热交换、将热量传给炉料及消耗于各种反应而降低。其变化规律示于图 3-21 中。

3-47 哪些因素影响炉顶煤气成分？

答：因冶炼条件的变化而引起炉顶煤气成分（体积分数）的变化，主要指煤气中 CO 和 CO_2 数量的变化，喷吹含 H_2 燃料（天然气，重油，挥发分 35% 的长焰烟煤等）时 H_2 含量也会增加，达 8% ~ 10%。炉顶煤气中的（$CO + CO_2$）量基本稳定在 40% ~42% 之间，下列因素影响其值的波动：

(1) 当焦比升高时，单位生铁的炉缸煤气量增加，煤气利用率降低，煤气中的 CO 升高，CO_2 降低。同时，由于入炉风量增加，带入的 N_2 在煤气中的比例增加，（$CO + CO_2$）含量下降。

(2) 当炉内铁的直接还原度 r_d 提高时，煤气中的 CO 增加，CO_2 下降，同时，由于风口前燃烧的碳量减少，入炉风量降低，带入的 N_2 量下降，（$CO + CO_2$）含量升高。

(3) 熔剂用量增加时，由于分解产生 CO_2，煤气中 CO_2 和（$CO + CO_2$）含量增加，N_2 下降。

(4) 矿石氧化度提高时，即矿石中的 Fe_2O_3 增加时，间接还原消耗的 CO 增加，产生同体积的 CO_2，因此，煤气中的 CO_2 增加，CO 下降，（$CO + CO_2$）含量没有变化。

(5) 鼓风含氧量增加时，由于煤气中的 N_2 的比例下降，CO 和 CO_2 的比例升高，（$CO + CO_2$）含量与富氧率有关，在富氧 3% ~5% 时（$CO + CO_2$）含量可增大到 45%。

(6) 喷吹燃料时，由于煤气中 H_2 所占的比例增加，N_2 和（$CO + CO_2$）含量下降。

3-48 什么叫炉料与煤气的水当量？

答：水当量是为了研究高炉热交换过程而引出的概念。单位时间内通过高炉某一截面的炉料或煤气升高（或降低）1℃所吸收（或放出）的热量，称为炉料或煤气的水当量。用炉料流股或煤气流股的质量（或体积）与其平均热容的乘积表示：

$$W_s = G_{料} c_{料}$$
$$W_g = G_{气} c_{气}$$

式中　W_s, W_g——炉料和煤气的水当量，kJ/(h·℃)；

　　　$G_{料}$, $G_{气}$——炉料和煤气流股的质量或体积流量，kg/h 或 m³/h；

　　　$c_{料}$, $c_{气}$——炉料和煤气的平均表观热容，既包括物理加热吸收的热量，还包括吸热反应吸收的热量，kJ/(kg·℃) 或 kJ/(m³·℃)。

高炉冶炼中常用每吨生铁的炉料或煤气升高（或降低）1℃所吸收（或放出）的热量来表示水当量。

在现代高炉上，水当量沿高炉高度上的变化规律是：煤气水当量上、下部基本相同（约 2000~2500kJ/(t·℃)），这是因为 $G_{气}$ 上部大，下部小，而 $c_{气}$ 相反，上部小，下部大，两者乘积基本相同；炉料水当量上部小，下部大（上部 1800~2200kJ/(t·℃)，下部 5000~6000kJ/(t·℃)），这是由于上部不仅吸热反应少，而且 CO 间接还原还放热，所以表观 $c_{料}$ 小，下部则有大量的吸热反应，还需炉渣和生铁熔化耗热，所以表观 $c_{料}$ 很大。

炉料和煤气水含量沿高炉高度上的变化规律示于图 3-22，这个规律可以从下面简化计算的例题显示出来。

（1）炉料水当量。

入炉原燃料：焦比 490kg/t，混合矿 1670kg/t，石灰石 10kg/t；

入炉料温度：20℃，料面温度 160℃；

入炉料平均热容：焦比 1.0kJ/(kg·K)，混合矿 0.7kJ/(kg·K)，石灰石 0.9kJ/(kg·K)。

炉顶料面处的水当量：

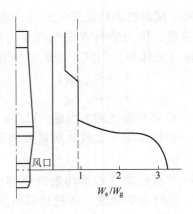

图 3-22　W_s/W_g 沿高炉高度上的变化

装入炉顶后的 $W_s = G_s c_s = 490 \times 1 + 1670 \times 0.7 + 10 \times 0.9 = 1668 kJ/(t \cdot K)$。

热贮备区水当量:

温度为 950℃,进入热贮备区的炉料数量为:

焦炭从 850℃ 开始有溶损反应,在热贮备区焦炭温度在 950℃ 时有少量 2% ~ 3% 气化,故:$G_{焦炭} = 490 \times 0.98 = 480.2 kg/t$。

矿石到达热贮备区时高价氧化物还原失去部分氧 250kJ/t,石灰石有 30% 分解失去 1.5kJ/t。

炉料到达热贮备区时的平均热容:焦炭 1.25 kJ/(kg·K),混合矿 1.0 ~ 1.1kJ/(kg·K),石灰石 1.1kJ/(kg·K)。

进入热贮备区后炉料的水当量:

$W_s = 480.2 \times 1.25 + 1420 \times 1.05 + 8.5 \times 1.1 = 2100.6 kJ/(t \cdot K)$

高炉炉缸水当量:

物料温度:焦炭 1600℃,铁水 1500℃,炉渣 1550℃;

物料数量:焦炭到达风口燃烧率 0.7,$490 \times 0.7 = 343 kg/t$,形成铁水 1t,炉渣 0.45t (由 CaO 平衡计算得出)。

平均比热容:据水当量定义,炉料在下部的平均热容为折算热容，需要将直接还原耗热、渣铁熔化热和过热耗热，都折算为物料的平均热容。

直接还原耗热通过热平衡计算求得，本例在 1.40GJ/t 折算成热容 $1.40 \times 10^6/(1000 \times 1570) = 0.892kJ/(kg \cdot K)$。

渣铁熔化。简化计算是将铁水和炉渣及在炉缸内所具有的焓折算，可查手册得出铁水焓 1275kJ/kg，炉渣焓 1940kJ/kg。

炉渣热容为：$1940 \times 0.45/1550 = 0.563kJ/(kg \cdot K)$。

焦炭的热容：$1.67kJ/(kg \cdot K)$，折算成生铁的热容为：$343 \times 1.67/1000 = 0.573kJ/(kg \cdot K)$，全部的平均热容为：$0.573 + 0.892 + 0.852 + 0.563 = 2.88kJ/(kg \cdot K)$，到达炉缸的炉料水当量为：$W_s = G_s \cdot c_s = 1000 \times 2.88 = 2880kJ/(t \cdot K)$。

（2）煤气水当量。

炉顶料面处的煤气水当量：

炉顶料面煤气量和成分为：煤气量 $1650m^3/t$；煤气成分：CO_2 18.18%，CO 22.70%，H_2 0.85%，N_2 58.27%；炉顶煤气温度：200℃。

煤气在炉顶的平均热容，按煤气量成分和它们在 200℃ 时的平均热容计算得出 $1.3983kJ/(m^3 \cdot K)$。

煤气达到炉顶时的水当量：$W_g = G_g \cdot c_g = 1650 \times 1.3983 = 2307kJ/(t \cdot K)$。

热贮备区煤气水当量：

煤气进入热贮备区时的数量：数量与达到炉顶时的数量基本相同，略少一点，因为 30% 石灰石分解成 CO_2 和焦炭挥发分析出少量气体。

煤气成分：通过煤气上升过程的成分变化公式算出：CO_2 0%，CO 41%，H_2 2%，N_2 57%。

平均热容：煤气在热贮备区的温度为 1000℃，按煤气各组分在 1000℃ 时的平均热容和成分算出平均热容为 $1.40kJ/(m^3 \cdot K)$。

煤气在热贮备区的水当量为：$1650 \times 1.402 = 2310kJ/(t \cdot K)$。

炉缸内煤气水当量：煤气量是由燃烧焦炭形成的煤气和直接还原形成的 CO 组成，通过煤气上升过程中成分变化计算，煤气量在 $1500m^3/t$ 左右。

煤气成分：CO 36.5%，H_2 2%，N_2 61.5%。

煤气温度：生产中维持 $t_{理}$ 在（2200 ± 50）℃，则离开燃烧带进入炉缸时的温度在 2000℃ 左右。

平均热容：按煤气成分在 2000℃ 时的平均热容计算，得炉缸煤气的热容为 $1.501kJ/(m^3 \cdot K)$。

煤气在炉缸内的水当量为 $1500 \times 1.501 = 2250kJ/(t \cdot K)$。

通过简化计算可以看出炉顶 $W_g > W_s$，热贮备区 W_g 略大于 W_s，而炉缸 $W_g < W_s$。

3-49　煤气上升过程中的热交换有什么规律？

答： 煤气上升过程中经过三个不同的热交换区（图 3-23a），即炉料水当量大于煤气水当量（$W_s > W_g$）的下部热交换区、炉料水当量与煤气水当量相同（$W_s \approx W_g$）的中部热交换空区、炉料水当量小于煤气水当量（$W_s < W_g$）的上部热交换区。

下部热交换区的特点是，由于此区内发生 Fe、Mn、Si、P 等元素的直接还原、部分碳酸盐的分解、炉料的熔化和渣铁的过热等大量的吸热反应，煤气降温快和炉料升温慢，炉料与煤气之间的热交换非常激烈。煤气从离开燃烧带时的温度 1800 ~ 2000℃下降到中部空区 950℃，而炉料从中部空区的 950℃上升到渣铁出炉温度 1500 ~ 1550℃，煤气和炉料之间的温度差达到 300 ~ 500℃。

中部空区，炉料和煤气温度接近，只有 20 ~ 50℃ 左右的温差，而且此区内炉料和煤气水当量相等，因此热交换非常缓慢或者基本上不发生热交换过程，属于热交换呆滞区。空区和下部热交换区的界线是碳酸盐开始大量分解和碳的气化反应（CO_2 +

C ═2CO）明显发展的温度线，即 950 ~ 1100℃的区域。

上部热交换区的特点是，由于此区内发生高级氧化物的间接还原是放热反应，炉料吸热量少，炉料水当量小于煤气水当量，因此炉料升温快而煤气降温慢，同时，上升煤气遇到刚入炉的冷料，煤气与炉料间有较大温差，所以热交换激烈，炉料由 20 ~ 30℃常温升高到中部空区 950℃，而煤气温度则从 950℃下降到 200 ~ 300℃炉顶温度。

炉内煤气和炉料的温度分布如图 3-23b 所示。

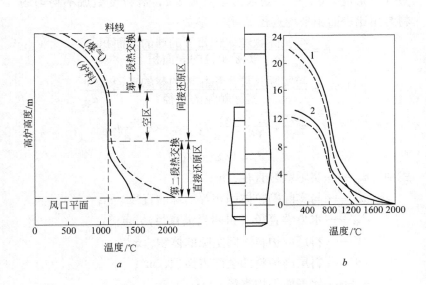

图 3-23　高炉内热交换过程示意图

a—高炉内热交换分区；b—大、小高炉内炉料和煤气温度沿炉子高度的变化

1—大高炉；2—小高炉

3-50　高炉料柱有哪些散料特性？

答：特性如下：

（1）空隙度 ε。单位体积的炉料内空隙体积所占份额称为炉

料的空隙度 ε，可以通过体积测量或炉料的实际密度和堆密度测量得出：

$$\varepsilon = 1 - \frac{V_料}{V} = 1 - \frac{r_堆}{r}$$

ε 与炉料筛分组成、形状和堆放方式等有关，高炉炉料（焦炭、矿石等）的空隙度在 $0.35 \sim 0.5$ 之间，它是决定料柱透气性的重要因素之一。

（2）形状参数。有两个参数说明形状的不同：一个是形状系数（球形度）ϕ；一个是水力学直径 $d_当$，对粒度组成不均匀的料常用比表面积平均直径 d_e 作为参数：

$$\phi = \frac{与实际颗粒体积相等的球的表面积}{实际颗粒的表面积}$$

$$= \frac{与实际颗粒体积相等的球的直径}{实际颗粒的直径} = \frac{d_0}{d_实}$$

$$d_当 = \frac{4V}{S} = \frac{2}{3} \times \frac{\varepsilon}{1-\varepsilon} d_实 = \frac{2}{3} \times \frac{\varepsilon}{1-\varepsilon} \phi d_0$$

$$d_e = 1/\sum(w_i/d_i)$$

式中　$d_实$——实际颗粒直径，m；

　　　d_0——与实际颗粒体积相等的球的直径，m；

　　　$d_当$——水力学直径（也叫当量直径），m；

　　　V——料层内炉料之间空隙的体积，m^3；

　　　S——料层内炉料的全部表面积，m^2；

　　　d_e——比表面平均直径，m；

　　　ε——料层的空隙度；

　　　w_i——第 i 级颗粒的质量分数，%；

　　　d_i——第 i 级颗粒的直径，m。

（3）堆角（安息角）。炉料在自然堆放形成料堆，料堆斜面与水平面形成的角称为自然堆角，在高炉内炉料从装料设备（大料钟、无钟溜槽）上落入炉喉料面，不同于自然堆料，它受到上升煤气流的浮力、炉墙及中心料等影响，堆角比自然堆角要小。堆角的变化是进行高炉操作上部调节的重要依据。

高炉炉料上述散料特性的实测结果之一列于表 3-3 中。

表 3-3 高炉炉料的散料特性

炉料种类	堆角/(°)		空隙度 ε	比表面平均直径 d_e/mm	形状系数 ϕ	透气性指数 K/mm
	自然	炉内				
焦 炭	36 ~ 44	28 ~ 33	0.50	39	0.72	4.0
球团矿	28 ~ 32		0.36	12.7	0.92	0.48
烧结矿	32 ~ 36	29 ~ 33	0.48	7 ~ 10	0.65	0.59
块 矿	36 ~ 40	24 ~ 33	0.41	30.5	0.87	1.75

3-51 高炉煤气是怎样从炉缸向上运动到达炉顶的?

答:高炉煤气在风口前燃烧带内形成后,在炉缸与炉顶压力差的推动之下向上运动。燃烧带的大小决定着煤气流初始分布状况,煤气流穿过料柱向上运动的特点之一就是尽量沿阻力小的途径流动,因此上升过程中,哪部分阻力小,煤气量就多,相反阻力大的地方,煤气量就少。炉缸煤气是沿着软熔带与滴落带之间的下落焦炭的疏松区向炉子中心区上升。也有部分穿过软熔带根部与炉墙间的焦炭层向边缘流动。这初始分布取决于燃烧带的大小以及燃烧带上方两侧炉料的透气性。燃烧带小、边缘焦炭多、矿石少时,初始煤气向边缘流得多;而中心加焦,边缘矿石多,燃烧带向中心伸展时,初始煤气向中心流得多。煤气上升穿过滴落带,其中既有透气良好的焦炭,还有向下滴落的液体炉渣和铁,它们的流动互相影响。向下流动的渣铁占据了部分焦炭的空隙,特别是有部分炉渣滞留在其中(其值约为 0.04),使滴落带的 ε 下降,影响了煤气流运动,严重时还会出现"液泛"现象。

当煤气流到软熔带的下边界处时,由于软熔带内矿石层的软熔,其空隙极少,煤气主要通过焦炭层(焦窗)而流动,煤气流在这里产生了横向运动，由于软熔带的形状、位置和厚薄的不同，穿过的煤气在方向和数量都有差别，所以软熔带成为高炉煤气的二次分配器。从煤气流分布来说，倒 V 形软熔带比 W 形的好，因为在倒 V 形时煤气由内圆向外圆流动比较顺畅；而在 W 形时，既有内圆向外圆的流动，又有外圆向内圆的流动，会产生煤气流的冲突，不利于煤气的稳定分布。

由于高炉块状带料柱由分层的矿石和焦炭组成，它们的透气阻力差别很大，而且高炉的截面积从下往上逐渐缩小，料面又是按炉料堆角向中心倾斜，煤气在这类不等截面、不等高度和透气阻力差别很大的料层间向上运动，不断地改变着方向，实际上在块状带内形成了偏向中心的之字形流动。到达炉顶煤气流的分布常用炉喉料面以下水平截面上的分布来表示。常用的是通过煤气中 CO_2 曲线、十字测温的炉喉温度曲线以及红外线热图像仪测定给出料面等温线、分色的温度区带等来判断。

3-52 煤气在块状带内运动的阻力损失（Δp）有什么规律，影响 Δp 的因素有哪些？

答： 高炉内煤气穿过块状带的运动常被假定为气体沿着彼此平行、有着不规则形状和不稳定截面、互不相通的管束的运动。这样应用流体力学中气体通过管道的阻力损失一般公式和类似高炉炉料的散料上研究测得的修正阻力系数，得到高炉块状带内阻力损失变化规律的半经验表达式，最常用的有扎沃隆科夫公式：

$$\Delta p = \frac{7.6\gamma^{0.8}\omega^{1.8}\nu^{0.2}}{gd_{当}\varepsilon^{1.8}}H$$

厄根公式：

$$\frac{\Delta p}{H} = 1.75\frac{\rho\omega^2}{\phi d_e\varepsilon^3/(1-\varepsilon)}$$

式中　Δp——块状带内煤气流的阻力损失（或压差、压强降）；

H——料层高度，m；

γ,ρ——煤气的密度，kg/m^3；

ω——煤气的空炉速度，m/s；

ν——煤气的运动黏度，$\nu = \dfrac{\eta}{\rho}$，m²/s；

ε——炉料的空隙度；

g——重力加速度，m/s²；

$d_{当}$——炉料空隙的当量直径，m；

d_e——炉料颗粒的比表面平均直径，m；

ϕ——炉料形状系数。

扎氏认为高炉内块状带的煤气流运动处于不稳定紊流区，即处于层流转变为紊流过渡区；而厄根认为它处于紊流区，这样造成两者表达式有差别。现在高炉工作者普遍认为现代高炉上块状带内的煤气运动属紊流状态，所以常用厄根公式来表达煤气在块状带内阻力损失变化的规律。

从厄根公式可以看出影响 Δp 的因素有煤气的性能（分子上）和炉料的特性（分母上）。煤气性能主要是它的密度和速度；炉料的特性是其形状系数，炉料颗粒的平均直径和炉料的空隙度。降低 Δp 的措施是增加煤气含 H_2 量（喷吹含 H_2 燃料）以降低煤气的密度和黏度，高压操作缩小炉内煤气体积以降低煤气速度；在不影响还原速度的情况下适当增大炉料的粒度，最重要的是提高炉料的空隙度，这就要限制炉料粒度的上限和筛除粒度小于 5mm 的粉末。

3-53 什么叫高炉料柱的透气性？

答：高炉料柱的透气性指煤气通过料柱时的阻力大小。煤气通过料柱时的阻力主要取决于炉料的空隙度 ε（散料体总体积中空隙所占的比例叫做空隙度），空隙度大，则阻力小，炉料透气性好；空隙度小，则阻力大，炉料透气性差。空隙度是反映炉料透气性的主要参数。气体力学分析表明，空隙度 ε、风量 Q 与压差 Δp 之间有如下关系（可从厄根公式推出）：

$$\frac{Q^2}{\Delta p} = K\left(\frac{\varepsilon^3}{1 - \varepsilon}\right)$$

式中　　Q——风量;

　　　　Δp——料柱全压差;

　　　　K——比例系数;

　　　　ε——炉料空隙度。

　　由此可见,炉内 $Q^2/\Delta p$ 反映了 $\varepsilon^3/(1-\varepsilon)$ 的变化,因 $Q^2/\Delta p$ 与 ε^3 成正比,ε 的任何一点变化都将敏感地反映在 $Q^2/\Delta p$ 上,所以,生产中用 $Q^2/\Delta p$ 作为高炉透气性指标,称为透气性指数。

3-54　料柱透气性在高炉冶炼过程中起什么作用?

　　答:高炉料柱的透气性直接影响炉料顺行、炉内煤气流分布和煤气利用率。

　　首先,料柱具有良好的透气性,使上升煤气流合理分布与稳定而且顺利地通过,是保证下料顺行和充分发挥上升煤气流的还原和传热作用的基本前提。尤其是高强度冶炼时,炉缸煤气量大,如果此时料柱透气性不好,则煤气流阻力增加,风压升高,继而出现崩料、悬料等现象,冶炼过程不能正常进行。这就是风量与料柱透气性不相适应的结果。

　　其次,由于炉料质量差而造成炉内透气性恶化和分布不均匀时,不仅压差升高和下料不顺,而且引起煤气流分布不均,出现管道行程和煤气流偏行等现象,从而使煤气利用率下降,炉料的预热与还原不充分,直接还原度增加,热量消耗增大,影响高炉焦比和生铁产量。

　　因此,为了保证高炉冶炼过程正常进行和获得良好的生产指标,必须通过各种途径提高高炉料柱的透气性。

3-55　如何改善块状带料柱的透气性?

　　答:为了提高块状带料柱的透气性,首先应提高矿石和焦炭的强度,减少入炉粉末。尤其要提高矿石和焦炭的热强度,增强高温还原状态下抵抗摩擦、挤压、膨胀和热裂的能力,减少或避免炉内再次产生粉末，这样可以提高料柱空隙度 ε、降低 Δp。

其次，要严格控制粒度。实践表明，随着原料粒度的增大，通过料层的煤气阻力减小，但粒度超过 25mm 以后，相对阻力基本不降低。相反，随着粒度的减小，煤气阻力增加，但在大于 6mm 的范围内阻力增加不明显，而粒度小于6mm时，相对阻力明显增加。因此，适合于高炉冶炼的矿石粒度范围是 6~25mm。小于6mm的粉末对透气性危害极大，必须全部筛除，而 25mm 以上的大块，对改善透气性已无明显效果，但对还原不利，因此应当把上限控制在 25mm 以下。

第三，要尽量使粒度均匀。在适宜的粒度范围内使粒度均匀，有利于提高炉料空隙度。理论计算表明，对于一种粒度均匀的散料来说，无论粒度大小，空隙度均在 0.5 左右。但随着大小粒度以不同比例混合后，其空隙度大幅度变化，如图 3-24 所示。因此，应尽量使粒度均匀，有利于提高块状带透气性。炉料的粒度差较大时，应分级入炉。

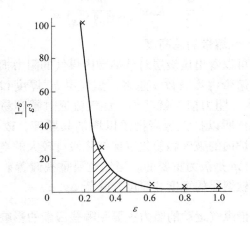

图 3-24　炉料空隙度 ε 与阻力因子 $(1-\varepsilon)/\varepsilon^3$ 的关系

从图 3-24 可以看出高炉内炉料空隙度对透气性的影响。当

前高炉使用炉料的 ε 正处在其变化极为敏感区域 $\varepsilon = 0.45$ 左右，若 $\varepsilon < 0.45$ 时 ε 降低，阻力因子 $\dfrac{1-\varepsilon}{\varepsilon^3}$ 升高极快，料柱透气性指数也随之急剧升高，例如当矿石含粉量由 5% 增加到 10% 和 15% 时，透气性指数升高 22.6% 和 50%。

3-56 煤气通过软熔带时的阻力损失受哪些因素影响？

答： 当炉料开始软化时，随着体积的收缩，空隙度不断下降，煤气通过时的阻力损失急剧升高，这在第 2 章 2-17 问有关矿石的软熔性能中已介绍清楚。在开始滴落前 Δp 达到最高，Δp_{max} 约为矿石开始软熔时 Δp 的 4 倍，是原矿石层的 8.5 倍。由于矿石软熔层的阻力很大，所以煤气流绝大部分是从焦炭层（一般称之为焦窗）穿过的。研究表明煤气流经软熔带的阻力损失与软熔层径向宽度 B、焦炭层厚度 h_C、层数 n 和空隙度 ε_C 等有关，并可用下式表达：

$$\frac{\Delta p}{l} = K\rho\omega^2 \frac{B^{0.183}}{n^{0.46} h_C^{0.93} \varepsilon_C^{3.74}}$$

式中　l ——软熔带的总高度。

从上式可以看出焦炭层对软熔带内煤气的阻力损失起着决定性作用，软熔带内焦窗数 n 越多，焦炭层 h_C 厚度和焦炭层的空隙度 ε_C 越大，阻力损失就越小，煤气流通过越容易，二次分配也更趋合理。所以扩大焦炭批重以增加其厚度，改善焦炭热强度，减少在炉内的破碎和粉化以保持焦炭有较大的空隙度，对降低软熔带的 Δp 是极为重要的。当然也要重视改善矿石的软熔性能以减小其软熔层的宽度和厚度，降低 Δp_{max}。

3-57 滴落带煤气运动的阻力主要受哪些因素的影响？

答： 滴落带是已经熔化成液体的渣铁在软熔带以下焦炭床缝隙中滴状下落的区域。在这里，煤气运动的阻力，可用"湿区"厄根公式表达：

$$\frac{\Delta p}{H} = K_1 \frac{(1 - \varepsilon + h_t)^2}{d_e^2} \rho\omega + K_2 \frac{\rho\omega^2}{d_e(\varepsilon - h_t)^3/(1 - \varepsilon + h_t)}$$

阻力受固体焦炭块和熔融渣铁两方面的影响。一方面，焦炭粒度均匀、高温机械强度好、粉末少，炉缸充填床内的空隙度大，煤气阻力小；此时焦炭空隙度 ε_C 尤为重要，因为煤气实际通过的空隙度 ε 是焦炭空隙度 ε_C 扣除滴落渣铁占有的空隙 h_t，即 $\varepsilon = \varepsilon_C - h_t$；同时焦炭反应性好说明气化反应（$C + CO_2 \stackrel{}{=\!=\!=} 2CO$）易于进行，这意味着焦炭在高温容易破裂，增加煤气阻力。因此，从高炉冶炼的角度看，希望焦炭的反应性差一些为好。另一方面，为了降低煤气阻力，要求渣量少、流动性好，尽可能降低 h_t。当渣量过大、流动性不好时，由于煤气通道减小，煤气流速增加，严重时甚至出现渣铁被上升气流吹起，无法进行正常的冶炼，这种现象叫做液泛。当初渣中 FeO含量过多时，会在滴落带与焦炭作用产生大量的 CO，以气泡的形态存在于渣中，使渣易于上浮，更容易发生液泛现象，大大增加煤气阻力，破坏高炉顺行。因此，改善矿石的还原性，使矿石在进入滴落带以前充分被还原，尽量降低初渣中的 FeO，不仅是降低直接还原度从而降低高炉热消耗的主要措施，也是减小滴落带煤气阻力，保证高炉顺行的重要条件。

3-58　炉料在炉内为什么能连续下降?

答：炉料在炉内连续下降是由两个条件保证的：炉子下部有供炉料下降的空间；炉料的自重能克服下降过程中所遇到的阻力。

（1）炉子下部空间的腾出。冶炼过程中，焦炭中的固定碳在风口前燃烧和参加直接还原变为气体而上升离开高炉；矿石、熔剂和焦炭灰分则熔化和还原成渣铁而排出炉外，从而使炉内不断形成自由空间，为炉料的连续下降创造了必要条件。风口前焦炭的燃烧提供 35% ~ 40% 的空间，参加直接还原消耗焦炭提供15% 左右的空间，而矿石和熔剂在下降过程中重新排列、压紧并熔化成液相而体积缩小提供 30% 左右的空间，此外放出渣铁也提供一部分空间。

（2）阻力的克服。要克服的一系列阻力包括：1）炉料与炉墙的摩擦阻力；2）料块之间的内摩擦阻力；3）上升煤气的浮力。只有炉料的自身重力超过这三种阻力之和的情况下，炉料才能连续不断地下降，维持正常的冶炼过程。

3-59　哪些因素影响炉料的顺利下降？

答：使炉料下降的力 F，可用下式表示：

$$F = (W'_{料} - P_{墙} - P_{料}) - \Delta p$$
$$= W'_{效} - \Delta p$$

式中　F——决定炉料下降的力；

$W'_{料}$——炉料自身重力；

$P_{墙}$——炉料与炉墙之间摩擦力的垂直分量；

$P_{料}$——料块之间的内摩擦力；

Δp——煤气通过料柱时产生的压力降，也就是煤气对下降炉料的浮力；

$W'_{效}$——炉料的有效重力。

由此可见，$F > 0$，即 $W'_{效} > \Delta p$，是保证炉料顺利下降的基本条件。影响 $W'_{效}$ 和 Δp 的各种因素，都将影响炉料的顺利下降。

影响 $W'_{效}$ 的因素有：

（1）炉身角和炉腹角。炉身角越小和炉腹角越大，炉料有效重力就越大，因为此时炉料与炉墙间摩擦力的垂直分量减小。另外，炉料在运动的条件下，其有效重力比静止时大，因为动摩擦系数比静摩擦系数小。

（2）料柱高度。在一定限度以内，随着料柱高度的升高，炉料有效重力增加，但高度超过一定限度以后，有效重力反而随料柱高度的升高而减小，因为此时随着高度升高而增加的 $P_{墙}$ 和 $P_{料}$ 的作用超过了料柱自重增加的作用。矮胖高炉之所以比较顺行，就是因为料柱高度相对较小。

（3）风口数量。因为风口上方的炉料比较松动，所以当风口数量增加时，风口平面上料柱的动压力增加，有效重量增加。风口前燃烧带的水平投影越靠近炉墙，炉墙对炉料的摩擦力越小，炉料有效重量增加。

（4）炉料堆密度。炉料堆密度越大，有效重量越大。焦比降低以后，随着焦炭负荷的提高，炉料堆密度增加，这是对高炉顺行有利的一面。

（5）高炉操作状态。炉渣黏度大，炉墙不平，煤气流分布失常（即中心堆积或边缘堆积）时，炉料有效重力减小，因为这种情况下，$p_墙$ 和 $p_料$ 均有所增加。

影响 Δp 的因素有：

（1）煤气流速。静止状态下的实验结果表明，Δp 与煤气流速的 1.8 次方成正比，因此，随着煤气流速的增加，Δp 迅速增加。但在实际操作中因炉料处于松动状态，通道截面的煤气量比静止时大得多，所以，Δp 随煤气流速增加的幅度不会那么大，在正常操作范围内，大致与煤气流速的一次方成正比，而当高炉冶炼强度提高到炉料接近流态化状态时，Δp 的增加就不那么明显了，这就是所谓松动强化理论的主要依据。

（2）原料粒度和空隙度。粒度大，则煤气通道的水力学当量直径大，Δp 降低，有利于顺行，但对还原不利。粒度均匀，则空隙度大，Δp 降低，有利于顺行。因此，从有利于还原和顺行的角度出发，要求高炉原料具有小而均匀的粒度。

（3）煤气黏度和重度。降低煤气黏度和重度，能降低 Δp。喷吹燃料时，由于煤气中的氢含量增加，黏度和重度都降低，对顺行有利。

（4）高炉操作因素。疏松边缘的装料制度，炉渣流动性良好，渣量少和成渣带薄，均能降低 Δp，对顺行有利。提高风温时，由于煤气体积和黏度增加，Δp 升高，不利于顺行。因此，要高风温操作，必须创造高炉接受高风温的条件。

3-60 块状带炉料下降运动有什么特点？

答： 高炉装料的特征是炉料按批入炉，形成矿石层和焦炭层间隔的料柱，而且料面呈中心低、边缘高的斜面。由于风口燃烧带相对位于边缘，焦炭不断地落入燃烧，而且炉身向下逐渐扩大，所以边缘下料速度高于中心，使料层越往下越趋于平坦，每批料料层厚度减薄。就整体而言，块状带的炉料下降是保持矿、焦层间隔的层状活塞流。根据圆筒存仓内散料下降的一般规律，并考虑高炉内有上升煤气流浮力的影响，导出的块状带炉料下降的有效质量力的表达式是：

$$q_{有效} = \frac{d\left(\gamma_料 - \dfrac{\Delta p}{H}\right)}{4fn}(1 - e^{-4fn\frac{H}{d}})$$

式中　$q_{有效}$——炉身料柱的有效质量力，kg；

　　　$\gamma_料$——炉料的堆积密度，kg/m³；

　　$\Delta p/H$——单位料柱高度上煤气的阻力损失，也就是煤气流对料柱的浮力，kg/m²（1kg/m² = 10Pa）；

　　　f——炉料与炉墙之间的摩擦系数；

　　　n——炉料对炉墙的侧压力系数；

　H, d——高炉的高度和直径，m。

从上式可以看出，影响 $q_{有效}$ 的因素是：

（1）$q_{有效}$ 不随 H 的增加而无限增大，H 到一定值时，$q_{有效}$ 与继续增大的 H 无关，而为一定值 $\dfrac{d\left(\gamma_料 - \dfrac{\Delta p}{H}\right)}{4fn}$。

（2）高炉的 $\dfrac{H}{d}$ 值小，即高炉矮胖，$q_{有效}$ 值大。

（3）炉身角小、炉腹角大，炉料与炉墙的摩擦力减小，$q_{有效}$ 增大。

（4）$\left(\gamma_料 - \dfrac{\Delta p}{H}\right)$ 是最重要的因素，只有 $\left(\gamma_料 - \dfrac{\Delta p}{H}\right) > 0$ 时炉料

才能下降，这就要增大炉料的堆积密度 $\gamma_{料}$ 和降低煤气的浮力。如果由于某种原因使 $\dfrac{\Delta p}{H}$ 升高，其值达到 $\gamma_{料}$ 时，$q_{有效}=0$，此时炉料就出现悬料。

3-61　滴落带内炉料运动有什么特点？

答： 软熔带以下的滴落带内固体物料仅存焦炭，因此这里的炉料运动实际是焦炭的运动，其特点如图 3-25 所示。焦柱（也称焦塔）内的焦炭因其运动规律不同而分为三个区域：燃烧带上方的 A 区，中心基本不动的死料柱 C 区和两者之间疏松滑动的 B 区。A 区内的焦炭直接落入燃烧带燃烧，因此下落速度很快。B 区的焦炭沿着中心死料柱形成的滑坡滑入燃烧带燃烧气化，C 区的

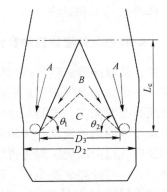

图 3-25　滴落带内焦炭运动示意图
A—焦炭向风口区下降的主流区；
B—滑移区；C—死料堆

焦炭不能直接进入燃烧带，似乎是一个死区，所以在过去对高炉内发生的变化不甚了解的时代把它称为死料柱，一直沿用至今。实际上 C 区焦炭并不死，只是更新的速度慢一些而已，更新的周期大概为 7~10 天。C 区焦炭的更新是这样完成的：当积聚在炉缸内的渣铁从铁口放出后，炉缸腾出了一定的空间，上部的焦炭下沉填入，填入的焦炭既有 C 区的焦炭，也有 A、B 两区的焦炭，但是更多的 A、B 区焦炭补入了原死料柱 C 区下落后腾出的地方。随着生产的进行，渣铁连续地向下炉缸汇集，下沉焦炭被浸埋入渣铁中，当渣铁给予焦炭的浮力大于上部料柱传递给焦炭的压力时，焦炭就上浮，一部分仍被挤回 C 区死料柱，一部分则从燃烧带下方挤入燃烧带燃烧气化。C 区死料柱的焦炭也有的

是被滴落的铁滴渗碳和渣液中氧化物的直接还原消耗的，也为 C 区焦炭更新创造了条件。

滴落带 C 区焦炭随出铁放渣而出现的"下沉"和"上浮"现象，使炉缸焦炭的空隙度在"下沉"时增大，从而使炉缸工作活跃，而"上浮"时变小，造成风压波动甚至回旋区缩小，所以应适当增加铁次，缩短两次铁间的时间以避免焦炭运动给炉缸工作带来的不利影响。

3-62 炉缸内液体渣铁运动有什么特点？

答：从软熔带滴落下来的渣铁液滴经历曲折的路径进入炉缸汇集，一般认为燃烧带形成的高温煤气具有较大的浮力，它使滴落的液滴改变流向。液滴与煤气进入 ∧ 形软熔带穿越焦窗时，发生转向边缘的横向流动，将液滴推向边缘，落到回旋区上方的液滴则被煤气甩向回旋区周边再继续向下流动，由于液滴与煤气流接触良好，两者热交换也好，所以渣铁进入炉缸时加热得充分，使炉缸热量充足而且均匀。而煤气通过 V 形软熔带时却相反，向中心偏流的煤气流将液滴推向中心，使液滴直接穿过死料柱进入炉缸，这样液滴被煤气加热的程度差，会出现渣温低，铁温高而含 Si 和 S 都高的现象。

已积聚在下炉缸的渣铁运动是在出渣铁时发生的。在中小型高炉和少数 1000m³ 级高炉上只有一个铁口，当铁口打开后，铁水和下渣向铁口流动，出现两种情况：在渣铁数量积聚量足够多时，焦炭被渣铁浮起，在炉底与焦塔间形成贯通的铁液池，铁水可高速穿过炉缸到达铁口；另一种情况是焦塔下部浸埋在渣铁中，其底部呈向下凸起的球状深入铁水，这样中心部位焦炭多、边缘焦炭少或没有焦炭，铁水流向铁口时大部分沿炉缸壁做环流运动，造成炉底与炉缸的角部耐火砖受冲刷而被严重侵蚀，即形成蒜头状侵蚀，降低了高炉寿命。为克服这种缺陷，在设计上加大了死铁层厚度，改进炉底炉缸结构（例如陶瓷杯），提高耐火材料的质量（微孔炭砖）；在生产操作上控制出铁速度，出净渣铁、减少出完铁后炉缸内残留渣铁量等。

3-63　什么叫液泛现象?

答: 在气、液、固三相做逆流运动中, 上升气体遇到阻力过大, 将下降的液滴支托住, 进而将它搅带走的现象称做液泛现象。在高炉的滴落带内也是有固体的焦炭, 液体的渣铁与上升的煤气做逆流运动, 如果煤气将下落的液滴吹起带着一起上升, 就形成了液泛。研究表明液泛的发生与液体流量、煤气流量与流速、液体和气体的密度和黏度等有关。将上述诸因素归纳为液泛因子 ff 和流量比 fr 两组无因次数群来判定产生液泛的条件 (图 3-26):

$$液泛因子　ff = \frac{\omega^2 \cdot F_料}{g\varepsilon^3} \times \frac{\rho_气}{\rho_液} \eta^{0.2}$$

$$流量比　fr = \frac{L}{G} \sqrt{\frac{\rho_气}{\rho_液}}$$

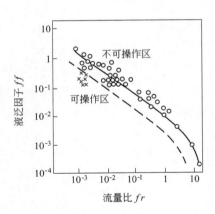

图 3-26　正常生产高炉流量比与液泛因子的关系

式中　ω——煤气的空炉流速, m/s;

　　　$F_料$——焦炭的比表面积, m²/m³;

g——重力加速度，m/s^2；

ε——焦炭柱的空隙度；

$\rho_气$——煤气的密度，kg/m^3；

$\rho_液$——液体的密度，kg/m^3；

L——液体的质量流量，$kg/(m^3 \cdot h)$；

G——煤气的质量流量，$kg/(m^3 \cdot h)$；

η——液体的黏度，$MPa \cdot s$。

应用数学上的回归方法归纳图上生产高炉的数据得出不产生液泛的条件是 $(fr) \cdot (ff)^2 \approx 10^{-3}$，产生液泛时的风量是高炉的极限风量。近 20 余年来在试验高炉和高炉模拟装置上做了大量研究，结果表明，高炉上不会产生典型的液泛，因为焦炭的密度远低于炉渣的密度。但是会有部分炉渣被上升煤气托住而滞留在滴落带的焦柱中，出现所谓亚液泛现象。防止这种现象出现的措施是增大焦炭的空隙度，降低炉渣的数量和黏度，降低煤气的数量和流速等。

第 4 章　高炉操作与事故处理

第 1 节　高炉操作概述

4-1　高炉操作的任务是什么？

答：高炉操作的任务是在已有原燃料和设备等物质条件的基础上，灵活运用一切操作手段，调整好炉内煤气流与炉料的相对运动，使炉料和煤气流分布合理，在保证高炉顺行的同时，加快炉料的加热、还原、熔化、造渣、脱硫、渗碳等过程，充分利用能量，获得合格生铁，达到高效、优质、低耗、长寿、环保的最佳冶炼效果。实践证明，虽然原燃料及技术装备水平是主要的，但是，在相似的原燃料和技术装备的条件下，由于技术操作水平的差异，冶炼效果也会相差很大，所以不断提高操作水平、充分发挥现有条件的潜力，是高炉工作者的一项经常性的重要任务。

4-2　通过什么方法实现高炉操作的任务？

答：一是掌握高炉冶炼的基本规律，选择合理的操作制度。二是运用各种手段对炉况的进程进行正确的判断与调节，保持炉况顺行。实践证明，在做好精料工作的基础上选择合理操作制度是高炉操作的基本任务，只有选择好合理的操作制度之后，才能充分发挥各种调节手段的作用。

4-3　高炉有哪几种基本操作制度，根据什么选择合理的操作制度？

答：高炉有四大基本操作制度：（1）热制度，即炉缸应具有的温度与热量水平；（2）造渣制度，即根据原料条件，产品的品种质量及冶炼对炉渣性能的要求，选择合适的炉渣成分（重点是碱度）及软熔带结构和软熔造渣过程；（3）送风制度，即在一定冶炼条件下选择适宜的鼓风参数和根据炉缸状况变化对它适时调节；（4）装料制度，即利用装料装置的布料功能对装料顺序、料批大小及料线高低的合理规定和适时调节。

高炉的强化程度、冶炼的生铁品种、原燃料质量、高炉炉型及设备状况等是选定各种合理操作制度的根据。

4-4　什么叫炉况判断，可通过哪些手段判断炉况？

答：高炉顺行是达到高效、优质、低耗、长寿、环保的必要条件。为此不是选择好了操作制度就能一劳永逸的。在实际生产中原燃料的物理性能、化学成分经常会产生波动，气候条件的不断变化，入炉料的称量可能发生误差，操作失误与设备故障也不可能完全杜绝，这些都会影响炉内热状态和顺行。炉况判断就是判断这种影响的程度及状况，顺行发展的趋向，即炉况是向凉还是向热，是否会影响顺行，它们的影响程度如何等等。判断炉况的手段基本是两种，一是直接观察，如看入炉原料外貌，看出铁、出渣、风口情况；二是利用高炉数以千、百计的检测点上测得的信息在仪表或计算机上显示重要数据或曲线，例如风量、风温、风压等鼓风参数，各部位的温度、静压力、料线变化、透气性指数变化、风口前理论燃烧温度、炉热指数、炉顶煤气 CO_2 曲线、测温曲线等。在现代高炉上还装备有各种预测、控制模型和专家系统，及时给高炉操作者以炉况预报和操作建议，操作者必须结合多种手段，综合分析，正确判断炉况。

4-5　调节炉况的手段与原则是什么？

答：调节炉况的目的是控制其波动，保持合理的热制度与顺行。选择调节手段应根据对炉况影响的大小和经济效果排列，将对炉况影响小、经济效果好的排在前面，对炉况影响大，经济损失较大的排在后面。它们的顺序是：湿度→喷吹燃料→风温→风量→装料制度→焦炭负荷→净焦等。调节炉况的原则，一是要尽早知道炉况波动的性质与幅度，以便对症下药；二是要早动少动，力争稳定多因素，调剂一个影响小的因素；三是要了解各种调剂手段集中发挥作用所需的时间，如喷吹煤粉，改变喷吹量需经 3～4h 才能集中发挥作用（这是因为刚开始增加喷煤量时，有一个降低理论燃烧温度的过程，只有到因增加煤气量，逐步增加单位生铁的煤气而蓄积热量后才有提高炉温的作用），调节风温（湿度）、风量要快一些，一般为 1.5～2h，改变装料制度至少要装完炉内整个固体料段的时间，而减轻焦炭负荷与加净焦对料柱透气性的影响，随焦炭加入量的增加而增加，但对热制度的反映则属一个冶炼周期；四是当炉况波动大而发现晚时，要正确采取多种手段同时进行调节，以迅速控制波动的发展。在采用多种手段时，应注意不要激化煤气量与透气性这一对矛盾，例如严重炉凉时，除增加喷煤、提高风温外，还要减风、减负荷，即不能单靠增加喷煤、提高风温等增加炉缸煤气体积的方法提高炉温，还必须减少渣铁熔化量和单位时间煤气体积及减负荷改善透气性，起到既提高炉温、又不激化煤气量与透气性的矛盾，以保持高炉顺行。

第2节　基本制度的选择

4-6　什么是热制度，表示热制度的指标是什么？

答：热制度是指在工艺操作制度上控制高炉内热状态的方法的总称。热状态是用热量是否充沛、炉温是否稳定来衡量，即是否有足够的热量以满足冶炼过程加热炉料和各种物理化学反应，渣铁的熔化和过热到要求的温度。高炉生产操作者特别重视炉缸的热状态，因为决定高炉热量需求和燃料比的是高炉下部，所以常用说明炉缸热状态的一些参数作为热制度的指标。

传统的表示热制度的指标是两个。一个是铁水温度，正常生产是在 1350～1550℃ 之间波动，一般为 1480℃ 左右，俗称"物理热"。另一个指标是生铁含硅量，因硅全部是直接还原，炉缸热量越充足，越有利于硅的还原，生铁中含硅量就高，所以生铁含硅量的高低，在一定条件下可以表示炉缸热量的高低，俗称"化学热"。在工厂无直接测量铁水温度的仪器时，生铁含硅量成为表示热制度的常用指标。在现代冶炼条件下炼钢铁的含 Si 量应控制在 0.3% ~ 0.4%，铁水温度不低于 1450（中小高炉）~ 1490℃（大高炉）。

　　在现代高炉上（包括 1000m³ 级以下的高炉）都装备有计算机，并配以成熟的数学模型甚至专家系统，在热制度的指标温度和热量两个方面，采用燃烧带的理论燃烧温度（$t_{理}$）和进入燃烧带的焦炭被加热达到的温度（t_C，也称炉热指数），表示温度状况，采用临界热贮量（$\Delta Q_{临}$）表示热量状况。一般 $t_{理}$ 控制在 2050 ~ 2300℃，而 t_C 应达到（0.7 ~ 0.75）$t_{理}$，$\Delta Q_{临}$ 应在 630kJ/kg（生铁）以上。

4-7　影响热制度的因素有哪些?

　　答：影响热制度的因素实际上就是影响炉缸热状态的因素。炉缸热状态是由高温和热量两个重要因素合在一起的高温热量来表达的：单有高温而没有足够的热量，高温是维持不住的，单有热量而没有足够高的温度就无法保证高温反应的进行（例如 Si 的还原、炉渣脱硫等），也不能将渣铁过热到所要求的温度。高温是由燃料在风口燃烧带内热风流股中燃烧达到的，$t_{理}$ 是它理论上最高温度水平；而热量是由燃料在燃烧过程中放出的热量来保证；而加热焦炭（达到所要求的温度 t_C =（0.7 ~ 0.75）$t_{理}$）和过热渣铁（温度到 $t_{渣}$ = 1550℃ 左右及 $t_{铁水}$ = 1450 ~ 1500℃），还需要有良好的热交换，将高温煤气热量传给焦炭和渣铁。因此影响炉缸热制度的因素有：

　　（1）影响高温（$t_{理}$）方面的因素，如风温、富氧、喷吹燃料、鼓风湿度等；

　　（2）影响热量消耗方面的因素，如原料的品位和冶金性能，炉内间接还原发展程度等；

（3）影响炉内热交换的因素，例如煤气流和炉料分布与接触情况，传热速率和热流比 $W_料/W_气$（水当量比）等；

（4）日常生产中设备和操作管理因素。如冷却器是否漏水，装料设备工作是否正常，称量是否准确，操作是否精心等。

由于燃料消耗既影响高温程度，又影响热量供应，所以生产上常将影响燃料比（或焦比）的因素与高炉热状态的关系联系起来分析。

4-8　生产中如何控制好炉缸热状态？

答：炉缸热状态是高炉冶炼各种操作制度的综合结果，生产者根据具体的冶炼条件选择与之相适应的焦炭负荷，辅以相应的装料制度、送风制度、造渣制度来维持最佳热状态。日常生产中某些操作参数变化会影响热状态，影响程度轻时采用风中湿分调湿喷吹量、风温、风量的增减来微调；必要时则调负荷；而严重炉凉时，还要往炉内加空焦（带焦炭自身造渣所需的熔剂）或净焦（不带熔剂）。一般调节的顺序是：富氧湿度—喷吹量—风温—风量—装料制度—变动负荷—加空焦或净焦。

4-9　高炉炼铁对选择造渣制度有什么要求？

答：选择造渣制度主要取决于原料条件和冶炼铁种，应尽量满足以下要求：

（1）在选择炉料结构时，应考虑让初渣生成较晚，软熔的温度区间较窄，这对炉料透气性有利，初渣中 FeO 含量也少。

（2）炉渣在炉缸正常温度下应有良好的流动性，1400℃ 时黏度小于 1.0 Pa·s，1500℃ 时 0.2 ~ 0.3 Pa·s，黏度转折点不高于 1300 ~ 1250℃。

（3）炉渣应具有较大的脱硫能力，L_s 应在 30 以上。

（4）当冶炼不同铁种时，炉渣应根据铁种的需要促进有益元素的还原，阻止有害元素进入生铁。

（5）当炉渣成分或温度发生波动（温度波动 ±25℃，m_{CaO}/m_{SiO_2}波动 ±0.5）时，能够保持比较稳定的物理性能。

（6）炉渣中的 MgO 含量有利于降低炉渣的黏度和脱硫。在 Al_2O_3 不高时，其含量应在 7% ~ 10%，在 Al_2O_3 高时含量可提高到 12%。

4-10　怎样利用不同炉渣的性能满足生产需要？

答： 通常是利用改变炉渣成分包括碱度来满足生产中的下列需要：

（1）因炉渣碱度过高而炉缸产生堆积时，可用比正常碱度低的酸性渣去清洗。若高炉下部有黏结物或炉缸堆积严重时，可以加入加热炉渣、轧钢皮、锰矿或萤石（CaF_2），以降低炉渣黏度和熔化温度，清洗下部黏结物。

（2）根据不同铁种的需要利用炉渣成分促进或抑制硅、锰还原。当冶炼硅铁、铸造铁时，需要促进硅的还原，应选择较低的炉渣碱度；但冶炼炼钢铁时，既要控制硅的还原，又要较高的铁水温度，因此，宜选择较高的炉渣碱度。若冶炼锰铁，因 MnO 易形成 $MnSiO_3$ 转入炉渣，而从 $MnSiO_3$ 中还原锰比由 MnO 还原锰困难，并要多消耗 585.47kJ/kg 热量，如提高渣碱度用 CaO 置换渣中 MnO，对锰还原有利，还可降低热量消耗。各铁种的炉渣碱度一般如下：

铁 种	硅 铁	铸造铁	炼钢铁	锰 铁
m_{CaO}/m_{SiO_2}	0.6 ~ 0.9	0.8 ~ 1.05	1.05 ~ 1.2	1.2 ~ 1.7

（3）利用炉渣成分脱除有害杂质。当矿石含碱金属（钾、钠）较高时，为了减少碱金属在炉内循环富集的危害，需要选用熔化温度较低的酸性炉渣。相反，若炉料含硫较高时，需提高炉渣碱度，以利脱硫。如果单纯增加 CaO 来提高炉渣碱度，虽然 CaO 与硫的结合力提高了，可是炉渣黏度增加、铁中硫的扩散速度降低，不仅不能很好地脱硫，还会影响高炉顺行；特别是当渣中 MgO 含量低时，增加 CaO 含量对黏度等炉渣性能影响更

大。因此，应适当增加渣中 MgO 含量，提高三元碱度 $\left(\dfrac{m_{(\text{CaO}+\text{MgO})}}{m_{\text{SiO}_2}}\right)$ 以增加脱硫能力。虽然从热力学的观点看，MgO 的脱硫能力比 CaO 弱，但在一定范围内 MgO 能改善脱硫的动力学条件，因而脱硫效果很好。首钢曾做过将 MgO 含量由 4.31% 提高到 16.76% 的试验，得到氧化镁与氧化钙对脱硫能力的比值是 0.89 ~ 1.15，MgO 含量以 7% ~ 12% 为好。

4-11 什么叫送风制度，它有何重要性？

答：送风制度是指在一定的冶炼条件下选定合适的鼓风参数和风口进风状态，以形成一定深度的回旋区，达到原始煤气分布合理、炉缸圆周工作均匀活跃、热量充足。送风制度稳定是煤气流稳定的前提，是保证高炉稳定顺行、高产、优质、低耗的重要条件，由于炉缸燃烧带在高炉炼铁中的重要性决定了选择合理送风制度的重要作用。送风制度包括风量、风温、风压、风中含氧、湿分、喷吹燃料以及风口直径、风口倾斜角度和风口伸入炉内长度等参数，由此确定两个重要参数：风速和鼓风动能。根据炉况变化对上述各种参数进行的调节常被称作下部调节。

4-12 怎样正确选择风速和鼓风动能？

答：生产实践表明，不同高炉有其与冶炼条件和炉缸直径或炉容相对应的合适风速和鼓风动能。过小的风速和鼓风动能会造成炉缸不活跃，初始煤气分布偏向边缘；而过大的风速和鼓风动能易形成顺时针（向风口下方）方向的涡流，造成风口下方堆积（见图 4-1 风口下方黑色死角）而使风口下端烧坏。

如何选择合适的风速和鼓风动能呢？

（1）用经验式估算。许多高炉工作者对风速和鼓风动能与高炉炉容和炉缸直径的关系做了研究，得出不同的经验式和图表（图 4-2、表 4-1），例如 $V_u = 1000\text{m}^3$ 级及其以下高炉有：

$$E = 86.5d_缸^2 - 313d_缸 + 1160 \quad \text{kg} \cdot \text{m/s}$$

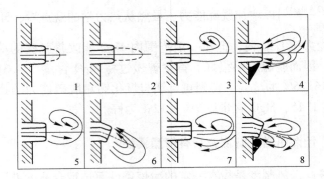

图 4-1　风口风速和鼓风动能对燃烧带和回旋区的影响

1，2—鼓风动能过小，无回旋区的层状燃烧；3，5，6—有回旋区的燃烧带；

4，7，8—鼓风动能过大出现顺时针方向涡流

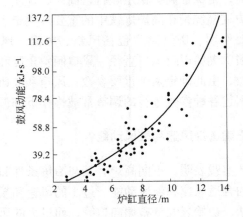

图 4-2　炉缸直径与鼓风动能的关系

表 4-1　炉缸直径 $d_缸$ 与风速和鼓风动能的关系（冶炼强度 0.9~1.2）

高炉容积/m³	600	1000	1500	2000	2500	3000	4000
炉缸直径/m	6.0	7.2	8.6	9.8	11.0	11.8	13.5
鼓风动能/kJ·s⁻¹	35~50	40~60	50~70	60~80	70~100	90~110	110~140
风速/m·s⁻¹	100~180	100~200	120~200	150~220	160~250	200~250	200~280

（2）控制好合适的回旋区或燃烧带。每座操作高炉都有与其炉缸直径和冶炼条件相对应的回旋区深度，以保持炉缸圆周上和径向上煤气流和温度分布合理。现在常采用回旋区环圈面积与炉缸面积的比值 n 来判断回旋区深度的适宜性，$n = A_{回}/A_{缸} = \dfrac{d_{缸}^2 - (d_{缸} - 2L_{回})^2}{d_{缸}^2}$（$L_{回}$ 为回旋区长度，m）。不同炉缸直径时的 $A_{回}/A_{缸}$ 值和适宜的回旋区深度列于表 4-2，而 n 值与炉缸直径的关系和与燃料比的关系示于图 4-3。

表 4-2　不同炉缸直径的 $A_{回}/A_{缸}$ 和回旋区深度

炉缸直径/m	4.7	5.6	6.1	6.8	7.2	8.8	9.8	10.3	11.6	12.5	13.4
回旋区深度/m	0.784	0.950	0.90	1.118	1.033	1.36	1.302	1.29	1.45	1.70	1.88
$A_{回}/A_{缸}$	0.556	0.563	0.503	0.547	0.508	0.52	0.46	0.45	0.438	0.47	0.48

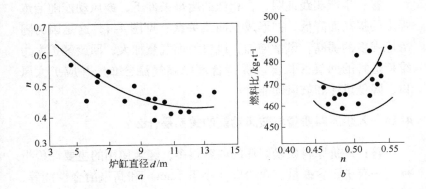

图 4-3　$n = A_{回}/A_{缸}$ 与炉缸直径和燃料比的关系
a—n 与炉缸直径的关系；b—n 与燃料比的关系

回旋区长度可通过经验式计算，例如我国宝钢的经验式为：
$$L_{回} = 0.88 + 0.92 \times 10^4 E - 0.31 \times 10^{-3} P_C/n$$
式中　E——鼓风动能，kgf·m/s（1kgf·m ≈ 10J）；

P_C——喷煤量，kg/h；

    n——风口个数。

还有下列计算式可供参考：

$$L = 0.424 + 0.068d + 0.003d^2$$
$$L = 122.26 + 3.29 \times 10^{-1}E - 2.44 \times 10^{-5}E^2$$

（3）充分考虑风速、鼓风动能与冶炼强度、原燃料质量、鼓风富氧、喷吹燃料等的关系（见 4-4 ~ 4-11 问），调整生产中的鼓风动能达到适宜范围。表 4-1 和表 4-2 以及图 4-2、图 4-3 介绍的都是经验值，而且有一个数值范围，需要结合具体生产条件加以调整，总的调整原则是：凡是遇减少煤气体积、改善透气性和增加煤气扩散能力的因素就需提高风速和鼓风动能；相反则需降低风速和鼓风动能。

4-13 冶炼强度与鼓风动能的关系是什么？

答：生产实践证明，在相似的冶炼条件下，鼓风动能随冶炼强度的提高而降低，并形成双曲线关系，见图 4-4。这是因为随冶炼强度的提高，风量增加，风口前煤气量加大，回旋区扩大为维持适宜的回旋区长度以保持合理的煤气流分布，并应扩大风口，降低风速和鼓风动能。

4-14 入炉原料质量与鼓风动能的关系是什么？

答：评价原料质量好坏的内容很多，经常使用的主要评价指标之一有矿石含铁量、含粉率（小于 5mm）和高温冶金性能等，这些指标都对料柱透气性有很大影响。长期生产实践证明，原料含铁量高、渣量少、粒度均匀、含粉率低、高温冶金性能好，能适应较大的风速与鼓风动能。而且相比之下，含粉率高的不利影响更为明显，这是因含铁量低时需增加单位生铁的焦炭消耗量，焦炭的透气性好，可以减轻含铁量低渣量大对炉料透气性的不利影响，见图 4-5 和图 4-6。

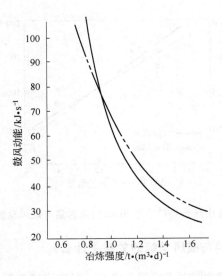

图 4-4　鼓风动能与冶炼强度的关系

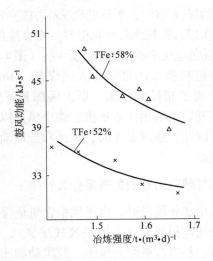

图 4-5　矿石入炉品位对鼓风动能及冶炼强度的影响

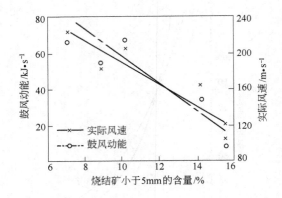

图 4-6 梅山高炉烧结小于 5mm 粉末含量与鼓风动能的关系

4-15 喷吹燃料与鼓风动能的关系是什么？

答：高炉喷吹燃料代替部分焦炭，必然增加焦炭负荷，料柱内矿石量增加，焦炭量减少料柱透气性越差，加上部分喷吹燃料在直吹管内就燃烧，增大了风口出口处的混合气体量（部分燃料燃烧形成的煤气与鼓风的混合气体），而且喷吹燃料的挥发分高，燃烧形成的煤气量也大，所以，在其他条件相似时，喷吹量在 100kg 左右时的风速、鼓风动能都应比不喷吹燃料时低一些（图 4-7）。

近年来随着精料技术的进步和大喷煤量（180～220kg/t 生铁）的实现，出现了相反的现象，即大喷煤量下边缘气流发展了，中心不易打开，需要用中心加焦、缩小风口以增大风速等手段来发展中心。因此，喷煤量大时，风速和鼓风动能的变化应根据实际情况决定。

4-16 富氧鼓风与鼓风动能的关系是什么？

答：高炉采用富氧鼓风时，由于风中含氧量提高，同等冶炼强度所需要的空气体积减少（主要是氮气减少），使生成的煤气量也减少，所以，要求富氧时的风速、鼓风动能比不富氧时高一些，见图 4-8。

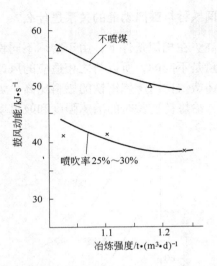

图 4-7　喷吹燃料（数量不超过 150kg/t 生铁）对鼓风动能的影响

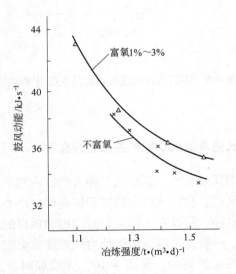

图 4-8　富氧率对鼓风动能及冶炼强度的影响

4-17 冶炼不同铁种与鼓风动能的关系是什么?

答:同一高炉在相似条件下,由于冶炼不同铁种,单位生铁所生成的煤气量是不同的,所以与之相适应的风速和鼓风动能也不同。如冶炼铸造铁比冶炼炼钢铁的燃料比高,煤气量多,炉缸热度高。因此,冶炼铸造铁时的冶炼强度和鼓风动能应低于冶炼炼钢铁,见图4-9。

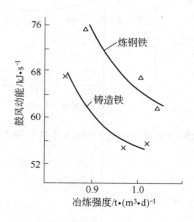

图 4-9 不同铁种对鼓风动能及冶炼强度的影响

4-18 风口长短与鼓风动能的关系是什么?

答:所谓风口长短,是指风口伸入炉缸内部的长短。伸入炉缸内较长的风口,易使风口前的回旋区向炉缸中心推移,等于相对缩小炉缸直径,所以它比伸入炉缸内短的风口的风速和鼓风动能应小一些。一般长风口适用于低冶炼强度或炉墙侵蚀严重、边缘煤气容易发展的高炉,见图 4-10。大喷煤时,为适应打开中心的要求,也采用长风口操作。

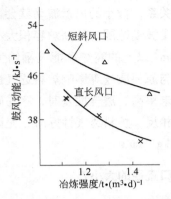

图 4-10　风口长短对鼓风动能及冶炼强度的影响

4-19　风口数目与鼓风动能的关系是什么？

答：在高炉容积、炉缸直径相似的情况下，一般是风口数目越多，鼓风动能越低，但风速越高。从鼓风动能的计算公式可知（见 3-43 问）当冶炼强度一定时，风量（Q）也一定，则风口数目（n）越多，鼓风动能（E）必然降低（图 4-11）。

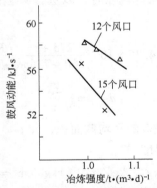

图 4-11　风口数目对鼓风动能及冶炼强度的影响

4-20　合适的鼓风动能的波幅是多少？

答：一定条件下合适的鼓风动能不是一个定值，因鼓风动能与风量是三次方的关系，微小的风量波动就会造成较大的鼓风动能波动。允许的正常波动范围，随高炉容积大小而变，一般波幅在 20% 左右，1000m³ 以上的高炉动能波幅约为 10kJ/s，而且这个允许波幅的大小与原料质量等影响炉料透气性的因素有关，原料含铁量低、含粉末率高、透气性差时，容易破坏顺行，允许鼓风动能的波幅小；相反，炉料透气性好时，允许鼓风动能波幅大些，有时高达 2000kg·m/s。

4-21 怎样确定风口直径的大小？

答：选择合适鼓风动能的目的就是为了确定风口直径的大小。如前所述鼓风动能与 9 个因素有关，而其中的固定因素（炉型、炉缸直径、风口数目等）对鼓风动能的影响也是固定的；在变动因素中，对鼓风动能，也是对风口直径影响最直接的是冶炼强度、鼓风压力、风温等送风参数。上题还讲到合适的鼓风动能有一个允许的波幅，为了不因少量风量变动就调整风口直径，在计算风口直径时，以选择其上限为宜，其计算公式是：

$$S = 4.35 \times 10^{-3} \frac{273 + t}{760 + 736p} \sqrt{\frac{K^3}{n^3 E}}$$

$$d_{风口} = \sqrt{\frac{4S}{\pi}}$$

式中 S ——每个风口的平均截面积，m²；

　　t ——送风温度，℃；

　　p ——送风压力，kgf/cm²（1kgf/cm² = 0.1MPa）；

　　n ——风口数目，个；

　　E ——鼓风动能，kgf·m/s（1kgf·m = 10J）；

　　K ——每昼夜燃烧的燃料量，t/d；

$d_{风口}$——风口直径，m。

4-22　**风口前理论燃烧温度在高炉冶炼中有什么作用，如何确定理论燃烧温度？**

答：高炉炼铁的热量几乎全部来自风口前燃料燃烧和鼓风带入的物理热，风口前燃烧带热状态的主要标志之一就是理论燃烧温度。它的高低不仅决定了炉缸的热状态，而且由于它决定煤气温度，因而也对炉料传热、还原、造渣、脱硫以及铁水温度、化学成分等产生重大影响。在喷吹燃料的情况下，理论燃烧温度低于界限值后，还会使燃料的置换比下降，燃料消耗升高，甚至使炉况恶化。所以，风口前理论燃烧温度是炉缸热状态的一个重要指标。

理论燃烧温度可通过计算（参见 3-44 问），也可用经验公式求得。下面介绍几个国内外厂家的经验公式供参考。

日本君津厂：

$$t_理 = 1559 + 0.839t + 4.972\, V_{O_2} - 4.972 m_油 - 6.033 m_{H_2O}$$

日本中山厂：

$$t_理 = 1573 + 0.818t + 4.866\, V_{O_2} - 4.974 m_油 - 5.775 m_{H_2O}$$

澳大利亚 BHP 厂：

$$t_理 = 1570 + 0.808t + 4.372\, V_{O_2} - 4.4 m_油 - 5.85 m_{H_2O} - (2.37 \sim 2.75) m_煤$$

首钢一高炉：

$$t_理 = 1563 + 0.7938t + 40.3 V_{O_2} - 2.0 m_煤$$

式中　　t——热风温度，℃；

V_{O_2}——国外为每 1000m³ 鼓风中的富氧量，m³；首钢一高炉为富氧率，%；

$m_油$——每 1000m³ 鼓风中喷吹的重油量，kg；

$m_煤$——每 1000m³ 鼓风中喷吹的煤粉量，kg；

m_{H_2O}——鼓风湿度，g/m³。

以上各厂的经验公式都是在其具体生产条件下通过长期资料

积累和归纳得出的，它们适用于各厂自己的条件，在应用时要注意生产条件的差别，尤其我国的生产条件与国外差别较大，直接应用会出现较大的误差，例如某厂在喷煤时应用日本的经验公式算得 $t_{理}$ 只有 1900℃，远低于实际生产中的 $t_{理}$，通过 3-44 问中的公式计算出的 $t_{理}$ 在 2150℃ 左右，与实际基本相符。对比首钢高炉的经验公式与日本、澳大利亚各厂的经验公式也能看出冶炼条件不同造成 $t_{理}$ 的差别。因此各生产厂应通过 3-44 问中的公式计算和长期回归风温 $t_风$、富氧量（率）V_{O_2}、风中湿分 φ、喷吹煤粉量与 $t_{理}$ 的关系，得出自己的经验公式。

4-23　为什么要求圆周进风均匀？

答：炉缸工作良好，不仅要求煤气流径向分布合理，也要求圆周气流分布均匀。长时间圆周工作不均匀会出现炉型局部侵蚀，破坏正常的工作剖面。影响圆周工作不均匀的原因主要是风口进风不匀，如首钢 3 号高炉 1970～1972 年之间，铁口上方风口长期堵塞，此风口上方的炉墙就结厚。另外，不均匀喷吹燃料，也会影响圆周工作。如首钢试验高炉有 4 个风口，其中两个风口喷煤粉，另两个不喷，不喷煤的风口由于风口前理论燃烧温度高，经测定炉腹平面的焦炭分别达到 1655℃、1680℃；而喷煤的风口，理论燃烧温度低一些，同一炉腹平面的焦炭温度只有 1420℃、1250℃。这种圆周工作的不均匀必然导致上部矿石预还原程度不均匀，从而破坏炉缸工作的均匀与稳定。现在，一般操作稳定顺行，生产指标好的高炉，各风口前理论燃烧温度相差不大于 50℃。

4-24　怎样利用直观现象与仪表判断送风制度是否合理？

答：判断送风制度是否合理除了计算风速、鼓风动能、理论燃烧温度、测量回旋区深度外，还可通过直观现象与有关仪表的反映进行判断。表 4-3 列出了长期生产实践中积累分析风速和鼓风动能过大过小的经验。

表 4-3 判断鼓风动能的直观表象

内　容		鼓风动能正常	鼓风动能过大	鼓风动能过小
仪表	风压	稳定并在一定小范围内波动	波动大而有规律,出铁前出渣前显著升高,出铁后降低	曲线死板,风压升高时容易发生崩料悬料
	风量	稳定,在小范围内波动	波动大,随风压升高风量减少,风压降低风量增加	曲线死板,风压升高,崩料后风量下降很多
	料尺	下料均匀整齐	不均匀,出铁前料慢,出铁后料快	不均匀,有时出现滑尺与过满现象
	炉顶温度	带宽正常,温度波动小	带窄,波动大,料快时温度低,料慢时温度高	带宽,四个方向有分岔
风　口		各风口工作均匀活跃,风口破损少	风口活跃,但显凉,严重时破损多,且多坏风口内侧下端	风口明亮,易不均匀与生降,炉况不顺时自动灌渣,风口破损多
炉　渣		渣温足,流动性好,上下渣均匀,上渣带铁少,渣口破损少	渣温不够均匀,上渣带铁多,易喷花,不好放上渣,渣口破损多	渣温不均,上渣热而变化大,有时带铁多坏渣口多
生　铁		物理热足,炼钢铁常是灰口,有石墨析出	物理热低一些,但炼钢铁白口多而硫低,石墨少	铁水暗红,炼钢铁为白口,硫高,几乎没有石墨

4-25　送风制度主要参数在日常操作中的调节内容有哪些?

答:送风制度主要参数的调节是在炉况出现波动,特别是炉缸工作出现波动时进行的。调节的目的是尽快恢复炉况顺行、稳定，并维持炉缸工作均匀，热量充沛，初始煤气分布合理。

（1）风量。在日常生产时，高炉应使用高炉料柱透气性和炉况顺行允许的最大风量操作，即全风量操作。这样既保持高产，也充分发挥风机的动力，消除留有调节余地的放风操作。风量调节应在炉况不顺或料速过快会造成炉凉时采用，必须减风时可一次减到需要水平，在未出渣铁前减风应密切注意风口状况避免灌渣。在恢复风量时，不能过猛，一次控制在 $30 \sim 50 \mathrm{m}^3/\mathrm{min}$，间隔时间控制在 $20 \sim 30 \mathrm{min}$。

（2）风温。热风带入炉缸的高温热量是高炉的重要热源（收入可达总热量的 30% 左右），也是降低燃料比的重要手段，高炉生产应尽量采用高风温操作，充分发挥高风温对炉况的有利作用，也充分发挥热风炉的能力，要消除热风温度保留 $50 \sim 100℃$ 作为调节手段的现象。生产中要尽量采用喷吹燃料和鼓风湿度来调节炉缸热状态的波动。在必须降风温时，应一次减到需要水平，恢复时要根据炉况接受程度逐步提到正常水平，一般速度在 $50℃/\mathrm{h}$，切忌大起大落。

（3）风压。风压反映着炉内煤气量与料柱透气性适应的状况，风压波动是炉况波动的前兆，现在生产中广泛采用透气性指数（见 3-53 问）来反映炉内状况。由于它的敏感性，有利于操作者进行判断，做出及时调节。生产中会出现由高压转常压操作的情况，这不仅给高炉带来产量和焦比的损失，而且还影响炉顶余压发电机组的正常工作。这种情况的出现有炉内的原因，例如处理悬料等，但更多的是炉前操作和设备事故，所以加强炉内外精心操作和设备的科学管理，消除隐患，是减少高压改常压操作的重要措施。

（4）鼓风湿度。在不喷吹燃料的全焦冶炼时，加湿鼓风对高炉生产是有利的（见 6-34 问），而且还是调节炉况的好措施，它既可消除昼夜和四季大气湿度波动对炉况波动的影响，还可保证风温用在最高水平。利用湿分在燃烧带分解耗热，用加减蒸汽的办法来稳定炉缸热状态，而且分解出来的 O_2 还可起到调节风量

（$1m^3$ 风加 $10g$ 湿分约相当于加风 3%）的作用，H_2 则可以扩大燃烧带。但是综合鼓风（见 6-31 问）发展后，加湿鼓风的作用被综合鼓风取代，在大喷煤时不但取消加湿，还要脱湿。但在炉缸热状态波动时，调湿的效果要比调喷煤的效果快，所以喷吹煤粉以后，首先将湿分脱到冬季水平，然后根据生产需要再微调湿分，宝钢高炉在这方面有很好的经验。

（5）喷吹煤粉。它不仅置换了焦炭，降低了高炉焦比和生铁成本，而且成为炉况调节的重要手段（见 6-18 问），即将过去常用的风温、湿分调节改为喷煤量的调节。在采用喷煤量调节时应注意几点：一是要早发现、早调节；二是调节量不宜过大，一般为 $0.5 \sim 1.0t/h$，最大控制在 $2t/h$；三是喷煤有热滞后现象，它没有风温和湿分见效快，一般滞后 $2 \sim 4h$，所以要正确分析炉温趋势，做到早调而且调节量准确。

（6）富氧。在我国富氧首先是作为保证喷煤量的措施，其次是提高冶炼强度以提高产量。目前虽有少数高炉具有专用制氧设备来保证高炉用氧，但大部分高炉还是利用炼钢的余氧，因此要常用富氧量来调节尚有困难。一般是在喷煤量大变动时，用氧量才作调整，而且是先减氧、后减煤，先停氧、后停煤。

（7）风口面积和长度。风口面积和风口直径是在适宜的鼓风动能确定后再通过计算确定风口面积和直径（见 3-43 问）。一般面积确定后就不宜经常变动。再有计划地改变操作条件，例如换大风机，大幅度提高喷煤量等相应改变风口面积。在处理事故或炉况长期失常时也需动风口面积，例如早期出现炉缸中心堆积时就可缩小风口，经常采用风口加砖套的办法来缩小风口，或临时堵风口以缩小风口面积，目的是将煤气引向中心，提高炉缸中心区温度。在炉况改善后，捅去砖套或堵风口的泥。

为活跃炉缸和保护风口上方的炉墙也可采用长风口操作，一般风口长度在中小高炉上是 $240 \sim 260mm$，在大高炉上是 $380 \sim 450mm$，有时更长一些，例如宝钢的风口长度达 $650 \sim 700mm$。为提高炉缸温度，现在很多厂使用斜风口，其角度控制在 5°左右，而中小高炉有时增大到 7°~9°。

4-26 什么叫装料制度，什么叫上部调节？

答：装料制度是炉料装入炉内方式的总称或是对炉料装入炉内方式的有关规定。通过选择装料制度，用改变炉料在炉喉的分布达到煤气流分布合理，实现改善煤气热能和化学能的利用以及炉况顺行状况的调节方法称为上部调节。可供高炉操作者选择的装料制度的内容有：批重、装料顺序、料线、装料装置的布料功能变动（例如无钟炉顶的布料溜槽工作制度）等。

4-27 什么叫料线，料线高低对布料有何影响？

答：过去我国使用料钟式高炉，以大钟最大行程的大钟下沿为零点，现在钟式已淘汰，广泛使用无钟炉顶。无料钟式高炉，以溜槽垂直位置下端为零点，也有用距下端 0.5~0.9m 作为料线零点，从零点到炉内料面的距离叫做料线。高炉生产时要选定一个加料的料线高度，一般高炉的料线在 1.2~1.5m，大高炉的在 1.5~2.0m。在钟式炉顶时料线的高低，可以改变炉料堆尖位置与炉墙的距离（见图 4-12），料线在炉料与炉喉碰撞点（面）以上时，提高料线，炉料堆尖逐步离开炉墙；在碰撞点（面）以下时，提高料线会得到相反的效果。无钟炉顶堆尖位置可用 α 角调整，上述用料线调堆尖位置已失去意义。一般料线在碰撞点（面）以上，并保证加完一批料后仍有 0.5m 以上的余量，以免影响溜槽的动作，损坏设备。碰撞点（面）以下的料线在生产中一般不使用，因为炉料经碰撞点反弹后，形成的料面和堆尖，缺少规律性，只有在开炉装料和赶料线时才用来判断装料的深度。

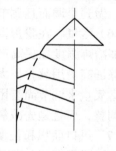

图 4-12　不同料线时钟式
炉顶炉料堆尖的位置

4-28　什么叫批重，批重对布料有何影响，怎样选定合理的批重？

答：装入炉内一批料的质量称为批重，一批料中矿石部分的质量称为矿石批重，焦炭部分的质量称为焦炭批重，知道其中之一的批重和负荷就可算出另一种的批重，生产中常说的批重大小是指矿石批重。研究表明每座高炉有一个临界批重，当矿石批重大于临界值时，随批重的增加而加重中心，过大则炉料分布趋向均匀，且出现中心和边缘都加重的现象。当批重小于临界值时，矿石布不到中心，随批重增加而加重边缘。

在一定冶炼条件下，每座高炉有个合适的矿石批重，在选定时可参考同类操作得好的高炉的资料，也可参考一些研究者的建议或经验式计算：

焦炭批重　$m_{焦} = (0.03 \sim 0.04) d_1^3$

焦层厚度　$Y_{焦} = 450 + (0.08875 \sim 0.125) V_u$

式中　$m_{焦}$——料批中焦炭批重，t；

　　　$Y_{焦}$——焦层厚度，mm；

　　　d_1——炉喉直径，m；

　　　V_u——高炉有效容积，m^3。

表 4-4 为刘云彩建议的高炉合理批重范围。

表 4-4　高炉合理批重范围

高炉有效容积 V_u/m^3	600	1000	1500	2000	3000	4000
炉喉直径 d_1/m	4.7	5.8	6.7	7.3	8.2	9.8
矿石在炉喉平均厚度/m	0.41	0.40	0.43	0.45	0.44	0.46
焦层平均厚度/m	0.44	0.43	0.46	0.48	0.47	0.49

在选定合适的批重时，要考虑原燃料条件、冶炼强度和喷吹燃料以及两次上料间炉顶温度上升速率与波幅等因素。近年来精料得到落实，铁分增高、粉末减少，料柱的透气性改善，批重得

到扩大，取得很好的效果。随着冶炼强度的提高，风量增加，中心气流增大，要适当扩大批重以抑制中心气流。在喷吹煤粉数量不大，风口前燃烧率高时，鼓风动能有所增加，炉缸中心温度提高，有条件加大批重以加重中心的负荷，但是喷吹量大于150kg/t，特别是200kg/t以上时，未燃煤粉数量增多，中心气流受到抑制，这时不但不能增加中心的矿石量，相反还要用中心加焦的技术来打开中心。因此上部调节应密切注意煤气流变化而采取相应措施维持煤气流分布。

4-29 无料钟布料有何特点？

答： 无料钟装置是一种区别于传统双钟的新型布料装置，其构造见 7-23 问，它取消了传统的大小料钟机构，从而克服了钟式炉顶的缺点，它采用可任意改变倾角的旋转溜槽完成布料任务。旋转溜槽的倾角，转速和转角都可以调节，因此可构成各种布料方式。在上一批料的过程中，如果溜槽倾角固定不变，则为单环布料；一边上料一边改变倾角，则形成多环螺旋布料；溜槽固定不动，则成定点布料；溜槽倾角不变在圆周方向的一定弧线上来回移动，则成扇形布料，一般上一批料，溜槽旋转 8~9 圈，从生产实践中总结出以下操作特点：

（1）布料平台。钟式布料受炉喉间隙限制堆尖靠近炉墙，中心的漏斗较深，料面不稳定；无钟布料通过溜槽进行多环布料，形成由焦炭或矿石组成的平台，料面由平台和浅漏斗组成，通过平台形式调整中心焦炭和矿石量，漏斗内用少量的焦炭稳定中心气流。适宜的平台由实践决定。一般大型高炉焦炭平台在1200~1500mm，矿石平台在 1700mm 左右，而 1000m³ 级高炉的平台相应在 800~1000mm 和 1000~1200mm。

（2）粒度分布。钟式布料小粒度随堆尖的位置较多地集中在边缘，大粒度滚向中心；无钟布料采用多环布料，小粒度分布在较宽的范围。

（3）矿/焦比。钟式布料时由于所谓矿焦层间产生的界面效应，即矿石把焦炭推挤向中心形成焦炭与矿石的混料区，使矿/焦比发生变化；无钟布料时料流小而面宽，布料时间长，矿石对焦炭的推挤作用小，焦炭料面被改动的程度轻，平台范围内的矿/焦比稳定，层状比较清晰，有利于稳定气流分布。

（4）利用矿角、焦角及角度差调节和控制气流分布，一般 α_0 = α_C + （2°～4°），首钢的经验是 α_0、α_C 同时同值增大，边缘和中心同时加重，而 α_0、α_C 同时同值减小，则边缘和中心都减轻；α_0 单独增大，加重边缘，减轻中心；α_C 单独增大，加重中心作用大，控制中心气流很敏感，而 α_C 减小时，则中心发展；炉况失常需要发展边缘和中心，保持煤气两条通路时，可采用两个 α_C，将焦炭一半布到边缘，另一半布到中心，而 α_0 不动。

总之无料钟布料，在溜槽的有效角度调节区内，可以把炉料布到炉喉截面的任何一个位置上，是一种多变、灵活、反应快的布料装置。

4-30　什么叫炉料分布中的界面效应？

答：不同的炉料装入炉内，在两料料面接触的边界上相互作用造成混料和料面变形的现象叫界面效应。因为这种界面效应大都是在矿石装到焦炭层料面时发生的，有人称它为矿石对焦炭的推移作用，也有人称它为焦炭层的崩塌现象（图4-13）。

在钟式布料和使用导料板布料时，这种现象严重，而用无钟布料形成焦炭平台时，几乎不发生这种现象，但在无钟布料中仅用单环布料将堆尖布在靠近炉墙时，这种现象依然发生。所以无钟炉顶应采用多环布料，建成稳定的焦炭平台。

两种粒度组成不同的炉料装入炉内，在界面上互相渗透、混合是不可避免的，一般焦炭层中混入的矿石体积约为15%。焦炭与矿石的粒度差别越大，渗混层所占比例越大。渗混层由于小颗粒渗入大颗粒，空隙度变小，透气性变差，煤气通过时的阻力损失增大（在实验室模拟试验测得的渗混层阻力损失占每层料总阻力损失的9%～26%），对高炉强化不利。因此要整粒，尽

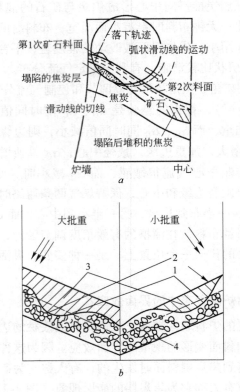

图 4-13 界面效应示意图

a—界面效应机理；b—大、小批重的影响

1—原焦炭料面；2—撞击后的焦炭料面；3—球团矿；4—焦炭

量缩小炉料间粒度差别，特别要将粉末筛尽。

矿石对焦炭的推挤作用会使料层中的矿/焦比发生变化，根据测定，一般被推挤的焦炭量占每层焦炭总量的4%～16%。在特定的条件下（焦炭粒度与矿石粒度差别太大，矿石粉末太多时）也会出现后装入的矿石冲击先装入的矿石而将其推挤向中心的现象。这种现象应该尽量避免，因为它会造成中心气流不足和炉缸死料柱温度不足，给生产带来不利影响。

4-31 矿石性质对炉料在炉内的分布有何影响？

答： 矿石影响布料的因素主要是堆密度、粒度等对堆角与滚动性的影响。天然矿石堆密度大、滚动性差、堆角大，相对地在炉内边缘堆得多；烧结矿疏松多孔，堆密度小，同等重量的体积大，炉内分布面宽，相对地减少了边缘堆积量；球团矿虽然密度比烧结矿大些，但形状整齐呈球形，堆角小易滚到中心。按加重边缘由重到轻排列，其顺序是：天然矿→烧结矿→球团矿。另外，石灰石之类的熔剂，应尽量布放到中心，防止边缘生成高黏度初渣，使炉墙结厚。

特别要重视矿石粒度对堆角变化的影响，一般焦炭在炉内的堆角略小于大块矿石的堆角，而接近于小块矿石的堆角，图 4-14 显示了装料顺序和粒度对布料的影响。同样是正装，小块矿换成大块矿时，边缘的矿/焦比变化不大，但中心的矿/焦比却变化很大，小块矿时的矿/焦比只有原来大块矿时的 20%。在生产中如果冶炼条件没有变动，而出现煤气流大的变化，就应查证是否是粒度组成变化而引起的。

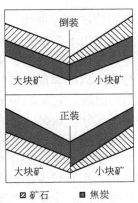

图 4-14 装料顺序和粒度对布料的影响

4-32 煤气流分布、煤气能量利用与高炉顺行之间有什么关系？

答： 炉内煤气流的分布状况直接影响煤气能量的利用与高炉顺行。由于上升气流具有一定的压力和流速，对下降炉料构成阻力，影响下料。为了使煤气的化学能和热能得到充分利用，希望煤气流与炉料尽可能均匀地接触，但这样的接触方法对下降炉料却产生最大的阻力，不利于高炉顺行。从高炉顺行的角度来说，希望煤气流有明显的两股通道，即有较为发展的边缘气流和中心气流，边缘气流可减少炉料与炉墙之间的摩擦力，中心气流消除中心死区，可减少料块之间的摩擦阻力，但煤气流的这种分布对煤气能量利用很不利。可见，高炉顺行与煤气能量利用之间有一定的矛盾，合理的煤气分布就是采用适当的送风制度和装料方法控制好炉内两股煤气流的发展程度，在保证顺行的基础上，达到煤气能量利用最好和燃料消耗最低的目的。

4-33　什么叫炉顶二氧化碳（CO_2）曲线，为什么可以用它来判断炉内煤气流的分布状况？

答： 炉顶 CO_2 曲线，就是定期（一般是每班 1~2 次）从炉喉下面的周边 4 个互成 90°的方向（或两个互成 180°的方向）上取出径向各点（一般取 5 个点）的煤气进行 CO_2 含量（体积分数）分析，以取样部位直径为横坐标，煤气中 CO_2 含量为纵坐标画出的曲线。它反映炉喉各点 CO_2 含量的高低，可用来判断炉内煤气流分布状况。因为煤气中 CO_2 的高低反映了煤气与矿石之间接触是否良好，间接还原反应是否进行得充分。所以，煤气中 CO_2 的高低也反映了炉内矿石的分布状况。矿石集中的部位 CO_2 高，矿石较少的部位 CO_2 低。而矿石是影响炉内透气性的主要因素，矿石集中的部位透气性差，此处煤气流必然较少，矿石较少的部位透气性好，此处煤气流必然会大些，因此，可以用炉顶 CO_2 曲线来判断炉内煤气流的分布状况。另外，因为煤气是炉内传热介质，所以煤气流的分布也反映温度分布，煤气流大的地方温度高，煤气流小的地方温度低。表 4-5 列出生产中存在的四种煤气分布情况。

4-34　如何根据 CO_2 曲线来分析炉内煤气能量利用与煤气流分布？

答： 可根据以下几点分析：

（1）中心与边缘 CO_2 的高低，可说明中心与边缘气流的发展程度；

表 4-5　高炉煤气分布类型

类型名称	炉顶煤气 CO_2 曲线	炉顶十字测温温度曲线	煤气上升阻力	煤气利用程度 $\eta_{CO}=\dfrac{w_{CO_2}}{w_{(CO+CO_2)}}$	相应的软熔带形状	形成的原因和条件	采用的装料制度	高炉寿命
边缘发展（馒头形）			小	差 $\eta_{CO}=0.3$ 以下	V 形	原燃料条件差，强度低，粉末多，渣量大，500kg/t 以上	小料批，低负荷，倒装为主	短
两条通路（双峰形）			较小	较差 $\eta_{CO}=0.4$ 以下	W 形	原燃料粒度组成差，渣量大，在 400~500kg/t	料批不重，负荷不重，正倒混合循环装料	短
中心发展（喇叭花形）			较大	较好 $\eta_{CO}=0.45$ 左右	Λ 形	原燃料质量好，粉被筛除，渣量 350kg/t 左右，高炉较强化	料批较大，负荷较重，正装为主	较长
平坦形			大	好 $\eta_{CO}=0.5$ 以上	平坦 Λ 形	原燃料质量很好，冶炼量 250kg/t 左右，渣强度在 1.0~1.2 之间	大料批，重负荷，正分装	长

（2）CO_2 曲线平均水平的高低，说明了高炉内煤气能量利用的好坏；

（3）4 个方向 CO_2 曲线的对称性说明炉内煤气流是否偏行；

（4）CO_2 曲线的平均水平无提高的情况下，CO_2 最高点移向 2、3 点，也说明煤气能量利用有所改善，因为此处正对应于炉内截面积大、矿石多的地方。

（5）某一方向长期出现第 2 点甚至扩展到第 3 点的 CO_2 含量低于第 1 点，说明此方向炉型破损，有结厚现象。

4-35 什么叫炉顶煤气温度曲线，如何利用它判断炉内煤气流分布？

答： 炉顶煤气温度曲线是用炉顶十字测温装置测得的炉顶径向上五点煤气温度而绘制的温度曲线。一般炉顶十字测温装置安装在炉喉上方、离料面 0.5～1.0m 处，也有安装在料面以下的。图 4-15 是十字测温装置的测温点的径向分布和测得的温度分布曲

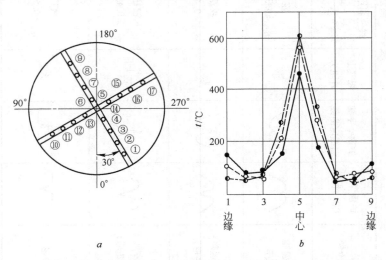

图 4-15　十字测温装置测温点径向分布（a）和温度分布曲线（b）

（图 a 中数字①～⑰为测温点）

线。从图上看出炉顶煤气温度曲线的外形与炉顶煤气 CO_2 曲线相反，即煤气温度高的地方 CO_2 值低，温度低的地方 CO_2 值高。一般可根据中心点温度判断中心气流强弱程度；边缘点温度判断边缘气流强弱程度，并以炉顶煤气温度曲线为依据调节装料制度。

用十字测温装置测定炉顶煤气温度曲线并用它来判断煤气流分布的优点在于它的连续性和消除了人为因素的干扰，传统的炉顶煤气 CO_2 曲线是由人工每个班取 $1 \sim 2$ 个样，通过奥氏分析仪分析得到取样时的煤气中 CO_2 浓度的曲线，所以它是不连续的，取样和化验分析有很多人为因素干扰。这样根据十字测温得到炉顶温度曲线来调节装料制度既及时、又较准。

在使用十字测温装置时，要注意：（1）测温装置影响布料，炉料进入高炉时撞击装置，弹向测温杆的两侧，在装置形成料沟，料车装料比无钟溜槽装料严重，小高炉比大高炉严重，料沟会引发管道行程；（2）十字测温装置如果离料面距离过大时，煤气离料面后发生混合，测点所得温度是混合煤气温度，不能完全正确反映实际的煤气流分布，所以必须控制好料线，不宜长期深料线操作；（3）测温热电偶容易损坏，维修量大等。

现在用红外摄像，激光测定，然后数字处理转化为温度分布曲线比十字测温装置的效果更好，（见 6-40 问和 6-41 问）。

4-36　炼钢生铁改换铸造生铁品种冶炼时操作制度应如何变化？

答：由炼钢生铁改换成铸造生铁首先是热制度的大变动，热制度的变动量（一般指含硅量）根据生产任务而定（冶炼牌号），为了达到预定目标，应按生铁含硅每增加 1%，需增加综合焦比 $40 \sim 60 kg/t$。造渣制度的调整应在生铁含硫许可的情况下，尽量降低炉渣碱度，以利于硅的还原，减缓炉缸石墨炭的堆积，改善炉缸工作，促进高炉顺行。一般生铁含硅每提高 1%，炉渣碱度（m_{CaO}/m_{SiO_2}）降低 $0.07 \sim 0.1$。送风制度的调整，因为改炼铸造生铁后炉缸热量增加，煤气体积膨胀，为保证顺行，应减少入炉风量，铸造铁的含硅量越高，减少入炉风量的幅度也越大。风口的大小，随风量减少程度而定，若减风过多，冶炼强度大幅度降低时，为了保持风口前鼓风动能与回旋区深度和冶炼强度相适应，风口面积不宜扩大，必要时可适当缩小。关于装料制度的调整，主要有两个内容：一是批重的变化，一般改炼铸造铁时应缩小矿石批重 10% 左右，焦炭批重变化不大；二是装料顺序不要采用过分发展边缘的装料方法，因为为了增加生铁含硅量已减轻了焦炭负荷，自然有减轻边缘的作用，矿石批重缩小又有疏松中心的作用，这已为适应煤气体积增大保证顺行创造了条件。

4-37　炼钢生铁改换铸造生铁品种冶炼时如何进行变料操作？

答： 改炼铸造生铁的变料操作，主要是根据生铁成分与炉渣碱度的要求，变动入炉矿石、焦炭、熔剂等物料的数量与比例，总的变料原则是："酸热结合"、搞好炉渣碱度的过渡。根据冶炼炼钢铁时含硅量的高低有两种变料操作：（1）原生铁含硅在 0.6% 以上时，采用一次变料法。具体方法是先加 15～20 批酸料，酸料的碱度要比改铁种后选定的碱度再降低 0.03 左右；同时配合大幅度提高生铁含硅量，除按计算减轻焦炭负荷外，在加酸性料时和后面的正常料中加入 3～5 批净焦。如需提高生铁含锰时，前 15～20 批炉料的锰矿量也要比正常需要量多 30% 左右。采用喷吹燃料技术的高炉改炼铸造铁时，增加含硅量所需燃料，主要应依靠焦炭，以便改善透气性，促进高炉顺行，而喷吹燃料率可基本不变。在掌握炉温上升的过渡期，改料下达炉缸前 4～5h 就应减轻综合负荷，其量要比正常冶炼铸造铁的综合负荷再减轻 10% 左右，以便炉温顺利过渡。（2）原生铁含硅量低于 0.6% 时，一次过渡到铸造铁，变化太大，会影响顺行与生产指标，所以改为 2 次以上的变料。即第一次在炼钢铁范围内将含硅量提高到 0.8% 左右，相应降低炉渣碱度，也是先加 15～20 批酸料，使炉渣碱度迅速与 0.8% 左右的含硅量相适应，并相应减轻焦炭负荷；一般隔两个班以后再进行第二次变料，具体方法与前面一次变料相同。

4-38 由铸造铁改炼炼钢铁时如何操作？

答：由铸造铁改炼炼钢铁时主要是处理好炉温、碱度、风量三者的关系。首先是炉温与碱度的关系，要把渣碱度的过渡放在主要地位。降低含硅量的过程，一定要适应渣碱度提高的幅度，加负荷、降低含硅量的幅度要比改炼铸造铁提高含硅量、减轻负荷时的幅度小得多，一般是分阶段进行的，按阶段要求提高综合负荷，控制下料速度，防止炉温下降过猛。第二是处理好炉温与风量的关系，由铸造铁改炼炼钢铁，炉温下降，有利于增加风量，但加风的速度要视铸造铁与炼钢铁正常时风量差值来定，差量小时加风可以快一些，很快稳定在正常风量。差量大时，说明炉缸已产生石墨堆积，要分步清理炉缸，逐渐加大风量。同时要注意在改铁种过程中，因炉温降低，负荷加重，有加重边缘的作用，一般不要在此时增加加重边缘的装料比例，密切注意炉墙温度的变化，防止因操作不当，炉内高温区急剧下移，产生炉墙结厚现象。一般是在风量稳定在正常水平之后，再根据情况调整装料，改善煤气利用。

4-39 冶炼铸造生铁加硅石有什么作用？

答：很多研究表明，硅的还原与 SiO_2 的自由度有很大关系。自由的 SiO_2 易还原，当 SiO_2 已形成炉渣，尤其是 $CaSiO_3$ 含量高的高碱度炉渣形成后，硅的还原就很困难了。冶炼铸造生铁时添加硅石就是为了提高 SiO_2 的自由度。本钢、首钢等厂的实践表明，冶炼铸造生铁时加硅石能起到改善顺行、稳定铁种、提高产量、降低消耗的作用。在渣量少，使用高碱度烧结矿冶炼铸造铁时，添加硅石的作用很明显。但是渣量大、碱度低时，加硅石的作用会减少，一般渣量在 500kg/t 以上时，可不必添加硅石。

第3节 炉况的判断与调节

4-40 怎样用直接观测方法判断炉况？

答： 直接观测判断炉况是基于生产经验的积累。虽然直观的项目少，而且观察到的现象已是炉况变化结果的反映，但在炉况波动大等特殊情况下仍有重要意义，主要的直观内容有：

（1）看铁。主要看铁水温度、含硅和含硫量等。生铁含硅低时，铁水流动过程中火花矮小而多，流动性好，铁样断口为白色。随含硅量提高，火花逐渐变大而少，当含硅达到 3.0% 左右时就没有火花了，同时流动性变差，铁水粘沟，铁样断口由白变为深灰色，晶粒加粗。生铁含硫高时，铁水表面"油皮"多，凝固过程表面颤动，裂纹大，凝固后成凸状，并有一层黑皮，铁样断口为白色针状结晶，质脆容易折断。相反，铁水表面"油皮"少、裂纹小、凝固后成凹状，铁样质坚、断口灰色或仅边角部分有白色时生铁含硫低。高硅高硫时，铁样断口虽呈灰色，但在灰色中布满白色亮点。

（2）看渣。从炉渣的流动状态与断口颜色可以判明炉缸热度、渣碱度及渣中 FeO、MnO 等的含量。炉热时，渣流动性好、光亮耀眼、从炉子流出时表面冒出火苗、水渣白色。炉凉时，渣流动性差、颜色发红，从炉内流出来时无火苗而有小火星、水渣变黑。渣碱度高时，用铁棍黏渣液成粒状滴下，不拉丝，渣样断口呈石头状。渣碱度低时，用铁棍黏渣液能拉出玻璃状长丝，碱度越低拉丝越多越长，渣样断口呈玻璃状。另外，渣中 MnO 高时，渣样断口呈豆绿色；FeO 含量在 2% 以上时呈黑色。

（3）看风口。风口是唯一可以直接看到炉内局部冶炼现象的地方，可以随时观察，比看铁、看渣所显示的炉况波动也早。风口前的现象能反映炉缸热制度、送风制度及炉料与煤气流运动的某些情况。炉热时风口明亮、无大块和生料下降；炉凉时风口发暗，炉料生降与大块多，甚至出现风口前涌渣、挂渣现象。风口回旋区深度合适时，焦炭活跃，极少出现大块与生降，即使炉凉也只涌渣而不灌渣，如果回旋区深度不够，焦炭不够活跃，有时有大块和生降出现，风口容易灌渣。各风口工作的差异，表明圆周工作不均匀程度。看风口还能观察到喷煤情况、煤粉在各风口间的均匀性、喷煤有无脉动、煤流是否平衡、是否与直吹管中心线平行以及煤粉燃烧等。

4-41　怎样利用仪表判断炉况?

答: 随着科学技术的发展，监测高炉冶炼进程的范围越来越广，精度越来越高，仪表也越来越多，按测量对象分类可归纳为:

压力计:有热风压力计、炉顶煤气压力计、炉身静压力计及压差计等。

温度计:有热风温度计、炉顶温度计、炉墙温度计、炉基温度计及冷却水温差计等。

流量计:有风量计、氧量计及冷却水流量计等。

料尺和料面探测仪表。在一些技术比较先进的大中型高炉上还装有透气性指数仪表、炉喉煤气取样自动分析仪等。下面着重介绍如何利用几种主要仪表判断炉况:

(1) 热风压力和风量表。它是判断炉况的重要工具。几乎所有影响高炉顺行的因素，最后都集中表现在风压和风量的变化上。风压上升和风量下降，表明煤气上升过程中的阻力增加，以下几种情况都可以导致这种结果:

1) 炉温上升，煤气的实际体积增加;

2) 喷吹物增加、负荷加重，煤气量稍增加与透气性变差;

3) 炉料粉末增多或粒度过小，料柱透气性变坏;

4) 渣量增加或渣碱度升高，黏度上升;

5) 边缘负荷过重，边缘气流减小;

6) "管道" 行程突然堵塞等。

风压下降和风量上升，表明情况正好相反。风压上下波动，表明高炉难行。风压突然上升和风量突然下降，表明有发生悬料现象的可能。

（2）探尺表。它直接反映下料情况，可以从探尺表的形状看出下料速度、料线高低、顺行和难行、崩料和悬料等情况。

（3）炉顶温度和炉喉温度表。它可以间接地反映四个方向上的煤气流分布状况。边缘气流较大时炉顶温度和炉喉温度上升，并且四个点的温度较分散；边缘气流小时，炉顶温度和炉喉温度下降，四个点温度集中。

（4）静压力计、压差计或透气性指数仪表。利用它们对高炉操作有如下指导作用：

1）指导变动风量的时机并可推断变动风量后的效果。加大风量前各层静压力稳定，透气性指数正常，加风后上、下部静压力稳定或稍有上升，透气性指数仍稳定在正常范围，表明加风时机掌握得好，能接受风量；如果增加风量后压差显著上升，透气性指数降低，甚至低于正常范围，则表示炉况此时不能增加风量，应立即减回。

2）指导变动风温（鼓风湿度）的时机与幅度是否适宜。当调节时机与幅度恰当时，表现为调节后静压力、压差、透气性指数变化不大，并转为平稳。若不需提温时采取提温或提温过量时，必然使下层静压力上升，以致造成压差上升，透气性指数变坏。若提温不够，炉子继续向凉时，下层静压力仍将继续下降。

3）指导炉顶高压，常压操作的转换。高压改常压时，因煤气体积膨胀，要减少风量，减风量必须保证各层静压力达到常压时的正常值，最好使下部压差稍低一点。而常压改高压时，应改后再加风，加风量要看各层静压力与压差计、透气性指数是否正常。

4）指导休风后的复风操作与处理悬料。休风后复风或坐料后回风，其复风量或回风量必须观察各部静压力计、压差计和透气性指数仪表，若这些仪表反映正常，则表示复风顺利或悬料已经消除，可以继续加大风量；若各部压力与透气性指数表现不正常，压差上升，则表示复风量过大或悬料没有消除，应减风设法使其适应，迅速恢复正常。

4-42　正常炉况的标志是什么?

答：正常炉况的主要标志是炉缸工作均匀活跃，炉温充沛稳定，煤气流分布合理稳定，下料均匀顺畅。具体表现是：

（1）风口明亮、圆周工作均匀，风口前无大块生降，不挂渣、不涌渣、焦炭活跃、风口无破损或破损少。

（2）炉渣的物理热充足，流动性好，渣碱度正常，渣中带铁少，渣中 FeO 在 0.5% 以下。大高炉铁水温度在 1480 ~ 1510℃，中小高炉则在 1450 ~ 1470℃。

（3）生铁含硅量、含硫量符合规定，物理热充足。

（4）下料均匀，料尺没有停滞、陷落、时快、时慢的现象，在加完一批料的前后，两个料尺基本一致，相差不超过 0.5m（对较大高炉）。

（5）风压、风量微微波动，无锯齿状，风量与料速相适应。

（6）炉喉煤气 CO_2 曲线，边缘含量较高，最高在第2、3、4点，中心值比边缘低一些。

（7）炉顶温度各点互相交织成一定宽带，温度曲线随加料在 100℃ 左右均匀摆动。

（8）炉顶压力曲线平稳、没有较大的尖峰。

（9）炉喉、炉身、炉腰各部温度正常、稳定、无大波动，炉体各部冷却水温差正常。

（10）炉身各层静压力值正常，无剧烈波动，同层各方向指示值基本一致。

（11）上、下部压差稳定在正常范围。

（12）透气性指数稳定在正常范围。

（13）除尘器瓦斯灰量正常，无大波动等。

总之，应掌握以下几个方面：

（1）炉顶煤气温度的波幅与圆周差值合理；

（2）CO_2 曲线和十字测温的温度曲线合理；

（3）顶压、风压、压差、透气性指数稳定在合理水平；

（4）料尺工作正常；

（5）炉缸物理热充沛；

（6）炉顶温度稳定在合理和正常范围。

4-43　失常炉况如何分类？

答：失常炉况分两大类：（1）煤气流与炉料相对运动失常。如边缘煤气过分发展、边缘过重、管道偏行、连续崩料、悬料等等。（2）炉缸工作失常。如炉凉、炉热、炉缸堆积等。这两类失常炉况之间既有区别又有联系，煤气流与炉料相对运动失常，会破坏炉缸正常工作，导致炉缸工作失常；相反，炉缸工作失常也会影响煤气流的原始分布，造成煤气流与炉料相对运动失常。

4-44　影响炉况波动和失常的因素有哪些？

答：影响炉况波动和失常的因素有：

（1）原燃料物理性能和化学成分波动，例如入炉品位和烧结矿碱度，炉料的粒度组成，特别是粒度小于 5mm 的含量，又如焦炭质量变差强度降低，反应性（CRI）升高，反应后强度（CSR）降低等；

（2）原燃料配料称量误差超过允许的范围，这是管理不严造成的，特别是焦炭因水分测定不准，造成入炉焦炭量或多或少引起炉温波动，更是中小高炉常见的通病；

（3）设备原因造成休风、减风，甚至因冷却器漏水造成炉凉、炉缸冻结；

（4）自然条件变化，如昼夜温差造成大气湿分波动，南方大雨、北方严寒等；

（5）操作经验不足，操作不精心造成失误或反向操作等。

出现炉况波动和失常不仅要调整操作制度来使炉况恢复正

常，还要查明造成波动和失常的因素，彻底消除这些不利因素。

4-45 边缘煤气流过分发展、中心过重的征兆是什么，应如何处理?

答：边缘过分发展、中心过重的征兆是：

（1）炉喉煤气边缘 CO_2 含量（体积分数）比正常降低，中心 CO_2 含量上升，煤气曲线 CO_2 最高点向中心移动，甚至曲线呈馒头形，混合煤气中 CO_2 含量降低，$\varphi_{CO}/\varphi_{CO_2}$ 比值升高。十字测温的煤气温度边缘过高，中心偏低。

（2）料尺有停滞滑落现象，料速不均。

（3）风压曲线表现呆滞，常突然上升导致悬料。

（4）顶压出现向上尖峰，下部压差下降，并有向下尖峰，上部压差有向上尖峰。

（5）炉喉与炉顶温度升高，炉顶温度曲线带变宽、波动大。

（6）炉体温度上升，冷却水温升高、波动大。

（7）风口很亮但不够活跃，风口工作不均匀，个别风口有大块生降，容易自动灌渣。

（8）渣、铁物理热低，生铁含硫量升高。

（9）瓦斯灰吹出量增加。

（10）严重时损坏炉体冷却器，风口破损部位多在上部。

处理方法是：

（1）改变装料顺序，增加加重边缘的装料比例。

（2）缩小料批（在批重较大时采用）。

（3）若以上措施效果不大时，应将上、下部调剂结合进行。上部减轻焦炭负荷，改善料柱透气性；同时在下部缩小风口、提高风速与鼓风动能。当风量、风速、鼓风动能增加，回旋区深度适当，煤气分布基本合理后，再增加焦炭负荷，扩大料批，稳定合理分布。

4-46 边缘负荷过重、中心煤气发展时的征兆是什么，应如何处理？

答：边缘过重、中心发展的征兆是：

（1）边缘煤气 CO_2 含量（体积分数）高出正常水平，中心 CO_2 含量下降，煤气曲线呈深漏斗状。炉顶煤气温度曲线显示边缘过低，中心过高。

（2）料速明显不均，出铁前慢，出铁后加快，崩料后易悬料。

（3）风压高，有波动，不易增加风量，出铁前风压升高，风量下降，出铁后风压降低风量增加，崩料后风量减少较多，不易恢复。

（4）炉顶煤气温度带窄，受料速变化影响而出现较大波动。

（5）炉顶煤气压力不稳，出现向上尖峰，下部压差高。

（6）炉体温度和冷却水温降低。

（7）风口发暗，有时涌渣但不易灌渣。

（8）严重时容易烧坏风口前端内下部。

处理方法是：

（1）改变装料制度，增加疏松边缘的装料比例。

（2）可暂时减少入炉风量。

（3）上部调节效果不大时，可以扩大风口。

应注意在边缘过重没有减轻之前，不要过分采取堵塞中心的方法，以免出现难行。

4-47 炉凉的征兆是什么，应如何处理？

答：防止炉凉是高炉操作的主要内容，炉凉分初期炉凉与严重炉凉，它们的征兆分别为：

（1）初期炉凉征兆：

1）风口向凉。

2）风压逐渐降低，风量自动升高。

3）下料速度在不增加风量的情况下自动加快。

4）炉渣中 FeO 含量升高，渣温降低。

5）容易接受提高炉温措施。

6）炉顶温度、炉喉温度降低。

7）压差降低，下部静压力降低。

8）生铁含硅下降，含硫量上升。

（2）严重炉凉征兆：

1）风压、风量不稳，两曲线向相反方向剧烈波动。

2）炉料难行，有停滞塌陷现象。

3）炉顶压力波动，悬料后顶压下降。

4）下部压差由低变高，下部静压力降低，上部压差下降。

5）风口发红，出现生料，有涌渣、挂渣现象。

6）炉渣变黑，渣、铁温度急剧下降，生铁含硫量上升。

处理炉凉的方法：

（1）必须抓住初期征兆，及时增加喷吹燃料量，提高风温，必要时减少风量，控制料速，使料速与风量相适应。

（2）如果炉凉因素是长期性的，应减轻焦炭负荷。

（3）剧凉时，风量应减少到风口不灌渣的最低程度，为防止提温造成悬料，可临时改为按风压操作。

（4）剧凉时除采取下部提高风温、减少风量、增加喷吹燃料量等提高炉温的措施外，上部要适当加入净焦和减轻焦炭负荷。

（5）组织好炉前工作，当风口涌渣时，及时排放渣、铁，并组织专人看守风口，防止自动灌渣烧出。

（6）炉温剧凉又已悬料时，要以处理炉凉为主，首先保持顺利出渣出铁，在出渣出铁后坐料。必须在保持一定的渣、铁温度的同时，照顾炉料的顺利下降。

（7）若高炉只是一侧炉凉时，应首先检查冷却设备是否漏水，发现漏水后及时切断漏水水源。若不是漏水造成的经常性偏炉凉，应将此部位的风口直径缩小。

4-48 炉热的征兆是什么，应如何处理？

答： 炉热的征兆是：

（1）风压逐渐升高，接受风量困难。

（2）风量逐渐下降。

（3）料速逐渐减慢，过热时出现崩料、悬料。

（4）炉顶温度升高，四点分散展宽。

（5）下部静压力上升，上部压差升高。

（6）风口比正常时更明亮。

（7）渣、铁温度升高，生铁含硅量上升，含硫量下降。

处理炉热的方法：

（1）发现炉热初期征兆后应及时减少燃料喷吹量或短时间停止喷吹燃料，加快下料速度。

（2）采取上述措施无效时可降低风温。

（3）出现难行时应减少风量，富氧鼓风的高炉停止富氧。

（4）若引起炉热的因素是长期性的，应增加焦炭负荷。但要注意，处理炉热时，应考虑热惯性，防止降温过猛引起炉凉等炉温大幅度波动。

4-49 管道行程的征兆是什么，应如何处理？

答： 管道行程是高炉断面某局部煤气流过分发展的表现。按部位分类，可分为上部管道行程、下部管道行程、边缘管道行程、中心管道行程等，按形成原因又可分为炉热、炉凉、炉料粉末多强度差、布料不正确等引起的管道行程。它们的征兆是：

（1）出现边缘管道时，炉顶煤气温度和炉墙温度在某一固定方向升高，圆周四个方向温度分散。中心管道行程时，炉顶温度带窄升高，炉墙温度下降。

（2）风压下降、风量自动增加、发生崩料后管道堵塞，风压迅速升高，风量突降。

（3）料尺工作不均，出现滑尺、埋尺、停滞、塌落等假尺现象。

（4）炉顶压力波动，顶压出现尖峰。

（5）炉喉煤气曲线不规则，管道处 CO_2 值低。

（6）边缘管道行程时，管道方向的静压力上升，压差下降而且波动大；中心管道行程时，炉身四个方向的静压力值差别不大，且都有降低。

（7）边缘管道行程产生在下部时，表现为风口工作不均匀，管道方向的风口忽明忽暗，有时有生料。

（8）瓦斯灰（炉尘）吹出量明显增加。

处理方法应根据生成管道的原因和部位而定。上部管道行程的处理方法是：

（1）适当减少风量，炉热引起的管道可以降低风温。

（2）采用 2~4 批双装料或临时改变布料矩阵，采用定点或扇形布料，将炉料堆尖放在管道位置，堵塞管道。

（3）用改变高压、常压转换方法，重新合理分布煤气流。

（4）若以上方法仍不见效，应采取放风处理，破坏管道行程。

下部管道行程，多是成渣带透气性变坏造成的，比处理上部管道行程困难得多，正确的处理方法是：狠减入炉风量，将风量减到料尺工作、风压、风量稳定为止，使之与该条件下的透气性相适应；同时上部要增加发展边缘的装料比例，及时减轻焦炭负荷或集中加一定量的净焦，以改善炉料透气性。若风量很小，料尺工作仍不稳定时，应停风堵上几个风口，这既可破坏管道，又能在小风量下保持一定风速和鼓风动能，促使煤气流合理分布。

4-50　偏行的征兆是什么，应如何处理？

答： 两个料尺的深度在一段时间内，固定方向，小高炉差 0.5m 以上，大中型高炉差 1.0m 以上，叫偏行。短期偏行往往是边缘管道的一种表现，处理方法也和处理管道行程相同。长期偏行时，则应首先检查：

（1）料尺零点是否正确。

（2）边缘是否有炉墙结瘤。

（3）布料溜槽工作是否正常。

（4）风口进风是否严重不均匀。

（5）是否因炉喉钢砖损坏影响料尺正常工作。

然后按检查出来的问题，分别做相应的处理。

4-51　连续崩料的征兆是什么，应如何处理？

答：连续崩料的征兆是：

（1）料尺连续出现停滞和塌落现象。

（2）风压、风量不稳、剧烈波动，接受风量能力很差。

（3）炉顶煤气压力出现尖峰，剧烈波动。

（4）风口工作不均，部分风口有生降和涌渣现象，严重时自动灌渣。

（5）炉温波动，严重时渣、铁温度显著下降，放渣困难。

连续崩料会影响矿石的预热与还原，特别是高炉下部的连续崩料，能使炉缸急剧向凉，必须及时果断处理，处理方法是：

（1）立即减风到能够制止崩料的程度，使风压、风量达到平稳。

（2）加入适当数量的净焦。

（3）临时缩小料批，减轻焦炭负荷，适当发展边缘。

（4）出铁后彻底放风坐料，回风压力应低于放风前压力。

（5）只有炉况转为顺行，炉温回升时才能逐步恢复风量。

4-52　悬料的征兆是什么，应如何处理？

答：悬料是炉料透气性与煤气流运动极不适应、炉料停止下降的失常现象。它也可按部位分为上部悬料、下部悬料；还可按形成原因分为炉凉、炉热、原燃料粉末多、煤气流失常等引起的悬料。主要征兆是：

（1）料尺停滞不动。

（2）风压急剧升高，风量随之自动减少。

（3）炉顶煤气压力降低。

（4）上部悬料时上部压差过高，风口焦炭仍然活跃；下部悬料时下部压差过高，部分风口焦炭不活跃。

但要注意，当风压、风量、风口工作及上、下部压差都正常，只是料尺停滞时，应首先检查料尺是否有卡尺现象。

处理悬料是一件十分细致的工作，一定要处理及时，除休风后复风初期的悬料外，一般都要求立即处理，悬料时间不要超过 20min，处理越早，越易恢复正常，损失也越少。二是要分析不同情况的悬料，采取正确方法，力争一次坐料成功，避免出铁前坐料。（1）炉温正常、风口工作正常的突然上部悬料，是上部局部透气性与煤气流不适应造成的，可用高压、常压转换或坐料进行处理，回风压力一般为原风压的 70% 左右。（2）炉热造成的悬料，必须采取降低炉温措施，只有控制住热行，坐料后才可消除悬料，第一次坐料后回风压力约为原风压的 60%。（3）炉凉悬料切不可采用降低炉温措施，而是在坐料后用小风量回复，在保证顺行的同时恢复正常炉温。（4）坐料后应临时采用疏松边缘的装料制度，连续悬料时，回风压力要低，并应缩小批重，集中加些净焦或减轻焦炭负荷，尤其是冷悬料，净焦可多加一些，并及早改为停止喷吹燃料所需的焦炭负荷。（5）连续两次以上坐料后料尺如果仍不能自由活动，可改按风压操作，争取料尺自由活动。（6）连续悬料时，为了争取多燃烧熔化一些炉料，便于坐料，可在悬料情况下加大风量，但必须注意，悬料情况下加大风量时千万注意防止产生管道。（7）对较顽固的连续悬料，要组织好喷吹铁口和排放渣、铁的工作。炉况不易恢复时还要临时休风堵上几个风口。

4-53　炉墙结厚的征兆是什么，应如何处理？

答：炉墙结厚也分上部、下部。上部结厚主要是由于对边缘管道行程处理不当，原燃料含钾、钠、锌等高或粉末多、亏料线作业、炉内高温区上移且不稳定等因素造成的。下部结厚多是炉温、渣碱度大幅度波动，下部管道行程、悬料等炉况失常，冷却强度过大，以及冷却设备漏水等因素造成的。它们的征兆是：

（1）炉况难行，经常在结厚部位出现偏尺、管道和悬料；

（2）改变装料制度达不到预期的效果。下部结厚经常出现边缘自动加重，上部结厚炉喉煤气 CO_2 曲线在结厚方向的第一点 CO_2 值高于第二点，严重时高于第三点；

（3）风压和风量关系不适应，应变能力很弱，不接受风量；

（4）结厚部位炉墙温度、冷却水温差、炉皮表面温度均下降。

处理上部结厚的方法是：

（1）当某一方向频繁出现 CO_2 曲线第一点高于第二点时，应及时发展边缘，同时减轻焦炭负荷，尽可能改善原燃料强度和粒度，以保持炉况顺行，用发展边缘的方法洗炉。

（2）若上述方法无效，应降低料面、停风炸瘤。

（3）认真检查结厚部位的水箱，如发现漏水应停水，外部喷水冷却。

处理下部结厚的方法是：

（1）在维持顺行、稳定送风制度、热制度和造渣制度的条件下，使炉渣碱度稍低一些，炉温掌握稍高一些。

（2）改变装料制度，适当发展边缘、减轻焦炭负荷，提高下部边缘温度。

（3）采用集中加 2~4 批净焦和加酸料的方法洗炉。

（4）用均热炉渣洗炉。

（5）用萤石洗炉。

（6）减少炉体冷却强度，保持水温差在适当的水平。

4-54 炉缸堆积的征兆是什么，应如何处理？

答：炉缸堆积是高炉操作制度中某种制度长期不正常或几种

操作制度互相配合不当，以及原燃料质量不好等原因造成的，它严重影响炉缸煤气的合理分布与炉料运动，减少炉缸安全容铁量。按堆积的部位可分为炉缸中心堆积和边缘堆积两种。

（1）炉缸中心堆积。炉缸中心堆积多是由炉料含粉末多，长期煤气分布中心重，下部风速、鼓风动能小，风口前回旋区过短造成的。这种堆积的征兆是：初期表现与边缘煤气过分发展的失常炉况相似，但总压差要比单纯边缘煤气发展高，由于下部压差高，易出现边缘管道；风压、风量曲线表现呆滞；渣温高但渣中 FeO 含量仍较正常高，风口前焦炭不甚活跃，易涌渣，易损坏风口。

处理炉缸中心堆积，主要从调整上、下部操作制度入手，改善中心料柱的透气性，使风口前回旋区达到合理深度。具体做法是：上部调整装料顺序和批重，以减轻中心部位的矿石分布量；改善原燃料质量，以改善料柱透气性。下部适当提高风速和鼓风动能、改善炉渣的流动性。

（2）炉缸边缘堆积。可分为渣性堆积、石墨堆积与炉温不足的渣铁堆积三种。它们的征兆是：初期与边缘煤气过重的失常炉况相似，总压差、下部压差增加风压曲线在出渣、出铁前升高，而出渣铁后降低，风量与风压成反向波动，料速在出铁前减慢、出铁后显著加快，铁口深度较深，风口破损多，并易烧坏风口下部。炉缸局部边缘堆积时，堆积方向的风口破损显著增多。

处理炉缸边缘堆积的方法，根据造成堆积的原因不同而有所区别。渣性堆积主要是炉渣碱度过高造成的，经济有效的处理方法是用酸性料降低炉渣碱度进行清洗，加酸料的数量根据碱度高于正常值的程度决定，每次加入量一般是使一个炉次的炉渣碱度下降 0.1~0.2；为了保证生铁质量，不可连续加入数炉次，一个炉次清洗不干净时，间断几炉次后再加一个炉次的酸料，直至清洗到正常为止。石墨堆积是长期冶炼高牌号铸造铁造成的，尤其是高硅高碱度冶炼，极易形成石墨堆积。清洗的方法是提高铁水流动性与控制石墨生成，改炼炼钢铁或适当增加生铁含锰量，可以达到清洗此类堆积的目的。温度不足的渣铁性堆积，多是长期休风、炉况严重失常或长期偏行、冷却设备漏水、造渣制度与热制度不适应等因素造成的。处理此类堆积，需改善渣、铁流动性与提高炉缸热量同时进行。用萤石清洗炉缸，虽能大大改善炉渣的流动性，对处理各种原因的炉缸堆积都有效果，但由于萤石对炉缸的侵蚀严重，因此一般只是在堆积较严重时才使用。

4-55 亏料线作业有什么危害，应如何处理？

答：亏料线作业对高炉冶炼危害很大，它破坏了炉料在炉内的正常分布，恶化料柱的透气性，导致煤气流分布与炉料下降的失常，并使炉料得不到充分的预热和还原，引起炉凉和炉况不顺，严重时由于上部高温区的大幅度波动，容易产生结瘤。所以在高炉操作中要千方百计防止亏料线作业。当发生亏料线时，要根据亏料线时间长短和深度进行处理。一般亏料线 1h 左右应减轻综合负荷 5% ~ 10%，亏料线深度达到炉身高度的 1/3 以上时，除减轻负荷外还要补加 1 ~ 2 批净焦，以补偿亏料线所造成的热量损失。冶炼强度越高，煤气利用越好的高炉，亏料线作业的影响越大，所需减轻负荷的量也要适当增加，因此，当发生亏料线作业时，应根据情况减少入炉风量、尽快赶上料线，按料线作业。

第 4 节 日常生产中的定量调节和常用的工艺计算

4-56 什么叫矿石和焦炭的熔剂系数，如何利用熔剂系数计算石灰石配加量？

答：矿石或焦炭在满足自身造渣的条件下，所剩余或需要补加的石灰石量叫做该矿石或焦炭的熔剂系数，用下式计算：

$$k = \frac{\left(m_{SiO_2} - m_{(TFe)} w_{[Si]} \frac{60}{28}\right) \times R_0 - m_{CaO}}{w_{CaO_{有效}}}$$

式中　k ——熔剂系数，kg(石灰石)/t(矿石或焦炭)；

m_{SiO_2} ——矿石或焦炭的 SiO_2 含量，kg/t（矿石或焦炭）；

$m_{(TFe)}$ ——矿石或焦炭中的全铁量，kg/t（矿石或焦炭）（一般焦炭中 TFe 可忽略不计）；

$w_{[Si]}$ ——生铁含 Si 量，%；

m_{CaO} ——矿石或焦炭的 CaO 含量，kg/t（矿石或焦炭）；

R_0 ——炉渣碱度（m_{CaO}/m_{SiO_2}）；

$w_{CaO有效}$ ——石灰石中有效 CaO 含量（$w_{CaO有效} = w_{(CaO)熔} - R_0 w_{(SiO_2)熔}$），%；

$w_{(CaO)熔}$，$w_{(SiO_2)熔}$ ——石灰石中 CaO 及 SiO_2 的含量，%。

当计算结果得正值时，表示需要补加石灰石；得负数值，表示剩余石灰石要减去。在矿石和焦炭成分相对稳定的情况下，用已算出的各种矿石或焦炭的熔剂系数进行变料计算是非常方便的。例如，由甲矿40%、乙矿40%和球团矿20%组成的混合矿批重为 20t，焦炭批重 5t，已知甲矿 $k = -65.8$，乙矿 $k = -72.6$，球团矿 $k = 95.4$，焦炭 $k = 161$，计算每批料应配加多少石灰石？

$$5 \times 161 + 20[(-65.8) \times 0.4 + (-72.6) \times 0.4$$
$$+ 95.4 \times 0.2] = 79(kg/批)$$

即每批料需加 79kg 石灰石。

4-57　什么叫矿石的热量换算系数，如何利用热量换算系数进行变料计算？

答： 不同品种的矿石，在冶炼过程中消耗的热量是不相同的。生产中以一种常用矿石的热消耗量为基础，其他矿石的热消耗量与常用矿石热消耗量的比值，叫做热量换算系数（也叫替换系数）。

设常用矿石的热消耗量为 Q_0（kJ/t（矿石）），与之相比较的另一种矿石的热消耗量为 Q'（kJ/t（矿石）），则热量换算系数为：

$$K_T = \frac{Q'}{Q_0}$$

即原料配比中加、减 1t 其他矿石，需减、加 K_T 吨常用矿石。系数中已考虑增减石灰石所消耗的热量，矿石变换以后，只需增减石灰石，不必另外调整负荷。各种矿石的热量消耗量，可以根据生铁和矿石的化学成分计算出来（计算方法见下面例题）。已知各种矿石的热量换算系数后，进行变料计算就非常方便了。

例如，某高炉变料前后的矿石配比、热量换算系数和熔剂系数为：

项　目	烧结矿 I	烧结矿 II	球团矿	天然矿 I	天然矿 II
变料前/%	50	40	10		
变料后/%		40		30	30
换算系数	1.0	1.0	1.2	1.4	1.5
熔剂系数		20	170	350	280

变料前矿石批重为 20t，计算变料后的矿石批重及石灰石配加量。

设变料后的矿石批重为 X，根据变料前后的热平衡关系：

$$X（0.4 \times 1 + 0.3 \times 1.4 + 0.3 \times 1.5）$$
$$= 20（0.5 \times 1 + 0.4 \times 1 + 0.1 \times 1.2）$$

即　　　　　　　　$X = 16.063$（t）

其中：烧结矿 II　　$16.063 \times 0.4 = 6.425$（t）

天然矿 I　　$16.063 \times 0.3 = 4.819$（t）

天然矿 II　　$16.063 \times 0.3 = 4.819$（t）

石灰石配加量为：

$4.819 \times 350 + 4.819 \times 280 - 20 \times 0.1 \times 170 - （20 \times 0.4 - 16.063 \times 0.4）\times 20 = 2662.5$（kg/批）

又如，已知球团矿批重为 20t，用天然矿 I 替换 10% 球团矿，需加多少天然矿 I 和石灰石？

　　每批减少球团矿　　　$20 \times 0.1 = 2$（t）

　　每批需加天然矿 I　　$(2/1.2)/1.4 = 1.19$（t）

　　需补加石灰石　　　　$1.19 \times 350 - 2 \times 170 = 76.5$（kg/批）

4-58　如何计算矿石的热消耗量？

　　答： 在高炉冶炼过程中，矿石的热耗占主要地位。每吨矿石的热耗可根据原料和生铁主要成分及冶炼中热效应，按热平衡原则概算求得。算法如下：

　　（1）热收入（kJ/t（矿））：

　　1）矿石带入物理热：$Q_1 = 1000ct$（其中，c 为矿石热容，按 0.84kJ/（kg·℃）计；t 为矿石入炉温度，取 25℃）。

　　2）矿石中 Fe_2O_3 间接还原放热：设每千克 Fe_2O_3 间接还原放热 77.3kJ，并假设烧结矿中 FeO 80% 以 Fe_3O_4 存在，20% 以硅酸铁存在，则：

$$
\begin{aligned}
Q_2 &= 77.3 m_{(Fe_2O_3)} \\
&= 77.3 \left(m_{(TFe)} - 0.8 m_{(FeO)} \times \frac{168}{72} - 0.2 m_{(FeO)} \frac{56}{72} \right) \frac{160}{112} \\
&= 110.5 m_{(TFe)} - 224 m_{(FeO)}
\end{aligned}
$$

式中，$m_{(TFe)}$、$m_{(Fe_2O_3)}$、$m_{(FeO)}$ 分别为每吨矿石中全铁、Fe_2O_3、FeO 的质量，kg/t。

　　3）成渣放热，按熔剂中每千克 CaO 1128.6kJ 计算：

$$
\begin{aligned}
Q_3 &= 1128.6 w_{(CaO_{熔})} \\
&= 1128.6 \left[\left(m_{(SiO_2)} - m_{(TFe)} \times w_{[Si]} \times \frac{60}{28} \right) R_0 - m_{(CaO)} \right] \\
&= 1128.6 m_{(SiO_2)} \times R_0 - 2418 \times m_{(TFe)} w_{[Si]} R_0 - \\
&\quad 1128.6 m_{(CaO)}
\end{aligned}
$$

式中，$m_{(SiO_2)}$、$m_{(CaO)}$ 分别为每吨矿 SiO_2、CaO 的质量，kg/t；$w_{[Si]}$ 为生铁含硅量，%；R_0 为炉渣二元碱度。

　　4）MnO_2 间接还原放热，设每千克放热 1826kJ，则：

$Q_4 = 1826 m_{(MnO_2)}$（其中 MnO_2 为矿石中 MnO_2 量，kg/t（矿））

5）FeO 间接还原放热，设放热量为 235kJ/kg（FeO），则：

$$Q_5 = 235 m_{(TFe)} (1 - r_d)$$

$$= 235 m_{(TFe)} - 235 m_{(TFe)} r_d \ （r_d \ 为铁的直接还原度）$$

（2）热耗量，即每吨矿相应的反应耗热：

1）铁的直接还原耗热：设每千克铁直接还原耗热 2721kJ，则：

$Q_{(1)} = 2721 m_{(TFe)} r_d$（以矿石中铁全部还原进入生铁计）

2）每吨矿造渣用熔剂分解热，按 3172.6kJ/kg（$CaO_{熔}$）计，则：

$$Q_{(2)} = 3172.6 \left[\left(m_{(SiO_2)} - m_{(TFe)} w_{[Si]} \frac{60}{28} \right) R_0 - m_{(CaO)} \right]$$

$$= 3172.6 m_{(SiO_2)} R_0 - 6798 m_{(TFe)} w_{[Si]} R_0 - 3172.6 m_{(CaO)}$$

3）硅酸铁分解耗热，按 348kJ/kg（FeO）计，则：

$$Q_{(3)} = 0.2 \times 348 \times m_{(FeO)} = 70 m_{(FeO)}$$

4）Si、Mn、P 还原耗热，分别按 22405kJ/kg、4167.5kJ/kg 及 22873kJ/kg 计，则：

$$Q_{(4)} = 22405 m_{(TFe)} w_{[Si]} + 4167.5 m_{(TFe)} w_{[Mn]} +$$
$$22873 m_{(TFe)} w_{[P]}$$

5）Fe_3O_4 间接还原耗热，其中包括矿石中 Fe_3O_4 及 Fe_2O_3 还原出的 Fe_3O_4 还原至 FeO 的耗热，按 90kJ/kg（Fe）计，则：

$$Q_{(5)} = 90 \left[m_{(Fe_3O_4)} + m_{(Fe_2O_3)} \times \frac{2}{3} \times \frac{232}{160} \right]$$

$$= 90 \left\{ 0.8 m_{(FeO)} \times \frac{232}{72} + \left[m_{(TFe)} - 0.8 m_{(FeO)} \times \right. \right.$$

$$\left. \left. \frac{168}{72} - 0.2 m_{(FeO)} \frac{56}{72} \right] \frac{160}{112} \times \frac{2}{3} \times \frac{232}{160} \right\}$$

$$= 124.3 m_{(TFe)} - 20 m_{(FeO)}$$

6）脱硫耗热，按 4406kJ/kg（S）计，则：

$$Q_{(6)} = 4406 \left(w_{(S)} - m_{(TFe)} w_{[S]} \right) = 4406 m_{(S)} - 4406 m_{(TFe)} w_{[S]}$$

式中，$m_{(S)}$ 为矿石中 S 含量，以 kg/t 计，$w_{[S]}$ 为生铁中硫含量，以%计。

7）铁水带走热，按 1128.6kJ/kg（Fe）计，则：

$$Q_{(7)} = 1128.6m_{(TFe)}$$

8）炉渣带走热。设矿石中除铁及部分硅等还原进入生铁外其余入渣，并以 1672kJ/kg 渣计，则：

$$Q_{(8)} = 1672 \left[1000 - \left(m_{(TFe)} - m_{(FeO)}\frac{56}{72} \right) \times \frac{160}{112} - m_{(FeO)} + \right.$$

$$\left. \left(m_{(SiO_2)} - m_{(TFe)}w_{[Si]}\frac{60}{28} \right)R_0 - m_{(CaO)} \right]$$

$$= 1672000 - 2388.6m_{(TFe)} + 185.8m_{(FeO)} + 1672m_{(SiO_2)}R_0 -$$

$$3583m_{(TFe)}w_{[Si]}R_0 - 1672m_{(CaO)}$$

9）热损失，按铁水带走热的 1.2 ~ 1.6 倍计，现取 1.55 倍，则：

$$Q_{(9)} = 1.55 \times 1128.6m_{(TFe)} = 1750m_{(TFe)}$$

将支出热总和减去收入热总和即可求得吨矿热耗 Q。其整理式为：

$$Q = \sum Q_{(1) \sim (9)} - Q_{1-5} = 1672000 - 1000ct +$$

$$268.8m_{(TFe)} + 460m_{(FeO)} + 3716m_{(SiO_2)}R_0 -$$

$$7963m_{(TFe)}w_{[Si]}R_0 + 2956m_{(TFe)}r_d -$$

$$1826m_{(MnO_2)} - 3716m_{(CaO)} + 22405m_{(TFe)}w_{[Si]} +$$

$$4167.5m_{(TFe)}w_{[Mn]} + 22873m_{(TFe)}w_{[P]} +$$

$$4406m_{(S)} - 4406m_{(TFe)}w_{[S]}$$

例如：

某矿石成分（%）为：

$w_{TFe} = 52.49$，$w_{FeO} = 17.9$，$w_{MnO_2} = 0.01$，$w_{CaO} = 10.76$，$w_{SiO_2} = 9.96$，$w_S = 0.034$

折合 1t 矿的质量（kg）为：

$m_{TFe} = 524.9$，$m_{FeO} = 179$，$m_{MnO_2} = 0.1$，$m_{CaO} = 107.6$，$m_{SiO_2} = 99.6$，$m_S = 0.34$

设生铁成分（%）为：

$w_{Si} = 0.7$，$w_{Mn} = 0.09$，$w_P = 0.09$，$w_S = 0.03$

设渣碱度：$m_{CaO}/m_{SiO_2} = 1.03$；

铁的直接还原度为 $r_d = 0.45$；

$c = 0.84\text{kJ}/(\text{kg} \cdot \text{℃})$，$t = 25\text{℃}$。

则　　$Q = 1672000 - 1000 \times 0.84 \times 25 + 268.8 \times 524.9 +$
$460 \times 179 + 3716 \times 99.6 \times 1.03 - 7963 \times$
$524.9 \times 0.007 \times 1.03 + 2956 \times 524.9 \times 0.45 -$
$1826 \times 0.1 - 3716 \times 107.6 + 22405 \times 524.9 \times$
$0.007 + 4167.5 \times 524.9 \times 0.0009 + 22873 \times$
$524.9 \times 0.0009 + 4406 \times 0.34 - 4406 \times 524.9 \times$
$0.0003 = 2619612(\text{kJ}/\text{t}(\text{矿}))$

根据现场实际情况，上式还可进一步简化。

4-59　矿石品位变化时如何变料？

答：矿石品位波动1%，影响燃料比1% ~2%左右，因此可按下式计算调整后的焦炭批重（矿石批重不变）：

$m_{TFe_新}$（调整后的焦炭批重）

$= m_{TFe_原}$（原焦炭批重）$\times [1 \pm \Delta m_{TFe} \times (1\% ~2\%)]$

4-60　如何根据生铁含 Si 量的变化进行变料？

答：生铁含 Si 变化1%，影响燃料比 40 ~60kg/t。因此，当生铁含 Si 量大幅度变化时，应按下式进行变料：

每批料增减的燃料量（焦炭 + 喷吹燃料）

$$= (40 ~60) \times \Delta w_{[Si]} \times \frac{\text{矿石批重} \times w_{(TFe)}}{w_{[Fe]}}$$

4-61　风温大幅度变化时如何变料？

答：风温大幅度变化时，应根据风温水平和风温影响燃料比的经验数值，相应地调整负荷。风温变化100℃影响燃料比的经

验值如下:

干风温度 /℃	500~600	600~700	700~800	800~900
影响燃料比的系数 β/%	7.3	6.0	5.0	4.3
干风温度 /℃	900~1000	1000~1100	1100~1200	>1200
影响燃料比的系数 β/%	3.5~3.8	3.0~3.5	3.0~3.2	2.8~3.0

可见,不同的风温水平下有不同的影响系数。因此,根据风温水平按下式调整负荷:

$$每批燃料增减量 = \beta \times \frac{\Delta t}{100} \times 燃料批重 \quad kg/批$$

例如,某高炉不喷吹燃料,焦炭批重为 5000kg,风温由 1000℃下降到 700℃,每批料应加多少焦炭?

$$每批焦炭增加量 = 0.05 \times \frac{100}{100} \times 5000 + 0.043 \times \frac{100}{100} \times 5000 +$$

$$0.035 \times \frac{100}{100} \times 5000 = 640 \quad (kg/批)$$

4-62　增减喷吹量时如何变料?

答:改变喷吹量时,应根据喷吹物与焦炭的置换比、焦炭负荷和每小时上料批数,及时调整负荷。

$$每批增减焦炭量 = \frac{增减喷吹物(kg/h)}{每小时上料批数(批/h)} \times 置换比 \quad kg/批$$

例如,已知重油和煤粉对焦炭的置换比分别为 1.2 和 0.8,每小时上料批数为 7 批,焦炭负荷为 3.5,每小时增加 1t 重油或煤粉时,应如何调整负荷?

增加 1t/h 重油时：

$$每批减焦炭量 = \frac{1000}{7} \times 1.2 = 171.4 \text{（kg/批）}$$

或　　　　每批增加矿石量 $= 171.4 \times 3.5 = 599.9$（kg/批）

当增加 1t/h 煤粉时：

$$每批减焦炭量 = \frac{1000}{7} \times 0.8 = 114 \text{（kg/批）}$$

或　　　　每批增加矿石量 $= 114 \times 3.5 = 399$（kg/批）

4-63　如何按炉渣碱度的需要调整石灰石？

答： 当需要提高或降低炉渣碱度时，须相应调整石灰石，调整量与每吨铁的渣量和渣中 SiO_2 含量有关。

$$每吨铁需变动的石灰石量 = \frac{u \times w_{(SiO_2)} \times \Delta R_0}{w_{CaO有效}} \text{ kg/t}$$

式中　u——吨铁渣量，kg/t；

$w_{(SiO_2)}$——渣中 SiO_2 含量，%；

ΔR_0——炉渣碱度变化值。

每批料石灰石变动量 = 每吨铁变动量 × 每批料出铁量　kg/批。

例如，已知 1t 铁的渣量为 750kg，渣中 $w_{SiO_2} = 40.1\%$，每批料出铁量为 10t，炉渣碱度变化 0.1，假定石灰石有效碱度为 50%，则每批料的石灰石变动量为：

$$\frac{750 \times 40.1\% \times 0.1}{0.5} \times 10 = 602 \text{（kg/批）}$$

并按石灰石变动量相应地调整负荷。

4-64　如何根据烧结矿碱度变化调整石灰石？

答： 当其他条件不变时，烧结矿碱度的变化直接引起炉渣碱度的波动。为了稳定造渣制度，当烧结矿碱度变化较大时，需调整的量可通过烧结矿中的 SiO_2 和碱度变化值计算。

例如，烧结矿碱度从 1.25 降到 1.10，已知烧结矿含

SiO_2 12.72%，如何调整石灰石用量？

1t 烧结矿需加石灰石：

$$\frac{127.2 \times (1.25 - 1.10)}{0.5} = 38 （kg/t（烧结矿））$$

当矿石批重为 20t，全部使用烧结矿时，每批加石灰石：

$$20 \times 38 = 760 （kg/批）$$

使用 40% 烧结矿时，每批加石灰石：

$$20 \times 0.4 \times 38 = 304 （kg/批）$$

并按石灰石变动量，相应调整负荷。

4-65　高炉炼铁的渣量如何计算？

答：无论用何种方法处理炉渣，渣量是无法用称量的方法得到的，只有通过计算才能确定。用高炉内不发生还原化学反应的 CaO 平衡计算最简便：

$$渣量 u = \frac{m_{CaO料} - m_{CaO尘}}{w_{(CaO)}}$$

式中　$m_{CaO料}$——各种入炉料带来的 CaO 量，kg/t；

$m_{CaO尘}$——炉尘带走的 CaO 量，kg/t；

$w_{(CaO)}$——炉渣中 CaO 的质量分数，%。

例如：炉料带入 $m_{CaO料} = 217.20$ kg/t，炉尘带走 $m_{CaO尘} = 1.35$ kg/t，渣中 $w_{(CaO)}$ 含量为 42.15%，则

$$u = \frac{217.20 - 1.35}{0.4215} = 512 （kg/t）$$

4-66　高炉风口前燃烧 1kg 碳需要多少风量？

答：（1）按反应式 $2C + O_2 = 2CO$ 算出燃烧 1kg C 消耗的氧量：$\frac{22.4}{2 \times 12} = 0.9333$（$m^3$（风）/kg（C））；

（2）按 $v_风 = \dfrac{燃烧 1kg\ C\ 消耗的氧量}{鼓风中含氧量}$，$m^3$（风）/kg（C），算

风量。

大气鼓风时，鼓风中含氧量为 $(1-f)$ $0.21+0.5f$

富氧鼓风时，鼓风中含氧量为 $(1-f)$ $\varphi_{O_2}+0.5f$

式中，f 为大气湿度，%；0.21 为大气鼓风时干风中的含氧量；φ_{O_2} 为富氧后干风中的含氧量。这样

大气鼓风　　　　$v_风=\dfrac{0.9333}{(1-f)0.21+0.5f}$

富氧鼓风　　　　$v_风=\dfrac{0.9333}{(1-f)\varphi_{O_2}+0.5f}$

例如：大气鼓风　$f=2.0\%$，

$$v_风=\frac{0.9333}{(1-0.02)\times0.21+0.5\times0.02}$$

$$=4.325(\mathrm{m^3(风)/kg(C)})$$

富氧鼓风　$f=2.0\%$，$\varphi_{O_2}=23\%$，

$$v_风=\frac{0.9333}{(1-0.02)\times0.23+0.5\times0.02}=3.965(\mathrm{m^3(风)/kg(C)})$$

4-67　高炉生产的实际入炉风量和产生的煤气量如何计算?

答：生产中的仪表风量是由装在放风阀前的风量表测量的风机给出的冷风流量，到达风口入炉的风量并不是这个测得的风量，因为冷风经冷风管道，热风炉、热风管道到风口的途中总有部分要漏损的，新建高炉在 5% 以下，接近大修时可达 10% 以上，中小高炉甚至超过 20%，真正入炉的风量通过计算才能得到。高炉生产出的煤气从来不计量，因为逸出高炉的煤气含尘量多，而且温度高。煤气量也要通过计算才能获得。

在高炉煤气成分测定准确（例如用气相色谱仪）的情况下，可通过进入炉顶煤气的碳和氮的平衡算出煤气量($V_{煤气}$)和风量($V_风$)：

煤气量：$V_{煤气} = 1.8667 \dfrac{m_{C_{气化}}}{\varphi_{CO} + \varphi_{CO_2} + \varphi_{CH_4}}$ m^3/t

风量：$V_{风} = [V_{煤气} \cdot m_{N_2} - \dfrac{22.4}{28}(m_{N_2料} + m_{N_2喷})]/[(1-f)$

$$(1 - \varphi_{O_2})] \quad m^3/t$$

$$m_{C_{气化}} = m_{C_焦} + m_{C_喷} + m_{C_矿} + m_{C_熔} - W_{C_{生铁}} - m_{C_尘}$$

式中，$m_{C_{气化}}$ 为炉料和燃料带入炉内碳而进入炉顶煤气的部分，kg/t；$m_{C_焦}$，$m_{C_喷}$ 为焦炭和喷吹燃料带入碳，包括固定碳和挥发分中的结合碳（CO、CO_2、CH_4 等），kg/t；$m_{C_矿}$ 为矿石部分带入的碳，它们是烧结矿中的残碳，天然矿中的碳酸盐中的碳，kg/t，$m_{C_熔}$ 为熔剂中 CO_2 的碳，kg/t；$m_{C_{生铁}}$ 为渗入铁水中的碳，也就是生铁含碳量，kg/t；$m_{C_尘}$ 为炉尘带走的碳，一般炉尘含碳 $10\% \sim 20\%$；φ_{CO}，φ_{CO_2}，φ_{CH_4}，φ_{N_2} 为炉顶煤气中各组分的体积分数，%；$m_{N_2料}$、$m_{N_2喷}$ 为燃料（焦炭和喷吹燃料）进入炉顶煤气中的氮量，它们包括挥发分中的 N_2 和有机 N_2，kg/t；f 为大气湿度，也就是风中含水量，%；φ_{O_2} 为风中含氧量，%。

例： 某 $1000m^3$ 高炉，利用系数 $\eta_V = 2.45$，生产 1t 生铁消耗干料（kg/t）：焦 474.2，煤 66.8，烧结矿 1690，澳矿 116.6，石灰石 24.5；生铁成分（%）：Fe 94.56，C 4.50，Si 0.52，Mn 0.29，P 0.10，S 0.03；炉顶煤气成分（%，体积分数）：CO 23.70，CO_2 18.18，N_2 56.32，CH_4 0.6，H_2 1.2；$f = 2\%$，$O_2 = 21\%$；焦炭（%）：$C_全$ 85.61，N_2 0.5；煤粉（%）：$C_全$ 83.57，N_2 0.88；澳矿（%）：CO_2 0.33；石灰石（%）：CO_2 42.93；炉尘忽略不计。

$$m_{C_{气化}} = 474.2 \times 0.8561 + 66.8 \times 0.8357 + 116.6 \times 0.0033 \times$$

$$\frac{12}{44} + 24.5 \times 0.4293 \times \frac{12}{44} - 45 = 419.88 \ (kg/t)$$

$$m_{N_2料} = 474.2 \times 0.005 = 2.37 \ (kg/t)$$

$$m_{N_2\text{喷}} = 66.8 \times 0.0088 = 0.59 \quad (\text{kg/t})$$

$$V_{\text{煤气}} = 1.8667 \times 419.88/(0.2370 + 0.1818 + 0.0060)$$

$$= 1845 \quad (\text{m}^3/\text{t})$$

$$V_{\text{风}} = [1845 \times 0.5632 - 0.8 \times (2.37 + 0.59)]/[(1 - 0.02)$$

$$(1 - 0.21)] = 1339 \quad (\text{m}^3/\text{t})$$

换算成每分钟的风量 $V_{\text{风}} = \dfrac{2450 \times 1339}{24 \times 60} = 2278 \quad (\text{m}^3/\text{min})$

煤气量 $V_{\text{煤气}} = 2450 \times 1845/(24 \times 60) = 3139 \quad (\text{m}^3/\text{min})$。

4-68　高炉送风系统的漏风率如何估算？

答：通过计算获得生产所消耗的实际风量，它与仪表风量的差就是漏风量，漏风率 α 为：

$$\alpha = \frac{\text{仪表风量} - \text{实际风量}}{\text{仪表风量}} = \frac{V_{\text{风仪}} - V_{\text{风实}}}{V_{\text{风仪}}}$$

例：某高炉仪表风量 2650m³/min，上例算得实际风量 2278m³/min，则

$$\alpha = \frac{2650 - 2278}{2650} = 0.14 \text{ 或 } 14\%$$

高炉送风系统漏风的地方主要有：放风阀关不严，热风炉烟道阀变形关不严，直吹管两端与弯头和风口小套接触不好等。

4-69　如何根据仪表风量计算风速和鼓风动能？

答：因为仪表风量和实际入炉风量有差别，应用仪表风量计算前应先确定漏风率，生产中应定期按碳氮平衡算出入炉风量，确定漏风率供计算使用：$V_{\text{风实}} = V_{\text{风仪}}(1 - \alpha)$。

例　某1000m³ 高炉风温 1100℃，风压 0.3MPa，14 个风口 $d_{\text{风口}} = \phi160\text{mm}$，$V_{\text{风仪}} = 2500\text{m}^3/\text{min}$，漏风率 $\alpha = 10\%$，求风速和鼓风动能。

解：$V_{\text{风实}} = V_{\text{风仪}}(1 - \alpha) = 2500(1 - 0.10) = 2250 \quad (\text{m}^3/\text{min})$

风速标准 $v_0 = \dfrac{Q}{60n} \Big/ \Big(\dfrac{\pi}{4} d^2_{风口}\Big)$

$$= \dfrac{2250}{60 \times 14} \Big/ \Big(\dfrac{\pi}{4} \times 0.16^2\Big) = 133 \ (\text{m/s})$$

实际 $v_{实} = v_0 \dfrac{(273 + t_{风}) \times 0.101}{(0.101 + P) \ 273} = 133 \times \dfrac{1373 \times 0.101}{0.401 \times 273}$

$$= 169 \ (\text{m/s})$$

鼓风动能 $E = \dfrac{1}{2}mv^2 = \dfrac{1}{2} \times \dfrac{Qr_{风}}{60gn} v^2_{风实}$

$$= \dfrac{1}{2} \times \dfrac{2250 \times 1.293}{60 \times 9.8 \times 14} \times 169^2 = 5046 \ (\text{kg} \cdot \text{m/s})$$

生产实践和计算表明，大高炉的标准风速与实际风速差别小，而小高炉的差别大很多，这是因为 $\dfrac{273 + t_{风}}{273} \Big/ \dfrac{0.101}{0.101 + p_{风}}$ 比值在两种情况下不同，如果这个比值等于 1，则 $v_0 = v_{实}$。大高炉因为高压操作和炉顶余压发电技术的发展，热风压力已提高到 0.3 ~ 0.4MPa（表压），这个比值已接近于 1（特大型高炉风温 1150 ~ 1200℃，热风压力 0.4 ~ 0.45MPa 时此值就如此），所以 $v_{实}$ 接近于 v_0。而中小高炉就不同了，它们的风温逐步提高已达 1100℃ 左右，但风压却低很多，一般在 0.101 ~ 0.202MPa，这样该比值就大于 2，所以 $v_{实}$ 比 v_0 大很多。这就是为什么合适鼓风动能比 $E_{大高炉} / E_{小高炉}$ 与炉容比 $V_{u大} / V_{u小}$ 差别大的原因。

4-70 燃料在风口前的燃烧率如何计算？

答：燃料在风口前的燃烧率是风口前燃烧的碳量 $m_{C_风}$ 与燃料带入高炉的元素碳量和碳氢化合物中碳的总和 $C_燃$ 的比值：燃烧率 $= m_{C_风} / m_{C_燃}$。

风口前燃烧的碳量 $m_{C_风} = V_风 / v_风$

燃料带入碳量 $m_{C_燃} = K \cdot m_{C_焦} + M \cdot m_{C_煤}$

例：1000m³ 高炉焦比 420kg/t，煤比 120kg/t；

$w_{C_焦} = 85.23\%$，$w_{C_煤} = 80.0\%$，$V_风 = 1280 \mathrm{m^3/t}$，
大气鼓风，湿度 2%。

解：$v_风 = \dfrac{0.9333}{(0.21 \times 0.98 + 0.5 \times 0.02)} = 4.325 (\mathrm{m^3/kg(C)})$

$$m_{C_风} = V_风 / v_风 = \frac{1280}{4.325} = 295.95 \ (\mathrm{kg/t})$$

$$m_{C_燃} = 420 \times 0.8523 + 120 \times 0.80 = 453.97 \ (\mathrm{kg/t})$$

燃料风口前的燃烧率 $= m_{C_风} / m_{C_燃} = \dfrac{295.95}{453.97} = 0.652$ 或 65.2%

如果煤粉在风口前的燃烧率达到 80% ~ 85%，则焦炭在风口前的燃烧率为：

$$\frac{295.95 - 120 \times 0.8 \times 0.8}{420 \times 0.8523} = 0.612 \text{ 或 } 61.2\% \text{。}$$

如果煤粉在风口前燃烧率只有 70% 左右，则焦炭在风口前的燃烧率为：

$$\frac{295.95 - 120 \times 0.8 \times 0.7}{420 \times 0.8523} = 0.639 \text{ 或 } 63.9\%$$

4-71 高炉内铁的直接还原度 r_d 如何计算？

答：按照铁的直接还原度的定义：

$$r_d = m_{Fe_d} / m_{Fe_还}$$

式中 m_{Fe_d}——以直接还原方式从 FeO 还原到 Fe 的数量，kg/t；

$\qquad m_{Fe_还}$——在高炉内全部从氧化铁还原到 Fe 的总量，即生

$\qquad\qquad$ 铁所含 Fe 量扣除废铁等带入的金属铁量，kg/t。

最简便的方法是通过铁直接还原消耗的碳量来计算：

$$m_{Fe_d} = \frac{56}{12} m_{C_{dFe}}, \quad r_d = \frac{56}{12} m_{C_{dFe}} / (m_{Fe_{生铁}} - m_{Fe_废})$$

铁直接还原消耗的碳量：

$$m_{C_{dFe}} = m_{C_气化} - m_{C_风} - m_{C_{dSi,Mn,P,S}} - 1.5 m_{C_熔} - m_{C_焦挥}$$

式中 $m_{C_气化}$——炉料和喷吹燃料带入的碳（包括元素状态和结

$\qquad\qquad$ 合成化合物的碳）进入炉顶煤气的部分，

$m_{C_{气化}} = m_{C_焦} + m_{C_喷} + m_{C_矿} + m_{C_熔} - m_{C_{生铁}} - m_{C_{炉尘}}$，kg/t;

$m_{C_风}$——风口前燃烧的碳量，$m_{C_风} = V_风 / v_风$，kg/t;

$m_{C_{dSi,Mn,P,S}}$——少量元素 Si、Mn、P 直接还原耗碳和脱硫耗碳，

$$m_{C_{dSi,Mn,P,S}} = w_{[Si]} \times 10 \times \frac{2 \times 12}{28} + w_{[Mn]} \times 10 \times \frac{12}{55} +$$

$$w_{[P]} \times 10 \times \frac{5 \times 12}{2 \times 31} + u w_{(S)} \frac{12}{32}，kg/t;$$

$m_{C_熔}$——熔剂带入的碳量，kg/t;

$m_{C_{焦挥}}$——焦炭挥发分中的碳，kg/t。

例: 根据 4-70 问中的数据为该高炉计算 r_d。

解: 4-70 问中已知 $m_{C_{气化}} = 419.88$ kg/t，$V_风 = 1339$ m³/t，$v_风 = 4.325$ m³/kg（C），$m_{C_熔} = 2.89$ kg/t，$m_{C_{焦挥}}$ 忽略不计。

$$m_{C_风} = V_风 / v_风 = 1339 / 4.325 = 309.6 （kg/t）$$

$$m_{C_{dSi,Mn,P,S}} = 5.2 \times \frac{24}{28} + 2.9 \times \frac{12}{55} + 1.0 \times \frac{60}{62} + 512 \times 0.008 \times \frac{12}{32}$$

$$= 7.59 （kg/t）$$

$$m_{C_{dFe}} = 419.88 - 309.6 - 7.59 - 1.5 \times 2.89 = 98.36 （kg/t）;$$

$$r_d = 98.36 \times \frac{56}{12} \div 945.6 = 0.485$$

4-72　高炉的冶炼周期如何计算?

答: 冶炼过程中炉料在炉内停留的时间叫冶炼周期，冶炼周期有两种方法表示: 时间长短和料批数。

（1）按时间计算:

$$t = \frac{24 V_工}{P V_料 （1 - C）} \quad h$$

式中　$V_工$——高炉的工作容积，由料面到风口中心线之间的容积，m³;

P——高炉的日产量，t/d;

$V_料$——1t 生铁所用炉料的体积，$V_料 = \left(\dfrac{O}{r_0} + \dfrac{K}{r_C} \right)$。$O$ 为

每吨生铁消耗的矿石部分（包括各种含 Fe 料和熔剂），t/t；K 为焦比，t/t；r_0、r_C 分别为矿石和焦炭的平均堆积密度和焦炭的密度，kg/m^3；

C——炉料在炉内的平均压缩率，一般 10% ~ 12%。

（2）按料批计算：

$$N = V_工 / V_批 \ (1 - C)$$

式中　N——炉料从入炉到风口水平的料批数；

$V_批$——每批料的容积，m^3。

例：1000m^3 高炉 $\eta_v = 2.45$，矿石消耗 1700kg/t，焦比 550kg/t，矿石和焦炭堆积密度分别为 1.7t/m^3 和 0.5t/m^3，矿批 18t，焦批 5.8t，$V_工 = 958$m^3，压缩率 $C = 0.12$，试求其料速。

解：$V_料 = \dfrac{1.7}{1.7} + \dfrac{0.55}{0.5} = 2.1 \ (m^3)$

$V_批 = \dfrac{18}{1.7} + \dfrac{5.8}{0.5} = 22.2 \ (m^3)$

$t = \dfrac{24 \times 958}{2450 \times 2.1 \times (1 - 0.12)} = 5.08 \ (h)$

$N = \dfrac{958}{22.2 \times (1 - 0.12)} = 49 \ (批)$

这样该高炉的料速为 $N/t = 49/5.08 \approx 9.6$，即平均每小时下料 9.6 批。

4-73　高炉炼铁的富氧率如何计算？

答：高炉炼铁已普遍采用富氧技术，但是至今尚无统一的计算方法来表述富氧率，因而对富氧的效果缺少可比性，生产中常用的简易计算是两种：富氧量/风量和富氧量/（风量＋富氧量），它们都是指向鼓风中加进 1% 的氧气的倍数表示富氧率。这样的算法忽略了大气和氧气中的湿度，也忽略了工业氧气的含氧量（即工业氧的纯度），也有一些厂将鼓风中的氧含量提高 1% 的倍数作为富氧率，这种计算方法是

富氧率 =（工业氧含氧量 − 0.21）× 氧气总用量/（风量 × 作业时间）

简化为：   富氧率 =（α − 0.21）W

式中 α——工业氧中含氧量，如果工业氧纯度为 0.995，则 α − 0.21 = 0.785，如果纯度为 0.99，则 α − 0.21 = 0.78，这就是鞍钢计算式中出现的系数 0.785、包钢计算式中出现的系数 0.78 的来源。

W——1m³ 鼓风（包括氧气）中的氧气数量。它就是上面富氧量/（风量 + 富氧量）。

如果再考虑风中和氧中湿度，富氧后风中含氧量为：

$$W_{O_2风} = 0.21 + 0.29\varphi + (\alpha - 0.21)W - 0.29\varphi \cdot W$$

如果将富氧后风中氧的增量数作为富氧率，并将数值很小的 $0.29\varphi \cdot W$ 忽略不计，则：

$$富氧率 = W_{O_2风} - (0.21 + 0.29\varphi) = (\alpha - 0.21)W$$

所得计算式与前面的一样，因此建议富氧率按此式计算为好。富氧后风中含 N_2 量为：

$$W_{N_2风} = 0.79 - 富氧率 = 0.79 - (\alpha - 0.21)W$$

富氧后鼓风的密度计算式为：

$$\gamma_风 = 1.288 - 0.484\varphi + (0.179\alpha - 0.038)W$$

在生产中，富氧率的用途主要是两个方面：一个是在已知入炉氧气量时计算得确切的富氧率，以评估富氧的作用：1% 富氧增产效果，1% 富氧提高 $t_理$，增加喷煤量的影响量等；另一个是确定富氧率后计算要求的入炉氧气量，确定制氧或输入氧设施的能力等。

例 1 已知某高炉入炉风量为 2500m³/min，鼓风湿度 1.5%，入炉氧量为 5800m³/h，工业氧含量 95%，试求其富氧率。

解：根据已知条件计算 W

$$W = 富氧量/（风量 + 富氧量）= \frac{5800/60}{2500 + 5800/60} = 0.0372 （m^3/m^3）$$

$$富氧率 = W \times (\alpha - 0.21) = 0.0372 \times (0.95 - 0.21) = 0.0275$$

或 2.75%。

例 2　已知某高炉入炉风量 2500m³/min，工业氧含量 95%，高炉需要富氧 5%，试计算应鼓风中兑入的氧气量。

解：根据已知条件计算 W：

$$W = 富氧率/(\alpha - 0.21) = 0.05/(0.95 - 0.21) = 0.067(m^3/m^3)$$

$$需要兑入氧量 = 2500 \times 0.067 \times 60 = 10135(m^3/h)$$

4-74　矿石中有害元素的允许含量如何计算？

答：近年来进口矿用量大增，而且来源众多。随着矿石质量的劣化，不仅品位下降，而且有害元素增多。例如澳矿中 P 含量增加，而从菲律宾、马来西亚、印尼、南非进口的矿石中又夹杂了 Cu、Ni、Cr、As 等，我国南方的矿石（广东大宝山矿、湖南湘东矿等）已含有多种有害元素 P、Cu、Pb、As 等，东北和河北的部分矿中 Ti 含量偏高。为了保证生铁质量，必须控制这些元素在矿石中的含量，矿石中允许的含量的计算式为：

$$w_{Me_{矿}} = \frac{w_{[Me]}/\eta_{Me} - w_{Me_{焦,煤,熔}}}{W_{[Fe]}/w_{Fe_{矿}}} \times 100\%$$

式中　$w_{Me_{矿}}$——少量元素在矿石中的允许含量，%；

　　　$w_{[Me]}$——少量元素在生铁中允许的含量，%；

　　$w_{Me_{焦,煤,熔}}$——生产单位生铁消耗的焦炭、煤粉、熔剂所带来的少量有害元素，一般数量极少，或不带有害元素。计算中可忽略不计，如果也带入一定数量例如磷，则需要计算，%；

　　　η_{Me}——元素分配率，即进入生铁的量与带入总量之比，也称为元素回收率。各有害元素的分配率不同，例如 Cu、Ni、P 等是 100%，还原进入生铁，则 $\eta_{Me} = 1.0$；而 Cr 只有 80% ~ 60%，则 $\eta_{Cr} = 0.6 ~ 0.8$ 等；

　　　$w_{[Fe]}$——生铁中的 Fe 量，一般为 94%；

　　　$w_{Fe_{矿}}$——所用矿石的含铁量，%。

一般来说 $w_{Me_{焦,煤,熔}}$ 忽略不计，而 $\eta_{Me} = 1.0$，则 Cu、Ni 含量的计算式为：

$$w_{Cu_{矿}} = \frac{w_{[Cu]}/1.0 - w_{Cu_{焦,煤,熔}}}{w_{[Fe]}/w_{Fe_{矿}}} = \frac{w_{[Cu]} \cdot w_{Fe_{矿}}}{w_{[Fe]}} \times 100\%$$

$$w_{Ni_{矿}} = \frac{w_{[Ni]}}{w_{[Fe]}} \times w_{Fe_{矿}} \times 100\%$$

而磷
$$w_{P_{矿}} = \frac{w_{[P]} - w_{P_{焦,煤,熔}}}{w_{[Fe]}} \times w_{Fe_{矿}} \times 100\%$$

$$w_{Cr_{矿}} = \frac{w_{[Cr]}/\eta_{Cr}}{w_{[Fe]}} \times w_{Fe_{矿}} \times 100\%$$

例1　为保证炼钢所得钢的质量，要求铁水中含 Cu 不超过 0.25%，现用含 Fe57% 的矿石炼生铁，其中 $w_{[Fe]} = 94\%$，焦炭，煤粉等不带入 Cu 则矿石允许含 Cu 量为：

$$w_{Cu} = \frac{0.25 \times 0.57}{0.94} = 0.152$$

例2　冶炼炼钢铁时要求铁水中含磷在 0.15% 以下，用含 Fe57% 的矿石炼生铁含 Fe94%，焦炭、煤粉、熔剂会带入少量磷，一般为 0.3kg/t 左右，则矿石允许 P 含量为：

$$w_{P_{矿}} = \frac{(0.15 - 0.003) \times 0.57}{0.94} = 0.09$$

第5节　高炉事故处理

4-75　风口突然烧坏、断水如何处理？

答：处理方案如下：

(1) 迅速停止该风口喷吹燃料，在风口外面喷水冷却，安排专人监视，防止烧出。

(2) 根据情况改常压操作或放风。

(3) 组织出铁，准备停风更换。

(4) 为减少向炉内漏水，停风前应减水到力争风口明亮，以免风口黏铁，延长休风时间。

4-76　送风吹管烧坏如何处理?

答:处理方案如下:

(1)发现吹管发红和窝渣时，应停止喷吹燃料。

(2)发现烧出应向烧出部位喷水，防止扩大。

(3)立即改常压、放风，使风压降到不灌渣为止。

(4)迅速打开铁口排放渣铁，出铁后休风更换。

4-77　高炉紧急停水应如何处理?

答:处理方案如下:

(1)当低水压警报器发出信号时，应立即做好紧急停水的准备，首先减少炉身各部的冷却水，保证风口冷却。

(2)然后立即放风，迅速组织出铁，力争早停风，争取风口不灌渣。

(3)开始正常送水，水压正常后应按以下顺序操作:

1)检查是否有烧坏的风口，如有，迅速组织更换。

2)把来水总阀门关小。

3)先通风口冷却水，如发现风口冷却水已尽或产生蒸汽，则应逐个或分区缓慢通水，以防蒸汽爆炸。

4)风口通水正常后，由炉缸向上分段缓慢恢复通水，注意防止蒸汽爆炸。

5)只有各段水箱通水正常、水压正常后才能送风。

4-78　鼓风机突然停风应如何处理?

答:鼓风机突然停风的主要危险是:

(1)煤气向送风系统倒流，造成送风管道及风机爆炸。

(2)因突然停风机，可能造成全部风口、吹管及弯头灌渣。

(3)因煤气管道产生负压而引起爆炸。

所以，发生风机突然停风时，应立即进行以下处理:

（1）关混风调节阀，停止喷煤与富氧。

（2）停止加料。

（3）停止加压阀组自动调节。

（4）打开炉顶放散阀，关闭煤气切断阀。

（5）向炉顶和除尘器，下降管处通蒸汽。

（6）发出停风信号，通知热风炉关热风阀，打开冷风阀和烟道阀。

（7）组织炉前工人检查各风口，发现进渣立即打开弯头的大盖，防止炉渣灌死吹管和弯头。

4-79　高炉结瘤如何处理？

答：高炉结瘤就是炉内已熔化的物质凝结在炉墙上，与炉墙耐火砖结成一体，在正常冶炼条件下不能自动消除，且越积越厚，最后严重影响炉料下降，甚至成为使高炉无法正常生产的障碍物。炉瘤按其化学成分可分为碳质瘤、灰质瘤、锌质瘤、碱金属瘤和铁质瘤；按其形状可分为环形瘤和局部瘤等；按其产生的部位可分为上部瘤和下部瘤等。处理方法是：

（1）洗瘤。下部瘤用大量萤石洗炉有时见效。洗瘤的方法：一是采用全倒装加净焦的方法，强烈地发展边缘气流，使炉瘤在高温气流作用下熔化；二是把洗炉剂（如均热炉渣、萤石等）布在边缘，利用其良好流动性冲刷炉墙。两种方法都需要大幅度减轻负荷，以防炉凉。

（2）炸瘤。上部炉瘤或上下结成大面积炉瘤，靠洗炉不能解决，必须采用炸瘤的办法。炸瘤操作如下：

1）降低料面，使炉瘤完全暴露出来。降低料面前应安装好炉顶喷水装置和软探尺，以便控制炉顶温度和准确测定料面位置，并加 3~5 批净焦，防止复风时炉凉。

2）估计炉瘤完全暴露出来以后，休风，从炉顶观察炉内情况，确定炉瘤的准确位置。

3）在结瘤部位的炉墙上开炸瘤孔，放入炸药，自下而上分段炸瘤，先炸瘤根，依次往上移。

4）放炸药的位置要距离炉墙 100～200mm，以免炸坏炉墙。

5）用药量根据炉瘤的大小而定，可首先用一管炸药试炸。

6）炸瘤后应适当补加足够数量净焦和减轻负荷，防止炉凉。由于炉瘤在炉内熔化，复风期间极易造成炉缸大凉，甚至炉缸冻结，出渣出铁都比较困难，因此，还要做好烧铁口的准备。

4-80　炉缸冻结如何处理？

答：炉温下降到渣铁不能从铁口自动流出时，就是炉缸冻结。炉缸冻结是高炉生产中的严重事故，处理炉缸冻结需要付出很大的代价，给高炉生产带来重大损失，因此必须尽量避免发生这种事故。下列情况时可能发生炉缸冻结：

（1）连续崩料未能及时制止。

（2）长期低料线未补加净焦。

（3）上料称量有误差，实际的焦炭负荷过重。

（4）加错料。例如熔剂量过多，造成炉渣成分发生变化，熔化温度和熔化性温度大幅度上升，炉渣黏稠甚至凝固。

（5）大量冷却水漏进炉内。

（6）炸瘤后补加的净焦数量不足，炉瘤熔化进入炉缸参加直接还原，造成炉缸温度急剧降低。

（7）设备事故诱发。突然发生的重大设备事故，造成高炉紧急和长时间休风、复风时发生炉缸冻结。

处理办法是：

（1）首先大量减风 20%～30% 或更多，保证炉内焦炭缓慢燃烧。

（2）尽量保持较多的风口能正常工作，发现自动灌死，应及时捅开，至少要保持铁口两侧的风口能进风。

（3）用氧气烧开铁口，设法让炉内渣铁流出来，只要能争取一两个风口能进风和定期放出渣铁，恢复是有希望的。

（4）发现炉缸冻结时，必须及时大量加净焦，一次可加 10～

20 批，并大幅度减轻焦炭负荷，停止喷吹；把风温提高到最高水平；减少熔剂量，降低炉渣碱度。

（5）处理炉缸冻结期间应尽量避免休风，以免炉况进一步恶化。如果铁口与送风风口距离近时，可用炸药炸铁口，如果相距甚远，则不宜炸，而用氧烧开，如果烧不开，则要用铁口上方风口出铁，将小套卸下用与外形尺寸同风口的炭砖套代替。

（6）如果炉缸严重冻结，从铁口放不出铁时，这样用铁口上方相邻两个风口，一个送风，一个出铁。

（7）在用风口出铁时，应抓紧烧开铁口，直到铁口能出铁，此后将临时用作铁口的风口改回去。

（8）送风风口与铁口贯通，铁口能流出渣铁，炉缸进入恢复阶段，但此时切忌性急过早过快捅开其余堵着的风口，当送风风口明亮活跃、铁口已能正常出渣出铁时，再捅开送风风口两侧的风口，一边一个。待捅开风口达到明亮活跃后，相邻风口加热足够时，再继续捅风口。

（9）铁口能够正常出铁，工作风口占到总数 90% 以上，炉缸冻结处理就算完成。

处理炉缸冻结需要较长时间，不能急于求成，只有依靠高炉各岗位工作人员坚持不懈的努力，设法把炉缸内的冻结物慢慢全部熔化并排放出来，才能使高炉恢复正常。

4-81　高炉紧急停电应如何处理？

答：当输电线路故障、雷雨电击等原因造成紧急停电时，立即查看风口有没有风，冷却器有没有水。若因断电而使风机停风，应按风机突然停风处理；若引起紧急停水，立即按紧急停水处理；若停风和停水两者同时出现，则先按风机突然停风处理，再进行紧急停水处理。

4-82　如何防止炉缸炉底烧穿事故？

答：炉缸炉底状态是决定高炉一代寿命的重要因素，所以从高炉投产起就应密切关注炉缸炉底的状态，加强维护和监测。炉缸炉底烧穿事故会给生产和操作人员造成很大危险，甚至造成重大伤亡事故，应防止发生。

造成烧穿的原因很多，主要是：

（1）设计的炉缸炉底结构不合理，所用耐火材料低劣，施工质量不好等（如阳春 1260m³ 和北台 400m³ 高炉）；

（2）生产中冷却制度不合理，冷却水量不够，水温差长期不稳定或偏高，特别是水质差的地区，水管结垢影响冷却；因不同原因炉墙内出现热阻很大的气隙影响传热；

（3）原料中含有对炉底炉缸损坏极大的铅（如涟钢 4 号炉 1989 年 7 月和 1997 年 3 月事故）碱金属（如昆钢 4 号炉 1980 年 6 月事故）和锌等有害元素；

（4）炉况不好，炉缸经常出现堆积，从而频繁使用萤石洗炉，造成炉缸侵蚀严重；

（5）铁口长期过浅（如鞍钢 9 号炉 1950 年 8 月事故），铁口中心线不正（如鞍钢 3 号炉 1975 年 9 月事故），操作维护不当；

（6）出现预兆时，采取的措施不得力。

烧穿的预兆主要有：

（1）炉缸冷却壁水温差或热流强度升高超过规定值或断水；

（2）炉缸部分局部地区砖衬极薄，炉壳发红；

（3）炉底冷却不正常，风冷时的风冷管极红，局部地区冒煤气；

（4）出铁不正常，见渣后铁量增多，甚至先见渣，后见铁水，每次出铁亏量多；

（5）虽然已使用含钛料护炉，但因用量不够未能见到效果。

根据造成烧穿的原因，采取相应针对性措施来预防，预防措施如下：

（1）采用好的合理的炉缸炉底结构，例如陶瓷杯结构、微孔或超微孔炭砖结构等，并选用适应炉缸炉底工作条件的优质耐火材料，精心筑炉等；

（2）尽量不使用含铅炉料，限制入炉锌负荷（小于0.15kg/t）和碱负荷（小于3kg/t），必要时利用炉渣排碱（见3-38问）；

（3）精心操作防止炉缸堆积，以避免洗炉，尤其是炉子中后期应避免用萤石洗炉；

（4）抓好炉前操作，维持铁口的正常状态，出好出尽渣铁；要控制好铁水速度，以免速度过高时，铁水冲刷炉缸壁；

（5）严密注视冷却器的工作状态，加强冷却设备的科学管理，水温差、热流强度超过正常时要采取果断措施，使之恢复正常，如改高压水冷却、改单连冷却、清洗冷却器等；

（6）采用含Ti料护炉，要使护炉见效，加入含Ti料的数量要保证铁水含［Ti］达到0.08%～0.10%，如果情况严重时，［Ti］可提高到0.15%，甚至短时间内可到0.2%～0.25%以救急，在水温差回落后，再退回；科学的预防方法是高炉开炉投产后半年进行一次钛矿护炉，其后每年定期护炉一次，保证炭砖温度和水温差处在受控的安全范围内；

（7）热流强度持续上升时，要停风堵水温差高区域的风口，降低顶压和冶炼强度，如果仍然高于规定极限值时要停风凉炉，在水温差降落到正常值后，用低压低冶炼强度冶炼铸造生铁。

4-83　炉缸炉底烧穿如何处理?

答：炉底烧穿一般都无法抢修，只有凉炉大修。炉缸烧穿可以抢修，但首先要确认抢修的有效性和经济性。如果烧穿部位很低，已在炉底满铺炭砖处（即炉底的一二层炭砖处），抢修就没有必要了，只有烧穿点处在满铺炭砖平面以上，才可以考虑抢修。临近大修期的高炉，一般可以先抢修维持其生产直到大修准备完毕，停炉大修。而生产才1～2年，甚至3～5年的高炉，宜抢修维持生产，延长高炉寿命。

抢修一般采用挖补的办法。挖补前先确认开孔时会不会有液态铁水流出，如有可能应先出残铁。在确认无残铁流出的条件下，准备好炭砖（以微孔焙烧的小块炭砖为好）和新冷却壁

（为便于安装可制成小块的，一般可为冷却壁的 $1/4 \sim 1/2$）。割开炉壳和取出冷却壁，支撑助烧穿口上方的炭砖，然后清除残物并找出原始砖面。清理后砌筑新砖，安装好冷却壁，焊好炉壳，压高导热炭质泥浆，冷却壁通水试漏。如还有其他项目修理，则同时抢修好，然后复风生产。

复风生产可按炉缸冻结事故的处理方式进行。烧穿部位上方的风口应根据情况较长时间堵着，在逐渐恢复生产的同时，辅以其他护炉措施，例如高压水冷却、炉壳喷水冷却、钛矿护炉等。

如果小范围渗铁或烧穿范围较小时，可采用对渗铁或烧穿部位的炉壳和冷却器局部开孔，抠出烧穿口的残渣残铁，安装 U 形水管填充炭素捣打料，焊补炉壳后再灌浆处理。

4-84　如何防止和处理大灌渣？

答：高炉出现大灌渣的原因一般为：连续多次渣铁出不净，风口和吹管烧穿紧急放风，风机或送风系统故障而突然停风，以及处理悬料和管道等。大灌渣有时不仅将直吹管灌死，严重的还会灌到弯头和鹅颈管。灌后处理需要较长时间，往往要数小时，损失很大。

为防止大灌渣，应做好以下工作：

（1）做好炉前出渣出铁工作，做到每次都出净；

（2）因外部原因造成渣铁出不净，应估算出炉缸内的渣铁量，如果超过安全容铁量的 $\dfrac{1}{2}$ 时，应减风操作，控制好下次出铁前炉缸内的铁水量不超过安全容铁量；

（3）处理炉况时的所有放风都应在出完渣铁后进行，如遇特殊情况，应看好风口；如果出现涌渣现象，要尽量维持风压或稍回点风，等待渣铁渗过焦床下到下炉缸；如出现灌渣，应回风顶回炉渣；

（4）如果出现烧穿风口或直吹管，应立即向烧出部位打水，防止烧坏大、中套，然后按吹管烧穿事故处理；

（5）如果在出铁前出现预兆，应立即组织出铁，只要罐位下有足够的铁水罐和渣罐就应打铁口出铁。

4-85　怎样处理炉体跑火和开裂？

答：高炉生产到中后期，会出现炉壳变形甚至开裂而跑火，如果处理不及时或不好会酿成大事故。容易出现跑火的地方是冷却壁进出口与炉壳连接的波纹管处，容易开裂的地方是炉身下部、炉腰、炉缸铁口周围。

炉体发红、开裂、跑火说明已有高温煤气窜到该处，造成的原因或是炉衬已被侵蚀掉；或是冷却器烧坏；或是冷却器间的锈接缝已损坏，高压高温煤气得以在它们形成的缝隙中窜到冷却壁与炉壳之间的膨胀缝，高温煤气从背面加热冷却壁，加速冷却壁烧坏，加热炉壳使其变形或在应力集中处开裂。

处理上应遵循以下几点：

（1）出现跑火应立即打水，若不见效应改常压，减风、放风直至停风，制止跑火；

（2）检查冷却壁是否漏水，可用分区关水逐块检查，发现有漏水的冷却壁，则酌情减水量或通高压蒸汽，尽量不要切断让其烧毁而影响其前面的砖衬，或无法结成渣皮自我保护；

（3）如果耐火砖衬已完全损坏掉，可采用喷涂的办法修补，同时利用此机会修复冷却器（更换或插冷却棒等）；

（4）补焊炉壳。补焊炉壳切忌用裂缝上另贴钢板的办法，应割补焊或原缝加工后对焊，应注意，使用新钢板割补焊时，新钢板与原炉壳钢板的钢号应一样，焊条要对号，焊接处要加工成 K 形（因无法从炉壳内表面加工成 X 形），新钢板焊接时应相应加温。如果贴补新钢板，未处理原裂缝，高温高压煤气会窜到新钢板与炉壳之间，不仅使原裂缝继续加大，而且高炉煤气作用到焊缝上，如果焊接质量不好（两块钢板钢号不一样、焊条不对号等），更易造成焊缝开裂，高压高温煤气冲出，将裂缝和焊缝冲大，从而跑出炽热焦炭，造成重大事故。

第 6 节　炉前操作及渣铁处理

4-86　炉前操作的任务是什么?

答：炉前操作的任务是：

（1）密切配合炉内操作，按时出净渣、铁，保证高炉顺行；

（2）维护好出铁口、出渣口、渣铁分离器及泥炮、堵渣机等炉前主要设备；

（3）在工长的组织指挥下，更换风口及其他冷却设备；

（4）保持风口平台、出铁场、渣铁罐停放线、高炉本体各平台的清洁卫生等。

4-87　出铁口的构造如何?

答：出铁口设在炉缸最下部的死铁层之上，是一个通向炉外的长方形孔，根据高炉大小一般设计宽度为 200 ~ 260mm，高度为 275 ~ 450mm。出铁口主要由铁口框架、保护板、铁口框架内的耐火砖套及用耐火泥制作的泥套组成。如图 4-16 所示，为延长高炉铁口寿命，新建高炉一般采用组合砖砌筑，并用铸铜冷却壁保护。平时用耐火泥堵塞整个孔道，并在炉缸内衬的外面形成一个保护内衬的耐火泥泥包。出铁时，用开口机将堵塞的耐火泥钻开一个圆孔，使铁水流出，渣铁出完后，又重新用耐火泥将圆孔堵塞好。

4-88　怎样维护好出铁口，出铁口的合理深度是多少?

答：保持足够的铁口深度，是按时出净渣铁及维护铁口的关键。高炉投产后，由于渣、铁的冲刷和化学侵蚀，铁口区的砖衬侵蚀很快，当侵蚀到接近四周的冷却壁时，就会威胁高炉的安全生产，所以要在每次出完铁后用泥炮将耐火泥打入炉内一定深度，使其不仅起堵塞孔道的作用，还要在铁口区被侵蚀处形成泥包，以弥补被侵蚀的砖衬。为了保证安全生产，要求铁口泥包的

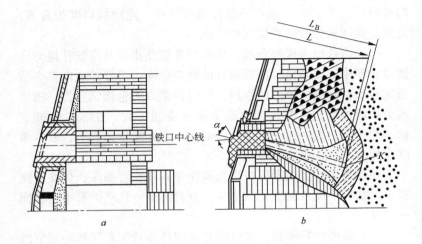

图 4-16　出铁口结构示意图

a—开炉生产前的铁口；b—生产中的铁口

深度比炉缸内衬厚一些，合理的铁口深度一般是炉缸原内衬至炉壳厚度的 1.2 ~ 1.5 倍。

维护好出铁口，应做好如下几点：

（1）要开好流铁孔道。出铁时炉缸内的渣、铁从四周汇向铁口，孔道靠近内壁部分侵蚀较快，因此，开孔时应外面稍大，里面稍小，并应防止钻弯。孔径大小，要根据高炉大小而定，并考虑控制铁水流速，一般在每分钟 4 ~ 8t，过快过慢对铁口维护都不利。

（2）出铁口必须烤干，不能带潮泥出铁。因为孔道壁的潮泥与高温铁水接触引起水分急剧蒸发，产生爆炸喷溅，使流铁孔道断裂，对出铁口的维护十分不利。

（3）要选择好的耐火炮泥。维护出铁口主要靠耐火泥在炉内形成泥包，因此，要求耐火泥要有足够的耐火度，良好的抗渣、铁冲刷与侵蚀的能力；要有好的导热性和透气性，能在两次出铁的间隔时间内完全干燥，还要有一定的可塑性，以便形成泥包。

（4）每次要出净渣、铁。一般要求实际出铁量与理论计算量的差值不大于15%，也不要过分喷吹铁口，这对铁口维护有害，尤其是高压操作时要严禁大喷吹铁口。

（5）出铁口角度要合理。出铁口角度是指所开流铁孔道与出铁口水平中心线夹角。保持适宜的铁口角度，可使炉缸内存有适当的残铁，起保护炉底的作用，同时使铁口泥包稳定坚固。随着高炉炉龄的增加，炉缸、炉底不断被侵蚀扩大，铁水也逐渐下移，为此应适当加大铁口角度。但在一定的操作条件下，铁口角度应相对固定，不宜经常变动。

现代高炉的炉底采用炭砖加陶瓷垫和死铁层加深，炉底侵蚀很小，铁口角度也就变化很小了，有时甚至一代高炉都维持在同一角度。

（6）要维护好泥套。铁口泥套是用特制的泥套泥利用泥炮的压炮装置压制而成的，只有泥套完整才能保证堵口时泥炮头与泥套严密吻合，使耐火泥顺利打进铁口内，不至于产生炮泥从旁边冒出、铁口打不进泥的现象。

4-89　对堵铁口用炮泥有什么要求，它由哪些原料组成？

答：堵铁口用炮泥在生产中起着重要作用，它首先要很好地堵住出铁口；第二由它形成的铁口通道要保证平稳出铁；第三要能保持出铁口有足够的深度来保护炉缸。任何一项功能完成得不好，将引发事故，所以对炮泥有如下要求：

（1）良好的塑性，能顺利地从泥炮中堆入铁口，填满铁口通道。

（2）具有快干、速硬性能，能在较短的时间内硬化，且具有较高强度，这决定着两次出铁的最短间隔（这对强化而只有一个铁口的高炉来说有着决定性的意义）和堵口后允许的最短退炮时间（这对保护泥炮嘴有重要意义）。

（3）开口性能好。

（4）耐高温渣铁的冲刷和侵蚀性能好，在出铁过程中铁口通道孔径不应扩大，保证铁流稳定。

（5）体积稳定性能好且具有一定的气孔率，保证堵入铁口通道后，在升温过程中不出现过大的收缩造成断裂，适宜的气孔率是使炮泥中的挥发分能顺利地外逸而不出现裂缝，总之要保证铁口密封得好。

（6）对环境不产生污染，为炉前工作创造良好的工作环境。

任何单一的耐火材料都不能满足上述各种要求，常用几种原料配制。

目前炮泥分为两大类：有水炮泥和无水炮泥。

（1）有水炮泥用于低压的中小高炉，最新的配方由 35% 左右的焦粉，20% ~ 30% 的黏土粉，10% ~ 15% 沥青，5% ~ 10% 熟料，加水 15% 左右混合后在碾泥机上碾制。为适应高炉强化的要求，现在还添加碳化硅（SiC）、蓝晶石（$Al_2O_3 \cdot SiO_2$，含 Al_2O_3 62.92%，SiO_2 37.08%）和绢云母（$K_2O + Na_2O$：3% ~ 7%，SiO_2：71% ~ 77%，Al_2O_3：14% ~ 18%）等。

（2）无水炮泥以其铁口通道内无潮湿现象、强度高、铁口深度稳定、出铁过程中孔径变化小、不会造成跑大流等优点广泛应用于强化冶炼的大中型高炉。其配方是 20% ~ 40% 焦粉，20% 左右的黏土粉，10% 左右的沥青，10% ~ 30% 棕刚玉，10% 碳化硅，5% ~ 7% 绢云母，13% ~ 14% 的结合剂。结合剂有脱晶蒽油和树脂两种。树脂炮泥的优点是焦化时间短，堵口后在 20min 后即可退炮，而且环境污染小。无水炮泥的配方中焦粉量、沥青和棕刚玉的量是随高炉炉容、顶压和强化程度而变的：炉容越大，顶压越高，强化程度越大，焦粉量越低，沥青和棕刚玉的量越多。

现代高炉炮泥的质量优化其重要原因在于使用了 SiC、蓝晶石、绢云母、棕刚玉等。加 SiC 是利用它的耐侵蚀、抗高温氧化和抗热震性能；加蓝晶石是利用其高温膨胀性控制线变化率和能增加炮泥的黏结强度，提高炮泥的耐用性；加绢云母是利用其含有钾、钠氧化物使烧成温度降低，因而使炮泥快干、速硬，缩短堵口后的退炮时间（由不加绢云母时的 40 ~ 50min 缩短到加绢云母后的 25 ~ 30min)，同时它还能增加炮泥的塑性；加棕刚玉是利用其抗化学腐蚀性好。

炮泥的选择应根据炉容大小、顶压高低、强化程度、泥炮和开口机的工作能力和炮泥成本等因素来确定。

4-90 如何提高炮泥品质来适应现代高炉冶炼的要求？

答：现代高炉冶炼的显著特征是顶压高、炉腹煤气量大、炉缸活跃、渣铁温度高达 1500℃ 以上、产量高达 8000 ~ 15000t/d 等。此时，铁口泥包和孔道内的炮泥需具有承受更加剧烈渣铁冲刷和热化学侵蚀的质量，方能满足出铁量大、出铁时间长的生产要求。即在兼顾炮泥开口性、堵口性的同时，可通过下述措施来提高炮泥的抗冲刷、抗侵蚀能力：

（1）提高炮泥中刚玉、碳化硅等原料的纯度，降低杂质含量，以降低使用过程中低熔点物的生成量。

（2）降低炮泥中挥发物含量，减少受热和烧结过程中挥发物挥发产生的微细孔隙，提高炮泥的密实度。

（3）调整颗粒级配，增加炮泥的堆积密度，提高烧结强度。

（4）提高原料质量，严格控制水分和杂质含量。

（5）适当增加炮泥中含碳物和氮化物的含量，增强泥包与炉墙的结合，提高抗冲刷和侵蚀能力。

（6）降低液体结合剂（如焦油）的加入量，适当提高炮泥硬度。

4-91 什么叫撇渣器，怎样确定它的尺寸？

答：撇渣器在生产上常叫砂口（图 4-17），是使渣铁分离的设施，利用渣铁密度的差别，使沉在下面的铁水经过砂口眼（或叫过道孔）进入小井，然后上升进入铁沟，而在铁水上面的炉渣则因大闸的阻挡经砂坝流入渣沟。小井底部有一残铁孔，在修理砂口时从此处放出小井内的积铁。

修理砂口需要较长时间，在高炉只有一个铁口时往往要修一

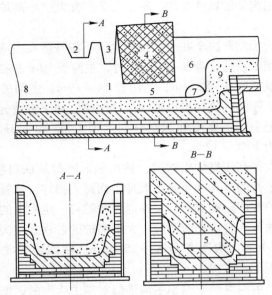

图 4-17 撇渣器结构

1—前沟槽；2—砂坝；3—砂闸；4—大闸；5—过道孔；

6—小井；7—放残铁孔；8—主沟；9—铁沟沟头

次砂口丢一次铁，现在有两种解决办法：使用吊装活动砂口和设置双砂口（一主一副或轮流使用和检修，或主要使用主砂口，在主砂口修理时才用副砂口）。

撇渣器的尺寸与高炉大小、铁水流速有关，表 4-6 列出常用砂口尺寸。

表 4-6 撇渣器尺寸

炉容/m³	存铁量/t	大闸高度/mm	砂口眼大小/mm
100~500	3~5	500	250×150
500~1200	5~8	600	300×180
>1500	8~10	800	400×200

4-92 怎样确定主沟的长度和坡度？

答：从出铁口外缘至砂口之间的铁水沟叫主沟。主沟分为非贮铁干式主沟和贮铁式主沟。现在几乎所有大中小高炉都采用贮铁式主沟。

主沟的长度取决于在一定出铁速度下渣铁能在主沟内被很好地分离。当出铁速度为 3~4t/min 时，主沟长 10m 左右；大型高压高炉出铁速度 6~8t/min，主沟长 14~19m，主沟的宽度和深度是逐渐扩张的，这样可以减缓渣铁流速以利于渣铁分离，大型高压高炉上主沟的宽度和深度分别达到 1.3m 和 1.0m，主沟的坡度一般为 10%~12%。

由于大型高压高炉出铁时，铁水呈射流状从铁口喷射出来，射流落入主沟的落点处受到很大冲击而最先损坏，修补频繁。现在一些高炉改用贮铁式主沟，沟内经常贮存一定数量的铁水，使出铁时的铁流不直接冲击沟底。大型高炉的贮铁式主沟贮铁深度在 450~600mm，沟顶宽 1100~1500mm。实践证明贮铁式主沟寿命远长于干式主沟。

为延长主沟寿命或缩小主沟维修对高炉生产的影响，现在还有使用空冷主沟（宝钢）和整体吊装的活动主沟。

4-93 生产中炉前使用的铁沟料等如何配制？

答：炉前操作中除使用堵口炮泥外，还使用铁沟料、砂口料和泥套料等。

目前铁沟使用的有捣打料和浇注料两种。由于浇注料的优点突出（寿命长、耗量少、通铁量大于 10 万吨以上），使用范围正逐步扩大，在大中型高炉上有替代捣打料的趋势。

（1）捣打料。由粒状和粉状料组成的散料体，属于自烧结定型耐火材料，经强力捣打方式施工，然后烧烤 40min 左右。现广泛使用的主要是 Al_2O_3-SiC-C 系列，一般 Al_2O_3 含量低的（45%~55%）与 SiC 含量高的（10%~20%）搭配，而 Al_2O_3 含量高的（70%~75%）与 SiC 含量低的（3% 左右）搭配。中小高炉的捣打料中有的还不配加 SiC 料。

捣打料具有良好的可用性和施工方便等特点，可用风动捣固机或电动打夯机夯打，因其中配有炭素材料，所以烧烤时应避免与火焰直接接触。

(2) 浇注料。浇注料是用纯铝酸钙水泥为结合剂，与耐火骨料和粉料配制的 Al_2O_3-SiC-C 质的铁沟料，经加水搅拌振动浇注成型，养护烘烤后使用。浇注料的关键是要使用粒度小于 $5\mu m$ 的超微粉。各厂使用的浇注料的组成不完全相同，例如首钢在 20 世纪 90 年代初开始使用的浇注料组成为：焦粉 40% ~50%，黏土 15%，刚玉 25%，SiC 20% ~25%。国外超低水泥浇注料中 Al_2O_3 含量为 80% 的水泥仅占 2%，而加入 4% 硅微粉、2% 金属添加剂、0.2% 分散剂和稳定剂。

砂口用泥料应力求与主沟料相同，甚至用比主沟料更优良的材质，使用捣打料或浇注料要根据现场情况而定。大型高炉上 100% 使用浇注料与主沟料一起筑衬。

泥套在生产中工作条件恶劣，它应具有良好的体积稳定性（在 400 ~1300℃ 变化范围内体积变化较小）、抗氧化能力、抗渣铁冲刷和侵蚀能力。泥套用料也分为捣打和浇注两类。一般中小高炉只有一个铁口，都采用捣打料，配方分为矾土和刚玉两种。矾土类：粗矾土 20%，细矾土 13%，黏土粉 36%，沥青 14%，焦粉 17%，外加水 10% ~12%；刚玉类：棕刚玉粗 23%、细 15%，SiC15%，黏土粉 32%，沥青 10%，蓝晶石 5%，外加水 10% ~12%。很多中小高炉直接用炮泥做泥套，这不利于铁口维护。浇注料泥套寿命比捣打料泥套寿命长 3 倍，但制备工艺要求严格，时间较长，所以它适用于多铁口的大高炉。泥套浇注料的配方基本上与主沟浇注料相同。

4-94　出铁前要做哪些准备工作？

答：做好出铁前的准备工作是保证正常作业、防止事故的先决条件，出铁前的准备工作有：

(1) 做好铁口泥套的维护，保持泥套深度合格并完整无缺口。

（2）每次出铁前开口机、泥炮等机械设备都要试运转，检查是否符合出铁要求。

（3）每次出完铁堵口拔出泥炮后，泥炮内应立即装满炮泥，并用水冷却炮头，防止炮泥受热后干燥黏结，妨碍堵铁口操作。

（4）检查撇渣器，发现损坏现象影响渣铁分离时应及时修补。采取保存铁水操作时，出铁前应清除上面的凝结渣壳，挡好下渣砂坝。

（5）清理好渣、铁沟，挡好沟上各罐位的砂坝。检查渣铁沟嘴是否完好；渣、铁罐是否对正；罐中有无杂物；渣罐中有无水；冲水渣时检查喷水是否打开；水压与喷头是否正常。

（6）准备好出铁用的河沙、焦粉等材料及有关工具。

4-95　正常出铁的操作与注意事项是什么？

答：正常出铁的操作包括：按时开铁口，注意铁流速度的变化，及时控制流速；铁罐、渣罐的装入量应合理；出净渣、铁；堵好铁口等几个步骤。应注意的事项是：

（1）开铁口时钻杆要直；开孔要外大内小。当发现潮气时，应用燃烧器烤干后方可继续开钻；为了保护钻头，不应用钻头直接钻透。

（2）出铁过程中应随时观察铁水流速的变化，发现卡焦炭铁流变小时，应及时捅开；若铁口泥包断裂铁流加大，出现跑大流时，应用河沙等物加高铁沟两边，防止铁水溢流。

（3）防止渣、铁罐放得过满；推下渣时要注意铁口的渣、铁流量变化，防止下渣带铁。

（4）堵铁口前应将铁口处的积渣清除，以保证泥炮头与铁口泥套严密接触，防止跑泥；开泥炮要稳，不冲撞炉壳；压炮要紧、打泥要准，应根据铁口深度增减打泥量。因意外故障需在未见下渣或很少有下渣堵铁口时，要将泥炮头在主沟上烤干烤热后再堵，防止发生爆炸。

4-96　有哪些常见的出铁事故，如何预防和处理？

答：较常见的出铁事故有：

(1) 跑大流。这是铁口没有维护好，未能保持完整而坚固的泥包和出铁操作不当开口太大或钻漏造成的。铁流因流量过大失去控制而溢出主沟，漫过砂坝流入下渣沟，不但会烧坏渣罐和铁道，而且如果不能及时制止，发生突然喷焦，后果更加严重。为此必须维护好铁口，开铁口时控制适宜的开口直径，严禁潮泥出铁。如遇这种情况应及时放风，控制铁水流速制止铁流漫延，并根据情况提前堵口。如果喷出的大量焦炭积满主沟，泥炮无法工作，则应紧急休风处理。

(2) 铁口自动跑铁。这是由于铁口过浅，炮泥的质量太差，或因泥套破损没有打进泥等情况引起的。因无出铁准备容易造成严重后果。为了预防这种事故，除维护好铁口和铁口泥套保证炮泥质量外，应及早做好出铁准备并配好渣铁罐。如果事故一旦发生，则应根据跑铁严重程度采取放风堵口或紧急休风处理措施。

(3) 铁口或渣口放炮。铁口有潮泥会引起放炮，使铁口跑大流。渣口漏水未能及时发现，带水作业的渣口如遇渣中带铁，也会造成渣口爆炸事故，严重时可把渣口小套崩出，遇到这种情况，应及时放风或休风处理。

(4) 铁口连续过浅。铁口连续过浅是铁口维护工作中的重大失误，它极易造成"跑大流"、喷焦、堵焦、炉缸铁口区冷却器烧坏等事故，发展下去还能导致炉缸损坏。造成的原因是多方面的，如炉前工作不好（堵口出现跑泥、跑渣、跑铁），生产组织不好（配罐不及时、连续晚点出铁，甚至被丢铁次），炮泥质量不稳定等。有时铁口上方冷却器（包括风口）漏水也会造成铁口过浅。

为防止出现铁口连续过浅现象，应工作精心、避免失误；维护好设备，保持正常出铁秩序，保持炮泥质量，维护好铁口泥套。如果出现过浅现象时，应抓好上述工作，还应堵铁口上方风口，改常压出铁，逐步将铁口泥包补上去。

（5）铁口堵不住，渣铁外溢。这种现象常在由外界原因（渣铁罐已满，下渣大量过铁，冲渣沟打炮，砂口不过铁等）导致渣铁未出净被迫堵口时出现。也可能在以下情况时出现：泥套破损使炮头不能与铁口紧密吻合；泥炮发生故障或炮泥过硬不能顺利打泥；铁口过浅，打入的泥漂浮而使堵口不实；铁口周围未清净残存的积渣和积铁使炮口不能到位，无法对准铁口等。

防止铁口堵不住的主要措施是生产的科学管理和严格执行操作规程。针对上述产生铁口堵不住的原因，采取相对应的办法来消除。而一旦出现铁口堵不住的现象，就要与值班工长联系采取减压、放风甚至停风将口堵住，如果是渣铁未放净，应动用备用罐或尽快配罐，将渣铁出净。

（6）铁水落地。这是炉前出铁的恶性事故，轻则出不净渣铁被迫堵口，重则铸死和烧坏铁道，使高炉不能生产。造成的原因有改罐不及时，或摆动流嘴失灵使铁罐过满；铁沟维护和修垫不好，铁水渗漏而烧坏下边结构；活动主沟和砂口接头处没有处理好等，这些原因都会造成铁水落地。

防止铁水落地主要要加强操作者的责任心，严格按照规程操作，加强对铁沟、摆动流嘴的维护等。

（7）砂口烧穿或铸死。其后果是烧坏设备，铁水外溢流入冲渣沟发生爆炸。造成砂口烧穿漏铁的原因是修补制度未严格执行；砂口使用时间过长，严重侵蚀；主沟和砂口接合部不牢固。造成砂口铸死的原因是炉凉渣铁温度过低；无计划休风时间过长，而小井中的铁未放掉；出完铁未清理，未加保温料；小井内存铁过少，气候严寒使铁水温度降低；砂口结盖，出铁前未处理等。

防止砂口事故的主要措施仍然是生产的科学管理和严格执行规程。

4-97　铁口为什么喷溅，如何处理？

答：铁口的出铁初期，短时（一般在 20min 之内）较小的喷溅属于正常范围，若喷溅时间持续过长或程度很大，则属于异常铁口喷溅，引起异常喷溅的主要原因及相应处理措施有：

（1）生产操作与维护不当，炉前设备的功能存在缺陷。铁口深度过大时，容易出现断铁口和漏铁口，导致煤气串入铁口通道内的铁流中，出现喷溅。铁口过浅时，铁口通道内出现较强铁水紊流，也会出现喷溅。开口时钻进太快，使用了过大的冲打、钻杆大幅摆动、过多的往复钻孔等导致铁口孔道不规整、不平滑而引起喷溅。堵口压力过小造成孔道内泥炮的密度差，开口后出现喷溅，潮口出铁也会造成严重的喷溅甚至"放火箭"、"跑大流"。针对原因，采取的对应措施包括：保持铁口深度，一般维持在比炉墙厚度大 400~800mm，正常操作采用泥炮最大压力的 70%~80% 作为堵口压力，采用耐磨性好、切削性强的钻头，并设钻头冷却装置，少用强力的冲钻开口，尽量避免烧氧开口，严禁潮口出铁。

（2）炮泥的使用性能、操作性能不好是引起异常喷溅的又一原因。炮泥过硬或过软时，都难以在铁口内获得密实的泥炮，从而开口后出现铁口喷溅。若炮泥中含有过多的水或挥发性物质，物料颗粒级配不合理，有过大的加热线变化时，在使用中会出现烧结强度差，裂纹，甚至漏铁，这些都将导致异常喷溅。因此选择适宜的炮泥使用性能和操作性十分重要。一般是：适宜的马夏值在 90 左右，加热线变化率不大于 ±1%，含水率不大于 1%。北京瑞尔公司研制的无水泥炮（RLTHXXX）满足上述要求。在 2000~5800m³ 高炉上使用效果良好：开堵口容易，耐冲刷和侵蚀，出铁时间长，无异常铁口喷溅，而且使用量小，一般为 0.35~0.5kg/t。

（3）铁口区域砖衬产生的裂纹，铁口孔道炮泥中的裂纹会导致煤气窜入铁流而产生异常喷溅。铁口上方风口及铁口周边冷却器漏水也是造成异常喷溅的原因。选用优质泥炮（例如瑞尔公司的 RLTHXXX）可修补裂缝，堵死煤气通道而消除异常喷溅；及时更换漏水风口和冷却器，杜绝煤气和水与炭砖反应产生的 CO、H_2 等窜入裂缝，消除铁口异常喷溅。

4-98　什么叫摆动流嘴，它有哪些优点？

答：现代强化冶炼的大中型高炉的出铁量很大，沿用传统出铁场单线铁路排铁水罐的方式，必然是铁沟长，罐位多，出铁场面积也大，不仅炉前出铁工作量大，而且建造出铁场的基建投资也增加很多，因此引入了摆动流嘴。

摆动流嘴安装在出铁场铁水沟下面，其作用是把铁沟流来的铁水转换到左右两个方向之一，注入出铁场平台下铁道上停放的铁水罐中。

摆动流嘴由流槽、支撑机构和摆动机构组成（图 4-18）。流槽是铸件或钢板焊接件，内衬捣打料或浇注料，流槽嵌入耳轴，后者与传动装置相连，传动装置可以是电动（首钢），也可以是气动（宝钢）。流槽摆动角度为 10°左右，由主令控制器控制，当电动或气动失灵时，可用手动系统驱动流槽摆动，以确保安全生产。

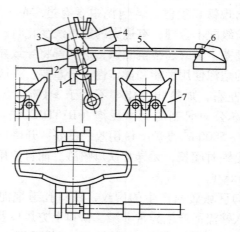

图 4-18　铁沟摆动流嘴结构示意图

1—支架；2—摇台；3—摇臂；4—摆动流嘴；5—曲柄-连杆
传动装置；6—驱动装置；7—铁水罐车

与传统的铁水经铁沟、流嘴直接流入各铁水罐的方式相比，摆动流嘴具有的优点是：

（1）缩短了铁沟长度，减小了出铁场面积，简化了出铁场布置；

（2）减少了改罐作业和修补铁沟作业的工作量，从而减轻了炉前工的劳动强度；

（3）提高了炉前铁水运输能力，简化了铁路线布置。

现在新建的大高炉广泛采用铁水摆动流嘴。在一些情况下，摆动流嘴也用在炉渣处理上，本钢5号高炉渣沟上使用的摆动流嘴示于图4-19。其功能和效果与铁水摆动流嘴相同。

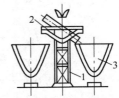

图4-19 渣沟摆动流嘴示意图
1—倾动槽支架；2—倾动槽；
3—渣罐

4-99 怎样科学地确定出铁次数？

答： 高炉出铁次数应该有一个合理的范围。过多或过少都会对炉缸工作状态、风口寿命、炉前作业和材料消耗带来不利影响。出铁次数过少，会出现憋风而被迫休风，还有可能导致悬料；渣铁液面过高从而烧坏风口；还可能一次出铁量过多，超出正常范围而出现铁沟维护困难。出铁次数过多，铁次间隔时间过多，难以形成良好的坚固泥包，增加劳动强度，不利于出铁场环境；同时还增加炮泥、沟料消耗，出铁次数与高炉容积大小、强化冶炼强度、出铁口数等因素有关。

（1）按炉缸安全铁量计算。其原则是每次最大出铁量不应该超过炉缸的安全容铁量。一般按安全容铁量的60%~80%定为每次出铁量。安全容铁量过去是指渣口中心线至铁口中心线之间炉缸容积60%的容铁量。现在没有渣口后，就以铁口中心线到风口中心线的高度扣去500~600mm后的炉缸容积60%的容铁量代替。实际生产中由于炉缸炉底发生侵蚀会造成出铁完后最低铁水面发生变化。安全容铁量的计算式为：

$$P_安 = 0.6 \times \frac{\pi}{4} \times d_缸^2 \times \gamma \times H \times \Delta h$$

每次出铁量 $\qquad P_次 = (60\% \sim 80\%) P_安$

出铁次数 $\qquad N = \dfrac{\alpha P_日}{P_次}$

式中 $P_安$，$P_次$，$P_日$——分别为安全容铁量、一次出铁量、日生
产铁量，t；

$\qquad d_缸$——炉缸直径；

$\qquad \gamma$——铁水密度，$7.1 t/m^3$；

$\qquad 0.6H$——安全容铁量在炉缸中占有高度，m；

$\qquad \Delta h$——因炉衬侵蚀造成最低铁水面的变化差，m；

$\qquad \alpha$——出铁平均系数；

$\qquad N$——出铁次数。

(2) 以"空炉缸"理念计算。根据所用炮泥的抗侵蚀性能、扩口速率等选择炮泥的一次出铁量或出铁时间。如大高炉采用北京瑞尔公司 RLTHXX 系列优质炮泥时，一次出铁时间可选为 180mm 以上。不采用并列出铁或重叠出铁。根据泥炮烧结性和开口性等，出铁间隔时间一般采用 15min。根据高炉的产量计算出铁水的平均生成速度，例如日产铁 6500t，平均出铁速度为 4.5t/min，由于可选出铁速度 4.8t/min。根据以上冶炼数据，可算出日出铁次数为 7 次左右。必要时验证一下炉缸安全容铁量以及泥炮质量所能承受的一次出铁时间等。

4-100 出铁操作有哪些指标？

答：出铁操作的考核指标主要有 4 个：

(1) 出铁正点率。连续生产的高炉为了保持炉况稳定，必须按规定时间出铁。计算公式是：出铁正点率 = 正点出铁次数/实际出铁次数 ×100%。

(2) 铁量差或出铁均匀率。实际出铁量与理论出铁量的差为铁量差，常用下式计算：

$$铁量差 = \frac{nP_批 - P_实}{nP_批} \times 100\%$$

式中　n——两次出铁间下料批数；

　　　$P_批$——每批料的出铁量，t/批。

其中　　　$P_批 = \dfrac{矿石批重 \times 矿石含铁量 \times 0.997}{0.945}$

0.997——铁回收率；

0.945——每吨生铁含铁 945kg 或 0.945t

　　　$P_实$——本次出铁的实际铁量，t。

铁量差超过 10% ~ 15% 即为亏铁。

$$出铁均匀率 = \frac{铁量差小于 10\% \sim 15\% 的出铁次数}{实际出铁次数} \times 100\%$$

（3）高压全风堵口率。高压全风量堵铁口，不仅对顺行有利，而且有利于维护铁口的泥包形成。计算公式是（常压高炉只计算全风堵口率）：高压全风堵口率 = 高压全风堵铁口次数/实际出铁次数 ×100%。

（4）铁口深度合格率。为了保证铁口安全，每座高炉都规定有必须保持的铁口深度范围。每次开铁口时实测深度符合规定者为合格。计算公式是：铁口深度合格率 = 深度合格次数/实际出铁次数 ×100%。

4-101　高炉出铁使用哪些机械？

答：高炉出铁使用的机械有：

（1）开铁口机。开铁口机是打开铁口的专用机械，有电动、气动、液压和气-液复合传动 4 种。中小高炉使用的是简易悬挂式电动开铁口机（图 4-20），这种开铁口机悬挂在简易的钢梁上，用电动机构送进的钻孔机钻到赤热层后退出，然后人工用长钢钎捅开铁口，它只适用于有水炮泥。大中型高炉采用全气动（图 4-21，宝钢、马钢）、全液压（图 4-22，首钢、本钢、太钢、

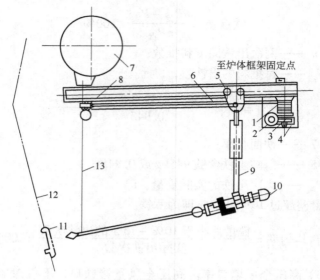

图 4-20　开铁口机示意图

1—钢绳卷筒；2—推进电动机；3—蜗轮减速机；4—支架；5—小车；6—钢绳；
7—热风围管；8—滑轮；9—连接吊挂；10—钻孔机构；11—铁口框；
12—炉壳；13—自动抬钻钢绳

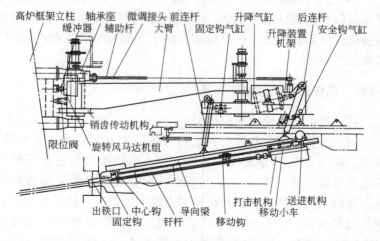

图 4-21　全气动高炉开铁口机

唐钢等）、气-液复合传动（鞍钢、上钢一厂）的开铁口机，这些开铁口机都具有钻、冲、吹扫等功能，它们的操作是远距离人工操纵，适用于无水炮泥。

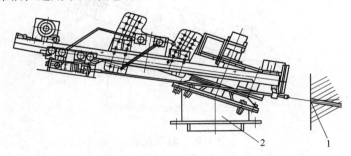

图4-22　全液压开铁口机

1—开铁口机；2—铁口

　　（2）泥炮。泥炮是出铁完后堵铁口的专用机械。泥炮要在全风压下把炮泥压入铁口，所以其压力应大于炉缸内压力。泥炮有电动、气动和液压三种。由于气动具有不适应高炉强化冶炼、打泥活塞推力小和打泥压力不稳定等缺陷，已逐步被淘汰。我国目前使用电动和液压两种。电动的用于中小高炉（图4-23），而液

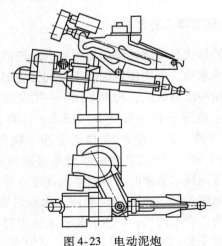

图4-23　电动泥炮

压用于大高炉和装备水平较高的 450m³ 级以上高炉（图 4-24）。

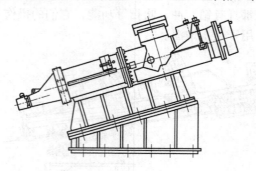

图 4-24　液压泥炮

现代大高炉广泛采用液压矮式泥炮，这样可使风口工作平台连在一起，大大方便了铁口两侧风口装置的观察和维修工作。液压泥炮的优点是：推力大，打泥致密；压紧力稳定，使炮嘴与泥套始终压得很紧，不易漏泥；高度矮，结构紧凑，便于炉前安置和操作；液压装置不装在泥炮本体上，简化了结构；省能，耗电量约为同类电动泥炮的 1/3 左右；操作简单，既可手动，也可遥控。

4-102　炉渣处理有哪几种形式？

答：传统的形式是用渣罐将炉渣运到水渣场或弃渣场，后来改在炉前直接冲水渣，极少使用炉前干渣坑处理形式。现代高炉都用在炉前直接冲水渣形式。20 世纪 60 年代以前建成的高炉采用渣罐车运送。渣罐容积一般为 8 ~ 16.5m³，有方形口、圆形口、椭圆形口三种，为了使炉渣倾倒干净，罐壁斜度不小于20°，倾角不小于 45°。炉前直接冲水渣是将渣沟的一端连接冲水渣槽，当炉渣流到水渣槽时，被这里的高压水冲成水渣、输送到附近的水渣池里，池中水渣运走利用，水经过滤后循环使用。有的大型高炉前设有干渣坑，炉渣直接流入坑内打水冷却。干渣坑必须设两个以上轮流清理使用。这种方式降低了炉渣的利用价值。

4-103　炉前冲水渣有哪些工艺要求？

答：炉前冲水渣的工艺要求是：

（1）为防止爆炸，要求渣中不能大量带铁。

（2）水压要在 $2 \times 10^5 \mathrm{Pa}$ 以上，并要有足够水量，渣和水之比保持在 1：10 左右为宜。

（3）水温要低，以免产生渣棉和泡沫渣。

（4）渣沟弯道的曲率半径要大；要有 5% 以上坡度，以免沉淀堵塞。

（5）渣沟上要设排气烟囱，防止蒸汽、二氧化硫、硫化氢等气体毒害人体与腐蚀设备。

4-104　我国炉前冲水渣主要使用哪几种方法？

答：炉前冲水渣是新建高炉炉渣处理的首选方式，我国现在广泛使用的有沉淀池法或沉淀池 – 底滤法、茵芭（INBA）法、轮法和螺旋法（明特法）等。

（1）沉淀池 – 底滤法。这是传统的炉前炉渣处理工艺，广泛使用于大、中、小型高炉，工艺流程见图 4-25。炉渣流进渣沟后经冲渣喷嘴的高压水水淬成水渣，沿水渣沟进沉淀池进行沉淀，然后用抓斗起重机抓出装车。

为使渣水分离采用三种方法：两个沉淀池一个接受冲来的水渣，另一个满后放水，轮流使用；在沉淀池底部铺有滤石，水经滤石排出，此法常叫底滤法，（OCP）滤眼被细碎水渣堵住时用压缩空气吹扫；沉淀与底滤结合，沉淀池中水溢流经配水渠入过滤池（结构与底滤池相同）过滤。所有分离出来的水都循环使用。

（2）茵芭法。这是卢森堡 PW 公司的专利炉渣处理工艺，水淬后的渣水混合物经水渣槽流入脱水转鼓，脱水后的水渣经过转鼓内、外的胶带机运到成品水渣仓内进一步脱水。滤出的水经冷

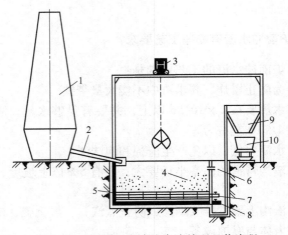

图 4-25 沉淀池-底滤法水渣处理工艺流程

1—高炉；2—熔渣沟和水冲渣槽；3—抓斗起重机；4—水渣堆；5—保护钢轨；
6—溢流水口；7—冲洗空气进口；8—排出水口；9—贮渣仓；10—运渣车

却塔冷却后进入冷却水池，冷却后的冲渣水经泵送往冲渣箱循环使用（图4-26）。此法的优点是连续滤水，电耗低，循环水中悬浮物少，泵、阀门管道寿命长，而且环境好，投资省。

高炉炉渣含有 1% ~ 2% 的硫，它主要以 CaS 存在于渣中，当炉渣水淬时，CaS 与水和氧在 1100℃ 以上高温下发生反应生成气态的 H_2S 和 SO_2 等硫化物，进入大气成为污染物。在改进的茵芭法上，增加一路冷凝水，用冷凝水来吸收粒化过程产生的 H_2S 和 SO_2，在水淬过程中冲渣箱（粒化桶）产生的蒸汽引入冷凝塔内，在冷凝塔顶部安装有喷嘴喷出的细小水颗粒将绝大部分蒸汽冷凝下来。由冷凝回水泵将冷凝水送到冷却塔与冲渣水一起冷却。这项技术改进使排放的气体中的 H_2S 由 30 ~ 800mg/m³ 降到 3 ~ 10mg/m³，SO_2 由 50 ~ 500mg/m³ 降到 3 ~ 40mg/m³，因此人们将改进后的茵芭法称为环保茵芭法。

（3）轮法。轮法是唐山嘉恒公司与河北省冶金设计研究院在消化从俄罗斯引进的图拉法和其他水渣处理工艺成功经验基础上研制的（图4-27）。

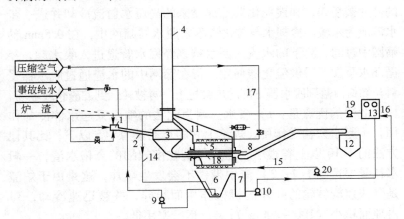

图 4-26　茵芭（INBA）法冲渣工艺流程

1—冲渣箱；2—水渣沟；3—水渣槽；4—烟囱；5—滚筒过滤；6—温水槽；
7—中继槽；8—排料胶带机；9—底流泵；10—温水泵；11—盖；
12—成品槽；13—冷却塔；14—搅拌水；15—洗净水；16—补给水；
17—洗净空气；18—分配器；19—冲渣泵；20—清洗泵

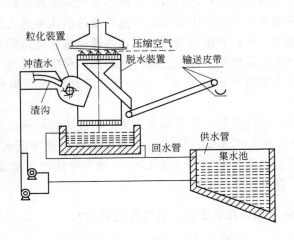

图 4-27　轮法炉渣粒化装置示意图

轮法采用快速旋转的粒化轮取代传统的水淬。炉渣落入转轮的叶片被粉碎，和被粒化器上部喷来的高压水射流冷却并进一步水淬成为水渣。冷却水与粒化渣落入脱水器筛网中，在 0.5mm 的筛网中过滤，滤下的水流入回水槽，经回水管道进入集水罐，经循环水泵加压后供粒化器使用。留在筛网中的水渣通过脱水器受料斗卸料口落到脱水器下部的皮带机上，再被转运到贮渣仓或堆场。

此法的优点是：1）省水。因为此法的喷水只起水淬冷却作用，不起水力输送作用，理论上它的水耗量为 1:5 以下，比其他方法的 1:10 以上省很多，但为得到粒度较细的合格水渣，一般水耗量要达到 1:7；2）渣中带铁不会发生爆炸，这是由于炉渣是受快速旋转轮的叶片的机械作用而粉碎，并被迅速冷却；3）占地面积小（100~200m²）；4）运行费用低。

（4）螺旋法。螺旋法是北京明特公司在日本搅笼机处理炉渣技术的基础上，进行改进开发出的螺旋机法炉渣处理工艺流程（图 4-28），所以亦被称为明特法。

熔渣经渣沟进入冲制粒化箱被高速水流水淬冷却成粒状水渣。渣水混合物经水渣沟输送到螺旋机池，在池内经螺旋机分离出水渣，水渣经螺旋机出料口和水渣槽落到水渣胶带机上输送到堆场，冲渣水经水渣槽上溢流口溢流后通过引水渠进入滚筒过滤器将其中微小颗粒和细渣滤出，而水则通过排水沟溢到冲渣泵房的吸水井内循环使用。冲渣过程产生的蒸汽和螺旋机池中产生的蒸汽排入冷凝塔内冷凝成水，经冷凝塔冷却后返回集水槽循环使用。

螺旋法的优点是工艺简单布置灵活，设备的可靠性高，维护工作量小，维护成本低；用户可用调整渣水比来保证水渣质量；脱水率高，水渣含水率不大于 15%。缺点是滚筒过滤器过滤效果欠佳，循环水质差一点。

4-105 铁水罐有几种形式，各有何优缺点？

答：现在使用的铁水罐有锥形、梨形及混铁炉型三种。

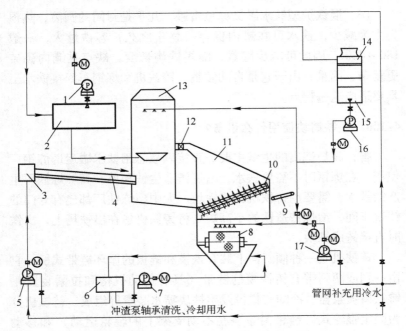

图 4-28　螺旋机法炉渣处理系统工艺流程图

1—热水泵；2—热水槽；3—冲制粒化箱；4—水渣沟；5—冲渣泵；6—吸水井；

7—斜面高压反冲泵；8—过滤器；9—皮带机；10—螺旋机；11—蒸汽罩；

12—蒸汽导流风机；13—冷凝塔；14—冷却塔；15—温水槽；

16—温水泵；17—加压水泵

（1）锥形罐的优点是构造简单、砌砖容易、清理罐内凝铁容易。缺点是容铁量小，一般仅 50～70t；使用寿命短，仅 50～300 次；散热大，铁水降温快。现在已逐步被淘汰，或改为直桶形，容量加大到 100～140t。

（2）梨形罐的优点是它近似球形，散热面积减小，且由于上部截面急剧缩小呈椭圆形，铁水表面的辐射热一部分被反射回来，热损失减少；罐内凝铁也减少。缺点是容铁量一般只有 100t 左右，仍较小；内部砌砖比锥形罐复杂些，罐内有凝铁后清理也较困难；使用寿命一般为 100～500 次。

（3）混铁炉型铁水罐又称鱼雷罐，几乎是封闭的圆筒，热损失大为减少，铁水可在罐内保存一昼夜之久；容铁量大，一般180~420t，因此可减少罐数，缩短铁沟长度。缺点是罐内砌砖更复杂、困难；由于它是自动倾翻，铸铁机和炼钢车间接铁水工具要适应这一特点。

4-106 生铁铸块使用什么设备？

答： 高炉炼出的生铁主要是直接以液态用铁水罐运送炼钢厂使用。在炼钢时不需要铁水，冶炼铸造生铁和单一高炉炼铁厂生产的铁水，需要用铸铁机铸成铁块。大中型炼铁厂都建有专门的铸铁车间，冶炼铸造铁的小高炉则将铸铁机建在出铁场上，出铁时直接铸成铁块。

铸铁机是一种倾斜向上装有铁模和链板的循环链带式机，它由一列或两列带有铸铁模的链带（具有传动机构和拉紧装置）、铸铁模喷浆器、冷却铸铁模及生铁块喷水装置等组成。铸铁机分为固定辊轮式（链带沿着装在不动支架上的辊轮运动）和移动辊轮式（辊轮固定在链环上，链带运行时，辊轮沿导轨运动），现代结构的一般为固定辊轮式。铸入铁水的铁模在向上运行一段距离后（一般为全长的1/3）铁水表面冷凝后，开始喷水冷却（耗水量在1.0~1.5t/t），当链条运行到上端翻转时，已经凝固的铁块脱离铁模，落入运送车上，空链带从铸铁机下面返回，途中由喷浆器向铁模喷一层1~2mm的石灰或混合浆，以防止粘模。

铸铁车间的双链带铸铁机的生产能力按下式计算：

$$Q = 2 \times \frac{60 \times 24}{1000} \times \frac{Pv}{l} k_1 k_2 k_3 \quad \text{t/d}$$

式中　　P ——铁块质量，kg，一般小块15kg，大块50kg；

　　　　v ——链带速度，m/min；

　　　　l ——两铁模间距，m，一般为0.3m；

　　　　k_1 ——铸一罐铁水的浇注时间与总时间之比，一般35t罐

0.46，65t 罐 0.54；100t 罐 0.625；

k_2——铸铁机作业率，一般为 0.65~0.7；

k_3——铁水收得率，一般为 0.975。

4-107　怎样计算必备的铁罐数目？

答：一个炼铁厂所需铁罐数目是正常生产使用罐数、备用罐数及进行修理罐数三者之和。其中正常使用的罐数需按下式先求每次出铁所需的罐数，即：

$$K_1 = \frac{Pab}{nc}$$

式中　K_1——一次出铁所需渣罐或铁罐数；

　　　P——每天的平均产铁量或渣量，t；

　　　a——出铁或出渣均匀系数，可取 1.2；

　　　b——安全系数，一般取 1.2；

　　　n——每天出渣或出铁次数；

　　　c——一个铁罐或渣罐的有效容量，t。

此外备用罐一般为一组，而进行修理的罐数要用下式计算：

$$m_1 = \left(\frac{t_1}{AH} + \frac{t_2}{Ah} \right) mb$$

式中　m_1——修理罐数；

　　　t_1——大修一次所需时间，h；

　　　t_2——小修一次所需时间，h；

　　　A——罐的周转时间，h；

　　　H——大修一次使用次数；

　　　h——小修一次使用次数；

　　　m——正常使用罐数；

　　　b——安全系数，可取 1.2~1.5。

4-108　长期休风、封炉复风后对炉前操作有哪些要求？

答：长期休风和封炉，由于休风时间长，炉内积存的渣铁和炉缸焦炭随温度下降凝固在一起，复风后短时间内很难将铁口区加热熔化。因此要求炉前做好以下工作：

（1）复风前做好以下准备工作。

1）复风前（约8h）用开口机以零度角（水平位置）钻铁口，要将铁口钻得大一点，钻通后直到见焦炭为止。当开口机钻不动时应用氧气烧，烧到远离砖衬内壁0.5m以上深度时再向上烧，烧到炉内距墙1.5m仍不通时，可用炸药将凝固的渣焦层炸裂，使复风后煤气能从铁口喷出以加热炉缸铁口区。

2）根据休风时间长短及开铁口的情况，决定是否用一个渣口作临时备用出铁口。方法是拆下渣口小套和三套，按出铁要求安装一个与三套同样大小的临时铁口，并准备好临时堵铁口的泥枪。

3）做好临时撇渣器，既要预防第1、2炉铁炉凉，铁量小易冻结，又要预防因铁口开得大，铁流大的现象。

4）准备比正常时多的河沙、焦粉、草袋、烧氧气的材料工具等。

5）人员要合理安排，尤其是采用临时备用铁口出铁时，要同时安排铁口与临时铁口两组人力。

（2）出铁操作。

1）铁口喷煤气时间尽量长一些，争取到铁口见渣为止。

2）随时注意风口变化，如果出现料尺过早自由活动及风口涌渣现象应尽早打开铁口。

3）当凝固的渣焦层很厚，用炸药炸也无效时，应立即组织在临时铁口出铁，同时留一部分人继续烧铁口。

4）铁口烧开但铁流凉而过小时，应将铁水挡在主沟内，以免在撇渣器冷凝。只有当铁流具有一定流速时，才能将铁水放入撇渣器并撒上焦粉保温。

4-109 严重炉凉和炉缸冻结对炉前操作有哪些要求？

答： 此时炉前应随炉况的变化紧密做好配合工作。重点是及时排放冷渣冷铁。

（1）为保持渣口顺利放渣，应勤放勤捅，一旦铸死，应迅速用氧气烧开。

（2）铁口应开得大一些，喷吹铁口，使之多排放冷渣铁，消除风口窝渣。

（3）加强风口直吹管的监视工作，防止自动灌渣烧出。

（4）如炉缸已冻结，不能排放渣铁时，应休风拆下一个渣口的小套和三套，做临时铁口以排放炉内冷渣铁，直到炉热能从铁口出铁为止。

4-110 大修、中修开炉的炉前工作有哪些特点？

答：大、中修开炉时，铁口上方没有凝固渣铁焦层，只是炉缸与炉料都是凉的。它不同于正常出铁，与长期休风、封炉复风后的炉前操作有以下不同：

（1）开炉前要做好炉底、炉缸的清理。大修后主要是清除炉底的泥浆与废料，中修后的清理量更大一些，要将炉底铁口区积存的渣铁清理得越干净越好，至少要在铁口方向清出一条通道，安装的铁口导管要有一定的角度。

（2）为争取中修开炉后能延长铁口喷吹时间，导管的里端要垫两块耐火砖，架空导管，防止炉底刚有液态冷渣就将导管铸死，使铁口不能喷吹。

（3）要用炮泥在炉内铁口附近做一个大泥包作为开炉后维护铁口的基础泥包。

（4）开铁口角度要平。

第5章 高炉开、停炉与休、复风

第1节 开炉与停炉

5-1 什么叫开炉，对开炉有何要求？

答：开炉是高炉一代炉龄的开始，即新建或经大修后的高炉重新开始连续生产。开炉是一件十分重要的工作，开炉工作的好坏将对高炉一代的生产与寿命产生巨大影响，因此要求开炉时必须做到：

（1）安全、不发生任何事故；

（2）控制好开炉工艺参数，使炉缸高温热量充沛，根据炉容大小、开炉原燃料情况，选定合适的全炉总焦比，控制生铁的［Si］含量在 3.0% 左右，炉渣碱度在 0.95 ~ 1.0，使炉渣有良好的流动性，并有一定的脱硫能力；

（3）开炉初期要注意保护高炉内形，因此要冶炼 10 天到半个月铸造铁（［Si］含量在 1.25% ~ 1.75%），使析出的石墨填充砖缝，强化速度不宜太快，一般开炉送风后视炉况逐步打开全部风口送风，1 个月后主要技术经济指标达到正常水平；现在很多高炉开炉后 3 ~ 5 天即达到正常水平以创造好的效益，但是这种快速达产将影响炉缸寿命和高炉一代寿命，不宜提倡；

（4）顶压不宜提得太快，一般在风口全部工作后，风量与风压适应，铁口深度正常，上料能力满足要求，特别是无料钟炉顶要工作正常，时间约在送风点火后 3 ~ 5 天。

5-2 开炉前有哪些准备工作？

答：为了搞好开炉工作，必须完成下列几项准备工作：

（1）开炉前的生产准备工作；

（2）开炉前的设备检查、试运转及验收工作；

（3）烘炉（包括高炉和热风炉）；

（4）开炉的配料计算；

（5）装炉；

（6）安排好点火、送风及出渣出铁工作。

5-3　开炉前的生产准备工作包括哪些内容？

答：开炉前的生产准备工作包括：

（1）原料准备。开炉前准备好一定数量的合格料，包括铁矿石、锰矿石、焦炭、石灰石等。用于开炉的原料应尽量选择化学成分稳定、含硫、磷等有害杂质低，粒度均匀、含粉末少，矿石还原性好，焦炭强度高、灰分低的炉料。

（2）生产人员的配备和培训。应将开炉后各岗位所需人员配备齐全（包括开炉期间的机动人员）。对生产骨干必须组织培训，使其掌握本高炉所采用的全部新技术、新装备。条件许可时应安排到有经验的单位实习一段时间。

（3）工具材料及劳保用品的准备。在准备这些物品时，既要保证生产需要，又要适量防止浪费积压，并注意回收残品。

（4）规程、制度的准备。为了保证高炉生产的连续正常作业，使新技术、设备发挥效益，每个工序、岗位都必须制订规程、制度，它主要包括安全规程、技术操作规程和设备维护规程等。

（5）搞好生产的组织平衡工作。原燃料供应、动力输送、渣铁处理、运输工作等都要做好组织平衡，并要求稍大于高炉生产的能力。

（6）组织好设备维护与必需的备品备件。保证在一旦发生设备故障时，能很快进行检修。

（7）为了更好地进行生产管理和技术分析，各岗位都要准备必要的原始记录表格。

5-4　怎样进行开炉前的试风?

答: 开炉前试风,一般不应少于 8h 的试运行,主要是检查风机运行是否正常和送风系统的管道及阀门是否严密,各阀门操作是否灵活可靠等。

试风的步骤是,开动风机,使风压达到最高水平,运转正常后,再进行冷、热风管道试风,然后再试热风炉炉体及各种阀门。试风前应先将高炉各风口的吹管卸下,用铁板将各风口弯头封死,然后打开各风口的窥孔。试冷风及热风管道时,将各热风炉的热风阀及冷风阀关严,打开混风阀,通过风机控制一定的送风压力(一般为高炉工作压力的 60% ~ 100%),然后检查管道,发现漏风处要做好标记,以便试风后进行修补。管道试风完毕后,将热风炉的废风阀打开,如发现有风,则说明冷风阀或热风阀可能漏风,需进入热风炉内检查漏风情况。最后试烟道阀,将热风炉灌满风,关冷风阀及热风阀,10min 后,根据风压下降情况检查烟道阀是否漏风。同时可进行热风炉炉体的漏风检查。

5-5　怎样进行开炉前的试水?

答: 高炉冷却水总管和冷却器在安装前已进行过试压。开炉前的试水主要是检查以下几项内容:

(1)全部冷却设备正常通水后是否仍能保持规定的水压。

(2)炉身上部的冷却器或喷水管出水是否正常。

(3)排水系统是否正常畅通。

(4)水管连接处有无漏水现象。

试水方法是先将各冷却器阀门关死,将水引至各个多足水管里,并打开多足水管下面的卸水阀门,先将管道内杂物冲洗干净,然后关上卸水阀门。从炉缸开始,逐个打开冷却器阀门,将水引入各个冷却器,直至最上层冷却器为止。逐层试验,逐层检查。不仅检查漏水,还要检查各阀门工作开关是否灵活,连接处是否严密等。全部通水后再检查供水能力与总排水是否畅通。

5-6　怎样进行开炉前的试汽？

答：高炉使用蒸汽的地方不多，主要是煤气管道系统与保温系统。试汽时，事先应将泛汽管打开，然后再将蒸汽引入高炉汽包，以便将凝结水排除。再逐个打开通往煤气管道的蒸汽阀门，并打开相应的放散阀，检查蒸汽是否畅通，阀门是否灵活、严密。

5-7　怎样进行开炉前的试车？

答：试车的范围较广，凡是运转设备都需进行试车。试车可分为单体试车、小连锁试车和系统连锁试车；又分为试空车（不带负荷）和试重车（带负荷）。顺序是由单体到系统连锁，由试空车到试重车，只有试重车正常后才可开炉生产。

5-8　怎样进行开炉前的设备检查？

答：除上述的试风、试水、试汽、试车外，还要进行建筑与结构的检查。如检查高炉中心线与装料设备的中心线是否垂直重合；各风口的中心线是否在同一水平面上，与炉缸中心是否交于一点；炉顶装料设备安装是否水平等。它们的误差值都必须在允许误差范围内，这是高炉设备安装必须达到的要求，否则会给高炉造成先天缺陷，严重影响生产技术经济指标与寿命。

此外，在开炉前应指定专人对各种设备进行全面检查，包括计器信号是否正常，炉体各孔洞是否堵好、焊好；各处照明是否符合要求；各阀门是否做好开关记号并做到该关的关上，该开的开着；料尺是否对好零点等。只有一切正常后才能点火开炉。

5-9　怎样进行高炉烘炉？

答：烘炉的目的是缓慢排除砖衬中的水分。重点是炉缸炉底，否则开炉后放出大量蒸汽，不仅会吸收炉缸热量，降低渣铁温度，使开炉操作困难，而且水分快速蒸发，大量蒸汽从砖缝中跑出，可能使砖衬开裂和炉体膨胀而受到破坏，影响高炉使用寿命。

烘炉一般用热风，但也有用木柴、煤气和煤燃烧烘炉的。热风烘炉最方便，它不用清灰，烘炉温度上升均匀，容易掌握。不过它要在热风炉提前竣工的条件下才有可能，应千方百计创造条件用热风烘炉。

用热风烘炉的准备工作包括：首先安装风口、铁口的烘炉导管，将部分热风导向炉底中心。风口导管应伸到炉缸半径 2/3 处，距炉底 1m 左右，一般有 1/3 ~ 2/3 的风口装上导管就够了。铁口导管伸到炉底中心，伸入炉缸内的部分钻些小孔，上面加防护罩，防止装料时堵塞。其次是安装炉缸、炉底表面测温计。使用炭砖砌筑的炉底、炉缸，应在表面砌好黏土砖保护层，防止烘炉过程中炭砖被氧化。

用热风烘炉一般有两个温度相对稳定区，一是 300℃ 左右稳定 2 ~ 3 个班；二是 500℃ ~ 600℃ 稳定到烘炉结束开始降温为止。烘炉终了时间应根据炉顶废气湿度判断，当废气湿度等于大气湿度后，稳定两个班以上，即可开始凉炉。一般烘炉时间为 5 ~ 7 天。图 5-1 为首钢 4 号高炉的烘炉曲线。

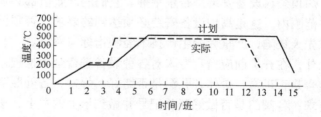

图 5-1　首钢 4 号高炉的烘炉曲线

烘炉风量（单位为 m^3/min）开始稍大一些，一般相当于高炉容积，小高炉可以大于此数，大高炉相当于高炉容积的 80% 左右。随着水分蒸发，顶温升高，风量要相应减少。无料钟高炉不得超过 300℃，气密箱温度要保持在 50℃ 以下。

烘炉时应注意：

（1）铁口两侧排气孔和炉墙所有灌浆孔在烘炉时都应打开，以便及时排出水气，烘炉完后再封上；

（2）烘炉期间炉体冷却系统要少量通水（约为正常时的1/2）；

（3）烘炉中，托圈与支柱间、炉顶平台与支柱间的螺丝应处于松弛状态以防胀断，要设膨胀标志，检测烘炉过程中各部位的膨胀情况（包括内衬和炉壳）；

（4）炉顶两侧放散阀保持一开一关，轮流工作，每班倒换两次，倒换时先开后关；

（5）烘炉结束前要进行一次休风，检查炉内有无漏水和着火现象；

（6）烘炉期间除尘器和煤气系统内禁止有人工作。

5-10　怎样选择开炉焦比？

答：开炉时由于炉衬、料柱的温度都很低，矿石未经预热和还原直接到达炉缸，直接还原增多，渣量大，需要消耗的热量也多，所以开炉焦比要比正常焦比高几倍。具体数值应根据高炉容积大小、原燃料条件、风温高低、设备状况、技术操作水平及炉缸内是否填充木料等因素进行选择。一般情况是：

炉容/m^3	$450 \sim 800$	$800 \sim 1000$	1000 以上
吨铁焦比/$t \cdot t^{-1}$	$3 \sim 3.5$	$2.5 \sim 3$	$2.5 \sim 3.5$

原燃料质量好，风温高（$700 \sim 800$℃）取低值，否则取高值。

在开炉焦比和后续料负荷的选择上，首钢的经验是：不过分追求过低的全炉焦比，以保证开炉顺利，而开炉后，后续料负荷及时加重且幅度大一些，以利尽快把炉温降到合适范围。

5-11　开炉料的炉缸填充有几种方法，各有什么优缺点？

答：开炉料的炉缸填充分为木料填充和焦炭填充两类。木料填充有架枕木和填柴两种，焦炭填充时也有用部分木柴（1/2 或

1/3）填在底部上面再填焦炭的。

架枕木法是用枕木填充炉缸，每根枕木间距为 100 ~ 200mm，层与层之间交错 30° 以上，炉腹立有保护炉墙的圆木。其优点是有利于炉料松动，点火时可均匀开风口，有利于顺行，到达炉缸的焦炭经过风口区燃烧加热，有利于加热炉缸和开铁口。缺点是装炉费工时，费木柴。

填柴法是将枕木改为废枕木或普通木柴，在炉内码放不严格，也取消了保护炉腹砖墙的圆木。它保留了架枕木法的优点，但仍需大量木柴。

填焦法是用焦炭填充炉缸。它的优点是节约木柴与装炉时间；由于不需要进入炉内填充木柴，烘炉后凉炉温度也可高些（不进入炉内拆除烘炉导管时）。缺点是从炉顶装入焦炭会产生一些碎焦，使炉缸透气性变差；炉缸加热的时间长，点火时圆周风口开得不均匀（一般先开铁口、渣口上方风口），对顺行与迅速加热炉缸不利。

1/2 或 1/3 填柴法是在炉缸下部填一部分木柴（一般填到渣口附近），上面再用焦炭填充。它只用少量的废木柴，而基本保持了填柴法的优点。

目前使用较多的是 1/2 或 1/3 填柴法和填焦法。

5-12　怎样安排开炉料的装入位置？

答：安排开炉料装入位置的原则是前面轻，后面紧跟，必须有利于加热炉缸。为此首先要确定第一批正常料的位置，一般是在炉腰或炉身下部，小高炉要偏高一些。第一批正常料以下所加净焦和空焦量占全部净焦空焦的比例，随炉缸填充方法不同而不同。用架木法或填柴法填充炉缸时，第一批正常料以下的净焦、空焦量为全部净焦空焦量的 65% 左右；1/2 或 1/3 填柴法为 75% 左右；填焦法则需 85% 以上。此外石灰石需吸热分解造渣，所以带石灰石的空焦加入位置也不能太低，一般以加在炉腹上部或炉腰下部为宜。使用不同炉缸填充法时其空焦前的净焦量占全部净焦空焦总量的比例应依次分别为 50%、60% 和 70% 以上。在炉缸未充分加热之前，要尽量减少冷渣流入炉缸，以免造成炉缸冻结。

正常料应从下而上分段加重负荷，最下层正常料负荷一般为 0.5~1.0，各段加负荷的幅度可以大一些，有利于矿石的预热与还原。

首钢几次开炉装料情况如表 5-1 所示。

表 5-1 首钢开炉装料情况（600~1200m³ 高炉）

时 间	1959 年 5 月	1965 年 5 月	1972 年 10 月	1979 年 12 月
炉号	3	1	4	2
炉缸填充法	架木	填柴	填焦	1/2 填柴
下部净空焦比例/%	66.5	63.5	89	75
空焦前净焦所占比例/%	40	60	69	50
第一批正常料	炉身下部	炉腰中上部	炉身下部	炉身下部
四段负荷	0.54	0.49	0.88	0.56
五段负荷	0.82	1.30	1.23	0.95
六段负荷	1.09	1.39	1.52	1.66
七段负荷	1.23	1.52	1.77	1.71
后续料负荷	1.64	1.95	1.77	1.75
生铁硅含量/%	4.04	1.13	1.60	5.32

5-13 怎样进行开炉料的配料计算？

答： 进行开炉配料计算前应测定或选定以下计算条件：

（1）高炉各部的容积；

（2）开炉使用的原料、燃料、熔剂等的化学成分、堆密度；

（3）选定开炉全炉焦比与正常料焦比；

（4）确定炉缸的填充方法；

（5）选定生铁成分与炉渣碱度，一般要求渣中 Al_2O_3 含量不大于 16%；

（6）选定铁、锰、硫等元素在渣铁、煤气中的分配率；

（7）确定开炉使用料种之间的比例；

（8）选定炉料压缩率；

（9）选定焦炭或矿石的批重等。

开炉配料计算的方法很多，常用的有以 1t 焦炭为单位的计算法和以 1t 铁为单位的计算法。下面以 1984 年首钢 2 号高炉的开炉配料计算为例具体说明计算方法：

（1）确定高炉装料容积。根据设计，高炉各部分容积为：炉喉 73.06m³、炉身 732.16m³、炉腰 122.27m³、炉腹 197.02m³、炉缸 193.96m³，总容积为 1318.47m³。

渣口中心线以下装木柴，占容积 85.9m³；料线 1.4m，应扣除容积 40.9m³。所以，高炉装料容积为 1191.7m³。

（2）计算参数。全炉吨铁焦比 3.0t/t，正常料吨铁焦比 0.9t/t，后续料吨铁焦比 0.650t/t，全炉吨铁渣铁比 1.0t/t，正常料吨铁渣铁比 0.5t/t，全炉碱度（m_{CaO}/m_{SiO_2}）= 1.15，正常料碱度（m_{CaO}/m_{SiO_2}）= 1.10，$m_{(CaO+MgO)}/m_{SiO_2} \geqslant 1.35$。

生铁成分（%）：

C	Si	Mn	P	S	Fe
4.2	2.0	0.8	0.08	0.02	92.9

元素分配（%）：

元　素	Fe	Mn	P	S
生　铁	99.5	80	100	2~3
炉　渣	0.5	20		82~83
挥　发				15

炉料压缩率为 12%。

（3）原、燃料成分如下：

1）焦炭：水分 4.0%，灰分 12.41%，挥发分 1.0%，S 0.77%，堆密度 0.5t/m³；

2）焦炭灰分成分：TFe 4.72%，CaO 4.7%，MgO 0.83%，Al₂O₃ 35.63%，SiO₂ 46.42%，Mn 0.37%，渣量 12.13%；

3）原料成分示于表 5-2。

表 5-2 原料成分 (%)

原　料	TFe	FeO	Fe$_2$O$_3$	CaO	MgO	Al$_2$O$_3$
烧结矿	58.65	11.01	71.62	8.24	1.56	1.30
生　矿	44.10	0.14	62.78	1.20	0.79	1.50
锰　矿	17.80			0.50	0.50	9.48
石灰石				41.5	10.70	0.40
硅　石						

原　料	SiO$_2$	TMn	P	S	渣量	堆密度 /t·m^{-3}
烧结矿	5.88	0.39	0.0155	0.01	14.77	1.90
生　矿	25.04	0		0.009	34.16	2.10
锰　矿	12.86	25.59	0.199	0.027	35.70	1.60
石灰石	1.88				55.81	1.60
硅　石	95.54				100.0	1.60

（4）计算过程如下：

1）符号设定：A 烧结矿，P 生矿，M 锰矿，H 石灰石，K 焦炭，I 计算铁量，Z 计算渣量。

2）根据选定的计算参数，采用简单的联立方程求解法进行全炉料计算。

铁平衡：

$$I = \frac{0.995}{0.929} \times (0.5865A + 0.441P + 0.178M + 0.1241 \times 0.04725K) \tag{5-1}$$

锰平衡：

$$0.08I = 0.8 \times (0.0039A + 0.2559M + 0.00037 \times 0.1241K) \tag{5-2}$$

容积平衡：

$$0.88 \times \left(\frac{A}{1.9} + \frac{P}{2.1} + \frac{M+H}{1.6} + \frac{K}{0.5} \right) = 1191.7 \tag{5-3}$$

碱度平衡：

$$\frac{8.24A + 1.2P + 0.5M + 41.5H + 0.1241 \times 4.7K}{5.88A + 23.04P + 12.66M + 1.88H + 0.1241 \times 46.2K}$$

$$= 1.15 \tag{5-4}$$

渣量平衡:

$$0.1477A + 0.3416P + 0.357M + 0.5581H + 0.1241K = Z : 1$$

$$\tag{5-5}$$

焦比平衡:

$$K = 3I \tag{5-6}$$

联立求解方程组得:

$$A = 238.7t, \quad P = 71.2t, \quad M = 36t, \quad H = 105t,$$
$$K = 563.4t, \quad I = 187.8t$$

用同样的方法可求出正常料产铁 185.3t, 用焦 166.8t, 石灰石 40.3t。

3) 确定料批: 选焦批 9.55t/批, 则全炉焦炭批数为 563.4/9.55 = 59 批。

因正常料焦比为 0.9t/t, 则每批正常料产铁量为 9.55/0.9 = 10.6t。由于烧结矿配比为 77%, 生矿为 23%, 则正常料矿批为:

$$(G \times 0.77 \times 0.5865 + G \times 0.23 \times 0.4419 +$$
$$0.1241 \times 0.0472 \times 9.55) \times \frac{0.995}{0.923} = 10.6$$

$$G = 17.3t/\text{批}$$

其中烧结矿 13.3t, 生矿 4t, 按计算每批需加锰矿 200kg/批, 石灰石 2.24t/批。

全炉正常料数量为 (238.7 + 71.2) /17.3 = 18 批。

4) 净、空焦批数 = 59 - 18 = 41 批。

炉缸渣口以下装木柴, 炉腹中部以下加净焦, 按所需容积, 选定净焦 17 批, 其余 24 批为空焦。

每批空焦加石灰石量为 (105 - 2.24 × 18) /24 = 2.695t/批。

(5) 校对。根据炉料带入的元素量 (表 5-3) 进行有关验算。

表5-3　各种炉料带入的氧化物和元素量 （t）

炉　料	SiO_2	Al_2O_3	CaO	MgO	S	渣　量	TMn
烧结矿	7.615	3.103	19.669	3.724	0.02387	35.256	0.93499
生　矿	16.390	1.068	0.854	0.562	0.00641	24.322	
石灰石	1.974	0.420	43.575	11.235		58.001	0.0259
焦　炭	32.302	24.912	3.286	0.580	4.33818	68.340	
锰　矿	0.433	0.341	0.018	0.018	0.00097	1.285	0.9212
总　计	58.714	29.844	67.402	16.119	4.36943	187.804	1.878

炉渣碱度：

$$m_{CaO}/m_{SiO_2} = 67.402/58.714 = 1.148$$

$$m_{(CaO+MgO)}/m_{SiO_2} = (67.402 + 16.119)/58.714 = 1.423$$

渣中 MgO 含量：

$$w_{MgO} = 16.119/18.78 \times 100\% = 8.59\%$$

渣中 Al_2O_3 含量验算：

$$29.844/187.8 \times 100\% = 15.9\% < 16\%$$

由于炉缸中 80% 焦炭不参加第一个冶炼周期的造渣反应（即应少计算 9.34t 渣量和 3.405t Al_2O_3），因此渣中 Al_2O_3 实际含量为：

$$w_{Al_2O_3} = (29.844 - 3.405)/(187.804 - 9.34) \times 100\% = 14.82\%$$

硫负荷及脱硫预测：同样考虑 80% 的炉缸焦炭不参加反应，应减少 592.9kg 硫，则吨铁硫负荷为 (4369.43 - 592.9)/187.8 = 20.11（kg/t）。

设 $L_S = 40$，则生铁含硫为：

$$w_{[S]} = \frac{20.11 \times (1 - 15\%)}{1000(1 + 40)} \times 100\% = 0.0417\%$$

（6）安排装炉料。装炉料的安排列于表5-4。

表 5-4　装炉料的安排

位　置	内　容	容积/m³	铁量/t	渣量/t	负　荷	焦比/t·t⁻¹
炉缸下部	木　柴	85.9				
炉缸上部 炉腹中部	净焦 17 批	285.8	1.014	19.69		
炉腹上部	空焦 16 批	290.9	0.955	40.86		
炉腰上部	2 空 +2 正	88.6	20.74	16.98	0.906	1.85
炉身下部	2 空 +3 正	114.6	31.1	22.96	1.087	1.55
炉身中部	2 空 +5 正	166.8	51.62	34.728	1.294	1.30
炉身上部	2 空 +8 正	244.9	82.50	52.48	1.449	1.16
总　计		1191.6	187.8	187.7		

为了很好地加热炉缸，炉腹中部以下安排净焦，炉腰上部才开始加第一批正常料，炉身部位由下而上逐段加重负荷。

5-14　什么叫带风装料，它有什么特点？

答：在用焦炭填充炉缸、冷矿开炉时，在鼓风状态下进行装料叫带风装料。它的主要特点是：缩短烘炉后的凉炉时间，加快开炉进程；改善料柱透气性，有利于顺行；减轻炉料对炉墙的冲击磨损；蒸发部分焦炭水分，有利于开炉后的高炉操作。从 20 世纪 60 ~ 70 年代带风装料在小型高炉上使用。湘钢的两座 750m³ 高炉在 1975 年和 1977 年都采用带风装料，规定装料前炉内温度和装料时的风温不超过 300℃，风量约为炉容的 1.5 倍。开炉后炉况顺行，炉缸热状态良好。采用带风装料时风温要严格控制，不允许在装料过程中炉内着火。带风装料有一定的安全风险，现已不提倡采用。

5-15　怎样进行开炉点火操作？

答：点火表示一代高炉生产的开始。点火前应先进行下列操作：

(1) 打开炉顶放散阀；

（2）有高压设备的高炉，一、二次均压阀关闭，均匀放散阀打开，无料钟的上、下密封阀关闭，眼睛阀打开；

（3）打开除尘器上放散阀，并将煤气切断阀关闭，高压高炉将回炉煤气阀关闭，高压调节阀组各阀打开；

（4）关闭热风炉混风阀，热风炉各阀处于休风状态；

（5）打开冷风总管上的放风阀；

（6）将炉顶、除尘器及煤气管道通入蒸汽；

（7）冷却系统正常通水；

（8）检查各人孔是否关好，风口吹管是否压紧。

上述操作完成后即可进行点火。点火的方法有热风点火和人工点火两种。热风点火是使用 700℃ 以上的热风直接向高炉送风。最好使用蓄热较高的靠近高炉的热风炉点火，这样可以得到较高的风温，易将风口前的引火物和焦炭点着。这种点火方法很方便，但是风温不足的高炉不能采用。人工点火是在每个风口前，填装一些木柴刨花、棉丝等引火物，在炉外把铁棍烧红，然后用铁棍伸入风口点燃引火物。不管使用哪种点火方法，为了保证点火顺利，可在风口前喷入少量煤油。

5-16 怎样使用开炉的风量？

答：开炉风量按高炉容积大小、炉缸填充方法、点火方式、设备可靠程度不同而有所不同。一般开炉使用的风量为高炉容积的 0.8～1.2 倍（约为正常风量的 50%）。高炉容积大，用填焦法填充炉缸，设备可靠程度较低，故障多时应采用偏下限的风量；相反，高炉容积小，用填柴法填充炉缸，设备可靠时可选用偏上限的风量。采用热风点火时，开始送风即可接近开炉风量；而用人工点火时，开始送风一定要小，以免大风将火吹灭，然后再根据风口引火物的燃烧情况逐渐加大送风量直到接近开炉风量。对不清理炉缸的中修开炉，送风量也要小一些（应靠近下限），以减慢炉料的熔化速度，延长加热炉缸的时间。开炉时，要均匀地堵部分风口（一般堵 50% 的风口），以获得接近于正常生产时的鼓风动能。

点火后的加风速度，随设备可靠性与技术操作水平而定。待出第一炉铁后，便可根据各方面的情况决定加风速度。如生铁质量合格，炉温充足，设备正常，加风速度可很快达到高炉容积的1.8倍以上。

5-17 怎样安排好开炉的炉前工作？

答：开炉的炉前工作主要是喷吹铁口和出渣出铁。

（1）喷吹渣铁口：喷吹时间随炉缸填充方法定。用填柴法开炉时到达炉缸的焦炭是红热的，对加热炉缸有利，渣铁口的喷吹时间可以短一些，一般2~3h就可以了。用填焦法开炉时，炉缸焦炭是冷的，应利用喷吹铁口，将高温煤气导向炉缸，促进炉缸的加热，因此喷吹时间应长一些，最好喷到铁口见渣为止。大型中修不清理炉缸的高炉开炉，因炉缸有冷凝的渣铁，也应多喷铁口。

为了便于拔出铁口的喷吹导管，导管可以是两段连接而成的。一段在炉内，一段在炉外，到时拔出炉外部分就可以了。也可使导管不伸出炉外，这样就不用拔了。

（2）出渣出铁：开炉后的第一次铁能否顺利流出，是整个开炉工作的重点，因此出铁前应从组织与技术措施上做好铁口难开、流速过小或过大、铁口冻结等方面的充分准备。出第一次铁的时间根据炉缸容铁量而定，一般达到正常许可容铁量的1/2左右就可以出第一次铁，约在20h以上。死铁层越深，出第一次铁的时间越晚。有渣口的高炉应先放上渣。中修开炉，因炉缸冷凝渣铁多，炉缸容铁少，出第一次铁的时间应早一些，一般在点火后16h左右出铁，而且往往先不放上渣，待铁口正常出三次铁后再放上渣。

5-18 开炉后回收煤气引气的条件是什么？

答：开炉时，煤气中CO及H_2含量很高，易发生爆炸，加上送风初期风量较小，炉料不能正常下降，常发生悬料、崩料现象，因此开炉初期的煤气一般都放散掉，而不进行回收利用。回收利用煤气引气的条件是：炉料顺利下降，基本消除悬料与崩料现象；风量稳定在较高水平，炉顶煤气压力在 3kPa 以上。

5-19　决定高炉大、中修停炉的条件是什么？

答：我国高炉停炉有大修停炉与大型中修停炉两种。它们的条件是：

（1）大修停炉以炉缸、炉底受侵蚀的程度为依据，当侵蚀严重，威胁到安全生产或需要减产维持时应停炉大修。此种停炉需放出炉底炉缸的残铁。

（2）大型中修停炉主要是依据风口带以上的炉体和冷却水箱受到破损的程度而定，当炉体和水箱破损在 40% 以上，严重影响高炉技术经济指标，造成消耗高、休风率增加、炉况顺行程度变差时则应停炉中修。此种停炉不放炉底炉缸残铁。现在已不提倡中修，但是休风较长时间更换几十块冷却壁，其实质等于是中修，因此这种降料面休风应按中修停炉处理。

5-20　对停炉工作有哪些要求？

答：具体要求如下：

（1）要保证人身设备安全。在停炉过程中，一般不再加入矿石，煤气中 CO 含量较高，炉顶温度也逐渐升高，喷水产生大量蒸汽，一部分蒸汽分解，煤气中含 H_2 也增加，气体量大，爆炸着火的危险性增多。因此，停炉时一定要把安全放在第一位。

（2）要尽量缩短停炉过程，减少经济损失。

（3）尽量减少炉内残留的炉料和渣铁，为修理工序创造有利条件。

5-21　停炉前有哪些准备工作？

答：为了安全顺利地停炉，在停炉前必须做好以下准备工作：

（1）冶炼操作方面的准备，目的在于减少炉缸堆积物与炉墙黏结物，为扒料和放残铁创造条件。具体工作包括：

1）提前停止喷吹燃料，改为全焦冶炼。停炉前如炉况顺行，炉型较完整，没有结厚现象，可提前 1 ~ 2 个班改全焦冶炼；若炉况不顺，炉墙有黏结物，应适当早一些改全焦冶炼，并在停风前适当疏导边缘煤气流的装料制度，以清理炉墙。

2）炉缸有堆积现象时，在停炉前几天应降低炉渣碱度，加入少量锰矿或萤石，改善渣铁流动性，清洗炉缸。如采用含钛炉料护炉时，应适时停加含钛炉料。

3）在停炉降料面之前要有一次休风小修，完成炉顶喷水设备安装、焊补炉壳、软尺安装等工作。

（2）设备与工具的准备。

1）安装炉顶喷水设备和调节装置，连接高压水泵，把高压水引向炉顶平台，并插入炉喉喷水管；某些高炉还要求安装临时测料面的软长探尺，为停炉降料面作准备。

2）准备好扒除炉内残留炉料、砖衬的工具，包括一定数量的钎子、铁锤、耙子、钩子、铁锹、风镐、胶管及劳动安全防护用品等。

3）做好炉缸放残铁的准备工作。首先改善环境，清除障碍，保持放残铁附近炉基表面及残铁沟下铁道的干燥；其次，通过计算确定放残铁口位置，估算残铁量，准备足够数量的残铁罐，并制作残铁罐间过渡槽及放残铁沟；第三，安装好烤残铁沟用的焦炉煤气管，准备好烧残铁口的氧气及工具材料，搭好放残铁的操作平台。

（3）组织准备：包括成立指挥机构，人员安排，制定停炉计划、运行图表等，要求责任明确，负责到底。

5-22 有哪几种停炉方法？

答：主要有两种停炉方法：

　　（1）填充停炉法。用焦丁代替正常炉料从炉顶加入，适当喷水控制炉顶温度，待焦丁下降到风口区时停炉。这种方法比较安全，但需大量焦丁，停炉扒料工作量大，造成时间、人力、物力方面的很大浪费。

　　（2）降料面停炉法。也叫空料线法，停炉开始停止装料，使料面降低，用炉顶喷水控制炉顶温度；无钟炉顶不超过250～300℃，个别点不高于350℃。当料面降至风口区时，停止送风。此法的优点是停炉后炉内清除量少，停炉进程快，为大中修争取了时间；缺点是炉墙容易塌落，需要特别注意煤气安全。

　　停炉方法的选择主要取决于炉体状况、炉墙砖衬和冷却器损坏程度。一般小高炉炉墙结构简单，到大修时砖衬侵蚀严重，甚至炉壳变形，就应采用填充停炉法；炉壳完整、炉墙结构强度较好的中小型高炉和大型高炉一般都采用降料面停炉法。如大中型高炉炉壳损坏严重，或想保留炉体砖衬，也可采用填充停炉法。

5-23　怎样安全、快速降料面停炉？

　　答：实现安全、快速降料面停炉的关键是增加降料过程中的气体排放能力与均匀雾化喷水，切忌大量水集中入炉。具体做法是：

　　（1）增加排散气体的能力。排散气体的方法有两种，一种是从降料面开始就停止引煤气，而将煤气放散掉。为了增加放散面积，在开始降料面前休风，取掉一个放散阀的缩口；同时焊补炉壳裂缝和安装临时软探尺。

　　另一种方法是开始降料面时不停止引煤气，亦不安装临时软探尺，只插入炉喉降温喷水管。根据煤气中 CO_2 随料面降低而变化的规律，通过每半小时分析一次煤气中 CO_2 的含量，判定料面位置。鞍钢3号高炉1978年10月30日停炉时就采用此方法，开始降料面时煤气中 CO_2 含量为12%左右；随料面降低，CO_2 含量下降，料面降至炉腹时，CO_2 含量最低仅为3.4%；以后由于焦炭不断减少，风口区发生的 CO_2 增多，料面到达炉腹时，煤气中 CO_2 含量上升到8%，料面达到风口区时 CO_2 含量为15.2%。这种方法一般是料面降到炉腰或炉腹上部再停止引煤气，若炉身部位有黏结物，为了避免在降料面过程中黏结物脱落而引起煤气爆震，应在料面降到黏结物以上就停止回收煤气。

（2）改进炉顶喷水。均匀喷水并使水雾化，可使水在炉子上部迅速变成蒸汽排出炉内，既可降低顶温，还可防止水珠与高温料面的红热焦炭反应生成 H_2。具体措施是在炉喉的喷水管上多钻孔，钻小孔，既保证喷水量，又保证雾化。

（3）尽量争取用较大的风量降面料。随料面降低，煤气温度升高，喷水量加大，气体增加，这时要注意逐渐减少风量。一般掌握风量的原则是：

炉身中上部	常压操作	风量100%
炉身下部	常压操作	风量的90%~100%
炉　腰	常压操作	风量的80%左右
炉　腹	常压操作	风量的70%左右

（4）减少炉缸的填充焦，加快降料面速度。过去停炉时要在正常料之后加与炉缸容积相等的焦炭。实践证明，矿石和熔剂，在高温区均已熔化成液体，软熔带以下只剩焦炭，多加焦炭不仅会造成巨大浪费，还会使炉腹区降料面速度减慢。首钢1979年10月2号高炉停炉时，只在正常料之后加了两批焦炭，炉腹区同样使用70%左右的风量，降料面速度由过去的0.6~0.7m/h提高到1.3m/h，炉缸也没有未熔化的矿石。

（5）停炉过程中尽量避免休风，若必须休风时应进行炉顶点火。

（6）当炉料降至炉身下部以下时禁止向炉内加料，以免煤气含 H_2 高发生爆震。

5-24 怎样确定放残铁的位置？

答：选择好放残铁的铁口位置是保证放好炉底炉缸残铁的关

键。首先必须正确估计炉底侵蚀深度，而残铁口方向则根据铁罐配置及操作方便而定。确定炉底侵蚀深度的方法有两种：

（1）计算法。又分理论计算法与经验计算法：

1）拉姆热工计算公式：

$$Z = \frac{(T_0 - \theta)\lambda}{Q} - a$$

式中　Z——炉底最大侵蚀深度，m；

Q——炉底中心的垂直热流，kJ/（$m^2 \cdot h$）；

T_0——铁口中心线附近的铁水温度，一般取1450℃；

θ——铁水凝固温度，一般取1100～1150℃；

λ——铁水向炉底的导热系数，kJ/（$m \cdot h \cdot ℃$）；

a——设计的死铁层深度，m。

2）开勒公式：

$$h = 1.2d\log\frac{T_0 - t_0}{t - t_0}$$

式中　h——炉底中心剩余厚度，m；

d——炉缸直径，m；

T_0——铁口中心线铁水温度，℃；

t_0——大气温度，℃；

t——炉底中心温度，℃。

3）原冶金部炉体调查组提出的公式（对黏土砖无风冷炉底的高炉）：

$$h = Kd\log\frac{t_1}{t}$$

式中　h——炉底中心剩余厚度，m；

d——炉缸直径，m；

t_1——炉底侵蚀面上铁水温度，℃；

t——炉底中心温度，℃；

K——系数，$t < 1000℃$时，$K = 0.0022t + 0.2$；$t = 1000 \sim 1100℃$时，$K = 2.5 \sim 4.0$。

4）鞍钢经验公式：

$$h = \frac{1}{N}（1350 - t）$$

式中　h ——炉底剩余厚度，m；

　　　t ——炉底底面的温度，℃；

　　　N ——温度系数，$N = 24 \sim 27℃/dm$，炉役中期、炉底温度稳定时，N 值取上限；炉役末期、炉底温度上升时，取下限。

以上 5 个公式除第一个外，其他 4 个都属于经验公式。由于炉底耐火材料的改进，加上炉底进行了冷却，以及炉底的综合结构，计算时不仅复杂而且误差大。用拉姆热工计算式计算时停炉前一周炉底就应停止冷却，测出准确的炉基温度。

（2）直接测量法。直接测量炉缸下部炉皮的表面温度，温度最高处是炉缸侵蚀最严重的地方。以该处为基点再往下 300mm 左右（有炉底冷却的）或 500 ~ 800mm（无炉底冷却的）处即为炉底侵蚀最深、开残铁口的位置。首钢 3 号高炉停炉前直接测出的炉壳温度列于表 5-5。从表中可以看出，温度最高点（即炉缸侵蚀最严重的地方）在铁口下 1.5 ~ 2.0m 处。停炉后实际测量的侵蚀深度位置与测量的相符，说明直接测量是很准确的。

表 5-5　首钢 3 号高炉的炉壳温度　　　　（℃）

铁口以下距离/m	风口号												平均
	1	2	3	4	5	6	7	8	9	10	11	12	
0.5		47.5	48.6	49.2	48.9	45.3	48.1	51.2	53.4	59.8	56		50.8
1.0	57.2	50.5	52.0	53.0	49.3	51.5	53.2	51.5	57.3	60.4	59.0	58	54.5
1.5	57.5	50.4	53.0	56.5	52.3	54.3	56.2	57.0	62.8	65.0	61.3	54.0	56.7
2.0	56.6	53.7	52.4	56.0	50.6	51.8	52.4	57.0	61.8	61.1	62.3	55.2	56
2.5	50.5	52.6	52.8	46.0	48.9	45.8	45.9	51.9	51.4	59.0	59.3	50.6	51.1
3.0	43	44.6	43	38.5	40.8	41.0	41.0	45.5	49.2	46.2	47.5	45.6	43.3

5-25　怎样搞好放残铁操作？

答：放残铁前要安排好时间，迅速完成放残铁的全部工作：

（1）开始降料面时，切开残铁口处的炉缸围板。

（2）当料面降至炉腰时，停止放残铁处立水箱的冷却水，并用氧气烧开立水箱。

（3）当料面降至炉腹时，做残铁口的砖套。

（4）当料面降至风口区时，可一边从铁口正常出铁，一边烧残铁口。

在安装好残铁沟时，残铁沟与立水箱、炉皮的接口一定要牢靠，以保证数百吨残铁顺利流出，不能发生漏铁、打炮、爆炸事故。具体做法是用砖伸入炉底砖墙内 200mm 以上，使从立水箱、炉皮到残铁沟的砖套成为一个整体，并用耐火泥料垫好、烤干。要像制作正常铁口一样制作残铁口，才能安全顺利地放好残铁。

第 2 节　休风与复风

5-26　什么叫休风，休风如何分类？

答：高炉在生产过程中因检修、处理事故或其他原因需要中断生产时，停止送风冶炼就叫做休风。根据休风时间的长短，休风 4h 以上就称长期休风；休风 4h 以下，则称短期休风。长期休风又可分为计划休风与非计划（事故）休风。计划休风还可分为计划满炉料休风与计划降部分料面休风。

5-27　短期休风的休、复风操作程序是什么？

答：休风操作程序为：

（1）高压操作的高炉先将高压改为常压；

（2）在炉顶、除尘器、煤气切断阀等处通蒸汽，以保证煤气系统的安全；

（3）停止富氧鼓风，停止喷吹燃料；

（4）有炉顶喷水降温设施的高炉，要停止炉顶喷水；

（5）打开炉顶放散阀，关闭除尘器截断阀，停止回收煤气；

（6）打开放风阀，减到50%时关闭混风阀；

（7）放风到风压小于20kPa时停止加料；

（8）放风到风压小于10kPa时保持正压，检查各风口，没有灌渣危险时发出休风信号，热风炉关闭热风阀和冷风阀，提起料尺；

（9）需要倒流休风时，通知热风炉进行倒流，并均匀打开1/3以上风口视孔盖。

复风操作程序为：

（1）采用倒流休风时，复风前停止倒流，关闭所有风口的视孔盖；

（2）发出送风信号，打开热风炉的冷风阀、热风阀，逐渐关闭放风阀；

（3）慢风检查风渣口、吹管等是否严密可靠，确认不漏风时才允许加风；

（4）送风量达到正常1/2以上时，打开除尘器上煤气截断阀；

（5）关闭炉顶煤气放散阀，回收煤气；

（6）关闭炉顶、除尘器和煤气截断阀处的蒸汽；

（7）根据炉况，迅速恢复高压操作，富氧鼓风和喷吹燃料。

5-28 什么叫倒流休风，有哪些注意事项？

答：倒流休风就是将休风后高炉内残留的煤气通过热风管道倒流经热风炉或专用的倒流烟囱排除的休风操作。高炉休风初期，由于炉内还残留有大量煤气，若需要更换风口等设备，会有大量的煤气从风口喷出而影响操作和人身安全，此时如采用倒流休风操作便可得以避免。倒流休风有两种方法：一种是利用热风炉，使煤气经烟道流入烟囱抽出；另一种是在热风总管的尾端建一个专用的倒流烟囱，以排出炉内残留煤气而不经过热风炉。

倒流休风的注意事项是:

(1) 倒流时,为了让空气从视孔抽入,应使倒流的煤气尽量完全燃烧。风口的视孔盖要均匀地多打开一些,一般小高炉在1/2 以上;大型高炉因风口多,打开 1/3 以上即可。

(2) 用热风炉倒流时,要用顶温较高的热风炉,每个热风炉用于倒流的时间不得超过 45min,以防止热风炉降温太多。若需继续倒流,应换一座热风炉。在换炉时应通知高炉风口前检修的人员暂时撤离,以防止发生意外。

5-29　长期休风与短期休风的操作有何区别?

答:长期休风除操作程序与短期休风的相同外,有以下区别:

(1) 长期休风前要做以下准备工作:

1) 计划长期休风前要清洗炉缸,减轻焦炭负荷,装好停风料;

2) 要全面彻底地检查冷却设备是否漏水;

3) 要将重力除尘器等处的炉尘清除干净,防止窝存热炉尘与煤气;

4) 准备好风口的密封用料;

5) 适当增加出铁口角度,出尽渣铁;

6) 准备炉顶点火用引火材料与工具。

(2) 长期休风操作时要做到上料皮带、中间料斗、称量斗、料罐等不存炉料,以便进行检修。有时还有清料仓的任务,应有计划地做好配合工作。

(3) 长期休风后要进行炉顶点火与密封。

5-30　什么叫炉顶点火,怎样进行炉顶点火?

答:高炉休风后点燃从炉喉料面逸出的残存煤气就叫做炉顶点火,这是保证炉顶设备检修的一项安全措施。短期休风时,可用通蒸汽的方法保证安全,但长期休风一般需要检修炉顶设备,即使不检修炉顶设备，长期通蒸汽会蓄积很多水分，给送风操作带来不利影响，因此长期休风时进行炉顶点火是一项经济而安全的措施。

进行炉顶点火既要重视引火物，又要重视往炉内配加助燃空气。引火物一般为少量木柴、油棉丝。为了更好地往炉内配加空气，防止炉内煤气过多，空气进不去，一般都在停风后进行。在进行炉顶点火操作时要注意将炉喉蒸汽关严，将漏水水箱的冷却水关闭。

目前先进的大型高炉有用焦炉煤气、压缩空气、氧气的点火枪设备，炉顶点火更加简便安全。

5-31　怎样做好长期休风后的密封工作？

答：为了复风顺利与减少休风期间的热损失，必须认真搞好炉体密封。

（1）下部密封。这是炉体密封的重点，其密封方法随休风时间长短而异，时间越长，对密封的要求越严。一般休风4～48h，风口用堵口泥堵结实就可以了。休风48h以上时，需将风口前的直吹管卸下，再用堵口泥将风口堵死。堵口时用一层堵口泥、一层河沙、一层堵口泥（即泥、沙、泥）。休风7天以上时，风口在用上述方法密封后再涂一层沥青或重油。休风15天以上时，应按封炉的要求先在耐火泥外砌上一层耐火砖后再涂沥青或重油密封。

（2）上部密封。这随对休风的要求而异。为了迅速降低炉顶温度，方便检修，过去采用上部加水渣密封的办法，此法需专门组织水渣供应，且由于水渣透气性差，影响复风的顺行。现在一般是在停风前先将料面降到炉身中上部，休风后在炉顶通蒸汽并用冷料加满，最后1～4批料只加矿石，不加焦炭（复风时补加），这样也可降低顶温并达到上部密封的目的。

（3）中部密封。这主要是指炉体围板与冷却器的密封。休风前认真检查各种冷却器，漏水的水箱休风时应停水，破损的风口休风后立即换掉再作密封，因为休风时往炉内漏水比密封不好进入空气的危害更大。炉体的大裂缝要及时焊补，减少吸入炉内的空气。休风后降低冷却水的水压，减少水量，保持正常水温差，减少热损失。检修中需在炉体开孔时，一定要事先做好准备，尽量缩短时间，检修完后立即重新做好密封。

5-32　长期休风处理煤气有哪两种模式？

答： 由于高炉炉容大小、炉顶装备设备、煤气净化工艺的不同，长期休风处理煤气可归纳为两种模式：

（1）第一种模式。先进行炉顶点火，后休风，再处理煤气，这种模式多用于钟式高炉。此模式的特点是先彻底地断源后再处理煤气，能完全避免边赶边产生的不安全现象的出现；炉顶点火是在正压下进行，点火安全；但煤气点火后炉顶温度升高，所以它适用于对炉顶温度要求不严的钟式炉顶。现在高炉上已不再使用大小钟，所以这种模式也一般不再使用。

（2）第二种模式。先休风，后处理煤气，再进行炉顶点火。此模式的特点是休风处理完煤气再点火，能使炉顶温度维持在较低水平，适用于对炉顶温度要求严格的高炉，但在点火前要检查所有冷却器（包括风口）不能漏水，否则煤气中 H_2 多易发生爆炸。

5-33　怎样选择休风焦比？

答： 为了弥补休风期间的热量损失与顺利复风，长期休风时需多加一些焦炭，增加全炉焦比。其增加量依据下列条件决定：

（1）满炉料休风时，焦比的选择主要依据休风时间长短而定，并与炉体密封的严密性、炉子容积大小、技术操作水平等有关。休风时间长、炉子容积小、炉体密封差、操作水平低的高炉要相应增加多一些，首钢的经验数据如下：

休风时间/h	<24	48	72	96 以上
平均综合焦比增加率/%	2～3	6～10	10～15	15～20

当前很多高炉采用喷吹燃料措施时，为了充分发挥它节省焦

炭的作用，对于 24h 以内的休风，休风前可只加少量净焦或轻负荷料，复风初期少量喷吹燃料，迅速恢复正常。

（2）降料面休风时焦比的选择主要依据料面位置。料面越深，休风焦比越高。若料面降至炉身中部，休风焦比要比正常综合焦比高 20% ~ 30%；料面降至炉身下部，焦比应较正常高 40% 左右；如料面降至炉腰及以下位置，则接近重新开炉，所以焦比也接近开炉焦比，应增加 100% ~200% 甚至更高。

（3）无计划休风，这是因事故等原因造成的被迫紧急休风。休风前来不及增加入炉焦炭，但为了弥补休风时的热损失，应在复风时从上部加入净焦和轻负荷料，同时尽可能使用高风温、富氧、喷吹燃料，迅速增加炉缸热量。据首钢统计，无计划休风复风后的 8h 内平均综合负荷与休风时间的关系如下：

无计划休风时间/h	<12	24	36	48
平均综合负荷减轻率/%	1.33	2.3	9.6	12.0

复风时综合负荷减轻较少时，相应恢复全风所需要的时间就长一些。多是等复风后所加净焦、轻负荷料下达风口带以后，炉况才能恢复正常。

5-34　怎样确定休风前所加轻负荷料的位置？

答：长期休风不仅要考虑加入净焦与轻负荷料的数量是否恰当，还要考虑它在炉内的位置是否恰当。要求所加净焦与轻负荷料既起到及时补充炉缸热损失的作用，又能起到在关键部位改善料柱透气性的作用。所以，一般都是将净焦与轻负荷料停留在炉腹及炉腰软熔带部位，其最前面的净焦或轻负荷料在炉内的停留位置，随休风时间长短稍有差别。休风时间越长，炉缸需要补充的热量越多、越早，最前面的净焦、轻负荷料在炉内的停留位置相对低一些。一般休风 24h 以内，最前面的净焦或轻负荷料最好停留在炉腰下部或炉腹上部；休风 48h 以内，停留在炉腹上部或中部；休风 72h 以内，停留在炉腹中部；休风 96h 以上，停留在炉腹下部。休风前所加净焦与轻负荷料在炉内的停留位置过高或过低都不好，过高不能及时补充炉缸热量，延长恢复正常风量时间，过低会造成休风前已烧掉部分净焦或轻负荷料，造成需要轻负荷料时，轻负荷料不足，以致炉凉延缓炉温与风量的恢复。

5-35　怎样搞好长期休风后的复风?

答: 长期休风后复风的关键是热量与顺行，只有热量充足，炉况顺行，才能尽快恢复正常生产水平。搞好复风应做到:

(1) 休风前所加净焦及轻负荷料的数量和位置要适当。所谓热量充足，是指正常冶炼所需的热量能得到补充，并不是越多越好，实践证明，过热、过凉都会妨碍顺行，延长恢复时间。

(2) 复风前要细心检查经过检修的设备，确认安全可靠后才能复风，防止复风初期因设备故障再休风。

(3) 根据休风时间、休风性质、休风前炉缸热度等因素选择好复风的风压与风量。一般是休风时间越短，炉内热损失越少，自然吸入空气形成的低温熔解物也越少，复风时风压与风量可以大一些。反之，复风时的风压与风量就要小一些。计划满炉料休风与复风后风压、风量的关系如下:

休风时间/h	<24	48	72	96	120	>120
复风风口面积与全风口面积之比/%	70~80	65~75	55~65	50~60	45~55	30~45
复风风量与全风量之比/%	60~75	55~70	45~60	40~50	35~50	30~45
复风风压与全风压之比/%	40~50	35~50	35~45	35~45	35~45	25~40
复风压差与全压差之比/%	60~75	55~65	50~60	45~55	40~50	30~45

若属无计划休风或降料面计划休风，复风时的风口面积、风压、风量都要小些。尤其是无计划休风，因休风前没有多加焦炭，必须少开风口，减慢矿石熔化速度，并尽可能喷吹燃料，逐步补充炉缸的热量。不论何种性质的休风和复风风量的多少，都应按接近正常风速水平来决定开风口的数目。

（4）掌握装料制度，合理分布煤气流。计划休风时加净焦、轻负荷料都有发展边缘的作用，因此复风时的装料首先是防止中心堵塞，要相应缩小矿石批重，注意疏导中心。只有在边缘 CO_2 过重或边缘与中心都较重，影响顺行时，才需增加发展边缘的装料比例。

（5）安排好长期休风后的出渣、出铁工作。复风后的第一炉渣铁比正常生产时的出渣出铁困难得多，休风时间越长，越困难，有时比新开炉还难。而复风后能否顺利排放渣铁，又是整个复风操作成败的关键之一。在实践中，针对长期休风后炉缸有冷凝渣铁、炉底增高等问题，总结出的经验为：1）复风后，只要达到正常铁量的 1/3 以上就应出第一次铁，防止因炉底高、铁面过高而发生事故；2）要根据炉缸情况决定送风大小。复风后必须密切注意炉缸情况，料尺过早地自由活动或自动崩料，往往是炉温低的表现，切不可只看炉况顺行就加大风量，以免上、下部不相适应，铁口难开，冷渣冷铁排放不出来，造成事故。复风后第一炉铁的铁口角度要小，休风时间越长，炉缸越凉，铁口角度更应向上一些。

5-36 什么叫封炉，怎样选择封炉焦比？

答：封炉是长期休风的一种特殊形式。其原因往往不是高炉本身的问题，而是产、供、销等生产组织平衡中的问题，因不需要继续生产而将高炉密封起来。有时也将封炉称为闷炉。根据不同情况可按下面数据选择封炉焦比：

封炉时间/d	$15\sim30$	$30\sim60$	>60
封炉焦比/$t \cdot t^{-1}$	$1.5\sim2.0$	$2.0\sim2.5$	$2.5\sim3.0$

封炉一般都比其他长期休风时间长，在密封情况较好时，封炉 60 天以上，炉内温度即已接近常温，等于用填焦法重新开炉。封炉焦比适当高一些对恢复生产是有利的，因而应接近开炉焦比。封炉料的加入方法也与开炉料的装入方法相似，第一批带矿石的正常料最好放在软熔带以上的炉腰部位。一般要求开炉后能在 $3\sim5$ 天达到正常生产水平。

5-37　怎样搞好封炉操作?

答：封炉是有计划的工作，为了便于以后顺利恢复生产，封炉前必须使炉况顺行，炉缸活跃。封炉与复风操作和一般长期休风相比，在以下几方面要求更严：

（1）对封炉前的炉内冶炼要求更严。休风前要采取改善渣铁流动性的措施，清洗炉衬黏结物和炉缸堆积物。有时采用喷炉来保证出净渣铁。

（2）对密封要求更严。下部密封要卸下风口，依次用耐火泥、耐火砖、河沙、耐火泥封死，外面再涂上沥青或重油等物。炉体除焊补较大裂缝外，小裂缝也要用沥青密封。上部密封方法也是用 2～4 批不带焦炭的炉料密封，并适当关闭炉顶放散阀（只留很小的缝隙），减少自然抽力。在整个封炉期间，要有专人按班检查密封情况，一般封炉 5～7 天以后，炉喉料面已基本无残余煤气火苗，若发现火苗较大时，应仔细检查密封情况和水箱是否漏水，并采取相应措施减小火苗。

（3）复风操作的重点是加热炉缸。封炉期间炉缸渣铁慢慢凝固，再熔化比较困难，也需要一定时间，因此要适应炉缸状况，复风初期可冶炼流动性好的铁种，以加快风量的恢复。应注意的是：1）复风时风口不宜开得过多，应随炉况进展逐步增加送风量和开风口的数目，封炉前经常堵塞和易坏的风口复风初期最好不开。封炉期内料面下降过多时，风口更要少开；发现偏料面时，料面低的一面的风口应少开或不开。拆除风口密封时，发现风口前有大量凝结物的风口一般不开。应集中开铁口上方区的风口，使风口区熔化、生成的渣铁尽快与铁口沟通。2）严防复风初期再停风，加剧炉凉，使铁口更难开。3）复风前将铁口开通，复风后喷吹铁口直到见渣为止。

首钢的经验是：休风或封炉焦比高，又无漏水等其他造成炉凉的因素，停风前炉缸活跃，炉渣碱度合适时，可以采用铁口直接排放渣铁。如封炉焦比低，延长封炉时间，或有漏水现象时，应按炉缸冻结处理。而打开铁口的关键是尽力提高炉缸温度。

第 6 章　高炉高效、低耗、实现低碳冶炼的技术及其进步

第1节　工艺操作技术

6-1　什么是低碳炼铁?

答: 高炉炼铁是高温火法冶金, 属碳冶金学, 它使用含碳为主的焦炭和煤粉为燃料, 提供冶炼过程需要的还原剂和 2000℃ 以上高温热量, 并用焦炭作为料柱骨架, 保证高炉炉况顺行, 而冶炼产品则是含碳 3.8% ~5.4% 的 Fe - C 合金生铁, 其副产品之一的高炉煤气 (含有 CO、CO_2 等) 是一种低热值气体燃料, 在用户的热风炉、加热炉、锅炉中, 煤气中的 CO 燃烧形成 CO_2, 与原来煤气中的 CO_2 和 N_2 一同排放进入大气。溶入铁水中的碳在转炉炼钢的过程中又氧化成 CO 含量达 60% ~65% 的转炉煤气, 转炉煤气作为气体燃料在用户处 CO 也氧化成 CO_2 排入大气。从一次能耗来说, 高炉冶炼的燃料比就决定了钢铁冶金碳消耗量和 CO_2 排放量, 因为吨铁的耗碳量占钢铁冶金耗碳量的 82% 左右, 包括高炉烧结、球团、炼焦, 而产生的 CO_2 量占 89%。

当今要求减少 CO_2 排放, 提倡低碳经济时就必然要提倡低碳炼铁。

生产中用什么来判别吨铁消耗碳的高低呢? 国内外炼铁界是用 r_d - C 图 (见 3-11 问)。

高炉吨铁碳消耗有以下几项:

(1) 渗碳。其消耗量与铁种、铁水温度、炉内压力等因素有关 (见 3-17 问), 一般来说铸造铁耗碳在 40kg/t 左右, 而炼

铁生铁则在50kg/t左右;

(2) 少量元素还原和脱S。这些都是直接还原消耗的,它与铁种和吨铁硫负荷等有关(见3-13问),一般在10~15kg/t;

(3) 铁的还原消耗。它与炉内直接还原和间接还原的发展以及炉内煤气利用η_{CO}或η_{CO+H_2}有关;

(4) 吨铁消耗热量。每吨生铁消耗的热量低的在8GJ左右,高的可达10~12GJ,而这些热量都是燃料中的碳在风口前燃烧放出的,而且其产物CO又是间接还原的还原剂。现代高炉中,这部分碳消耗低的在400kg/t左右,高的则超过500kg/t。

将上述碳消耗与r_d的关系画出,如图6-1所示,这就决定了低碳炼铁时高炉炼铁的碳消耗,世界先进高炉的燃料比在460kg/t左右,我国先进高炉的燃料比在480kg/t,一般水平在520~560kg/t。

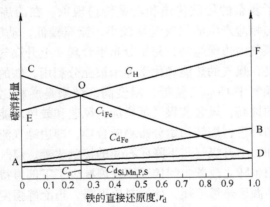

图6-1 高炉低碳炼铁的碳消耗

C_e—渗碳4.5~5.2kg/t; $C_{d_{Si,Mn,P,S}}$—少量元素还原和脱S耗碳10~15kg/t;

$C_{d_{Fe}}$—铁直接还原耗碳90kg/t左右; $C_{i_{Fe}}$—铁间接还原耗碳;

C_H—冶炼单位生铁的热消耗8~12GJ/t

6-2 什么是高炉高效低碳冶炼,用哪些指标来表示?

答:长期以来中国炼铁一直以提高冶炼强度达到高利用系数

的强化冶炼来指导生产。在中小高炉上冶炼强度达到 $1.5 \sim 1.8t/$
$(m^3 \cdot d)$，大高炉上也达到 $1.1t/(m^3 \cdot d)$ 以上，$450m^3$ 高炉的
有效容积利用系数达到 $3.6 \sim 4.0t/(m^3 \cdot d)$，$4000 \sim 5000m^3$ 高
炉的利用系数达到 $2.3t/(m^3 \cdot d)$ 以上，而燃料比则除少数先进
高炉可以实现 $500kg/t$ 外，绝大部分高炉的燃料比在 $500kg/t$ 以
上，有些高强化冶炼的高炉上燃料比甚至超过 $600kg/t$，与世界
炼铁相比，中国高炉的燃料比要高 $50 \sim 100kg/t$。造成燃料比高
的原因有精料水平低等多个方面，但主要还是冶炼强度过高，超
过了冶炼条件所允许的合适冶炼强度，因为冶炼强度与燃料比之
间存在极值关系（图6-2a）。高炉冶炼的客观规律是在一定的冶
炼条件下，存在一个与最低燃料比相对应的最适宜的冶炼强度，
当冶炼强度低于或高于 $I_{适}$ 时，焦比将升高，而产量随后开始逐
渐降低，这种规律反映了高炉内煤气流股和炉料流股逆流运动相
遇后发生了复杂的传质传热和动量传递现象。在冶炼强度很低
时，风量与相应产生的煤气量均较小，流速较低，动压头很小，
造成大量煤气沿边缘运动，初始分布不合理，上升煤气与下降矿
石接触不良，煤气的热能和化学能未被充分利用，铁的直接还原
多，炉顶煤气中 CO_2 含量低，温度高，结果是燃料比高；随着
冶炼强度的提高，风量和煤气量增加，风速和鼓风动能增加，风
口前出现循环区，煤气初始分布趋向合理，即边缘气流减少，中
心气流增加，上升煤气与下降矿石间的接触改善，煤气的热能和
化学能利用也随之改善，间接还原发展减少了下部直接还原，从
而减少了高温区热量消耗，使燃料比下降，当冶炼强度达到与冶
炼条件相适合的 $I_{适}$ 时，达到最低燃料消耗；之后冶炼强度继续
提高，风量的增加使风速和鼓风动能过大，产生的炉腹煤气量也
超过冶炼条件允许的数量，一方面炉缸循环区中产生顺时针涡
流，将焦粉和下滴的渣铁扫向风口下方，造成炉缸堆积，风口烧
坏（见4-12问和4-54问）；另一方面，上升煤气流造成中心过
吹，产生管道甚至出现悬料（见3-60问）而出现悬料、炉况恶
化必然导致煤气的热能和化学能得不到充分利用，r_d 升高，炉

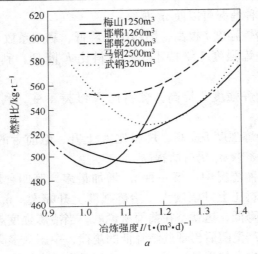

a

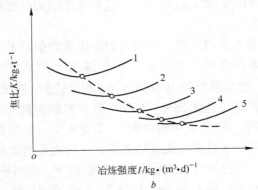

b

图 6-2　冶炼强度 I 与焦比 K 的关系

a—项钟庸统计中国高炉资料；*b*—不同冶炼条件下 I 与 K

的关系：冶炼条件 5 优于 4，4 优于 3，3 优于 2，2 优于 1

顶温度升高，燃料比也随之升高。

　　我们也可以从有效容积利用系数 η_v、冶炼强度 I 和燃料比 K 三者间的关系来分析，到现在为止，使用的高炉生产指标的计算关系式如下：

$$\eta_v = \frac{I}{K}$$

以下四种情况可以使 η_v 提高：

（1）冶炼强度 I 提高，燃料比 K 降低，利用系数 η_v 提高；

（2）冶炼强度 I 维持不变，燃料比 K 降低，利用系数 η_v 提高；

（3）冶炼强度 I 提高，燃料比 K 维持不变，利用系数 η_v 提高；

（4）冶炼强度 I 提高，燃料比 K 上升，但前者的幅度大于后者，利用系数 η_v 仍有所提高。

在这四种情况中，第一种 η_v 增加最多，第四种增加最少，而且一旦燃料比上升幅度大于冶炼强度上升幅度，η_v 不但不提高，反而会降低，这就是在前面所说的，当冶炼强度超过了 $I_{适}$，焦比升高，产量随后出现逐渐降低的规律，中国众多高炉炼铁较长一段时间内走的就是这样的路。这就是中国高炉燃料比较国外高的原因之一。

为什么这么长时间内，中国高炉能按第四条路走下来，中小高炉的 η_v 能提高到 $3.5 t/(m^3 \cdot d)$，甚至个别高炉可达到 $4.0 t/(m^3 \cdot d)$？这是因为20年来精料有了很大进步，在20世纪末21世纪初，入炉品位达到 $59\% \sim 60\%$，且炉料结构较合理，操作水平大幅度提高，图 6-2b 中的曲线1、2变为3、4。但是由于最近矿石价格疯涨，而且矿石质量趋劣化，一些企业为降低采购和生铁成本，将一些高炉的入炉品位降到 50% 以下，燃料中的 SiO_2 特别是 Al_2O_3 很高，图 6-2b 中的曲线3、4退回到曲线1、2，这样燃料比上升到 $600 kg/t$ 以上，η_v 就明显低了。这告诉我们要转变观念，决不能简单地认为 η_v 与冶炼强度成正比关系，继续盲目追求高冶炼强度而牺牲燃料比，因为它违背了低碳炼铁原则。

不同高炉的冶炼条件不同，操作水平不一样，生产中高炉出现不同最低燃料比的 $I_{适}$ 也不尽相同，这是因为高炉冶炼强度对应的低燃料比是不断改善冶炼条件的结果（图 6-2b）。世界各国采用精料、高压、高风温、富氧、喷吹燃料等综合鼓风技术及上下部调剂操作技术，从20世纪50年代到20世纪末的几十年来，冶炼强度提高了 1 倍，而燃料比则降低了 60% ~ 100% ，也就是从图 6-2b 中的曲线 1 走向曲线 5 的实践历程。

6-3　用什么指标可以科学地表达（描述）高炉冶炼的强化程度？

答：长期以来，中国高炉炼铁描述强化程度的指标是冶炼强度 I ，即每昼夜每立方米炉容燃烧的焦炭量。喷吹燃料以后则采用每昼夜每立方米炉容燃烧的焦炭和煤粉总量来描述，并用冶炼强度 I 与燃料比 K 的比值，即高炉有效容积利用系数 η_v （ $\eta_v = I/K$ ）来评价高炉生产的业绩。这样两个指标一直是中国炼铁生产的领导、组织者和工长等追求高效生产的目标。我国高炉的冶炼强度高的达到 1.5 以上而容积利用系数高达 3.5 ~ 4.0 ，达到了世界先进和领先水平。但其后果是燃料比高，吨铁风耗高，燃料比较世界平均水平高出 50kg/t 以上，而风耗则高出 200 ~ 500m³/t 。所以用冶炼强度和容积高炉利用系数来表达高炉冶炼强度程度存在着很大的片面性，它不符合低碳炼铁的原则。建议今后要用冶炼条件允许的单位生铁产生的炉腹煤气量、炉腹煤气量指数、透气煤气指数等更科学的指标来描述。

炉腹煤气量 V_{BG} 是单位生铁消耗的燃料在风口前燃烧形成的煤气量，它由 CO、H_2 和 N_2 三者组成。它可以燃烧 1kg 碳，$1m^3$ 鼓风和生产 1t 生铁为基准进行计算。不喷燃料时，以燃烧 1kg 碳为基准的计算最为简便：

$$\varphi_{CO} = 1.8667$$

$$\varphi_{H_2} = v_风 \cdot \varphi$$

$$\varphi_{N_2} = v_风 (1 - w)(1 - \varphi)$$

以 $1m^3$ 风量计算为：

$$\varphi_{CO} = [(1 - \varphi)w + 0.5\varphi] \times 2$$

$$\varphi_{H_2} = \varphi$$

$$\varphi_{N_2} = (1 - \varphi)(1 - w)$$

喷吹燃料时生产 1t 生铁为基准较好：

$$\varphi_{CO} = \frac{22.4}{12} m_{C风} = 1.8667 m_{C风}$$

$$\varphi_{H_2} = V_风 \varphi + \frac{22.4}{2} m_{H_2喷}$$

$$\varphi_{N_2} = V_风 (1 - \varphi)(1 - w) + \frac{22.4}{28} m_{N_2喷}$$

式中　　$v_风$——燃烧 1kgC 所需风量，m^3/kg，$v_风 = \frac{22.4}{2 \times 12}$

$$\left[\frac{1}{(1 - \varphi) w + 0.5 \varphi} \right];$$

　　　　$V_风$——冶炼 1t 铁所需风量，m^3/t；

　　　　$m_{C风}$——冶炼 1t 铁风口前燃烧 C 量，$m_{C风} = \dfrac{V_风}{v_风}$，kg/t；

$m_{H_2喷}$，$m_{N_2喷}$——冶炼 1t 铁喷吹燃料中带入 H_2 及 N_2 量，kg/t。

　　也可以用以下公式计算：

$$V_{BG} = 1.21 V_B + 2 V_{O_2} + \frac{44.8 W_B (V_B + V_{O_2})}{18000} + \frac{22.4 P_C H}{120}$$

式中　　V_B——风量，不包括富氧量（标态，下同），m^3/min；

　　　　V_{O_2}——富氧量，m^3/min；

　　　　W_B——湿分，g/m^3；

　　　　P_C——喷吹煤粉量，kg/h；

　　　　H——煤粉的含氢量，%。

6-4　高炉高效、低耗冶炼工艺操作技术包括哪些内容？

答：近年来，高炉高效、低耗冶炼取得了很大进步，实践表明，这是采取了许多先进工艺操作技术的结果，它们是精料技术、高风温技术、高压操作技术、喷吹燃料技术、富氧大喷煤技术、上下部调剂操作技术以及先进的计算机控制技术等。

6-5　为什么说精料是高炉高效、低耗冶炼的基础？

答：高炉强化冶炼以后，一方面单位时间内产生的煤气量增加，煤气在炉内的流速增大，煤气穿过料柱上升的阻力 Δp 上升；另一方面炉料下降速度加快，炉料在炉内停留时间缩短，也就是冶炼周期缩短，这样煤气与矿石接触的时间缩短，不利于间接还原的进行。为保持强化冶炼后炉况顺行、煤气利用好、产量高、燃料比低，原燃料的质量成为决定性的因素。

首先是矿石的入炉品位和焦炭灰分及含硫量，它们决定着渣量。人们普遍认为，渣量不低于 300kg/t 时，要实现喷吹燃料在 200kg/t 以上，燃料比为 500kg/t 是困难的，甚至是不可能的；另外渣量也是煤气顺利穿过滴落带的决定性因素。

其次，原料的粒度组成、高温强度和造渣特性是影响料柱透气性和高炉顺行的决定性因素。均匀的粒度组成和较好的高温强度是保证块状带料柱透气性的基本条件，而良好的造渣性能是降低软熔带和滴落带煤气运动阻力的基本条件。

第三，原料的还原性是影响高炉内铁的直接还原度的决定性因素，只有原料具有良好的还原性（如烧结矿、球团矿或粒度小而均匀的天然赤铁矿和褐铁矿矿石），才能保证炉料在进入高温区以前充分还原，从而降低焦比。

第四，焦炭的强度特别是高温强度是软熔带焦窗和滴落带焦床透气性和透液性的决定性因素，所以降低焦炭的灰分、反应性，提高反应后强度是十分重要的。

由此可见，要想高炉强化冶炼并获得良好的高炉生产指标，必须抓好原燃料，改善原燃料质量，使原料具有品位高、粒度均匀、强度好、还原和造渣特性优良等条件，使焦炭具有灰分低、硫含量低、强度高、反应性低等优良条件。

6-6　我国精料技术取得哪些进步，发展方向怎样？

答：近年来，精料的重要性已深入炼铁工作者的心中，受到各级组织生产者的重视，精料技术取得了相当大的进步，具体表现为：

（1）入炉品位显著提高。由于认识到入炉品位的高低是渣量和冶炼过程中热量消耗的决定性因素之一，在原来入炉品位较低（TFe 约为 50% 左右）时，矿石品位提高 1%，可降低燃料比 2%，提高产量 3%。因此各厂都把提高入炉品位作为提高冶炼强度和降低燃料消耗最积极、最有效的措施。在 20 世纪末 21 世纪初，我国宝钢、三明、杭钢等 10 余家企业的入炉品位已在 60% 以上，绝大部分企业的入炉品位在 58.5% 以上。入炉品位提高的措施是：利用两种资源，适量使用进口富矿，淘汰国产劣质矿；改进选矿技术，使精矿粉的品位由原来的 60% ~ 63% 提高到 66% ~ 68% 等。但近年来，进口矿石的质量劣化、价格暴涨，为降低采购成本，一些企业采购了一定数量的品位低，Al_2O_3 高，有害杂质多的劣质矿，大幅度地降低了入炉品位，违背了精料和低碳炼铁的原则是不可取的。

（2）做好入炉料成分稳定工作。生产实践使人们认识到，原料成分的不稳定是引起高炉炉况波动的重要原因。为防止炉况失常，生产中常被迫维持较高的炉温，这就无形中增加了燃料消耗，这就是很多高炉尤其是中小型高炉炼钢生铁中的 [Si] 降不下来的原因。例如炼钢要求生铁中 [Si] 在 0.4% 即可，但生产者考虑到烧结矿中 TFe 和碱度 m_{CaO}/m_{SiO_2} 的波动，[Si] 被迫维持在 0.6%，甚至 0.8%，而 [Si] 每增加 0.1%，焦比要上升 4kg/t。为使原料成分稳定，就要加强中和混匀工作，很多厂包括地方骨干中型企业建成了中和混匀料场，取得了很好的效果。

（3）优化入炉料的粒度组成，这是改善料柱透气性和强化冶炼过程的重要影响因素。现在广泛地强化了筛分工作，不仅在烧结厂、球团厂进行，还普遍地在高炉槽下进行，筛去粒度小于 5mm 的粉末，与此同时，还限制烧结矿粒度的上限为 40 ~ 50mm。

（4）采用低温烧结法生产高碱度、低 FeO、高还原性的烧结矿，并向低 SiO_2 发展，这是提高烧结矿冶金性能的重要措施。我国宝钢烧结矿中的 SiO_2 含量降到 4.5% 左右，达到世界先进水平，现在已逐步推广。

（5）发展球团矿生产，为合理炉料结构提供优质酸性料。我国铁矿资源主要是贫矿，通过磁选得到磁精粉，本应用它来生产球团矿，但走的却是生产烧结矿的道路，球团矿生产一直没有得到重视。随着精料技术的发展，球团矿逐步被人们认识到是一种优质的高炉炉料，开始得到发展。近年来，一些厂都新建了球团车间以满足高炉炉料结构的要求。虽然这些球团生产设备绝大部分是竖炉，得到的球团矿的质量还不是太好，很难满足大型高炉对球团矿质量的要求，但还是为炉料结构的优化做出了贡献。现在首钢迁安矿山公司已成功地建成和投产了国产 100 万 ~240 万吨/年的链箅机 - 回转窑生产线，武钢、沙钢、宝钢建成年产 500 万吨球团厂，首钢则在曹妃甸建成年产 400 万吨的带式焙烧机球团厂。

（6）焦炭质量不断提高。由于中国焦煤资源不丰富，而且分布不均匀，灰分高，给炼焦带来困难。炼焦工作者采用两种资源和先进技术，使焦炭的质量提高，例如 20 世纪又采用捣固焦等技术以节省焦煤，虽然在配煤工艺、捣固焦技术等方面还有待继续改进，但目前基本上能满足 $1000m^3$ 以下高炉生产要求，特别是涟源钢铁公司采用捣固焦成功地应用于 $3200m^3$ 大高炉，取得降低焦比、提高产量的成绩。宝钢焦炭的 M_{40} 达到了 89.87%，M_{10} 小于 5%。

高炉精料技术发展的方向大致是：进一步提高精矿粉品位；改进焦炭质量，将灰分普遍维持在 12% 左右，M_{40} 提高到 85% ~ 90%，M_{10} 降到小于 6%；优化烧结配料，生产以针状铁酸钙为黏结相的高碱度烧结矿，使其含铁波动 ±0.05，碱度波动 ±0.03，粒度大于 50mm 的不超过 10%，不大于 10mm 的在 30% 以下，不大于 5mm 的不超过 3%；大力发展球团矿，将其占人造富矿总量的比例由现在的 18% 提高到 25%；开发生产适用于高炉使用的金属化炉料等。

6-7　什么叫高压操作，高压操作的条件和优点是什么？

答：高压操作就是通过净煤气管道上的调压阀组提高炉顶压力，从而使整个高炉内的煤气处于高压状态。一般认为高炉炉顶压

力在 0.03MPa 以上的叫高压，现在大高炉的炉顶压力已达到 0.2 ~
0.3MPa，而 450m³ 小型高炉的顶压也已达到 0.08MPa，有的超
过 0.12MPa。

高压操作的条件是：

（1）鼓风机要有满足高压操作的压力，保证在高压操作下
能向高炉供应足够的风量。

（2）高炉及整个炉顶煤气系统和送风系统必须保证可靠的
密封及足够的强度，以满足高压操作的要求。

（3）设有炉顶高压煤气余压发电设备（TRT），以利用高压
煤气的压力能。

高压操作的优点是：

（1）强化冶炼进程，提高产量。炉顶压力提高，高炉工作
空间的压力也提高，煤气的体积缩小，流速降低，压头损失也随
之降低，从而促进高炉顺行，给增加风量创造了条件。根据计
算，在保持压差不变的情况下，顶压由 30kPa 提高到 50kPa 时，
每提高 10kPa，风量可增加 3% 左右；而顶压由 110kPa 提高到
130kPa 时，每增加 10kPa，风量只允许增加 2.5% 左右。因此顶
压越高，强化冶炼的效果有减小的趋势。

（2）可在一定程度上降低焦炭消耗。同顶压提高一样，加
速 $2CO = CO_2 + C$ 反应向体积缩小一方进行，有利于煤气的化学
能得到充分利用；加上高压操作改善顺行，可以减少悬料、崩
料，以及提高产量，减少单位生铁的热量损失等都有降低焦炭消
耗的作用。研究表明，高压以后，给提高风温创造了条件，因为
高压使煤气阻损降低，使提高风温不致影响顺行，而风温的提高
总是使焦比降低，所以观察到的高压以后焦比降低，风温的提高
起了很大作用。

（3）降低炉尘吹出量。由于提高顶压，煤气流速降低，因
而炉尘吹出物大大减少。顶压越高，减少的比例越大。

（4）可以回收能量。采用炉顶余压发电，顶压越高，发电
量越多。

（5）高压以后，对硅的还原不利，而强化了渗碳过程，所以高压有利于低硅生铁的冶炼，使生铁碳含量增加。

6-8　无钟炉顶的均排压制度有何特点？

答：无钟炉顶的高炉都采用高压操作，为了使上、下密封阀，料流调节阀等按程序操作，保证炉料能顺利装入料罐或从料罐中排出，并保证炉顶压力稳定，在无钟炉顶的料罐上设置了均排压系统。它包括均排压管路、均排压阀、紧急排压阀和氮气罐，均排压阀的直径随高炉炉容而有所变动，一般 1000 ~ 2000m³ 高炉的均排压阀直径为 300 ~ 400mm，2000m³ 以上大型高炉的则在 500 ~ 600mm。为提高工作的可靠性，一般采用两次均压，一次用半净煤气，二次用氮气。现代高炉上为了降低均排压时的噪声，设有消声器；为减少放散煤气对管道和消声器的磨损，设置有除尘器；为回收均压煤气，设有回收装置。

现以常用的串罐无钟炉顶为例说明均排压制度。

串罐无钟炉顶的均压示于图 6-3。

串罐均压的正常工作制度的特点是：除往下罐装料时外，下罐总是处于充压状态。其均压操作顺序如下：

料线到位后，关一次均压阀，开二次均压阀；然后开下密封阀，开料流调节阀向炉内布料；布完料后关料流调节阀，关下密封阀的同时关二次均压阀；再开均压放散阀；开上密封阀，开上部料闸，向下罐漏料；漏料完毕后关上部料闸，关上密封阀及均压放散阀；开一次均压阀。

串罐均压辅助工作制度的特点是除往炉内布料外，下罐总处在不充压状态。其均压操作顺序如下：

料线到位后，关均压放散阀，开一次均压阀，下罐充满压后关一次均压阀，开二次均压阀；然后开下密封阀，开料流调节阀向炉内布料；布完料后关料流调节阀，关下密封阀；关二次均压阀；开均压放散阀；开上密封阀，开上部料闸，向下罐漏料；漏料完毕后，关上部料闸，关上密封阀。

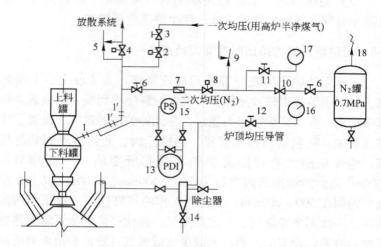

图 6-3　串罐式无料钟高炉炉顶均压、放散示意图

1—万向膨胀节；1'—单向膨胀节；2——次均压阀；3，6—蝶阀；4—放散阀；

5，9，18—安全阀；7—单向阀；8—二次均压阀；10—差压调节阀；11—差压阀 N₂

入口阀；12—差压阀高炉煤气入口阀；13—差压器；14—除尘器放水阀；

15—压力继电器；16—压力表（N₂ 压力）；17—压力表（炉顶）

回收均压放散煤气是减轻炉顶消声器负荷，改善炉顶设备维护条件，回收能源和改善环境的有效措施。我国使用的一种流程示于图 6-4 中。

6-9　高压与常压的转换操作程序是什么？

答：常压改高压的操作程序是：

（1）用蒸汽驱赶回炉煤气管道中的空气后，开回炉煤气阀门；

（2）上料系统执行均压程序，合上电源；

（3）向送风机、热风炉、上料系统、煤气清洗部门发出转换高压操作的信号，逐个缓慢关闭煤气调压阀组的阀门，将自动调节阀关到 45°角位置，辅助调节阀关到炉顶压力的指定位置

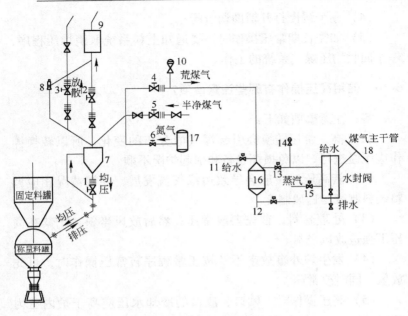

图 6-4　均压煤气回收系统流程图

1—均压阀；2—排压阀；3—放压阀；4—回收阀；5—一次均压阀；6—二次均压阀；
7—旋风除尘器；8—安全阀；9—消声器；10—回收煤气放散阀；11—清洗水阀；
12—清洗排水阀；13—回收调节阀；14—吹扫放散阀；15—吹扫氮气蒸汽阀；
16—降压塔；17—氮气罐；18—净煤气主干管

后，将自动调节阀改为手动；

（4）在转高压的过程中，一般保持与常压相同的风量或根据经验少量加风，转换完毕后根据具体情况增加风量，以维持原压差为标准。

高压转常压的操作程序是：

（1）向送风机、热风炉、上料系统、煤气清洗部门发出改换常压操作的信号；

（2）将自动调节阀改为手动；

（3）通知风机房减少风量，根据顶压高低决定减风量的多少，一般应使压差不超过高压时的水平；

（4）逐个缓慢打开辅助调节阀；

（5）如需长期常压操作时，要通知上料系统取消均压程序，停止回收均压煤气系统的工作。

6-10　使用高压操作有哪些注意事项？

答：注意事项如下：

（1）高、常压转换会引起煤气流分布的变化，所以转换操作应缓慢进行，以免损坏设备和引起炉况不顺。

（2）转高压后一般会导致边缘气流发展，要视情况相应调整装料制度与送风制度。

（3）处理悬料，首先要改常压，然后放风坐料。严禁在高压下强迫放风坐料。

（4）发生炉外事故来不及按正常程序转常压操作时，可先放风，同时改常压。

（5）高压操作时，风口、渣口的冷却水压应高于炉内压力50kPa以上。

（6）为了防止均压放散管堵塞，每班应用上料间歇将均压阀打开吹扫，但一般不得用荒煤气吹扫。

（7）无料钟炉顶密封室充氮气时，应使气密室内压力高于炉顶压力10kPa。

（8）无料钟均压一般应是料罐内充压，以保护与延长下密封阀的寿命。

6-11　什么是高压操作中的调压阀组，它的作用是什么？

答：高压操作中的调压阀组也叫高压阀组，也有叫它减压阀组的，它安装在高炉的净煤气管道上，是控制高炉炉顶煤气压力高低的阀门组。它的结构示于图 6-5。在阀组上有 5 条平行的通道和 4 个阀门，最小的一条通道直径为 $\phi(200 \sim 300)$mm，是常通的通道，不设阀门，起安全保护作用。当炉顶压力因某些原因（例如炉内爆炸、大崩料）突然增高，或其他阀失灵而全部关闭

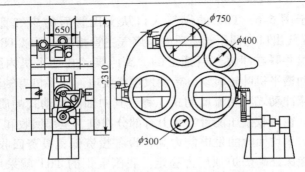

图 6-5　高炉的高压调压阀组示意图

时，仍可有一个自由通道以减小破坏作用。4 个阀门中 3 个大的（直径一般为 φ750mm）为电控或液压控制的蝶阀，1 个小的（直径一般为 φ400mm）为自动调节蝶阀。这 4 个阀门全开时炉顶为常压，当各阀门逐渐关小时，炉顶压力随之升高，高炉就处于高压状态，炉顶压力的高低可用这 4 个阀关闭的程度来决定。一般当炉顶压力设定在某一数值后，3 个大阀门关闭到某一位置或全关，由小阀门自动调节并稳定在预定水平。煤气通过调压阀组后，压力能损失很大（阀组前为高压，阀组后为常压），使它成为一套良好的煤气清洗设备，最小的常通通道起到了类似于文氏管中喉口的作用，在顶压高于 40kPa 时，通过阀组后的煤气含尘量可降到 10mg/m³ 以下。因此各阀门要用水冲去灰泥，泥浆通过常通通道而排入灰泥捕集器。

6-12　什么叫 TRT？

答： 高炉高压操作时，调压阀组消耗了炉顶煤气的剩余压力，而这部分压力能是由风机提供的。风机为了提高风压以满足炉顶压力的要求消耗了很多能量（由电机或蒸汽透平提供），为了不浪费炉顶煤气的压力能和热能，从 20 世纪 60 年代开始人们开发了利用炉顶煤气的能量发电的技术，现已广泛应用于高压高炉上。

所谓 TRT 就是炉顶余压发电透平机的简称，余压发电工艺流程示于图 6-6。TRT 的煤气入口从文氏管后的煤气管接出，TRT 的煤气出口与调压阀组后的净煤气主管相接，所以 TRT 是与调压阀组并联在净煤气管道上的。高压煤气在透平机内膨胀做功，推动透平机叶轮转动，带动发电机发电。透平机有轴流向心式、轴流冲动式和轴流反动式 3 种，其中轴流反动式的质量小、效率高。在回收余压能量方式上有部分回收、全部回收和平均回收 3 种，平均回收的发电能力高，设备投资低，投资回收期短，而且还能保证高炉炉顶压力稳定。我国宝钢的 TRT 就采用平均回收方式。根据炉顶压力不同，每吨生铁可发电 20 ~ 40kW · h。如果是干法除尘，进入透平的煤气温度高，透平的效率提高（煤气温度每提高 10℃，透平机出力可提高 3% 左右），发电量可增加 30% 左右。一般来说，炉顶压力达到 0.09MPa 即可采用 TRT 技术，但要有明显的经济效益，炉顶压力应提高到 0.11 ~ 0.12MPa 以上。

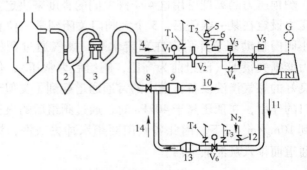

图 6-6　高炉炉顶余压发电工艺流程图

1—重力除尘器；2，3—文氏洗涤塔；4，11，14—煤气；5—主管喷射器；6—蒸汽；
7—点火孔；8—减压阀组；9—消声器；10—煤气总管；12—氮气吹扫阀；13—除雾器；
V_1—入口蝶阀；V_2—入口眼睛阀；V_3—紧急切断阀；V_4—旁通阀；V_5—调速阀；
V_6—水封截止阀；$T_1 \sim T_4$—放散阀；G—发电机组；TRT—余压发电透平

6-13　提高风温对高炉冶炼有什么影响？

答： 风温提高会导致冶炼过程发生以下几个方面的变化：

（1）风口前燃烧碳量 $C_风$ 减少，这是因为在单位生铁的热收入不变的情况下，提高风温带入的热量替代了部分风口前焦炭中碳（$C_风$）燃烧放出的热量，可使单位生铁 $C_风$ 减少，但是每100℃所减少的 $C_风$ 是随风温的提高而递减的。

（2）高炉高度上的温度分布发生炉缸温度上升、炉身和炉顶温度降低、中温区略有扩大的变化。

（3）铁的直接还原增加，这是由 $C_风$ 减少而使单位铁的 CO还原剂减少和炉身温度降低等原因造成的。

（4）炉内料柱阻损增加，特别是炉子下部的 Δp 会急剧上升，这将使炉内炉料下降的条件明显变坏。如果高炉是在顺行的极限压差下操作，则风温的提高将迫使冶炼强度降低。据统计，在冶炼条件不变时，风温每提高 100℃，炉内 Δp 升高约 5kPa，冶炼强度下降 2% 左右。造成 Δp 升高的原因是料柱内焦炭数量因焦比下降而减少；炉缸温度升高使煤气实际流速增大；下部温度过高，升华物质增多，其随煤气上升到上部冷凝，使料柱的空隙度降低，恶化料柱的透气性等。因此，使用高风温必须采取有效的措施，创造接受高风温的条件。

6-14　高炉接受高风温的条件是什么？

答： 凡是能降低炉缸燃烧温度和改善料柱透气性的措施，都有利于高炉接受高风温。高炉接受高风温的条件是：

（1）改善原料条件。精料是高炉接受高风温的基本条件，只有原料的强度好、粒度组成均匀、粉末少，才能在高温条件下保证高炉顺行。

（2）喷吹燃料。喷吹物在炉缸燃烧带的加热分解，需相应提高风温来补偿，这就为高炉接受高风温创造了条件。补偿温度根据高温区热平衡，可以用下式计算：

$$\Delta t = \frac{Q_解 + Q_{1500}}{V_风 \, c_风^t}$$

式中　Δt——补偿温度，℃；

$Q_解$——吨铁喷吹燃料的分解热，kJ；

Q_{1500}——将喷吹燃料温度提高到1500℃所需要的热量，kJ；

$c_风^t$——风温在 t 下的比热容，kJ/(m³·℃)；

$V_风$——单位生铁的风量，m³/t。

风温为1000℃时，喷吹1kg重油需补偿风温 1.6~2.3℃，喷吹1kg煤粉需补偿风温 1.5~3.5℃。

（3）加湿鼓风。鼓风中的水分分解吸热，降低燃烧温度，可通过相应提高风温来补偿。水分分解吸热的反应式为：

$$H_2O = H_2 + \frac{1}{2}O_2 - 240000kJ$$

吸收的热量（240000kJ）相当于 -10800kJ/m³（H_2O）或 -13440 kJ/kg（H_2O）。

鼓风为900℃时热容为 1.4kJ/(m³·℃)，因此1m³鼓风中加1g水可提高风温9.3℃（13/1.4）。

（4）搞好上下部调剂，保证高炉顺行。如果高炉不顺，则不宜使用高风温。此时需正确运用上下部调剂手段，首先保证高炉顺行，方可提高风温。

6-15　什么叫综合鼓风和综合喷吹？

答：作为高炉强化冶炼的技术，采用高风温和富氧鼓风的同时，通过风口与鼓风一起向炉缸喷吹燃料（煤粉、重油、天然气等）、热还原性气体（天然气或焦炉煤气等裂化形成的 CO + H_2 的气体）或其他粉料（含铁粉料、熔剂粉料）。由于通过风口向炉缸喷吹热还原性气体和粉状物料尚处于研究试验阶段，还没有应用于生产，所以现在的综合鼓风是高风温、富氧和喷吹燃料三者结合的鼓风，常用综合喷吹这个名词来表达。综合喷吹是高炉炼铁技术的重大进步，对高炉强化冶炼具有很大意义。

（1）采用风口喷吹燃料技术，扩大了高炉冶炼用的燃料品种和来源，可用一些价格低廉、来源广泛的燃料代替部分昂贵而稀缺的冶金焦，从而使焦比大幅度降低，生铁成本下降。

（2）从风口喷入的燃料，需在炉缸吸热分解后燃烧，需要一定的温度和热量补偿，为高炉接受高风温和富氧提供了条件。

（3）高炉喷吹燃料是一项调节炉况热度的有效手段，它比从上部变动焦炭负荷快得多，也为稳定高风温操作创造了条件。

（4）用一般燃料替代部分冶金焦炭，为减少焦炉数目、节约基建投资创造了条件，同时还改善了环境。

（5）采用富氧鼓风与喷吹燃料的综合喷吹技术，可以改善喷吹燃料的燃烧条件，提高燃料喷吹率，增加替代焦炭的比例，进一步降低焦比。同时富氧鼓风可以提高风口区的理论燃烧温度，又可弥补增加喷吹燃料所需的温度补偿，一般富氧 1%，可提高理论燃烧温度 35~45℃，增加喷煤率 4%。

（6）采用富氧与喷吹燃料的综合喷吹技术后，因为一般喷入燃料的挥发分都比焦炭高，而风中氮含量又因富氧而减少，从而可提高煤气质量，有利于还原和提高回收煤气的发热值。

6-16　高炉可喷吹的燃料有哪几种，我国以喷吹哪种燃料为主？

答： 高炉可以喷吹气体、液体、固体等多种燃料。气体燃料有天然气、焦炉煤气等。天然气的主要成分是 CH_4（90% 以上），焦炉煤气的主要成分是 H_2（55% 以上）。液体燃料有重油、柴油、焦油等，它们都是碳含量较高的液态碳氢化合物，灰分少，发热值高。固体燃料有无烟煤和烟煤等，其成分与焦炭基本相同，缺点是灰分高，硫含量高。

考虑到燃料的储备及开采和能源的合理利用等问题，我国选用的燃料以喷吹煤粉为主。

6-17　高炉喷煤对煤的性能有何要求？

答： 高炉喷吹用煤应能满足高炉冶炼工艺要求，并对提高喷吹量和置换比有利，以替代更多的焦炭。具体要求如下：

（1）煤的灰分越低越好，灰分含量应与使用的焦炭灰分相同，一般要求 $w_A < 15\%$。

（2）硫含量越低越好，硫含量应与使用的焦炭硫含量相同，一般要求 $w_S < 0.8\%$。

（3）表明煤结焦性能的胶质层越薄越好，以避免煤粉在喷吹过程中结焦，堵塞煤枪和风口，影响喷吹和高炉正常生产。生产中常用无烟煤、贫煤和长焰烟煤作为喷吹用煤。

（4）煤的可磨性好，高炉喷吹的煤需要磨细到一定细度，例如无烟煤 -200 目（粒度小于 0.074mm）的要达到 80% 以上，烟煤 -200 目的要达到 50% 以上。可磨性好，则磨煤消耗的电能就少，可降低喷吹费用。

（5）煤的燃烧性能好，即煤的着火温度低，反应性好，这样可使喷入炉缸的煤粉在有限的空间和时间内尽可能多地气化。另外燃烧性能好的煤也可以磨得粗一些，即 -200 目占的比例少一些，以降低磨煤能耗和费用。

就目前有的煤种来说，可以发现任何一种煤都不能达到上述全部要求，另外各种煤源由于产地远近、开采方法、运输到厂的方式等不同，其单位价格也不同，生产中常采用配煤来获得性能好而且价格低的混合煤。国内外常用碳含量高、热值高的无烟煤与挥发分高、易燃的烟煤配合，使混合煤的挥发分在 20% ~ 25%、灰分在 12% 以下，充分发挥两种煤的优点，取得良好的喷煤效果。我国宝钢就是这样处理的。

对磨好了的喷吹用煤粉的要求主要是：

（1）粒度。无烟煤 -200 目的应达到 80% ~ 85%；烟煤 -200 目的达到 50% ~ 65%，含结晶水的烟煤、褐煤在高富氧的条件下粒度还可以更粗些。

（2）温度。应控制在 70 ~ 80℃，以避免输送煤粉的载体中的饱和水蒸气结露而影响收粉。

（3）水分。煤粉的水分应控制在 1.0% 左右，最高不超过 2.0%，因为水分大一方面会影响煤粉的输送，另一方面喷入炉缸，在风口前分解吸热，会加剧 $t_理$ 的下降。为保证必要的 $t_理$，需增加热补偿，无补偿手段时要降低喷吹量。

6-18 喷吹煤粉对高炉冶炼过程有什么影响？

答：喷吹煤粉对高炉冶炼过程的影响有：

（1）炉缸煤气量增加，在风口面积不变的情况下鼓风动能增加，燃烧带扩大。煤粉中含碳氢化合物越多（焦炭中挥发分含量一般小于1.5%，无烟煤中为5%～12%，烟煤中为10%～35%），在风口前气化后产生的H_2越多，炉缸煤气量增加得越多（灰分很高的无烟煤例外，因为它的碳含量比焦炭低而使煤气量减少）。煤气中H_2量的增加，有利于煤气向炉缸中心渗透，使炉缸工作均匀。

（2）理论燃烧温度下降，而炉缸中心温度略有上升。$t_{理}$降低的原因是：燃烧产物煤气量增加；喷吹煤粉气化时挥发分分解吸热，使燃烧放出的热值降低；煤粉进入燃烧带时的温度（80℃左右）远低于焦炭进入燃烧带时的温度（1500℃），因此燃料带入燃烧带的物理热减少。炉缸中心温度升高的原因是：鼓风动能和煤气中H_2含量增加，使煤气向中心渗透，炉缸中心部位的热量收入增加；上部还原得到改善，炉子中心直接还原数量减少，热支出减少；热交换因H_2的增加而改善。

（3）料柱的阻损Δp增加。喷吹煤粉以后，煤粉代替焦炭，使料柱中矿/焦比增大，焦炭数量减少，料柱的空隙度下降，煤气上升时的阻力增加，压差升高；上升煤气量增加，使煤气速度增大，Δp也随之升高。煤气中H_2量增加，由于其黏度和密度较小，有利于Δp的下降，但其作用小于前两者的作用，所以最终Δp总是升高的。

（4）间接还原发展，直接还原降低。其原因是：煤气中还原性组分$CO + H_2$的数量和浓度增加；H_2的数量和浓度增加，加速了间接还原发展；焦炭的溶损反应$CO_2 + C = 2CO$进行的几率减少；矿石在炉内停留时间增加等。计算表明，喷吹煤粉100kg/t后，铁的直接还原度降低8%～10%。

6-19 什么叫喷煤"热补偿"？

答： 高炉喷吹煤粉时，煤粉以 70 ~ 80℃ 的温度进入炉缸燃烧带，它的挥发分加热分解，消耗热量，致使理论燃烧温度下降，炉缸热量显得不足。为了保持良好的炉缸热状态，需要给予热补偿。严格地说，这个补偿应包括温度和热量两个方面，即将 $t_{理}$ 维持在所要求的水平和增加炉缸热量收入。最好的补偿措施是提高风温，其次是富氧。

以风温来进行热补偿时，可以根据热平衡来估算需要提高的风温数，即 $V_{风} c \Delta t = Q_{分} + Q_{1500}$，则：

$$\Delta t = \frac{Q_{分} + Q_{1500}}{V_{风} c}$$

式中　Δt——喷煤时应补偿的风温，℃；

$\quad\quad Q_{分}$——煤粉分解耗热，kJ/kg；

$\quad\quad Q_{1500}$——煤粉由 70 ~ 80℃ 提高到 1500℃ 需要的热量，kJ/kg；

$\quad\quad V_{风}$——风量，m^3/t；

$\quad\quad c$——热风的比热容，$kJ/(m^3 \cdot ℃)$。

例　已知 $t_{风} = 1050℃$，湿分 $\varphi = 2.0\%$，$V_{风} = 1250 m^3/t$，其他条件不变，喷煤量由 80kg/t 增加到 100kg/t，需要补偿风温多少？（煤粉的 $Q_{低} = 27800 kJ/kg$；$w_C = 72.04\%$，$w_{H_2} = 4.42\%$，$w_S = 0.65\%$；温度为 70℃）

（1）计算 $Q_{分}$：可从手册中找，也可通过计算得到，公式如下：

$$Q_{分} = 33411 w_C + 121019 w_H + 9261 w_S - Q_{低}$$

将本例数值代入得 $Q_{分} = 1350 kJ/kg$。

（2）计算 Q_{1500}：可按 $Q_{1500} = \sum c_i t_i i$ 计算，也可按煤的平均比热容计算。煤粉的比热容在 0 ~ 500℃ 时为 $1.0 kJ/(kg \cdot ℃)$；500 ~ 800℃ 时为 $1.26 kJ/(kg \cdot ℃)$；800 ~ 1500℃ 时为 $1.51 kJ/(kg \cdot ℃)$。

每公斤煤粉的 Q_{1500} 为：

$$Q_{1500} = 1.0 \times (500 - 70) + 1.26 \times (800 - 500) + 1.51 \times (1500 - 800)$$
$$= 1865 (kJ/kg)$$

（3）补偿风温：

$$t = \frac{(1350 + 1865) \times (100 - 80)}{1250 \times 1.4256} = 36(℃)$$

有时在估算时还需考虑输送煤粉的压缩空气加热到1500℃时需要的热量，此热量约为130kJ/kg。

6-20　什么叫喷煤的"热滞后"？

答：在喷煤的实践中发现，增加喷煤量后，炉缸出现先凉后热的现象，即煤粉在炉缸分解吸热，使炉缸温度降低，直到增加的煤粉量带来的煤气量和还原性气体（尤其是 H_2 量）在上部改善热交换后和间接还原的炉料下到炉缸，使炉缸温度上升，这一过程所经历的时间叫做"热滞后"时间。而喷吹量减少时，出现与此相反的现象。因此用改变喷吹量来调节炉况显得不如风温来得快，但掌握了规律后，仍可应用自如地用喷煤量调节。热滞后时间与喷吹煤种、炉容、冶炼周期（料速）等因素有关。其一般规律是煤中 H_2 含量越多，风口前分解消耗的热越多，则热滞后时间越长。例如喷烟煤就比喷无烟煤的滞后时间长；炉容大滞后时间也长，一般滞后时间在2~4h。生产中也可用下式估算滞后时间：

$$\tau = \frac{V}{V_{批}} \times \frac{1}{n}$$

式中　V——H_2 参与间接还原开始处的平面（等温线1100~1200℃处）至风口平面之间的容积，m^3；

　　$V_{批}$——每批料的体积，m^3；

　　n——每小时平均下料批数，批/h。

例　1000m^3 级高炉 $V = 478m^3$，焦批5.85t，矿批23.4t，平均下料批数6.5批/h，其滞后时间为：

$$\tau = \frac{478}{\frac{5.85}{0.5} + \frac{23.4}{1.7}} \times \frac{1}{6.5} = 2.89 \ (h)$$

6-21 高炉喷吹煤粉在风口前燃烧有何特点？

答：在第 3 章 3-40 问中已简要说明了炉缸燃烧反应的特点。煤粉喷入炉缸燃烧要经历煤粉加热分解、挥发分燃烧及结焦与残焦燃烧 3 个阶段，这 3 个阶段是在有限空间、有限时间、高速加热、高压下交织进行的，其过程示于图 6-7。

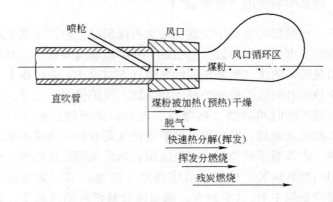

图 6-7　煤粉燃烧过程示意图

有限空间是指煤粉从煤枪出口经部分直吹管、风口到风口前燃烧带共 1600～2000mm 长度的不大空间；有限时间是指煤粉从煤枪出口到离开燃烧带的 0.01～0.04s 的短暂时间；高速加热是指煤从 70～80℃以 10^3～10^6K/s 的加热速度迅速加热到 1500～2000℃，接近爆炸火焰的加速度和温度；高压是指煤粉在热风压力 0.25～0.45MPa（表压）中燃烧。不仅燃烧过程完全不同于锅炉内的煤粉燃烧，而且燃烧产物也不同，煤粉在炉缸内燃烧形成的最终产物是 CO、H_2 和 N_2，而锅炉内的燃烧产物是 CO_2、H_2O 和 N_2。

6-22　什么叫未燃煤粉，它对高炉冶炼有何影响？

答：国内外高炉喷煤实践和研究表明，在高炉炼铁的条件下，喷入炉缸的煤粉在有限空间和短暂的时间内不可能100%完全气化，而且挥发分中的碳氢化合物还不可避免地产生有很高抗表面氧化能力的炭黑微粒，这些就是喷煤操作中称为未燃煤粉的来源。未燃煤粉数量与煤粉的燃烧性能，特别是煤粉的粒度、鼓风中含氧、风口工作的均匀性等有关。一般要求未燃煤粉量应低于喷煤量的15%～20%。未燃煤粉在高炉内的行为示于图6-8。

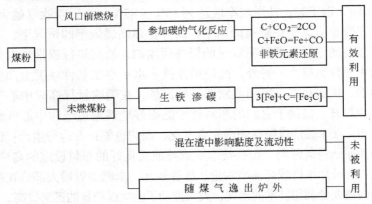

图 6-8　未燃煤粉的行为

超量的未燃煤粉随煤气进入料柱将会对高炉行程产生不利的影响，包括：

（1）大量进入炉渣，超过直接还原所要求的数量，以悬浮状存在于炉渣中，会增加炉渣的黏度，严重时造成滴落带渣流不顺利和炉缸堆积，这对攀钢等特殊矿冶炼的影响尤为严重。

（2）大量附着在炉料表面和空隙中，会降低料柱的空隙度，恶化煤气上升过程中的流体力学条件，也就是使煤气通过料柱时的阻力增加。近来一些喷吹量大的高炉和喷吹煤粉粒度较粗的高炉出现中心气流难打开，而边缘气流易发展的现象，这与喷吹燃料早期和喷吹量不大时出现的中心气流发展的现象正相反，其原因可能是未燃煤粉和炭黑随气流上升较多地沉积在料柱的中心部分，使其透气性变差。欧洲部分专家也持这种观点，部分日本专家也用这个观点来解释大喷吹量下中心难以打开的现象。

（3）大量未燃煤粉和炭黑滞留在软熔带及滴落带，降低了它们的透气性和透液性，出现下部难行或悬料现象，这也是造成液泛现象的前提。

因此在生产中，提高煤粉在风口前燃烧带内的燃烧率（气化率），是提高喷吹量的重要课题。实践表明，喷入高炉的煤粉在200kg/t 以下时，其燃烧率应达到 80% ~85%，而且喷吹量越大，其燃烧率应保持在越高的水平，因为在相同燃烧率的情况下，未燃煤粉的绝对数量随喷吹量的提高而增加，给高炉行程带来麻烦的可能性也越大。另外，高炉操作技术水平也在某种程度上产生影响，例如日本、宝钢或欧洲一些高炉，在喷吹量提高时中心气流难打开，借助于它们的布料技术能很好地调整边缘和中心气流分布，使未燃烧煤粉在炉内完全气化，高炉也能正常运行生产；而一些原燃料条件差、布料技术不成熟或无良好的布料设施的高炉，就不能长期维持较高的喷吹量。尽管如此，未燃烧煤粉大部分在高炉内被充分利用技术的出现，大大推动了喷吹煤粉量的迅速提高。

6-23 喷吹烟煤与喷吹无烟煤有何区别？

答：虽然喷吹烟煤与喷吹无烟煤都是从风口喷入高炉，用以代替一部分焦炭，但由于两者化学成分不同，要求的喷吹操作也有所不同，其主要区别是：

（1）烟煤含挥发分高，有自燃及易爆的特性。为了确保喷吹烟煤的安全作业，在制粉、输粉、喷吹等系统都需有严密的气氛保护，必须有温度控制及灭火和防爆装置。而无烟煤则无需气氛保护，温度控制和防爆装置也简单一些。因此，烟煤喷吹设施投资高。

（2）烟煤含挥发分高，着火点低，易于燃烧，易于被高炉接受，同样条件下可以扩大喷吹量。

（3）烟煤含 H_2 量高，产生的煤气的还原能力强，有利于间接还原的发展。

（4）因烟煤一般煤质较软，可磨性比无烟煤好，磨制烟煤时制粉机出力可以提高。根据首钢实践，大同烟煤比京西无烟煤的制粉机出力可提高 13%。

（5）烟煤的密度较无烟煤小，输煤时可以增大浓度，因而输送速度较快。首钢输送挥发分为 30% 的烟煤时，其速度比输送无烟煤快 25% ~ 30%。

（6）由于烟煤中含挥发分较高，单位质量的煤完全燃烧所需补偿热与氧气要多一些，所以同等条件下允许的最大喷煤量要比无烟煤小一些。但喷吹烟煤有利于使用高风温和富氧。

（7）烟煤的结焦性比无烟煤强，因此对喷吹支管防止积煤的要求要严些，在炉况不顺、风口不活跃时，不能像无烟煤那样大量强制喷煤，以免风口结焦。

（8）两种煤对置换比的影响不完全一样，无烟煤含碳高，所需补偿热少是有利因素；烟煤含 H_2 高、总热量高也是有利因素，但决定置换比高低的主要因素是灰分，所以要以灰分的高低来进行综合评价。

6-24　限制喷煤量的因素是哪些？

答：限制喷煤量的因素有很多，例如：炉缸热状态、煤粉燃烧速率、流体力学、置换比、焦炭质量、煤种及其性能、吨铁渣量等，但主要是前 3 个方面。

（1）炉缸热状态。限制性因素是 $t_{理}$ 的下降，因为任何高炉炼铁过程都存在一个允许的最低 $t_{理}$，它至少应高于液体产品温度，允许的最低煤气温度应能保证液体渣铁的过热及高温吸热反应的进行。这个 $t_{理}$ 在大喷煤时至少要达到 2050℃ 左右。不同的高炉应从炉缸所要求的高温热量 $Q_{缸} = V_{缸} t_{理} c$ 来确定允许的最低 $t_{理}$。一般燃料比高时，$V_{缸}$ 大，$t_{理}$ 可以低些；而燃料比低时，

$t_理$ 就应高些，例如有人统计的结果是：

燃料比/kg·t^{-1}	700	650	600	550	500	450
$t_理$（下限）/℃	1900	1950	2000	2050	2100	2150

（2）煤粉燃烧速率。它是目前限制喷煤量的主要因素，如果在有限空间和短暂的时间内不能有足够数量（80%～85%）的煤粉气化，剩余的未燃煤粉将给高炉带来危害，而且煤粉利用率也会降低。在大喷煤后，随着喷煤量的增加，相同燃烧率80%～85%时，剩下的未燃煤粉的绝对量增加，这是迫切需要解决的问题。一般是通过选用燃烧性能好的混合煤，适当控制煤粉粒度和富氧以提高煤粉燃烧时的氧过剩系数等措施来提高煤粉的燃烧速率。

（3）流体力学因素。主要是随着喷煤量的增加，料柱中焦炭数量减少，透气性变差，压差 Δp 上升，有可能影响高炉顺行。但是这种限制可以用提高炉顶压力、降低实际煤气流速和改善炉料的物理性能来部分地解决。

高炉下部软熔带和滴落带的三相区内的炉渣滞留甚至出现液泛是整个喷煤的决定性限制环节。研究表明，为使高炉正常生产，高炉下部焦柱中应保持一个最低允许的空隙度 ε，此值为 $0.23～0.24m^3/m^3$。俄国人通过流体力学计算找出流体力学上允许的焦比：渣量为500kg/t 时，允许的焦比水平为400～440kg/t；渣量为160～165kg/t 时，焦比为160～220kg/t；渣量为250～300kg/t时，焦比为250kg/t 左右，这已是目前世界各国在喷煤上实现焦比250kg/t 和喷煤250kg/t 的目标值。

6-25 什么叫喷煤置换比？

答：喷吹1kg 煤粉能置换出的焦炭的数值就叫喷煤置换比。表示置换比的方式有理论置换比、平均置换比、差值置换比和瞬时置换比等，表达式为：

$$R_理 = q_煤/q_焦$$

$$R_{均} = \frac{K_0 - K}{M}$$

$$R_{差} = \frac{K_1 - K_2}{M_2 - M_1}$$

$$R_{微} = dK/dS$$

式中　$q_{煤}$，$q_{焦}$——分别为煤粉和焦炭在高炉内放出的有效热量，即煤粉和焦炭放出的热值扣除自身的灰分和脱硫造渣消耗的热量后能提供的净有效热量，kJ/kg。

$q_{煤}$，$q_{焦}$ 的表达式如下所示：

$$q_{煤} = (9400 \sim 8400)w_{C_{煤}} - 2800w_{A_{煤}} - 20000w_{S_{煤}}$$

$$q_{焦} = 9800w_{C_{焦}} - 2760w_{A_{焦}} - 20000w_{S_{焦}}$$

式中　$w_{C_{煤}}$，$w_{C_{焦}}$——煤粉和焦炭所含固定碳量，%；

　　　$w_{A_{煤}}$，$w_{A_{焦}}$——煤粉和焦炭的灰分含量，%；

　　　$w_{S_{煤}}$，$w_{S_{焦}}$——煤粉和焦炭的硫含量，%；

　　　9800——1kg 焦炭中的碳在高炉内气化成 CO 时放出的热值，kJ/kg；

　9400～8400——1kg 煤粉中的碳在高炉内气化成 CO 时放出的热值，高值为无烟煤，低值为烟煤，kJ/kg；

　　　K_0，K——基准期和喷煤期的焦比，kg/t；

　　　K_1，K_2——低喷煤量和高喷煤量的焦比，kg/t；

M，M_1，M_2——喷煤量，kg/t。

在计算置换比时，K_0、K、K_1、K_2 的取值存在不同的原则。国外（例如西欧、北美）喷吹前后的焦比按生产统计所得的实际值取值，我国一般采用校正焦比，即统计值扣除喷吹前后冶炼条件变化对焦比的影响量，所以我国计算的置换比要低于国外。例如喷煤以后风温提高了，风温提高能降低焦比，在我国就要扣除这个影响，在计算时有时就将计算式改为：

$$R_{均} = \frac{K_0 - K \pm \Delta K}{M} \text{和} R_{差} = \frac{K_1 - K_2 \pm \Delta K}{M_2 - M_1}$$

而国外则不扣除，因为他们认为风温的提高是喷煤量变化带来的，没有喷煤量的增加，风温就不会提高，因此由于风温提高降低的焦比应记在喷煤量的提高上，这样他们把所有因喷煤或因喷煤提高带来的焦比都记入置换比内。

6-26 影响喷煤置换比的因素是哪些，如何提高喷煤置换比？

答： 喷吹煤粉能置换焦炭是由于煤粉中的碳代替了焦炭中的碳和煤粉中的氢代替了焦炭中的碳。这样影响置换比的因素就有：

（1）煤粉的种类和质量。

（2）煤粉在风口前气化的程度。

（3）鼓风参数，通过观察高风温、高压、富氧和喷煤对高炉冶炼的影响，可以看出它们的作用和影响有相像之处。例如提高风温和富氧可以提高 $t_{理}$，降低 $t_{顶}$，使 r_d 升高；而喷煤则降低 $t_{理}$，提高 $t_{顶}$，降低 r_d 等。因此，风温的高低、是否富氧等都会影响置换比。

（4）操作是否精心，煤气利用是否改善，喷吹煤粉对煤气的还原能力的提高，能否在操作上使煤气流的分布适应喷煤的变化规律，充分发挥煤气的还原能力，使 η_{CO} 和 η_{H_2} 同时提高而提高置换比。

提高置换比的途径是：

（1）提高煤粉的质量，主要是煤的灰分和硫含量应与焦炭的灰分和硫含量相当或最好低于焦炭的灰分和硫含量。一般煤粉灰分降低 1%，置换比提高 1.5% 左右。

（2）尽可能提高煤粉在风口前的燃烧率，减少未燃煤粉的数量，这就要求维持煤粉合理的细度，有足够的氧过剩系数，保持一定的 $t_{理}$ 和均匀喷吹。

（3）精心操作，应用好上下部调节，采用中心加焦、矿石中加小焦等方法调节煤气流。

（4）搞好精料工作，重点是降低渣量到 300kg/t 以下，筛除粉末、整粒，降低烧结矿的低温还原粉化率，以保持料柱有良好的透气性和透液性等。

6-27　喷吹煤粉的主要安全注意事项是什么？

答：煤粉是可燃物质，尤其是挥发分高的烟煤。当煤粉的悬浮浓度达到一定范围时，在火源和空气中易燃烧产生爆炸。因此保证喷吹煤粉的安全主要是防止着火与爆炸。具体的注意事项是：

（1）为防止原煤仓积存煤粉，多采用双曲线原煤仓，不设水平管道。

（2）因制粉机（磨煤机等）要用热废气做干燥风，因此在喷吹烟煤时，应控制磨煤机的进口温度在280℃左右和氧含量小于10%。

（3）为防止积煤，煤粉仓、煤粉罐锥体部分的角度均应大于70°。

（4）喷吹烟煤时，应采用氮气（氧含量低于10%）往高炉煤粉罐输送煤粉。同时，喷吹罐用氮气充压。

（5）为了防止回火，喷吹罐压力必须高于高炉风压50kPa以上；混合器前喷吹用压缩空气必须高于高炉风压100kPa以上。此外还应在每个喷吹支管上安装自动切断系统，当经过混合器后的管道内压力低于高炉风压50kPa时，支管上的旋塞阀自动切断，使热风不能倒流入喷吹罐内。防止火源方面，还应特别注意防止静电产生火花，收粉布袋要选用防静电材料，设备均应接地等。

（6）喷吹罐等罐体上部都应设有一个爆破膜，一般计算按罐内压力大于800kPa时即可破开，这是防止在一旦发生爆炸时破坏罐体的安全措施。

（7）喷吹罐设有测温监控装置、CO和O_2浓度巡回测定仪与报警装置。

（8）在适当的位置安装蒸汽管及水管，当温度升高时，用以消除着火与爆炸的危险。

6-28 什么叫高炉富氧鼓风，富氧鼓风有几种加氧方式，各有何特点？

答： 高炉富氧鼓风是往高炉鼓风中加入工业氧（一般含氧 85% ~ 99.5%），使鼓风含氧超过大气含量，其目的是提高冶炼强度以增加高炉产量和强化喷吹燃料在风口前燃烧。鼓风含氧按最简单常用的方法计算：

$$鼓风含氧 = 大气中含氧 + 富氧率$$

式中，鼓风含氧的单位为%；大气中含氧一般取 21%；富氧率尚无统一的计算方法（见 4-73 问），现按厂中常用方法计算：

$$富氧率 = \frac{富氧量}{风量 + 富氧量}$$

式中，富氧率的单位为%；富氧量的单位为 m^3/min；风量的单位为 m^3/min，或以吨铁所用的风量和吨铁耗的氧气量为单位计算。

常用的富氧方式有 3 种：

（1）将氧气厂送来的高压氧气经部分减压后，加入冷风管道，经热风炉预热后再送进高炉；

（2）低压制氧机的氧气（或低纯度氧气）送到鼓风机吸入口混合，经风机加压后送至高炉；

（3）利用氧煤枪或氧煤燃烧器，将氧气直接加入高炉风口。

第（1）种供氧方式可远距离输送，氧压高，输送管路直径可适当缩小，在放风阀前加入，易于连锁控制，休减风前先停氧，保证供氧安全，但热风炉系统一般存在一定的漏风率，特别是中小高炉漏风率较高，氧气损失较多。

第（2）种供氧方式的动力消耗最省，它可低压输至鼓风机吸入口，操作控制可全部由鼓风机系统管理，但氧气漏损较多。

第（3）种方式是较经济的用氧方法，旨在提高煤枪出口区域的局部氧浓度，改善氧煤混合，提高煤粉燃烧率，扩大喷吹量；其缺点是供氧管线要引到风口平台，安全防护控制措施较繁琐，没经过热风炉预热的氧气冷却煤粉的效果优于水冷及空气冷却，但又存在不利于燃烧的一面。

6-29　富氧鼓风对高炉冶炼进程有何影响？

答：鼓风中氧的浓度增加，燃烧单位碳所需的鼓风量减少；鼓风中氮的浓度降低，也使生成的煤气量减少，煤气中 CO 浓度因此而增大。这些变化对冶炼过程会产生多方面的影响：

（1）由于煤气体积小，煤气对炉料下降的阻力也减少，这为加大鼓风量、提高冶炼强度创造了条件。

（2）随鼓风中氧含量的提高，煤气中 CO 浓度增加，煤气的还原能力提高，有助于间接还原过程的发展，但因煤气量减少，在某种程度上扩大了低于 700℃ 的区域，又限制了间接还原的发展。所以富氧能否降低燃料消耗，要由实际生产结果来定，冶炼条件不同，结果也不相同。

（3）富氧鼓风改变了炉内温度场的分布，其规律与高风温相似，即风口前的理论燃烧温度升高，高温区下移，炉身温度和炉顶温度下降，其影响程度比高风温的大，严重时会造成炉身热平衡紧张，特别是炉料中配加石灰石的高炉。

（4）如富氧后冶炼强度不变，则风口回旋区要缩小而影响煤气初始分布，边缘气流将发展。好在富氧以后，冶炼强度总是会提高，回旋区的缩小就变得不明显了。

（5）富氧后，炉顶煤气中 N_2 减少，CO 增多，煤气发热量增加。

（6）富氧鼓风对顺行产生影响。富氧鼓风使燃烧带的焦点温度提高，炉缸半径方向的温度分布不合理，以及产生 SiO 气体的剧烈挥发，到上部重新凝结，降低料柱透气性，从而破坏炉况顺行。所以在富氧又采用高风温时，用喷吹燃料控制理论燃烧温度是经济合理的。若无喷吹燃料装置，则应采用加湿鼓风，用 H_2O 分解吸收热量来降低 $t_{理}$ 到合适水平。

6-30 富氧量受哪些因素的限制?

答: 富氧鼓风最突出的好处, 就是在不增加风量、不增加鼓风机动力消耗的情况下达到大幅度提高产量的目的。制约富氧率的因素主要是有两个: 炉顶温度不能低于露点和氧气价格造成生铁成本过高。因为富氧到一定程度以后, 由于风量大幅度降低, 单位生铁带入的热量减少, 减少了高炉冶炼的热量来源; 温度场分布的改变使高炉上部热量不足, 甚至使炉顶温度降到露点以下, 使高炉无法正常生产, 而高温往下移集中在炉缸造成高温区 SiO 大量挥发, 到上部凝结沉积, 可能引起难行、悬料、结瘤等事故; 我们的研究表明, 在我国高炉现有冶炼条件下, 富氧最高维持在 12% 为好, 不要超过 14%。另外, 到目前为止, 我国的氧气价格较高, 一般均在 0.50 元/m³ 以上, 高富氧将使生铁成本大幅度升高, 甚至会超过喷煤带来的效益。在我国冶炼条件下, 富氧 4% ±1% 效益最好, 超过 5% 就有可能出现负效益。

6-31 怎样为高炉富氧提供稳定和低成本的氧气?

答: 上面已说明, 现在高炉富氧多少是受氧气成本制约的。目前高炉富氧的氧源主要来自炼钢的制氧车间, 这种氧源对高炉生产的影响甚大。首先是不能稳定地提供高炉所需要的氧量, 过去常用炼钢余氧, 它受炼钢生产周期影响从而余氧时多时少, 这样高炉富氧量随之波动, 造成炉况波动。其次炼钢采用深冷法制氧, 其氧净度变高, 但成本也高, 高炉使用它后生铁成本随之升高。如果这种成本升高没有被富氧提高喷煤和增产取得的效益所补偿, 生铁成本将会升高。因此, 需要采取相应技术措施来为高炉提供稳定而低成本的氧气。最佳方案是为高炉增建供氧气的氧气车间, 生产低成本的氧气。在现代高炉炼铁工艺原理和生产技术的基础上, 高炉富氧率的最高值为 12% ~ 14%, 即风中含氧在 35% ±2%。这样总鼓入风中的氧不需要纯度很高的氧气, 因此, 可选用制氧纯度在 90% ±5% 的低成本制氧方法。

目前成熟的制氧方法有深冷法和变压吸附法。深冷法是利用气体组分沸点不同，将空气在低温高压下液化，在逐步提升至各沸点，使气体分离（在 101.325kPa 条件下，氧沸点为 −182.97℃）。深冷法制氧工艺所得氧气纯度高，产品种类多，适用于高纯度、大规模制氧。将这种纯氧用于高炉的最大缺点是能耗高，成本也高。为降低能耗成本，前苏联应用此法生产纯度 85% 的氧供高炉使用。变压吸附法基于分子筛对氧氮选择性吸附，设计适当的工艺过程，使氮和氧分离制得氧气。目前广泛使用的制氧分子筛有 CaA、NaX、CaX、LiX 型分子筛。其中锂分子筛 LiX 较其他分子筛吸附容量大，寿命长，氧率高。变压吸附工艺的特点是投资少，能耗低，适用氧气纯度不太高、中等规模应用场合。目前此法的单机制氧能力已可生产 $10000m^3/h$ 以上，制氧电耗在 $0.4kW·h/m^3$ 左右，氧纯度在 90% ~93%。高炉富氧鼓风对氧纯度要求不高，采用此工艺更具经济性。

6-32　高炉综合喷煤冶炼的特征是什么？

答： 高炉综合喷煤冶炼就是将高风温、富氧和喷煤结合在一起的高炉冶炼。从高风温、富氧和喷煤对冶炼过程影响的对比（表6-1）可以看出，三者对冶炼过程的影响大部分是相反的，将它们结合起来用于冶炼可以相互补充，避开对高炉冶炼不利的影响，更好地发挥冶炼效率。综合喷煤冶炼的特征是：

表 6-1　单独富氧、喷煤、高风温对高炉冶炼的影响

措施 影响参数	喷煤	富氧	高风温
碳燃烧速度		加快	加快
理论燃烧温度	降低	升高	升高
热量收入	略有减少	减少	增加
燃烧 1kg 碳的风量	不变	减少	不变
燃烧 1kg 碳的煤气量	增加	减少	不变

措　施 影响参数	喷　煤	富　氧	高风温
温度场分布			
$t_{理}$	降低	升高	升高
高温区		下移	下移
中温区		扩大	扩大
$t_{顶}$	升高	降低	降低
间接还原发展	发展	基本不变	r_d 略有升高
气体力学因素	变坏	变好	变坏
焦比	降低	基本不变	降低
产量	基本不变	升高	升高

（1）增加燃烧强度，大幅度增产；

（2）促使喷吹煤粉快速燃烧气化，并且不降低 $t_{理}$，缓解喷煤的燃烧和炉缸热状态的限制程度，从而可以扩大喷煤量；

（3）富氧使喷煤和高风温引起的 Δp 上升得到缓解，改善高炉顺行。

6-33　综合喷煤操作的特点有哪些?

答： 随着风温的提高、风中含氧和喷煤量的增加，高炉冶炼过程中的炉料和煤气流分布、温度场分布、还原和热交换过程都发生了一定变化，特别要注意随着喷煤量的大幅度增加，例如超过200kg/t，未燃煤粉量也随之大量增加（虽然未燃煤粉占喷煤总量的百分数未变，但绝对量却增加了许多），随煤气上升附着于焦炭和炉料的表面，恶化料柱的透气性。对于高风温高煤比操作，风速和鼓风动能增大，焦炭在风口前回旋区与死料柱之间的碎化加剧，再加上未燃煤粉进入滴落的渣中，使炉缸中心焦柱的透气性和透液性变差，这些变化造成高风温、低富氧大喷煤的情况下趋向于发展边缘的煤气流，这与风温在 1000℃ 左右、不富氧低喷煤量时的情况正好相反。因此高炉操作者们必须掌握本高炉综合喷煤后的特征和调节规律，及时进行适宜的调节以控制炉况稳定顺行，达到喷煤的利用率和置换比高、煤气利用好、生产指标最佳的目的。

综合喷煤操作有以下几方面的特点：

（1）维持适宜的理论燃烧温度。如果 $t_{理}$ 过低，将使煤粉燃烧率降低、炉料加热和还原不足而导致炉凉；如 $t_{理}$ 过高，将导致炉况不顺。$t_{理}$ 应控制在（2100±50）℃，使进入燃烧带时的焦炭温度在 1550～1630℃，铁水温度在 1450～1500℃。

（2）应用上下部调节控制好煤气流分布。视不同条件下的综合喷煤情况，在出现中心气流过分发展的倾向时，上部应采取大料批、正分装，下部则扩大风口面积；而出现边缘气流发展趋势时，上部则要进行中心加焦，宝钢采用不等量装入，将在 C↓C↓O↓O↓ 装料模式时，2C 和 1C 相差 2～4t，1O 与 2O 相差 20～25t，并相应缩小矿批，下部要缩小风口面积和采用长风口。另外还应注意保持软熔带中焦窗厚度，加大喷煤量调负荷时，尽量保持焦批不动而变动矿石批重，以减少矿焦边界处界面效应（焦炭崩塌）的影响。

（3）用富氧维持煤燃烧所要求的氧过剩系数，提高煤粉的燃烧率。在没有富氧时，为提高煤粉燃烧率可将煤粉磨到适当的细度，增加煤粉的比表面积以改善与氧接触的传质条件。均匀喷吹也是提高氧过剩系数和煤粉燃烧率的有效措施。

（4）做好精料工作，改善料柱的透气性。主要操作要点是：提高入炉品位、降低焦炭灰分和硫含量，以保证渣量在 300kg/t，宝钢提出喷煤为 250kg/t 时要求渣量降到 270kg/t 以下；改进烧结矿的质量，达到低 SiO_2、高还原性、无粉末和高抗低温还原粉化；搞好合理的炉料结构等。

（5）降低鼓风中的湿分，减少鼓风中水分解消耗的热量，尤其是在南方和沿海地区。宝钢通过脱湿鼓风将风中的湿分由 $25g/m^3$ 以上降到 $12～14g/m^3$，取得了明显的效果。通过计算可以得到，风中湿分降低 $1g/m^3$ 可多喷煤 1.5kg/t 左右。

总之，综合喷煤操作在我国应遵循高风温（1200℃以上）、低富氧（2%～3%相对于国外的5%～8%）、低湿分、高喷煤量的原则。

6-34　什么叫加湿鼓风，它对高炉冶炼有哪些影响？

答： 加湿鼓风曾被叫做蒸汽鼓风，是往高炉鼓风中加入水蒸气以提高和稳定鼓风湿度的技术，在喷吹燃料前，是高炉强化冶炼的重要技术之一。我国著名冶金学家叶诸沛先生在20世纪50年代把高压操作（0.2MPa）、高风温（1250℃）和高蒸汽（10%H_2O）结合起来强化高炉冶炼，称之为三高理论。

鼓风加湿对高炉冶炼起着如下的作用：

（1）鼓风加湿可用其湿分使鼓风的湿度保持稳定，消除大气自然湿度波动对炉况顺行的不利影响。

（2）加湿可减少风口前燃烧1kg碳所需要的风量，并减少产生的煤气量，湿度增加1%，煤气量减少0.5%，在保持Δp不变的情况下就可提高冶炼强度。

（3）鼓风加湿1%，在风口前分解耗热10800kJ/m³或13440kJ/kg，将使理论燃烧温度和炉缸煤气的平均温度下降。在湿度较低时，每1%的湿分可降低$t_{理}$40～45℃，在湿度很高（10%～20%）时，可使$t_{理}$降低30～35℃，如果保持$t_{理}$不变，则为使用高风温创造了条件，每1%湿分可提高风温60℃；也可通过调节湿分来控制炉缸热状态。

（4）鼓风加湿后，炉缸煤气中$CO+H_2$的浓度增加，N_2量减少，一方面使煤气的还原能力增大，还原速度加快，间接还原得到发展，有利于焦比的降低；另一方面H_2的增加使煤气的密度和黏度降低，在不增大Δp的情况下，也为高炉强化创造了条件。

高炉喷吹燃料后，加湿鼓风逐渐被喷吹燃料所替代，因喷吹燃料所起的作用比加湿鼓风更大更经济合算，大喷煤以后，不但不加湿，还要对鼓风进行脱湿以发挥喷煤的优势。但是在不喷吹煤粉的全焦冶炼的高炉上，加湿鼓风仍可作为调节炉况和强化冶炼的手段。

6-35 什么叫脱湿鼓风？

答：脱除高炉鼓风中的湿分，使鼓风湿度降到规定的最低水平的技术就叫脱湿鼓风。鼓风脱湿后不仅可以稳定鼓风的湿分，消除大气湿度的波动对高炉顺行的不利影响，而且还可以提高干风温度，为加大喷煤量创造了条件。如果采用风机吸入侧冷却脱湿法（图 6-9），则为高炉创造了一个"四季如冬"的生产条件，使风机在夏季增加风量 13% 以上，为高炉夏季高产创造了条件。

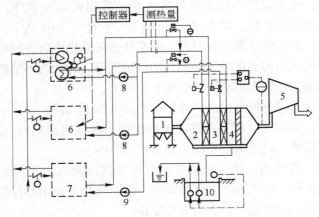

图 6-9 宝钢 1 号高炉鼓风脱湿装置及工艺流程图

1—布袋式空气过滤器；2—冷却水冷却器（冷却面积 13950m²）；
3—盐水冷却器（冷却面积 9936m²）；4—除雾器；5—鼓风机；6—冷水冷冻机
（16.3MJ/h，900kW）；7—盐水冷冻机（12.1MJ/h，870kW）；8—冷水泵
（780m³/h，100kW）；9—盐水泵（766m³/h，100kW）；10—排水池与排水泵

第 2 节 炉外铁水处理技术

6-36 什么叫炉外脱硫，它有什么意义？

答：铁水从高炉内放出到进入炼钢炉前，用脱硫剂去除铁水

中的硫到 0.02% 以下，以提高铁水质量的技术叫做炉外脱硫。炉外脱硫一方面满足了炼钢对铁水的要求（例如普通优质钢要求 $w_{[S]}<0.020\%$，结构钢要求 $w_{[S]}<0.010\%$，石油管、采油平台钢、厚船板钢、航空用钢、硅钢等要求 $w_{[S]}<0.005\%$，有的要求小于0.001% ~ 0.002%），另一方面也解放了高炉冶炼，可降低焦比5%以上，提高高炉产量。它也成为强化高炉冶炼的工艺技术和优化钢铁生产工艺的重要工序。

6-37 有哪些炉外脱硫方法和使用哪些脱硫剂？

答： 由于高炉炼铁无法将铁水含硫降到 0.02% 以下，因此需要采用脱硫剂，如电石（CaC_2）、苏打（Na_2CO_3）、石灰（CaO）、金属镁等或以它们为主要成分的复合脱硫剂进行炉外脱硫。对脱硫剂的要求是它与铁水中的硫反应，转化为不溶解于铁水中的硫化物进入炉渣，然后随炉渣除去。

当前世界各国采用的炉外脱硫方法有如下几种：

（1）撒放法。即往流铁沟或铁水罐内撒放脱硫剂——苏打。此方法简单，但脱硫效率低，通常不到50%。

（2）摇动法。摇动法是将铁水和脱硫剂同时由不同加入位置加入摇包，用机械装置摇动摇包，使其围绕垂直中心作偏心转动，以促进脱硫剂与铁水的混合搅拌。

（3）转筒回转法。将铁水倒入水平放置在 4 个辊轮上的转鼓内，并由脱硫剂加入口加入脱硫剂，用机械传动机构使转鼓转动，进行脱硫。此法由于处理量少，脱硫时间长，采用得不多。

（4）机械搅拌法。用一套机械装置搅拌铁水，使撒放在铁水面上的脱硫剂与铁水充分混合。机械搅拌法有很多种，其中有代表性的是 KR 法（图6-10）。十字形的大型搅拌器在铁水罐熔池深部转动，铁水受它的搅拌作用上下翻滚，脱硫剂与铁水充分混合。停止转动时脱硫剂浮在表面上，开始转动后表面上看不到脱硫剂，表明混合得很好。以碳化钙（占70% ~ 80%）与一种辅助反应剂的混合物为脱硫剂，处理 10 ~ 12min，脱硫率可达

80% ~98%。

（5）气体搅拌法。从上部插入的喷枪或从下部滑动水口喷入高压气体（通常是氮）搅拌铁水，使从上部加入的脱硫剂与铁水充分混合。此法与机械搅拌法的原理基本相同。

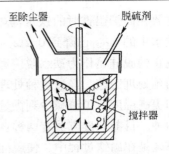

（6）喷吹法。此法是通过插入式喷枪把粉状脱硫剂用高压气体喷入铁水熔池深部，在搅拌混

图6-10　KR法脱硫原理示意图
（容器中〇为脱硫剂，箭头为铁水及脱硫剂运动方向）

合的同时进行脱硫反应。脱硫处理通常是在不同规格的鱼雷式混铁车内进行的，从上部插入喷枪，脱硫剂一般用电石或电石与其他添加剂的混合物。

（7）连续脱硫法。以上都是分批进行的炉外脱硫方法，另外还有连续脱硫法，如出铁沟搅拌器、倾斜圆筒法、涡流搅拌法、平面流动法等。这些方法都是在炉前出铁场或者铁水进入混铁炉以前连续进行的。

（8）镁脱硫法。镁的脱硫反应迅速，适于处理大量铁水。但镁不溶于生铁，它的沸点低于铁水温度，如把镁块或镁粉投入铁水罐上面，则因其迅速蒸发而发生爆炸，将铁水喷出罐外。因此，用镁进行炉外脱硫时，须采用特殊的方法把镁送入铁水熔池中间。目前有镁焦脱硫法、镁锭脱硫法、吹镁粉脱硫法、镁合金脱硫法等，都是通过一套机械装置，将镁块、镁锭、镁焦、镁粉及镁合金送入熔池中间，使镁在铁水中蒸发上升，进行脱硫反应。

6-38　为什么铁水要脱硅，如何进行？

答：铁水脱硅是铁水进入炼钢炉前的降硅处理工艺，它是发展较早的一种铁水预处理工艺。过去由于铁水含硅量较高（$w_{[Si]} = 0.8\% \sim 1.0\%$），铁水脱硅是作为减少炼钢渣量的措施，主要在高炉出铁时的铁水沟内进行。随着高炉低硅生铁的冶炼，铁水中的 $w_{[Si]}$ 已降到 0.2% ~ 0.3%，这类脱硅已经较少应用了。现在的脱硅是作为铁水脱磷和脱硫的前处理，是生产优质纯净钢的预处理工艺。经过这种处理后的铁水进入转炉只需要完成脱碳和提高温度，炉渣减少到微量保护渣层的程度，从而生产出高纯钢种。目前脱硅方法有两种：高炉炉前脱硅和铁水罐脱硅。炉前脱硅是在出铁过程中，使脱硅剂自然落入铁水沟，经铁水流过将脱硅剂卷入进行反应，经一段距离设置撇渣器，将脱硅渣分离。这种方法硅含量可降到 0.2%。也有在铁水沟内设置专门的反应坑，用喷枪将脱硅剂以高速气流喷入，这样改善了脱硅反应的动力学条件，但要防止喷溅和克服耐火材料侵蚀严重的问题。铁水罐脱硅要在专门的处理站进行。采用喷枪将 -40 ~ -100 目（1.661 ~ 4.699mm 以下）的脱硅剂喷入铁水，反应后扒渣，可将铁水 $w_{[Si]}$ 脱到 0.1% 以下。

脱硅剂主要是磨细的矿粉、烧结矿粉、球团矿粉或轧钢皮粉等，辅以 CaO、$CaO + CaF_2$ 或 $CaO + CaF_2 + Na_2CO_3$ 等。

6-39 什么叫铁水增硅，它有什么意义，如何进行？

答：铁水增硅是向铁水中添加硅铁，使铁水 [Si] 含量达到预定值的一种铁水处理工艺，主要用于将炼出的炼钢铁增硅成铸造铁，它可以解除高炉生产中转变铁种的麻烦和由此带来的产量损失和焦比升高等问题。国外高炉大都不生产铸造铁，需要铸造铁时常采用炉外增硅。我国从 20 世纪 80 年代开始，一些厂也稳定地采用此法。铁水增硅的方法基本上是两种：高炉出铁过程中在撇渣器后投入硅铁块增硅；铁水罐中喷硅铁粉增硅。前一种方法硅铁的回收率较低，为 80% 左右；而铁水罐喷平均粒度为0.6mm 的硅粉时的回收率在 90% 以上。所以铁水罐喷粉法要比铁水沟投入法能耗低，经济效益好，而且易于控制，劳动条件也优越。

第3节 高炉冶炼过程的监测技术与计算机控制

6-40 高炉检测有哪些新技术，其意义如何？

答：高炉的技术进步与检测技术的进步密切相关。为实现高炉自动控制，没有良好的检测技术是不可想象的。当前采用的检测新技术有：高炉炉内摄像技术；雷达或激光在线检测料面形状技术；高炉激光开炉装料测量技术；磁力仪测定焦、矿层分布和运行情况；光导纤维测定高炉内状态及反应情况；高炉软熔带测定器；中子测炉料水分；连续测定炉缸、炉底温度等。

6-41 什么是在线激光测料面技术，其特点如何？

答：在炉顶安装激光器，向料面发射激光，用专用摄像仪获取激光在料面上的影像，经计算机采集和处理，可以在线得到料面形状的图像、曲线和数据，比目前所用的探尺技术要形象和全面（图6-11）。

图 6-11　高炉生产时料面上的激光影像

（图 6-11 ~ 图 6-16 由北京神网创新科技有限公司提供）

6-42 什么是高炉料面红外摄像技术？

答：高炉料面红外摄像技术是一种利用安装在炉顶的摄像机或热像仪获取炉内影像的技术，具有红外功能的 CCD 摄像机能够获取炉内的近红外图像。当炉顶煤气平均温度大于120℃时，能够得到清晰的炉内图像（图6-12）；随着高炉操作水平的提高，炉顶煤气平均温度不大于120℃时，由于信号弱，CCD摄像机常常出现黑屏图像。采用FPA芯片的焦平面热像仪能够接收料面上各点的远红外光，得到料面的热图像，在炉顶温度低时也可以得到清晰的炉内图像（图6-13）。将炉内图像送入计算机，经过处理还可以得到料面的温度分布状况和气流分布的相对数值，绘制出分布曲线和各种图形。沙钢5800m³高炉炉顶同时安装了CCD摄像机和FPA热像仪，在各种顶温炉况下都能够得到清晰的炉内图像。

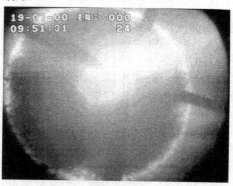

图6-12 用CCD摄像仪得到的炉内图像

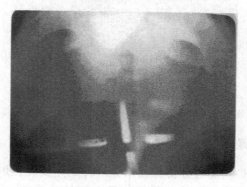

图6-13 用FPA热像仪得到的炉内图像

6-43　什么是高炉风口摄像技术?

答: 在高炉风口上安装带分光器的摄像仪,使操作人员能够在现场观察风口状况的同时将风口图像传送到值班室,利用分屏技术在监视器上同时显示出所有风口的图像(图6-14),使工长能够及时、全面了解各个风口的工作状况。用计算机采集和处理风口图像,可以得到风口温度和喷煤量的相对数值及变化趋势曲线,在出现异常情况时发出报警信号。

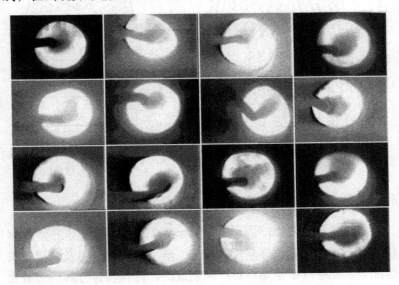

图 6-14　高炉各个风口的图像

6-44　什么是高炉激光开炉装料测量技术?

答: 高炉开炉装料时,用激光网格测量料流轨迹,用激光扫描仪测量料面形状。在高炉相对的人孔处安装专用激光发射器,在高炉内生成激光网格,用摄像机摄取炉料切断激光网格的图像,用计算机采集和处理得到料流轨迹曲线(图6-15)。在人孔处安装激光扫描仪,每次装料后用扫描仪测量料面形状,得到各个料层的料面形状曲线（图6-16）。采用激光开炉装料测量可以掌握无钟布料的基本规律。

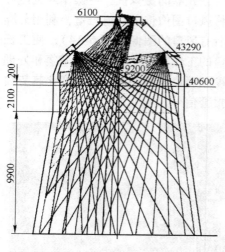

图6-15　用激光网格测量得到
的料流轨迹曲线

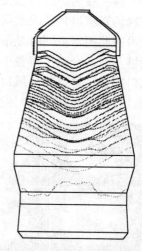

图6-16　用激光扫描仪得到
的料面形状曲线

6-45　什么是光导纤维检测技术，效果如何？

答： 比利时 CRM 和日本东京大学首先试验用光导纤维观测仪观察高炉内矿石、焦炭反应情况，渣、铁形成过程及炉衬破损情况等。光导纤维是用石英纤维制成的，可将物像分解成无数像点单元，然后将不同波长、不同强弱的像点单元分别传至光导纤维的另一端组合成像。这样就使得光纤探管可在高温、粉尘的高炉中进行各种性态的检测。我国现在正大力开发这项技术。北京科技大学原冶金系和鞍钢、北方交通大学在我国首次开发的炉身下部光纤探管具有成像测温等多种功能，光纤长度12m，传像距离50m，分辨率可达66线对/mm，视野角40°，光纤透镜直径10mm，光纤允许弯曲半径15cm。它包括光纤内窥镜传像系统、测温系统、传光系统、冷却系统、镜头吹扫及驱动系统，可进行

600 ~ 1200℃炉身部位的探测工作。它的投入应用将对我国高炉炉内检测技术的发展产生很大推动作用。

6-46　什么是料层测定磁力仪?

答: 利用矿石和焦炭透磁率相差较大的特点,在高炉炉壁埋设具有高敏感度的磁性检测仪,用来测试矿石层与焦炭层的厚度及其界面移动情况。这对了解下料规律及焦、矿层分布很有意义。

6-47　如何用同位素测定炉料下行速度?

答: 为了测定下料速度,可在原料中加入 Co^{60} 放射性同位素,然后检测铁水中的微量放射性 Co,从而可推测下料速度。另外还可在风口中加入氮气以测定煤气上升速度。在冷却水中投入示踪元素可测出漏水部位。

6-48　何谓高炉冶炼过程的计算机控制?

答: 借助于计算机控制高炉冶炼过程可以获得良好的冶炼指标,取得最佳的经济效益。

高炉冶炼过程作为控制对象,是一种时间非常长的非线性系统。根据控制目标常将控制过程分为长、中和短期三种:长期控制是决策性的,根据原燃料供应、产品市场需求、企业内部需求的平衡变化等对炼铁生产计划、高炉操作制度等做出重大变更决策;中期控制是预测预报性的,主要是对一定时期内高炉炉况趋势性变化进行预测和分析,如对炉热水平发展趋势、异常炉况发生的可能性进行预测和预报,使操作人员及时调整炉况,同时还可根据高炉操作条件对高炉参数和技术经济指标进行优化,使高炉处于最佳状态下运行;短期控制是调节性的,根据炉况的动态变化随时调节,消除各种因素对炉况的干扰,保证炉子生产稳定顺行,产品质量合格。

现代高炉的计算机控制系统,常担负起基础自动化、过程控制和生产管理三方面的功能。在高炉生产的计算机系统中一般不配置管理计算机，其功能由厂级管理计算机完成。

6-49　高炉基础自动化包括哪些内容？

答：高炉基础自动化是设备控制器，主要由分散控制系统（DCS）和可编程序逻辑控制器（PCL）构成，它们完成的职能有：

（1）矿槽和上料系统的控制。包括矿槽分配和贮存情况、料批称量、水分补正、上料程序、装料制度控制、上料情况显示及报表打印。

（2）高炉操作控制。包括检测信息的数据采集和预处理、鼓风参数（风温、风压、风量、湿分等）的调节与控制、喷煤系统操作与控制，以及出铁场上各种操作（出铁量测量、铁水和炉渣温度测量、铁水罐液位测量、摆动流嘴变位及冲水渣作业等）的控制。

（3）热风炉操作控制。包括换炉、并联送风、各种休风作业、热风炉烧炉控制等。

（4）煤气系统控制。包括炉顶压力控制与调整、余压发电系统运行控制、煤气清洗系统（洗涤塔喷水、文氏管压差等）控制以及炉顶煤气成分分析等。

（5）高炉冷却系统控制和冷却器监控。包括软水闭路循环运行控制、工业水冷却系统控制、各冷却器工作监测和冷却负荷调整控制。

6-50　高炉过程控制应完成哪些职能？

答：高炉过程控制由配置的各种计算机完成，它们的职能是：

（1）采集冶炼过程的各种信息数据，并进行整理加工、存贮显示、通讯交换、打印报表等。

（2）对高炉过程进行全面监控，通过数学模型计算对炉况进行预测预报和异常情况报警，其中包括：生铁硅含量预报、炉缸热状态监控、煤气流和炉料分布控制、炉况诊断、炉体侵蚀监控、软熔带状况监测、炉况顺行及异常的监测与报警等。

（3）炼铁工艺计算。

（4）高炉生产技术经济指标、工艺参数的计算和系统分析、优化等。

高炉计算机控制主要采取功能分散、操作集中的方式来完成它的职能，在配置上采用分级系统或分布系统。

高炉冶炼过程计算机控制的流程图示于图 6-17。

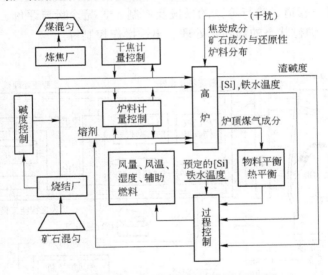

图 6-17　高炉冶炼过程计算机控制流程图

6-51　什么叫高炉过程专家系统？

答：专家系统是指在某些特定的领域内，具有相当于人类专家的知识经验和解决专门问题的能力的计算机程序系统。专家系统不同于一般的计算机软件系统，它具有的特点是：知识信息处理、知识利用系统、知识推理能力、咨询解释能力。20 世纪 80 年代人们开始将专家系统引入高炉领域，将高炉操作专家所具备的知识进行信息集合和归纳，通过推理作出判断，并提出处理措施，形成了高炉冶炼的专家系统。典型的高炉专家系统构成图示于图 6-18。它是在原高炉过程计算机系统中配备了专用的人工智能处理机而构成的。程序由功能模块组成，它们是数据采集、推理数据处理、过程数据库、推理机、知识库及人工智能工具（包括自学习知识获取、置信度计算、推理结论和人机界面等）。专家系统要有高精度控制能力，能满足和适应频繁调整的要求，具有一定的容错能力，与原监控系统有良好的包容性。在功能上一般包括：炉热状态水平预测及控制、对高炉行程失常现象（悬料、管道、难行等）的预报及控制、炉况诊断与评价、布料控制、炉衬状态的诊断与处理、出铁操作控制等。

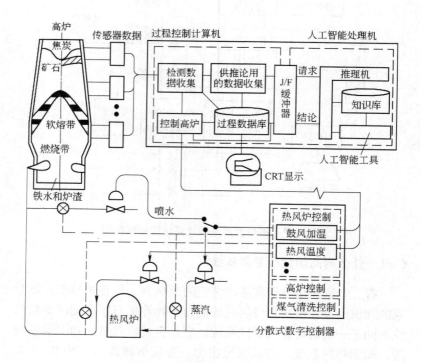

图 6-18 高炉专家系统构成图

　　我国高炉专家系统在 20 世纪 80 年代开始开发，90 年代应用于高炉上的有首钢 2 号高炉专家系统，鞍钢 4 号、10 号高炉专家系统，宝钢在引进的 GO - STOP 系统基础上研制完成的炉况诊断专家系统等。20 世纪末，武钢 4 号高炉引进了芬兰罗德利格专家系统，在生产中取得了满意的结果。我国中小型高炉（济钢、杭钢、莱钢等）上应用的炼铁优化专家系统也取得了很好的效果。

第 7 章 高炉及其主要设备的选型和操作维护

第1节 高炉炉型

7-1 什么叫高炉炉型，它的尺寸如何表示？

答：高炉是一种"瓶式"竖炉，由高炉炉墙耐火砖衬围成的工作空间的形状称为炉型，常用它的纵剖面表示（图 7-1）。

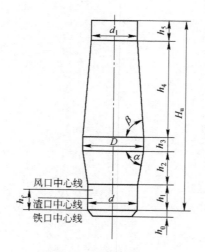

图 7-1 高炉炉型尺寸

H_u—有效高度；h_5—炉喉高度；h_4—炉身高度；h_3—炉腰高度；h_2—炉腹高度；
h_1—炉缸高度；h_0—死铁层高度；h_f—铁口中心线至风口中心线高度；
d_1—炉喉直径；d—炉缸直径；D—炉腰直径；α—炉腹角；β—炉身角

炉型发展到现在已定型为五段式，分别为：炉喉、炉身、炉腰、炉腹和炉缸。炉喉、炉腰和炉缸是圆柱体，炉身和炉腹为截头圆锥体，它的各部分尺寸，如容积的单位为 m^3，直径和高度的单位为 mm。

7-2　什么叫高炉有效容积，什么叫高炉工作容积？

答：高炉的容积有两种表示方法，即有效容积（V_u）和工作容积（$V_工$）。

有效容积指高炉铁口中心线到炉喉有效高度（H_u）范围内的容积，它常在中国、俄罗斯等国家使用，在一些国家把这个容积称为内容积。

工作容积指高炉风口中心线到炉喉之间的容积，它常在欧美国家使用。

有效容积与工作容积相差铁口中心线到风口中心线之间的炉缸容积，大量的统计表明：$V_工 \approx 0.8 V_u$。

过去在我国，根据高炉的有效容积可将高炉分为小、中、大型高炉，$300 m^3$ 以下为小型，$300 \sim 999 m^3$ 为中型；$1000 m^3$ 以上为大型。在国际上认为 $1000 m^3$ 以下为小型，$1000 \sim 2000 m^3$ 为中型，$2000 m^3$ 以上为大型。现在中国高炉分类已同国际接轨，而且按国家产业政策已将小于 $400 m^3$ 的高炉淘汰，这样 $400 \sim 999 m^3$ 为小型，$1000 \sim 1999 m^3$ 为中型，大于 $2000 m^3$ 为大型。有时也将高炉按炉容分为 $400 m^3$ 级、$1000 m^3$ 级、$2000 m^3$ 级、$3000 m^3$ 级、$4000 m^3$ 级和 $5000 m^3$ 级等。

7-3　高炉的各部分对高炉生产有何影响？

答：高炉各部分对高炉生产的影响如下：

（1）炉缸。在炉缸上、中、下部设有风口、渣口和铁口，在有两个铁口以上的大型高炉上不设渣口。炉缸上部的风口区是燃料燃烧的地方，是煤气的发源地和冶炼过程所需热量的源泉。炉缸下部也称为下炉缸，是渣铁贮存区，进行着渣铁反应，是保证生铁质量的重要环节。所以炉缸是对高炉生产有着决定性意义的部位。

（2）炉腹。炉腹是倒置截头圆锥体，其收缩适应了矿石熔滴后的体积变化，同时也使燃烧带产生的高温煤气远离炉墙，有利于渣皮的形成，延长高炉的寿命。

（3）炉腰。炉腰是高炉直径最大的部位，其直径的大小决定着高炉内型的高径比关系。而且炉腰处还是软熔带，其透气性差，炉腰直径大小影响着透气性，此外还影响炉腹角、炉身高，所以，炉腰对冶炼起着重要作用。其高度不起决定性作用，属高炉的过渡段，用来调整炉容。

（4）炉身。炉身是截头圆锥体，炉料在炉身预热和预还原，炉身直径自上而下逐渐扩大以适应炉料受热膨胀和减少炉料与炉墙之间的摩擦力，所形成的炉身角大小对下料有明显影响，而炉身高度对煤气利用也有影响。

（5）炉喉。炉喉是炉料进高炉的装入口，也是煤气的导出口，对炉料和煤气分布起控制和调节作用。

7-4　什么叫死铁层，它对高炉生产有何影响？

答：铁口中心线以下在生产中存有液态产品的部分叫死铁层，它不计入高炉的容积。早期高炉炉底结构是由单一的陶瓷质耐火材料砌成的，而且没有任何冷却保护，设置死铁层是用来保护炉底免受炉缸中发生的各种过程的作用，以延长炉底的寿命。尽管现在炉底结构先进了，而且还有风冷或水冷保护，但死铁层仍然保留，而且其高度还在增加，由原来的 500 ~ 1000mm 增加到 1500 ~ 3500mm，约为炉缸直径的 20% ~ 24%。主要目的是增大死铁层对浸埋在渣铁中的焦炭的浮力，减少死料柱下面铁水向铁口流动的阻力，减轻铁水在炉缸内的环流对砖衬的冲刷侵蚀，以保护炉缸。在死铁层深度上存在两种观点：浅死铁层，$h_0 = (15\% ~ 18\%)d$；深死铁层 $h_0 = (24\% ~ 27\%)d$。前者认为过深的死铁层增加了死铁层内铁水对炉底砖的渗透、侵蚀。后者认为死铁层浅对浸埋在铁水中焦炭浮力小，出铁时铁水穿过死料柱下的阻力过大，铁水环流增加，是造成"象脚状"炉缸侵蚀的主要原因。我们认为死铁层深度维持在 $h_0 = (20\% \sim 22\%)d$，经过较长时间生产实践检验后再作调整为好。

7-5 高炉炉型发展趋势如何？

答：从 20 世纪 60 年代开始，高炉逐步大型化，大型高炉的容积由当时的 $1000 \sim 1500 \mathrm{m}^3$ 逐步发展到现在的 $4000 \sim 5800 \mathrm{m}^3$。随着炉容的扩大，炉型的变化出现以下特征：

（1）高炉的 H_u/D 即高径比缩小，大型高炉的比值已降到 2.0，$1000 \mathrm{m}^3$ 级高炉降到 2.5，$450 \mathrm{m}^3$ 级高炉也降到 3.0 左右，比过去 $1000 \mathrm{m}^3$ 级的还要小。

（2）炉身角和炉腹角缩小而且趋于接近。现代大型高炉上的炉身角为 $79° \sim 81°$，而炉腹角为 $74° \sim 80°$。宝钢 $4063 \mathrm{m}^3$ 高炉的炉身角为 $81°58'50''$，炉腹角为 $81°48'9''$；首钢 $2536 \mathrm{m}^3$ 高炉的炉身角为 $79°55'10''$，炉腹角为 $78°2'36''$；日本福山 $4617 \mathrm{m}^3$ 高炉的炉身角为 $80°18'$，炉腹角为 $80°06'$。我国 $400 \mathrm{m}^3$ 级高炉的炉身角为 $83° \sim 84°$，炉腹角为 $82° \sim 83°$。

（3）炉缸扩大，在高度和直径两个方面都有所增加，高炉的 $V_u/A_{缸}$ 缩小。炉缸的扩大使 D/d 比值下降，由过去的 1.10 降到 $1.07 \sim 1.09$。

7-6 高炉炉型尺寸是如何确定的？

答：现在还没有可用来确定高炉炉型尺寸的理论性计算公式，至今还是用以炉建炉的经验方法来"设计"，有两大类方法：

（1）经验公式计算法。这是自 20 世纪 30 ~ 40 年代开始 60 ~ 70 年以来的传统方法（见表 7-1），其特点是用燃料（过去只有焦炭，现在是焦炭和喷吹燃料）在炉缸截面上的燃烧强度确定炉缸直径，然后用各部位之间的合理比值，算出其余尺寸。

表7-1　我国高炉炉型经验计算法及统计数据

名　称	经验公式	统计数据与说明
炉缸直径 d/m	$d = 1.13\sqrt{\dfrac{iV_u}{J_A}}$ 或 $d = \sqrt{\dfrac{4A}{\pi}}$ A 按 V_u/A 比值计算	i—冶炼强度，$t/(m^3 \cdot d)$，一般为 $1.0 \sim$ 1.5，大高炉取低值，小高炉取高值； J_A—炉缸断面燃烧强度，$t/(m^2 \cdot d)$，一般为 $24 \sim 40$（包括喷吹燃料）； V_u—高炉有效容积，m^3； A—炉缸截面积，m^2； V_u/A 在 $15 \sim 30$ 之间，小高炉取低值
炉腰直径 D/m	$D = k_1 d$	k_1：$V_u > 1000 m^3$ 时为 $1.07 \sim 1.09$； $V_u = 400 \sim 1000 m^3$ 时为 $1.10 \sim 1.20$
炉喉直径 d_1/m	$d_1 = k_2 D$	k_2：一般为 $0.65 \sim 0.72$，大高炉取高值
有效高度 H_u/m	$H_u/D = k_4$	k_4：一般为 $2.0 \sim 3.0$
炉身高度 h_4/m	$h_4 = [(D - d_1)/2]\tan\beta$	β：一般为 $80° \sim 83°$，大高炉取低值
炉腹高度 h_2/m	$h_2 = [(D - d)/2]\tan\alpha$	α 一般为 $75° \sim 79°$，大高炉取低值，h_2：$V_u < 450 m^3$ 时为 $2.5 \sim 3.0 m$，$V_u > 4000 m^3$ 时为 $3.8 \sim 4.0 m$
炉喉高度 h_5/m	参照同类高炉选定	$V_u = 450 \sim 1000 m^3$ 时为 $1.8 \sim 2.2 m$， $V_u > 1000 m^3$ 时为 $2.0 \sim 2.8 m$，$V_u > 3000 m^3$ 时为 $2.5 \sim 3.5 m$
炉腰高度 h_3/m	调整炉容之用，无要求	一般在 $3.0 m$ 左右
炉缸高度 h_1/m	可按 $h_1 = (0.12 \sim 0.15)$ H_u 计算，也可按 $h_1 = h_f + a$ 计算	h_f 为风口高度；a 为安装风口装置的结构尺寸，风口大套越大，a 值越大，一般小高炉为 $0.2 \sim 0.3 m$，大高炉为 $0.5 \sim 0.7 m$

名　称	经验公式	统计数据与说明
渣口高度 h_z/m	可按炉缸安全容铁量计算，一般按 $h_z = (0.4 \sim 0.57)h_1$	小高炉取 0.4m，大中型高炉取 0.44 ~ 0.7m，一般 2 个铁口以上大高炉已不设渣口
风口高度 h_f/m	$h_f = h_z + b$ 或 $h_z/h_f = 0.5 \sim 0.6$ 或 $h_f = h_1 - a$	b 为风口与渣口的高度差，小高炉为 0.4 ~ 0.8m，中高炉为 1.0 ~ 1.25m，大高炉为 1.25 ~ 1.45m

（2）数理统计的幂指数方程计算法。这是根据世界上操作业绩好的高炉内型尺寸与高炉容积的关系作图，然后通过数学处理找出它们的指数方程，在确定方程时还应考虑炉型发展趋势。典型的这类方程有多个，下面是其中之一：

$$d = 0.4087V_u^{0.4205}$$
$$D = 0.5684V_u^{0.3924}$$
$$d_1 = 0.4317V_u^{0.3777}$$
$$H_u = 5.6708V_u^{0.2058}$$

不论用哪种方法计算，算出的结果都要结合具体冶炼条件做适当的调整。

7-7　什么叫设计炉型、操作炉型和合理炉型?

答：根据经验式或指数方程计算出来的炉型叫做设计炉型，过去甚至现在，设计部门设计的炉型都已定型化，例如我国有 $3200m^3$、$2580m^3$、$1260m^3$、$750m^3$、$450m^3$ 等，前苏联有 $1033m^3$、$1386m^3$、$1513m^3$、$1719m^3$、$2200m^3$、$3200m^3$ 等标准设计炉型。

建造高炉时用耐火砖砌成设计的炉型，高炉投产以后，炉衬受到侵蚀，所以炉型不是固定的，在实际生产中，炉衬有一段较快速度的侵蚀，有的部位砖衬侵蚀到冷却器才能保护其稳定，有的以渣皮代替，炉型相对稳定，高炉操作指标达到较高水平，这时的炉型称为操作炉型。在设计炉型趋于合理，使炉内煤气流和料流运动顺利、接触良好，煤气的化学能和热能利用程度高，炉衬侵蚀均匀，操作炉型的主要尺寸比例与设计炉型相近而且稳定，高炉生产指标达到最佳状态，而且高炉长寿，人们将这种状态下的炉型称为合理炉型。现在人们正在用性能良好的冷却器（铜冷却壁、高伸长率的球墨铸铁冷却壁、钢冷却壁等）和薄壁砖衬来寻求合理的设计炉型，使高炉一投产就很快达到好的操作炉型，从而实现设计炉型、操作炉型和合理炉型三者的统一。

第2节　高炉炉墙

7-8　高炉炉墙由哪些部分组成，它们相互之间的关系如何？

答：高炉炉墙由耐火砖衬、冷却器和炉壳三部分组成。耐火砖衬是用来形成高炉工作空间的，它承受高温和冶炼过程的侵蚀，同时，它也保护冷却器免受高温热流的冲击而烧坏；冷却器是保护耐火砖衬使其工作表面温度低于其允许的温度，或在其表面形成渣皮保护层抵御侵蚀，一旦耐火砖衬被侵蚀掉，还可靠在冷却器表面结成的渣皮继续工作（特别是炉腹部位），冷却器还保护炉壳免受高温作用而变形或开裂；炉壳是身兼两职，作为炉墙的组成部分是安装冷却器和密封高炉的，作为金属结构的一部分是承重和传递载荷的。

耐火砖衬、冷却器和炉壳三者是相互保护、相互依存的关系，其中任何一部分遭到破损，其他两者的寿命也受到影响，而且影响高炉的一代寿命。通过长期的生产实践，人们认识到这三者中冷却器是关键，只要冷却器不坏，高炉就将是长寿的，短则10年，长则20余年。

7-9　高炉各部位耐火砖衬如何选择？

答：在生产过程中，炉墙的耐火砖衬受到多方面的作用而逐步被侵蚀，因此在选择各部位的耐火砖衬时应遵循的原则是：耐火砖衬要与该部位的热流强度相对应，以保证在强热流的冲击下，砖衬仍能保持整体性和稳定性；耐火砖衬要与该部位的侵蚀机理相对应，以缓解和延缓内衬破损速度，延长高炉寿命；尽量选用价格/性能比低的耐火材料，即选用价格相对低一些而性能又好的耐火砖，不应盲目选用价格昂贵的高级耐火材料，因为任何耐火材料在高炉内都会被侵蚀，要依赖冷却来维持平衡，达到长寿的目的。各部位耐火砖衬选择的方法是：

（1）炉喉。主要承受入炉料的冲击和磨损，一般选用钢砖或水冷钢砖。

（2）炉身上部。这部位是析碳反应 $2CO_2 \rightarrow CO + C$ 易发生的地区，而且碱金属、锌蒸气的侵蚀也在这个地区发生，再加上下降炉料和上升煤气流的冲刷和磨损，因此应选用抗化学侵蚀和耐磨性好的耐火材料，最适宜的是高致密度黏土砖、高致密度的三等高铝砖或磷酸浸渍的黏土砖。现代大型高炉上采用薄壁结构时，常用 1~3 段反扣冷却壁取代砖衬。

（3）炉身中下部和炉腰。此部位砖衬破损的主要机理是热震剥落，高温煤气冲刷，碱金属、锌和析碳的作用，以及初渣的化学侵蚀。砖衬应选用抗热震、耐初渣侵蚀和防冲刷的耐火材料。现在国内外大型高炉选用性能良好但价格昂贵的碳化硅砖（氮化硅结合、自结合、赛隆结合），以使寿命达到 8 年以上。实践证明，再好的耐火材料也是要被侵蚀的，达到平衡（大概侵蚀到原厚度的一半）时才能稳定，这个时间大概为 3 年左右。实际上，使用性能良好的烧成铝碳砖（价格便宜得多），也能达到这个目标，所以 $1000m^3$ 及其以下高炉都可采用铝碳砖。

（4）炉腹。此部位砖衬破损的原因主要是高温煤气的冲刷和渣铁的冲刷，这部位的热流强度很大，任何耐火材料都不能长时间地抵御，在生产中主要靠渣皮工作，所以这部分不必选用太昂贵的耐火材料。这部位的耐火材料寿命不长（长则 1~2 个月，短则 2~3 周），一般选用耐火度高、荷重软化温度高和体积密度大的耐火材料，例如高铝砖、铝碳砖等。

（5）炉缸风口区。这部位是高炉内唯一进行氧化反应的区域，产生的高温可达 1900~2400℃，砖衬受到高温引起的热应力的破坏，以及高温煤气冲刷、渣铁侵蚀、碱金属（Zn、Pb等）侵蚀、循环运动焦炭的冲刷等作用。现代高炉都采用组合砖砌筑炉缸风口区，材质为高铝、刚玉莫来石、棕刚玉和氮化硅结合的碳化硅等，也有用热压炭块的。

（6）炉缸下部和炉底。此部位是高炉内衬侵蚀严重的地区，其侵蚀程度历来是决定高炉一代寿命的依据。早期的炉底因无冷却，大多采用单一的陶瓷质耐火材料，因此热应力使砌体产生裂缝，铁水渗透入缝而使炉底砖漂浮是破损的主要原因。现在良好的炉底结构（陶瓷垫加炭砖、交错咬砌等）和冷却，以及高质量棕刚玉、灰刚玉砖和碳质微孔、热压砖的使用，大大地延长了高炉炉底寿命。但是铁水对炭砖的渗透溶蚀、碱金属对炭砖的化学侵蚀、热应力对炭砖的破坏、CO_2 和 H_2O 对炭砖的氧化仍然是威胁炉底、炉缸寿命的重要因素，而出铁时的铁水环流运动对炉缸砖衬圆周上的机械冲刷和碳不饱和铁水的溶蚀是炉缸损坏的首要因素。

这部分的耐火材料采用导热性高、抗渗透性高、抗化学侵蚀性高、气孔率低、孔径微小的小块炭砖、微孔炭砖、热压半石墨炭砖以及用在陶瓷杯上的棕刚玉或灰刚玉砖等。在很长一段时间内，中小高炉使用电煅烧无烟煤制成的优质自焙炭块也取得了很好的效果。但改成陶瓷杯结构后，就不应再用自焙炭块，而要用焙烧炭块了。因为陶瓷杯结构上的高铝质耐火材料的隔热使自焙炭砖失去自焙的条件，不能使自焙炭砖形成整体，所以生产中出现了多次炉缸炉底烧穿事故（北台等）。

铁口区的工作条件恶劣，现在采用与炉缸耐火材质相匹配的铁口组合砖砌筑，生产中使用的有碳质、半石墨 C–SiC 质、莫来石、SiC 质等。

7-10 高炉炉身中下部、炉腰的结构有哪几种？

答：高炉炉身下部和炉腰是决定高炉一代寿命的关键因素之一，是高炉不中修时炉龄达到 10 年以上的决定性部位。因此，这部分结构应满足：冷却均匀，死角要少；能承受高热流强度及热流的波动；具有一定的托砖能力和易于结成渣皮等。为此采用多种结构来探求延长其寿命的途径，目前广泛使用的结构有：

（1）板壁结合。插入式冷却板和冷却壁结合使用（图7-2），这种结构从20世纪70年代起就开始应用，现在世界上长寿的高炉大部分都是采用了这种结构。

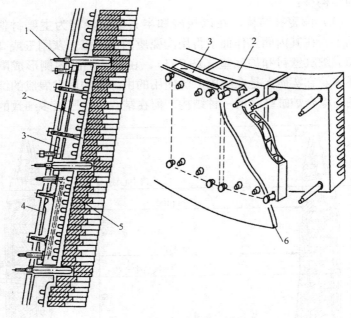

图7-2　炉身板壁结合结构

1—铜冷却板；2—灰铸铁冷却壁；3—铜冷却夹套；

4—铜冷却夹套支撑；5—SiC - Si$_3$N$_4$砖；6—炉壳

（2）铜冷却壁薄炉衬。发挥铜冷却壁能很快结成渣皮的优点，虽然还没有使用这种结构的高炉达到一代寿命10年以上的验证，但已使用的高炉反应良好，称这种结构可达到10～15年的炉龄，甚至更长。

（3）使用炉腰支圈。厚壁炉腰作为炉身中下部砖衬的支托，这在前苏联的高炉上广泛采用，在仅使用高致密度黏土砖或高铝砖的情况下，炉身下部寿命可达 8 年以上。

7-11 高炉炉缸炉底结构有哪几种？

答：高炉炉缸炉底历来是决定高炉一代寿命的关键部位。在普遍使用优质碳素材料和水冷或风冷炉底的基础上，认为能够长寿的结构有：

（1）陶瓷杯结构。在以炭砖和半石墨化炭砖为主要材料的基础上，在其内侧工作面上再用陶瓷质的棕刚玉、灰刚玉或高铝砖砌成炉缸壁衬和炉底垫（图 7-3），在炉底炉缸内侧形成陶瓷质杯体。它实质上是在我国广泛使用的由综合炉底发展成的综合炉底与综合炉缸结合的一种结构，但在结合上做了很多细致的工

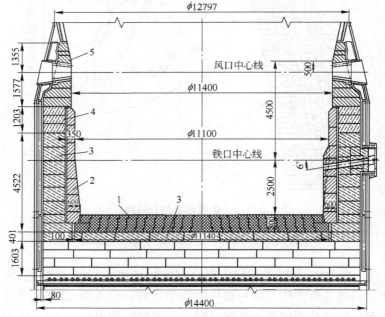

图 7-3 北京瑞尔公司的整体式陶瓷杯结构

1—莫来石陶瓷垫；2—灰刚玉陶瓷杯壁；3—超微孔炭砖或微孔炭砖；

4—微孔炭砖；5—灰刚玉风口组合砖

作，例如防漂浮和减缓铁水环流冲刷、溶蚀、应力释放、密闭等，获得了具有持续性整体稳定和密闭功能的效果。20 世纪 90 年代初期和中期从国外引进了陶瓷杯的首钢、梅山、上海一钢等厂的大型高炉获得了 12 年以上的炉役寿命，有的高炉目前仍在冶炼生产之中，国外采用陶瓷杯的高炉也获得超过 20 年寿命的实绩。图 7-3 所示结构的整体式陶瓷杯已经在沙钢、宣钢、鞍钢、梅山等近百座高炉上得到实际应用，陶瓷垫和陶瓷杯壁与炉底炉缸炭砖之间的温度一直处于小于 800℃ 的安全温度范围内，有效地保护了炭砖。如宣钢 1900m³ 高炉投产至今的 6 年多时间内，陶瓷垫冷面的温度一直稳定在 450℃ 左右、炉缸一般出现"蒜头状"部位的炭砖冷面温度一直稳定在 80 ~ 90℃。

借鉴上述陶瓷杯结构，国内不少高炉（主要为中小高炉）采用了在炉缸炉底炭砖的热面砌筑标普型陶瓷质小块耐火砖的结构形式，简称陶瓷砌体。虽然这种形式的结构在不少高炉上得到

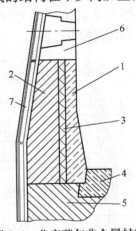

图 7-4　北京瑞尔非金属材料公司设计的带有隔热夹层的陶瓷杯壁结构示意图

1—陶瓷衬体；2—炭砖；3—隔热夹层；
4—炉底陶瓷垫；5—炉底炭砖；
6—风口砖；7—冷却壁

应用，但由于其整体稳定性、密闭性以及应力释放等方面的不足，难以给炭砖提供持续有效的保护，鲜见炉役寿命超过 8 年的实绩。

现在在宣钢 9 号（1940m³）和沙钢 1 号（2500m³）高炉上使用了带有隔热夹层（图 7-4）的陶瓷杯壁结构，这种结构的特点是：通过炉缸内衬的热通量降低，环形炭砖的热面温度显著降低，炭砖的平均工作温度下降，陶瓷衬体上的温度梯度降低，陶瓷衬体承受的热应力显著降低。以沙钢 2500m³ 高炉为例，热通量下降 2020W/m²，炭砖热面温度下降了 157℃，平均工作温度

降低了90℃左右，陶瓷砌体内的温度梯度降低了200℃左右
（27%）。这样延长了陶瓷杯壁的寿命，也就延长了陶瓷杯保护
炭砖的有效期，使环形炭砖使用寿命延长。宣钢9号高炉在这
种结构炉缸使用了6年后停炉（由于市场原因），观察陶瓷杯
炭砖完好，普通结构高炉出现"蒜头状"侵蚀的部位在9号高
炉上未发现异常情况。

　　（2）热压小块炭砖的炉缸侧
壁和大块半石墨化炭砖、微孔炭砖
的炉底的全炭砖结构。这是由美国
美联炭推出的，在我国2000～
2011年新建的高炉上有不少使用
的（图7-5）。

　　（3）全炭砖立砌结构。这种
结构在前苏联的高炉上使用过，目
的是防止炭砖的漂浮等（图7-6）。
这种结构我国没有使用。

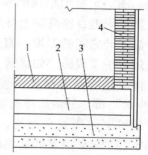

图 7-5　全炭炉缸炉底结构
1—高铝质保护砖层；2—炉底大炭砖；
3—耐热混凝土；4—热压小炭砖

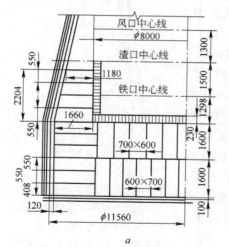

a　　　　　　　　　b

图 7-6　全炭立砌炉底结构示意图
a—斜炉缸；b—直筒炉缸

7-12　高炉使用哪些冷却器?

答: 高炉使用的冷却器从制造材质上分有含铬耐热铸铁、高伸长率球墨铸铁、钢和铜冷却器 4 种; 按安装在高炉内的形式分为卧式冷却板和立式冷却壁, 前者有时也叫扁水箱, 是点冷却, 后者有时也叫立冷板, 为面冷却。冷却板和冷却壁从结构形式上又有多种, 冷却板有双室、四室、六室和八室 (图 7-7); 冷却壁分为光面、镶砖、带凸台 (图 7-8), 冷却壁内的冷却通道有单排和双排。

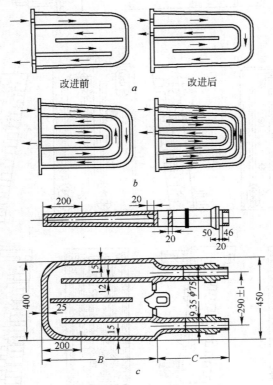

图 7-7　卧式冷却板示意图

a—改进前后的四室冷却板结构; b—六室和八室纯铜冷却板; c—四室纯铜冷却板

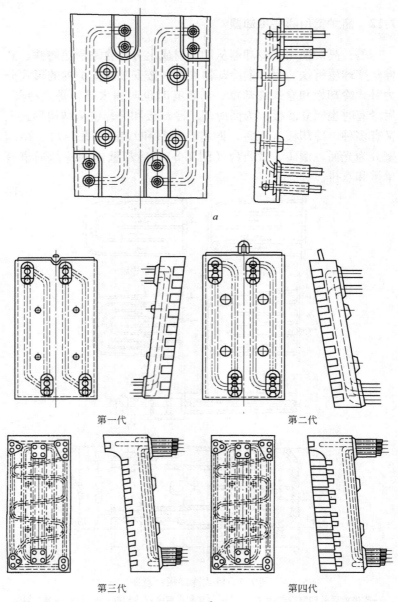

a

第一代　　　　　　　第二代

第三代　　　　　　　第四代

b

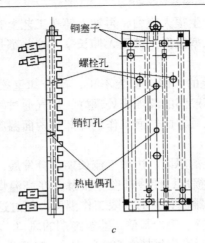

图 7-8　冷却壁示意图

a—光面冷却壁；b—镶砖冷却壁；c—铜冷却壁

　　冷却器的发展趋势是冷却壁或板壁结合代替全冷却板，炉身中下部、炉腰和炉腹关键部位的镶砖冷却壁改为双排，铜冷却壁代替铸铁冷却壁。

7-13　铸铁冷却壁烧坏的原因有哪些?

　　答：铸铁冷却壁烧坏的原因是多方面的：

　　（1）设计上的原因。未能解决均匀冷却问题，冷却壁存在没有冷却的死角，特别是带凸台的冷却壁；选择的热流不合适，在炉况波动时，强大的热流超过冷却器能够承受的热流，在冷却水管内壁形成汽膜绝热层无法传热，使冷却壁局部过热而烧坏。

　　（2）制造上的原因。未解决好铸铁本体与冷却水管之间铁与钢的矛盾，铸铁与钢管直接接触，钢管渗碳变脆而裂，使冷却壁渗水或漏水，为防止铸铁与钢管直接接触，在钢管表面涂有防渗碳涂层，并留有膨胀缝隙，若涂料层质量不好，膨胀缝过大，在铸体与钢管之间形成绝热层影响传热，则使冷却器工作表面温度升高超过允许的工作温度而烧坏；铸铁与镶砖的线膨胀系数差异造成铸体内产生很大应力，再加上铸造工艺上有缺陷，使铸体中心部位的伸长率极低，甚至无伸长率，这些都是冷却壁烧坏的原因。

（3）建炉上的原因。安装不正，使冷却壁投产后内部产生很大应力；冷却壁间的缝隙未处理好，煤气通过间隙穿到冷却壁的背面，使原来只考虑热面工作的冷却壁两面温度都升高，加速冷却壁的损坏。

（4）生产上的原因。边缘气流长期过分发展，使保护冷却壁的砖衬过早过快损坏，使冷却壁直接暴露在高温煤气流中。不论任何材料的冷却器都有它的极限工作温度，超过这个温度就会烧坏，就是铜冷却壁、钢冷却壁，甚至纯铜的风口、渣口也是如此。铸铁的正常工作温度应保持在 $500℃$ 以下，加 Cr 0.5% 的铸铁工作温度也只有 $600℃$，在边缘气流发展时，铸铁在长时间的高温（$700 \sim 800℃$）作用下晶格会"生长"，体积膨胀，机械强度降低"变酥"，首先从无冷却的死角开始，逐步扩展到其他部分。

在以上几个原因的综合作用下，冷却壁就会过早地烧坏。

7-14 铜冷却壁有哪些特点？

答：高炉使用的铜冷却壁，大多选用无氧铜（含 Cu + Ag 99.95% 以上）的轧制铜板制成，也有用锻造或铸造的铜板制成的。与目前广泛使用的球墨铸铁冷却壁相比，铜冷却壁具有以下特点：

（1）导热性好。制造冷却壁的铜的导热系数一般为 $340 \sim 380W/(m \cdot K)$，而球墨铸铁的导热系数在常温下为 $27.8 W/(m \cdot K)$，$300℃$ 时为 $30.4W/(m \cdot K)$，而 $700℃$ 时只有 $22.5W/(m \cdot K)$。而在结构上铜冷却壁没必要铸入无缝钢管作为冷却水通道，从而彻底消除了铸铁冷却壁中由铸入钢管表面的防渗碳涂层和水管与壁体间气隙等形成的热阻。所以铜冷却壁的综合导热能力比球墨铸铁冷却壁的要高 40 倍以上。这使得铜冷却壁能承受其他冷却器承受不了的极限热流强度与热冲击。

（2）工作均匀稳定，表面温度低。铜冷却壁凭借其高导热能力、高抗热冲击的性能，使冷却均匀稳定。实测生产高炉的铜冷却壁工作表面温度在 75~80℃，最高热面温度不超过 127℃，即使热流密度达到 300W/m²，其温度也不超过 250℃。

（3）易结成稳定渣皮。由于铜冷却壁壁体表面温度低，很容易结成稳固的渣皮，根据国外的测定，渣皮厚度在 40~60mm（日本）和 150mm 左右（德国）。若因炉况波动而使渣皮脱落，铜冷却壁可在较短的时间（15~20min）内重新结成新的渣皮，这远比铸铁冷却壁需数小时才能结成新渣皮要短很多。

（4）高炉冶炼的热损失减少。生产实践表明，使用铜冷却壁后，炉体的热损失减少，而不是想象的那样铜导热系数大，将带走很多热量而使热损失增加。实测表明，使用铜冷却壁后的热损失减到铸铁冷却壁的 50%~55%。这是因为壁体表面结有稳固的渣皮，而渣皮的导热系数只有 1.2W/(m·K)。

（5）铜冷却壁的壁体薄、质量轻，易于安装。早期的铜冷却壁厚度为 143mm，现已降到 116mm，如果采用扁孔水道，其厚度可降到 100mm 以下，比球铁冷却壁薄 100~150mm。这有三个好处：质量减轻，降低炉壳载荷；缩小铜冷却壁与球铁冷却壁的成本差，由原来的每 1m² 冷却面积的价格差 4 倍左右降到 2 倍以下；高炉大修时将球铁冷却壁改为铜冷却壁，在炉壳不动的情况下，可扩大高炉容积。

（6）可使用普通耐火材料作炉衬。渣皮是高炉生产过程中的最佳炉衬，铜冷却壁能较快地形成稳固的渣皮，因此炉身下部等部位不必再使用昂贵的碳化硅质高档耐火材料，而只需砌筑一薄层（例如 100~120mm）普通耐火材料或喷涂相应厚度的不定型耐火材料。这样既节省耐材费用和筑炉费用，还可缩短大修高炉工期，而且减薄炉衬又可扩容，是一举多得的好事。

（7）高炉一代寿命延长。轧制的铜板制成的铜冷却壁在德国已使用 10 年以上。测定结果表明，10 年中铜冷却壁磨损 3mm 左右，平均磨损速率为 0.3mm/a。因此人们估计铜冷却壁的使用寿命在 18 年以上，有人甚至乐观地估计它的使用寿命可达 30 年。这样高炉寿命也随之延长。

7-15 高炉使用铜冷却壁的经济效益如何？

答：评价技术措施的经济效益要看它的投入和产出。

首先看使用铜冷却壁的投入。高炉使用铜冷却壁的基建投资肯定要高一些，因为无氧铜轧制铜板的价格要比球墨铸铁的价格贵 8~10 倍。将不同炉墙结构的冷却设备、耐火材料等造价都折到炉壳面积上作为单位冷却面积（m^2）的投资进行比较，以铜冷却壁结构的单位冷却面积投资为 100%，则球墨铸铁冷却壁结构为 57.55%，双层水管冷却壁结构为 54%，板壁结合结构为 68.9%。计算表明，在高炉炉身下部、炉腰、炉腹等部位使用铜冷却壁时，以 2011 年时的价格计算，2500m^3 高炉总投入要高 1500 万元，1780m^3 高炉高 1000 万元，1000m^3 高炉高 800 万元。

然后看使用铜冷却壁的产出，其中包括：

（1）由于铜冷却壁使用寿命在 15 年以上，可使高炉减少 1~2 次中修，节省大量的中修费用。以 400m^3 级高炉为例，一次中修费用约为 700 万元。

（2）避免因中修而停产产生的损失和中修前后减产产生的损失。对 400m^3 级高炉来说，可减少损失达千万元以上。

（3）回收退役铜冷却壁，其价值可达原值的 25%~30%。

还有因使用铜冷却壁扩容增产的效果、热损失减少降低燃料消耗的效果等。

总的来说，以寿命 15 年来估算，产出的效益为投入的 5~10 倍。这样使用铜冷却壁一次性多投入的费用，约在两年内即可收回。

7-16 国产铜冷却壁的价格性能比如何？

答：我国生产高炉用铜冷却壁的厂家有华兴、鲁宝等多家，据不完全统计，到 2003 年 6 月共为国内近 20 座高炉提供了 2500

余块铜冷却壁（华兴约占 70%，鲁宝约占 26.5%），在铜冷却壁制造技术和产品性能上已达到国外同类产品的水平。这从华兴的产品标准和德国 SMS Demag 产品标准的主要指标（应该说，各厂生产的实际供货指标均高于所列指标，但验收均按所列指标）的对比就可以看出：

铜材化学成分/%		中国汕头华兴	德国 SMS Demag
Cu + Ag		≥99.95	≥99.9
P		≤0.02	≤0.008
O		≤0.003	≤0.005
电导率/%	IACS	≥98	≥95
力学性能：			
抗拉强度 σ_b/MPa		>200	约 200
屈服强度 σ_s (0.2)/MPa		约 50	约 40
伸长率 δ_5/%		>40	约 45
焊接质量		符合德国标准	
尺寸偏差：			
平均外径/mm		±0.22mm	
壁厚/%		8	

另外，华兴还开发出复合扁孔型冷却水通道的铜冷却壁，应用于生产可节省采购成本（约 30%），应用于高炉还可降低生产费用（例如应用于 3200m³ 高炉可节水节电，年节省运行费用百万元以上）。

国产铜冷却壁的价格约为国外同类产品的 50% ~ 60%。总体上讲，华兴等厂的国产铜冷却壁价格低、性能好、质量可靠，其价格性能比远低于国外同类产品。

7-17　高炉冷却方式有几种？

答：高炉的冷却方式有：工业水冷却、汽化冷却、软水闭路循环冷却和炉壳喷水冷却 4 种。下面主要介绍前 3 种冷却方式：

（1）工业水冷却是使用最广泛的，因为它一次投资低，运行稳定。该系统由泵站、管道、冷却器、喷水池等组成，冷却水循环使用，靠喷水池蒸发冷却回水。此法的缺点是水消耗量大，水质无法保证（南方是悬浮物，北方是水硬度），会在冷却器内结垢而影响冷却（5mm 的水垢在 200000kJ/（$m^2 \cdot h$）的热流下能使冷却器表面温度比无垢时提高 500℃），这是造成冷却器烧坏的重要原因。为改善水质一般都用加药处理和定期清洗冷却器来降低水垢的危害；同时还要控制进出水的温度，特别是出水温度不宜高于 45℃。

（2）汽化冷却。在 20 世纪 50 年代，前苏联的冶金热工专家将加热炉上成功使用的汽化冷却移到高炉冷却系统，我国在 60～70 年代也曾有 10 余座大中小型高炉使用过汽化冷却。现在世界上缺水地区还有些高炉使用汽化冷却，大部分高炉（包括前苏联的高炉和我国的高炉）的汽化冷却方式已被软水闭路循环冷却或工业水冷却所替代。汽化冷却是将接近沸点（称做欠热度低）的软水作为冷却介质通入冷却器，软水在冷却器内受热而部分水达到沸点而汽化蒸发，冷却介质变成汽-水混合物，水在汽化时吸收汽化潜热（每 1g 水汽化吸热 593 × 4.187J，而 1g 水升高 1℃吸热 4.187J），从而冷却了冷却器，而且节约了大量的冷却水。汽-水混合物的密度比软化水的小，因此在密度差的驱动下，汽-水混合物上升进入汽包。在汽包内汽-水混合物分离为蒸汽和水，蒸汽或回收利用或放散；分离出的水作为冷却介质继续循环使用。完全靠水与汽-水混合物的密度差运行的系统叫自然循环汽化冷却；在循环系统中加有热水泵以帮助冷却介质克服运行阻力的叫强迫循环汽化冷却。

汽化冷却的优点是省水、省电，在突发性停电时，高炉冷却器不会断水而被烧坏。它的缺点是对高炉热流大波动的适应性差，在突发性尖峰热流时，容易在冷却器水管中形成汽塞，阻碍循环，甚至造成停止循环而将冷却器烧坏。这是汽化冷却没能得到推广和已用过的高炉退回到工业水冷却或改用更稳妥可靠的软水闭路循环冷却的主要原因。

（3）软水闭路循环冷却。它是将欠热度大的软水（水温在45～55℃）利用循环泵在高炉冷却系统内运行，软水在冷却器内吸收冷却器传过来的热以达到冷却的目的。一般在冷却器内软水的温升为 8～10℃，循环水离开高炉后，用专门的冷却设施将循环软水降温10℃左右，北方地区一般采用大风扇吹（只在高温季节使用，其他各季靠自然通风冷却），南方地区则用工业水热交换器。为解决软水中溶解的 O_2 和 CO_2 对金属管的腐蚀问题，系统内设有脱气罐。软水闭路循环冷却系统的流程示于图7-9。此种冷却方式的优点是采用软水或纯水解决了水质对冷却

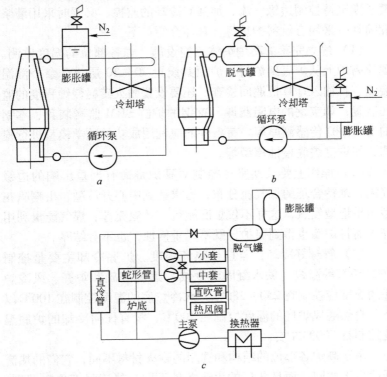

图 7-9　软水闭路循环冷却系统流程图
a—最基本的冷却系统；b—设有脱气罐的冷却系统；
c—联合软水闭路循环冷却系统流程

的影响；由于水的欠热度大而且闭路不产生蒸汽，所以运行时耗水量少，仅在热水泵轴承密封处有少量渗漏，一般只有 0.05% ~ 0.10%；闭路循环可充分利用静压头，而且可用膨胀罐充 N_2 来调节、控制系统的压力，系统运行可靠。现在这种冷却方式已广泛应用于大中型高炉。

7-18 高炉炉体如何维护？

答：为了使高炉长寿，应从投产起就对炉体进行维护，维护的主要措施是：设计建炉时要设置必要的炉墙监控设施、操作上要长期坚持控制边缘气流、加强对冷却的监控、必要时采用灌浆和喷补、采用含钛料护炉等，具体介绍如下：

（1）建立完善的高炉炉体监控设施，如各部位的温度监测。现代高炉上从炉底到炉身、炉顶共设置 20 ~ 30 层 300 余个测温装置，且输入计算机巡回检查，还要设置耐火砖衬侵蚀程度的监测装置，如宝钢的电阻测厚、首钢的炉缸 SHM 监测装置、本钢的 B – KPD 传感测厚等。有条件的应利用成功的数学模型进行检测，如炉缸炉底侵蚀模型等。

（2）操作上要长期坚持控制对高炉寿命有严重影响的边缘气流，维持合理的煤气流分布，力求达到中心开放型，由喇叭花型向平坦型发展，这样不仅炉况顺行，炉温充沛，煤气能量利用好，而且炉墙也得到保护，既不严重侵蚀，也不会结厚。

（3）管理好冷却，监控住热流强度。炉底冷却主要是控制好 1150℃ 等温线（铁水凝固温度线）远离基础和炉壳，风冷炉底的温度应控制在 250 ~ 280℃，水冷炉底的温度控制在 100℃ 以下，自然通风炉底的温度控制在 400℃，没有任何冷却的炉底温度控制在 700℃ 左右。

由于高炉各部位的结构和选用的耐火材料不同，它们的热流强度也不相同，而且各厂的生产条件不同，热流强度也有差别。一般将热流强度分成正常值、报警值、警界值和事故值四等。例如首钢将炉缸的热流强度 q（kW/m^2）分为以下等级（美国炭砖

/国产炭砖）：

1）$q \geqslant 11.63/9.3$，加钛护炉，铁中 $w_{[Ti]} = 0.08\% \sim 0.10\%$；

2）$q \geqslant 13.86/11.63$，加钛护炉，$w_{[Ti]} \geqslant 0.10\%$；

3）$q \geqslant 15.12/12.79$，停风堵温差高的冷却器上方的风口；

4）$q \geqslant 17.45/15.12$，停风凉炉。

卢森堡 PW 公司将炉缸冷却壁的 $q(kJ/(m^2 \cdot h))$、水温差 $\Delta t(℃)$ 和热流量 $Q(kJ/h)$ 分级如下：

	q	Δt	Q
正常值	≤16750	≤0.505	≤5686950
报警值	≤29310	≤0.884	≤9952170
警界值	≤37680	≤1.137	≤12795640
事故值	≤50240	≤1.516	≤17060850

梅山将炉缸的热流强度分为：安全临界值 $33.5MJ/(m^2 \cdot h)$、危险临界值 $41.9MJ/(m^2 \cdot h)$。当热流强度超过 $41.9MJ/(m^2 \cdot h)$ 时，就有特发性烧穿的可能性。

（4）在炉墙局部侵蚀严重或不规整时可采用灌浆或喷补的方法恢复炉衬以达到好的操作炉型，使生产指标改善，并延长炉墙寿命。

（5）在炉底和炉缸侵蚀到一定程度时就要采用含钛料护炉，不宜到出现危险时才采用。有人建议开炉半年以上就用钛护炉，使铁水中含 Ti 在 0.10% 以上、含 Si 0.5% 以上维持一周时间，以后每年一次。

7-19　什么叫炉墙喷补和炉体灌浆？

答：高炉炉墙喷补和炉体灌浆造衬是维护炉墙和延长高炉寿命的技术。

高炉生产一段时间，尤其是进入中后期后，炉身部位的砖衬被侵蚀，呈现出凹凸不平的状态，影响炉料下降和煤气流上升的合理分布，高炉生产指标变坏，而且冷却器烧坏。采用喷补技术将炉衬加厚到 $200 \sim 400mm$，并恢复为平整的操作炉型。采用定期喷补可改善高炉的生产技术指标，而且还可延长高炉寿命。

喷补用的料属不定型耐火材料，有黏土质、高铝质和碳化硅质三种。实践证明，高级的喷补料的效果并不一定比普通耐火材料的好。我国大多采用高铝质喷补料，Al_2O_3 含量为 70% 左右，高的可达 78%，SiO_2 含量为 20% ~ 25%，低的为 15%；也有用黏土质的，Al_2O_3 含量为 48% ~ 50%，SiO_2 含量为 40% 左右，以水玻璃或水泥作为结合剂。骨料（粒度小于 5mm，大部分为 0.6 ~ 2.5mm）和粉料（粒度小于 0.088mm）的组合是根据需要配制的。喷补料应达到耐火度 1600℃ 以上，有良好的强度，能与喷补面牢固地结为一体，重烧线变化小等。

一般喷补都需要把料面降到喷补面之下，由于喷补都是在残存的砖衬上进行的，喷补前要很仔细地清理炉衬表面，把黏附的渣皮和炉料清除，大多还要在喷补表面安装锚固件，其长度为喷补厚度的 50% 左右，然后用人工或专门的喷补机喷补。

炉体灌浆是从炉外通过灌浆孔灌入泥料给炉墙造衬的技术，灌浆法不需要降料面，只要在确定需要灌浆的部位后，测定和估算灌浆的面积范围和确定灌浆孔数，一般是每 $1m^2$ 设 2 ~ 4 个孔。在炉壳上按要求钻孔，插入喷嘴，用泥浆泵压入膏状耐火材料。灌浆造衬材料基本上与喷补料相仿，属热固硬化，灌浆后一般需 2 ~ 3h 的硬化时间。这种方法特别适合于投产时间不长，施工质量欠佳，捣料层不密实，捣料挥发分离并受热收缩的高炉，但是，如果压浆方法不当，压力过高，泥浆反而可能将已经很薄的砖衬压碎或将泥浆从砖缝中压入炉内造成事故，因此灌浆要慎重处理，科学施工。

在喷补或灌浆时，还可以同时修补冷却器，例如在已损坏的冷却壁中插入棒式冷却器，既可改进冷却状况，又有助于喷补料和灌浆料的固结。

7-20　什么叫含钛料护炉，如何用它护炉？

答：含钛料护炉是在冶炼过程中往炉内加含钛物料，使受侵蚀的炉底炉缸得到保护，或使侵蚀不再继续，或使炉底炉缸得到修补而转危为安，高炉得以继续生产。

含钛料护炉的基本原理是含钛料进入炉缸后，TiO_2 直接还原成为元素钛后再生成 TiC 或 TiO_2 直接还原成 TiC（熔化温度 3150℃）和 TiN（熔化温度 2950℃）及固溶体 Ti（C，N），它们再与铁水和从铁水中析出的石墨结合在一起，进入被侵蚀的砖缝，或在有冷却的炉底表面凝结成保护层，对炉缸炉底起到保护作用。

往炉内加含钛物料的方法有：直接加入高炉配料中；加入烧结配料中随烧结矿入炉；从风口喷入含钛精矿粉等。如果铁口附近需要保护，也可将含钛料加入炮泥中。

实践证明，要使护炉获得效果，必须加入足够的含钛料以保证铁水含 [Ti] 达到 0.08% ~ 0.10% 以上，在危急时要将 [Ti] 提高到 0.2%，有时甚至要达到 0.25%，待见效后，再逐步退回到 0.08% ~ 0.10%。

第3节　上料系统和炉顶装料设备

7-21　高炉上料系统由哪些设备组成，它们应满足哪些要求？

答：现代高炉炼铁生产的供料以贮矿槽为界，它以前的属其他厂或车间管理，贮矿槽以后的供料设备属高炉上料系统。高炉上料系统由贮矿槽、槽上受料设施、槽下筛分设备、称量设备和向炉顶装备设备输送物料的料车或皮带机等组成。高炉上料系统应满足以下要求：

（1）均衡及时地向高炉供给所要求的炉料；

（2）根据冶炼工艺要求，精确地把矿焦等原燃料配成"料批"；

（3）向高炉炉顶运送要安全可靠，尽量以自动化或机械化作业完成；

（4）在供料过程中不可避免地会产生粉尘，应有各种防尘和除尘设施，保护环境和劳动条件。

7-22 向高炉炉顶供料有哪几种方式，它们各有何特点？

答：现在高炉上料有两种方式，即料车斜桥上料和皮带机上料。两种上料方式如图 7-10 和图 7-11 所示，两种上料方式的特点如表 7-2 所示。

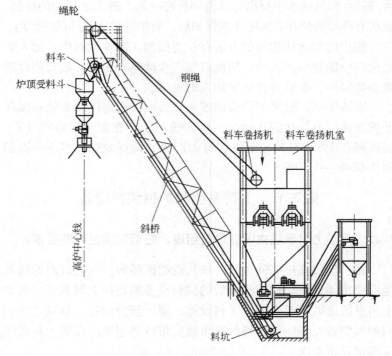

图 7-10　料车上料工艺

一般中小高炉采用料车斜桥上料，大型高炉采用皮带机上料，目前国内外大型高炉也还有用料车斜桥上料的。

7-23 上料系统的矿槽和焦槽起什么作用？

答：高炉的矿槽和焦槽接纳从烧结厂、球团厂、焦化厂或原料场通过皮带机或火车运来的原燃料，解决了高炉连续生产与来

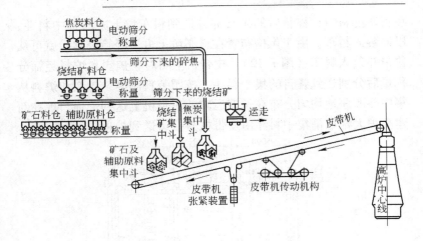

图 7-11　皮带机上料工艺

表 7-2　料车上料与皮带机上料特点对比

料 车 上 料	皮带机上料
（1）高炉周围布置集中，车间布置紧凑； （2）对有 3 个出铁场的高炉布置有困难； （3）对中小型高炉有利，大型高炉因料车过大，炉顶煤气管道与炉顶框架的间距必须扩大，炉子高度增加，投资较大； （4）对炉料分布不利，且破碎性较大； （5）炉顶承受水平力； （6）大型高炉供料量大，尽管加大了料车容积和上料速度，仍满足不了高炉强化后的供料要求	（1）高炉与原料称量系统的距离较远（约 300m），布置分散，高炉周围自由度大； （2）对大型高炉布置特别有利，有利于改善高炉环境； （3）炉顶设备无钢绳牵引的水平力； （4）皮带机运输能力大，可充分满足大型高炉上料的要求； （5）对降低建设投资有利

料间断供应的矛盾。在料车斜桥上料时，矿槽和焦槽布置在高炉的斜桥两侧，两个焦槽轮流向料车供料，矿槽有多个以适应炉料品种的多样性（烧结矿、球团矿、天然矿、熔剂等）。在皮带机上料时，一般设置在离高炉 200 ~ 400m 处，有 2 ~ 3 排槽，焦炭一排，烧结矿一排，其他料占一排。不论用哪种方式上料，槽下都有给料器和振动筛以筛除粉末，并有称量斗称量焦炭和矿石。

在料车上料时，称量后的矿石部分送到料车坑上方的集中料斗，以便装入料车。由于焦槽布置在料车坑上方，经筛分称量就可从称量斗装入料车（图 7-12）。皮带机上料时，焦炭和炉料经筛分称量后分别送到各自的集中料斗，按照装料制度，焦炭和炉料从集中斗顺序地均匀分布在长期运转的皮带机上送到炉顶。现在新建高炉大都取消集中料斗由皮带机直接运送到炉顶。

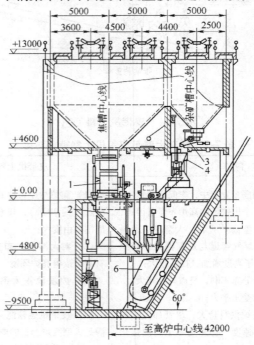

图 7-12　高炉料车坑剖面图

1—焦筛；2—焦炭称量斗；3—矿槽电振给料器；
4—矿石称量斗；5—矿石集中斗；6—料车

矿槽和焦槽的容积与高炉容积、原燃料的种类和性质等因素有关，一般槽的总容积是以贮存时间和与高炉容积之比来确定的：中小高炉矿槽的贮存时间为 14～20h，大高炉为 10～17h，容积比相应为 2.5 以上和 1.5～1.8；焦炭贮存时间为 6～10h，而中小高炉容积比为 0.8~1.3，大高炉为 0.5~0.8。

7-24　高炉槽下有哪些设备，它们的用途是什么？

答：高炉槽下的设备用于筛除粉末，按料批称量焦炭和矿石，并将焦炭和矿石或送入料车拉到炉顶，或送到集中斗或直接用皮带机送往炉顶。在过去，矿石品种多，矿槽也多，从矿槽到料车的称量和运输是由称量车完成的，称量车是装有两个称量斗的轨道电车，按配料的要求，称量车开到某一矿槽下，启动该槽的给料装置，料入称量斗并进行称量，在漏到所要求数量后，停止矿槽的给料，称量车开到料车坑，将料放入料车。称量车供料能力有限，设备庞杂，劳动条件差，现已被淘汰，为皮带机所替代。因为皮带机设备简单，供料能力大，可靠性强，所以现在高炉槽下设备只有滚动筛或振动筛、称量斗和皮带机。在槽下将称量车改为皮带机后，其筛分、称量和输送工艺有三种：集中筛分、集中称量，料车上料的焦炭就是这样；分散筛分、分散称量，矿石部分大多采用这种工艺，一些大高炉皮带上料时的焦炭也有采用这种工艺的；分散筛分、集中称量，宝钢的焦炭就是采用这种工艺。

现在槽下的设备大多只有滚动筛或振动筛、称量斗和皮带机。一般焦炭使用滚动筛，矿石用电振筛，它们都同时兼有给料器的作用。当料车上料时，称量斗的容积与料车容积相当；采用皮带机上料时，按两个称量斗能容纳一批料来考虑。秤的形式分机械秤、电子秤和机械电子秤。机械秤是利用杠杆原理制成的，精度一般可达 1/1000，但随着使用时间的延长，其刀口会被磨损和变钝，精度降低，加上杠杆系统比较复杂，体积庞大，现已逐步为电子秤替代。电子秤是利用传感器将受重力作用产生的变化转换成电量变化，微弱的电信号通过桥路送入二次仪表放大并显示，其称量精度为 5/1000。

7-25　高炉生产对炉顶装料设备有哪些要求？

答：高炉的炉顶装料设备有两个职能：把炉料装入炉内并完成

布料；密封炉顶以回收煤气。因此对它的要求是：（1）布料均匀，调节灵活；（2）密封性好，能满足高压操作；（3）设备简单，便于安装和维护；（4）易于实现自动化操作且运行平稳，安全可靠；（5）能耐高温和温度的急剧波动；（6）寿命长。20 世纪 70 年代前高炉使用双钟装料设备，70 年代无钟炉顶问世。两者均有使用，现在无钟炉顶已普及，在中国钟式炉顶已完全被淘汰。

7-26 高炉无钟炉顶由哪些部分组成，它有何特点？

答： 无钟炉顶是 20 世纪 70 年代由卢森堡 PW 公司推出的，它彻底实现了布料和密封两个职能完全分开，即起密封作用的上下密封阀与布料无关，而起布料作用的溜槽不起任何密封作用，而且利用布料溜槽的旋转或摆动，可实现定点、环形、扇形和螺旋 4 种布料，还可以向中心部位加料。现在使用的无钟炉顶有并罐式和串罐式两种（图 7-13）。

并罐式无钟炉顶由受料斗、料罐（包括上下密封阀和闸阀）、叉形管、中心喉管、旋转溜槽及其传动装置、高压均压装置、冷却系统等组成。现在一般使用双罐并列，有的高炉也使用三罐品字形布置。

装料时，由料车或皮带机运来的料进入受料车，由翻板控制炉料进入左罐或右罐，上闸阀打开，炉料进入罐内，装满后关闭上闸阀和上密封阀进行均压，均压后打开下密封阀和下闸阀，炉料经叉形管后沿中心喉管卸入溜槽，旋转溜槽按工作制度将料布在炉喉料面上。当料罐卸完料后，关闭下密封阀和下闸阀，打开均压放散阀将罐内高压气体放散，料罐处于装料状态。两个罐轮流使用，每个罐都装备有称量和料位测控装置，布料旋转溜槽由其上方的行星齿轮箱控制，箱内通有氮气或加压净煤气以防止炉内高温带尘煤气进入箱内，因此传动齿轮箱又叫气密箱，它还用氮气或水冷却。

并罐式的布料仍未能完全解决炉料偏析问题，尤其是在单环布料时，其偏料程度并不优于大钟布料，因此用三罐品字形布置

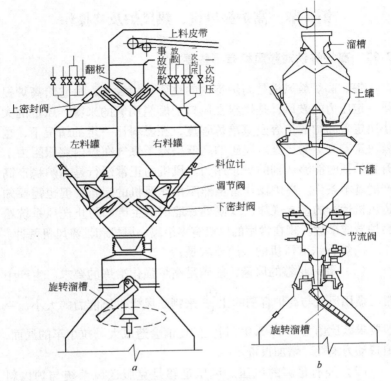

图 7-13 无钟炉顶图

a—并罐式；b—串罐式

的并罐或上下罐串联的串罐式无钟炉顶来克服这一缺陷。

　　串罐式的上罐起受料和贮料作用，下罐设有上下密封阀、料流调节阀和称量装置。由于下罐的下料口与高炉中心线重合，从而避免了炉料的偏析，也减轻了炉料对中心喉管的磨损。串罐式炉顶有多种形式（PW、SS、紧凑式等）。鞍钢使用的串罐式炉顶将上罐设计成旋转的，在装料时上罐的旋转有利于克服炉料粒度偏析。串罐式的缺点是受罐容积限制，料批调整不方便，特别是低料线时赶料线困难。

　　目前无钟炉顶已普及到中国所有级别的高炉。

第4节　高炉鼓风机、热风炉及其操作

7-27　高炉炼铁对鼓风机有哪些要求?

答：高炉鼓风机是高炉炼铁的重要动力设备，由它给高炉提供一定压力的鼓风，是燃料在风口前燃烧用氧的来源。风量的大小决定着高炉的炉容及其冶炼强度，在燃料比一定的情况下，也就决定着高炉的产量。风压的高低决定了煤气在炉内克服阻力上升到炉顶时能够达到的炉顶压力。风机的正常运行是高炉稳产高产的基本条件。高炉操作者虽然不操作风机的运行，但也需要知道风机运行的基本规律，以便更好地组织生产和防止送风系统给高炉造成事故。现在常用的风机有多级离心风机和轴流风机两种。

高炉炼铁对风机的主要要求是：

（1）要有足够的风量，能满足高炉强化冶炼的要求。生产中常习惯用风量与高炉容积的比 $\dfrac{Q_{风}}{V_{u}}$ 来判断风机供风能力的大小，一般要求该比值为 $2.0 \sim 3.0$。过大的比值会造成大马拉小车的局面，浪费动力消耗，增加投资。

（2）要有足够的风压。风压足够是克服送风系统与炉内料柱阻力和达到要求的炉顶压力的保证。生产中常感到风机能力不足，实际上是风压不足造成的，料柱或送风系统由于某种原因阻力增大，造成风压升高，风量下降；或阻力过大，风压克服不了，风也就鼓不进高炉，甚至出现风机飞动。所以，选择风机时，一定要重视风压。

（3）要有一定的风量和风压的调节范围。由于操作和气象条件的变化，风机出口的风量和风压要在较宽的范围内调节，形成风机运行的工况区（图7-14）。

（4）尽可能选择额定效率高、高效区较广的鼓风机，以使鼓风机全年有尽可能长的时间为经济运行。在这一点上，轴流风机优于多级离心风机。

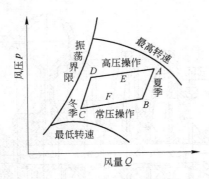

图 7-14　风机工况区示意图

7-28　离心式风机有何特点?

答: 离心式风机 (图 7-15*a*) 靠装有叶片的工作叶轮旋转产生的离心力使引入空气的速度提高获得动能,当空气进入风机的环形空间——扩散器内时,空气的部分动能转为压力能,在导向叶片的作用下空气流向下一级叶轮,经过多级 (3~5 级) 运动,空气具有一定的压力能和动能后离开风机送往高炉。风机的风量与转速成正比,风压则与转速的平方成正比,因此调整风机的转速可获得不同的风量和风压,而且风量是随风压变动的。离心风机的动力可用蒸汽透平,也可用变速电动机。离心风机结构简单,机械磨损小,工作可靠,效率在 80% 左右。

7-29　轴流式风机有何特点?

答: 轴流式风机 (图 7-15*b*) 是因吸入和排出气流的前进方向与风机转动轴的方向一致而得名的,它解决了离心风机气流的前进方向与叶轮内运动方向成垂直状态,使气流在风机内转折很多,从而降低了离心风机效率的问题。空气吸入轴流风机后,在叶片连续旋转推动下速度加快,从而获得动能和压力能,风机的静叶片为可调,使风机风量的变动范围扩大,提高了风机的稳定性。由于气流沿轴方向运动,所以与能力等同的离心风机相比,轴

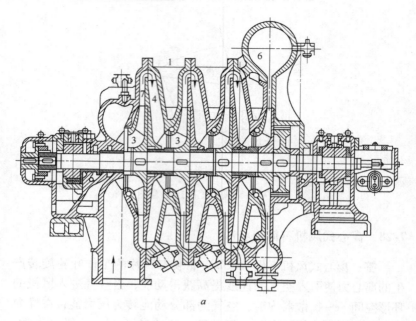

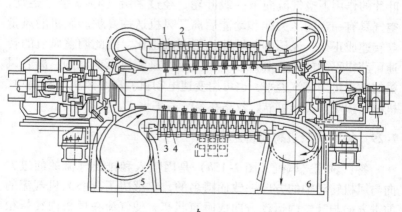

图 7-15　高炉鼓风机

a—四级离心式风机；b—轴流式风机

1—机壳；2—转子；3—工作叶片；4—导流叶片；

5—吸气口；6—排气口；7—扩散器

流式风机尺寸小而效率高，其效率可达90%以上。一般都用同步电动机带动，这样既可简化钢铁企业的设备，还可提高电网功率。因此现在新建大中型高炉都采用轴流式风机，包括400m³级炉子。

7-30　什么叫风机的特性曲线，什么叫风机的飞动线（喘振线）?

答：风机的风量 Q、风压 p、转速 n、功率 N、效率 η 等都是描述风机性能的参数。在一定的吸气条件和转速下，p、N 和 η 与 Q 有关，在试验台上测出它们的关系，并以曲线表示出来，这种曲线就叫风机的特性曲线，每一转速下有一条 p-Q、N-Q 线，不同转速得出一组曲线，叫风机特性曲线组（图7-16）。

从特性曲线上看到，随着风压的提高，风量减少，离心风机的这种状况更为明显，如果风压进一步提高到某一临界压力，风机出现倒风现象，即风机的排风口变成吸风口，而吸风口变成排风口。将不同转速时的临界压力点连接起来形成的曲线称为飞动线，或叫喘振线。高炉风机一旦出现飞动是很危险的，因为它能将高炉煤气倒吸入风机，而造成煤气在风机内爆炸的恶性事故。所以高炉操作者必须掌握好这个界限，如果高炉由于某种原因而风压不断上升时，在离飞动线不远的地方就应放风，避免风机出现飞动现象。轴流风机的飞动线的斜度比离心风机的小，更易出现飞动，因此轴流风机设有自动放风设施。

风机特性曲线显示出的规律是：

（1）在转速一定的情况下，风机的风量与风压成反比，随着压力的提高，风量降低，离心风机更为明显，轴流风机曲线较陡，近似于等量，更适应高炉冶炼的要求。

（2）随着风机转速的提高，风机排出的风量和风压提高，因此可利用原动机的转速来调节排风参数。

（3）特性曲线是在制造厂设定的吸风条件下测得的，到各使用厂后，由于气象条件和季节不同，风机出风的压力和质量都随大气温度、湿度、气压而发生变化。例如夏季比冬季气温高、

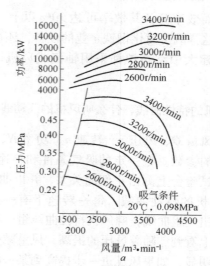

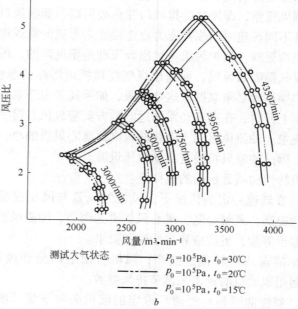

图 7-16 风机特性曲线

a—离心式风机；b—轴流式风机

湿度大，风机的出力会降低，即出口风压降低 20%～25%，质量风量降低 30% 左右；又如高山地区气压低，空气中含氧量少，风机出口的风压和风量均低于平原地区，国产 Z-3250-46 轴流式风机为 1000m³ 级高炉配套用风机，在西部地区的攀枝花钢铁公司高炉上使用时就感到风量不足，而同样的风机在南京梅山钢铁公司就有富余，可以扩大高炉容积。

因此风机都有一个有效运行区，是选择风机和决定风机运行工况区的依据。每个高炉操作者都应知道本高炉所使用风机的特性曲线、运行工况区，尤其是飞动线，以防发生事故。

7-31　高炉炼铁使用热风炉加热鼓风的意义何在？

答：高炉炼铁用热风炉加热鼓风生产已有 180 余年的历史，风温由最初的 149℃ 提高到现在的 1250～1300℃，它是高炉炼铁生产发展史上极为重要的技术进步之一，其意义在于：

（1）大幅度降低焦比；

（2）显著地提高了高炉的产量；

（3）风温的提高促进了喷吹燃料代替昂贵的焦炭，取得明显的经济效益；

（4）高炉热风炉使用高炉生产自身产生的副产品高炉煤气作为燃料，使高炉成为热效率最高的火法冶金设备，不仅降低了炼铁生产成本，还降低了煤气放散，保护了环境。

7-32　高炉的鼓风是如何在热风炉内加热的？

答：从风机送出来的冷风经过加热器，炼铁生产者称之为热风炉加热，最初使用的是换热式，即燃烧燃料形成的热烟气通过对流、辐射传热加热金属管道，管壁通过传导传热将热由管的外表面传到管的内表面，再通过对流传热传给管内流动的鼓风，鼓风获得热量而被加热。这种换热式热风炉结构简单，但加热的风温不高，热风炉的热效率低，寿命也短，现在已被蓄热式热风炉所替代。

所谓蓄热式热风炉是一个用耐火砖（格子砖或耐火球）堆砌的蓄热体，燃料燃烧产生的高温烟气通过对流和辐射传热加热格子砖（或耐火球），并将热贮存在格子砖（或耐火球）内，经过一段时间的蓄热，待格子砖（或耐火球）表面和内部温度基本一致后，通过换炉操作，将冷风送入处于高温状态的蓄热室，通过对流传热吸收贮存在格子砖（或耐火球）内的热量而被加热。现代热风炉通过这样的方法能把风温提高到 1200℃ 以上。这样蓄热室热风炉至少应有两座，轮流燃烧煤气蓄热和加热鼓风。现代高炉一般配备 3 ~ 4 座热风炉。

7-33 高炉蓄热式热风炉有几种类型，各有何特点？

答：蓄热式热风炉按它燃烧煤气的燃烧室的布置分为内燃式、外燃式和顶燃式三种（图 7-17、图 7-18）。内燃式又分为传统内燃式和改良内燃式，而外燃式又分为马琴式、科柏式、地德式和新日铁式等。蓄热式热风炉按蓄热室内所用蓄热体的形式分为格子砖式和球式（图 7-18）。几种热风炉的特点介绍如下：

（1）内燃式热风炉。燃烧室与蓄热室同在一个壳体内，燃烧室偏在一侧，与蓄热室用砖墙隔开。在长期的生产中传统内燃式热风炉暴露出一些问题，如：隔墙两侧温差大，尤其是下部；拱顶坐在大墙上，受到大墙不均匀涨落与自身热膨胀的作用而产生裂缝、损坏、掉砖；由燃烧室进入蓄热室的热烟气流分布不均匀；隔墙向蓄热室倾斜，引起蓄热室格子砖错位、紊乱；热风支管因热风炉周期性振动和上下涨落而损坏等。为克服上述缺点，对内燃式热风炉进行了改造，以荷兰霍戈文公司的改造最为成功，改造内容包括：大墙与隔墙之间设有滑动缝和膨胀缝，砌体可以沿垂直方向和水平方向自由移动；隔墙中间加隔热层以降低两侧的温差；隔墙内蓄热室一侧设置耐热钢板；采用陶瓷燃烧器；高温区采用硅砖。我国鞍钢在热风炉的改造上也取得了很好的效果，如将拱顶改为悬链线形或锥形并坐落在箱梁上，解决了拱顶破损和气流分布不均的问题。改良的内燃式热风炉占地少，

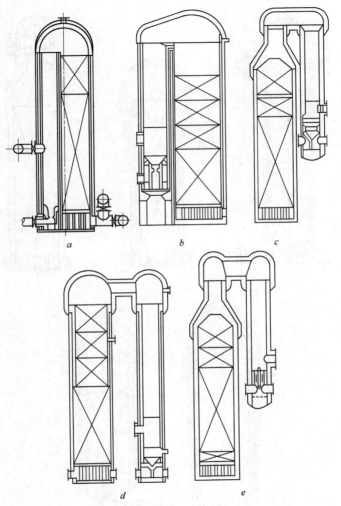

图 7-17　热风炉结构示意图

a—内燃式；b—外燃地德式；c—外燃马琴式；
d—外燃科柏式；e—外燃新日铁式

投资较外燃式低，也能提供 1200℃ 以上高风温，在我国和独联体高炉上仍然使用。

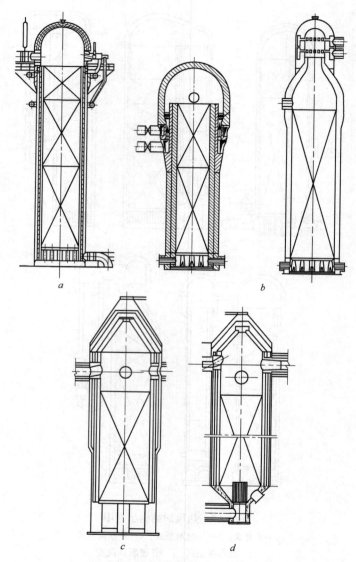

图 7-18　顶燃式热风炉结构示意图

a—首钢顶燃式；b—俄罗斯卡鲁金式；c—中小型高炉常用落地顶燃球式；
d—中小型高炉常用架空顶燃球式

(2) 外燃式热风炉。将燃烧室搬出，彻底消除内燃式热风炉隔墙引起的问题；从燃烧室进入蓄热室的气流分布均匀，尤以马琴式和新日铁式处理得更好；外燃式热风炉一开始就使用陶瓷燃烧器；高温区使用硅砖；耐火砌体广泛采用能自锁和互锁的异形砖；提高了砌体的整体强度和稳固性。由于有以上优点，外燃式热风炉能稳定地提供 1250℃ 以上的高风温，而且寿命长。现在大高炉（尤其是 4000m³ 以上超大高炉）广泛采用外燃式热风炉，虽然它也存在着结构复杂、占地面积大、钢材和耐火材料消耗量大、基建投资高（约比内燃式高 15% ~ 35%）等缺点。

(3) 顶燃式热风炉。又叫无燃烧室热风炉，其优点是：1) 和外燃式一样，取消了隔墙，从根本上消除了内燃式的致命弱点，并且在热风炉容量相同的情况下，蓄热面积增加 25% ~ 30%；2) 采用短焰燃烧器，直接在顶部燃烧，高温热量集中，减少了热损失，有利于拱顶温度的提高；3) 炉型简单，结构强度好，砖型少，砌筑容易；4) 改善了耐火材料的工作条件，下部负荷重的地区工作温度低，上部工作温度高而负荷小；5) 占地面积小，而且与外燃式相比，大约可节省 20% 的钢材和耐火材料。但要使顶燃式热风炉顺利工作也要解决以下问题：1) 需要性能良好的短焰燃烧器，保证煤气在拱顶的有限空间内完全燃烧，并保证气流的均匀分布；2) 拱顶设置燃烧器的部位，要经受强烈的温度波动，因此这部分需要用耐高温而且耐急冷急热性能好的耐火材料；3) 由于热风出口在顶部，热风管道要伸长至炉顶高度，需设相应的管道支架与膨胀圈；4) 由于热风阀、燃烧阀等阀门在顶部，必须在顶部设吊装设备，以便检修更换。

(4) 球式热风炉。它是顶燃式热风炉的一种，只是蓄热室内不砌格子砖，而是堆耐火球。这种热风炉的特点是球的蓄热面积大，因此可降低蓄热室的高度，也就降低了热风炉的高度；堆在热风炉内的球床气孔度是随着生产时间的延续而变小的，一般由投产时的 0.42 降到 0.28，球床的阻力增大，所以球式炉必须周期性地换球；球式炉贮热用的单位球床的质量小，因此送风期风温降大，送风期时间要求短以维持高风温。由于以上原因，现在球式炉已逐渐被小格孔格子砖替代。

7-34 热风炉使用哪些耐火材料，对它们有什么要求?

答: 现代高炉炼铁要求热风炉不但能提供高风温，而且其寿命应与高炉 1~2 代寿命同步，即要求其一代寿命达到 15 年以上，甚至要达 30 年。耐火材料的性能在这两个方面起着决定性作用。热风炉使用的耐火材料的性能分为热工性能，包括耐火度、热膨胀性和体积稳定性、热容、导热系数等;力学性能，包括荷重软化温度、高温蠕变、热震稳定性等。

热风炉常用耐火砖的性能指标（国标规定）列于表 7-3。

在列出的各种性能中要特别重视高温蠕变性能，虽然在国标中没有规定，但它对热风炉的寿命有着重要的意义。耐火材料在高温下，在低于其临界强度的恒定力的长期作用下产生变形，且变形量随时间的延续不断增大，这种现象叫做蠕变。高温蠕变性能现在是选择热风炉高温区耐火材料时要参考的重要指标。长期实践表明，热风炉内格子砖下沉、大墙和内燃式热风炉的隔墙倒塌都与蠕变有关。说明各种耐火砖的蠕变性的曲线示于图 7-19。

表 7-3 我国热风炉用耐火砖的性能指标

种 类	黏土砖①			高铝砖②			硅砖③
牌 号	RN-42	RN-40	RN-36	RL-65	RL-55	RL-48	RG-95
Al_2O_3 含量 （不小于）/%	42	40	36	65	55	48	
SiO_2 含量 （不小于）/%							95
耐火度 （不低于）/℃	1750	1730	1690	1790	1770	1750	1710
0.2MPa 荷重软化 温度(不低于)/℃	1400	1350	1300	1500	1470	1420	1650
重烧线收缩率 （2h）/%	0~0.4 (1450℃)	0~0.3 (1350℃)	0~0.5 (1350℃)	+0.1~-0.4 (1500℃)	+0.1~-0.4 (1500℃)	+0.1~-0.4 (1500℃)	0~-0.4 (1450℃)

续表 7-3

种　类	黏土砖[①]			高铝砖[②]			硅砖[③]
牌　号	RN-42	RN-40	RN-36	RL-65	RL-55	RL-48	RG-95
显气孔率 （不大于）/%	24	24	26	24	24	24	22
常温耐压强度 （不小于）/MPa	29.4	24.5	19.6	50	45	40	35
真密度（不大于） /g·cm^{-3}							2.35
抗热震性	必须进行此项试验，将实测数据在质量证明书中注明						
平均线膨胀系 数[④]/℃$^{-1}$	$(4.5 \sim 6.6) \times 10^{-6}$			$(5.5 \sim 5.8) \times 10^{-6}$			$(11.5 \sim 13) \times 10^{-6}$
蠕变率[④] （0.2MPa，50h）/%	≤0.8 ~ 1.0（1200℃）			≤0.8 ~ 1.0（1350℃）			0.8（0.2MPa，1550℃，50h）

①YB 5107—1993；②YB 5016—2000；③YB/T 133—1998；④国标中无规定。

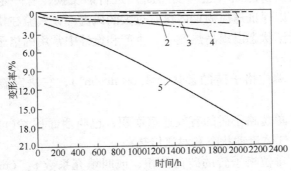

图 7-19　各种耐火砖的蠕变性

1—硅砖（1550℃，0.98×10^{5}Pa）；2—高铝砖（Al_2O_3 70%，1300℃）；

3—高铝砖（Al_2O_3 60%，1300℃）；4—高铝砖（Al_2O_3 70%，1350℃）；

5—黏土砖（日本牌号 SK35，1350℃）

　　对热风炉的陶瓷燃烧器用耐火材料来说，热震稳定性很重要，即要求所用材料能够抗温度急剧变化而不被破坏的性能要好，一般要求在实验室内做水冷实验，急冷急热次数应大于 70 次。

　　目前我国高风温热风炉的耐火材料砌体结构基本上有两类（从高温区到低温区）：

（1）硅砖—低蠕变高铝砖（中档）—高铝砖—黏土砖；

（2）低蠕变高铝砖（高档）—低蠕变高铝砖（中档）—高铝砖—黏土砖。

也有的热风炉在使用低蠕变高铝砖的部位采用红柱石砖或硅线石砖。

从使用效果和投资费用来看，高温区使用硅砖（球）较好，因为硅砖的蠕变率低，在高温下长期使用时体积比较稳定，热稳定性好，且价格便宜。

7-35 热风炉格子砖有哪些热工特性，它们如何计算？

答：热风炉的蓄热室内砌筑的格子砖的热工特性对热风炉的蓄热能力、热交换能力和热效率起着决定性作用。一般要求它应具有较大的蓄热面（也叫受热面）进行热交换；有一定的砖量来蓄热，以保证送风周期内没有过大的风温降；气流在格孔内流动保持紊流状态以提高热效率。生产和设计中常用的格子砖的特性有：

（1）单位格子砖的蓄热面积 $\sigma(\mathrm{m}^2/\mathrm{m}^3)$，它决定着蓄热室的大小；

（2）单位格子砖的有效通道面积，也叫活面积 $\Phi(\mathrm{m}^2/\mathrm{m}^2)$，它影响着气体流动状态和对流传热；

（3）单位格子砖的砖占体积，或叫填充系数 u_k（$\mathrm{m}^3/\mathrm{m}^3$），数值上 $u_k = 1 - \Phi$，它是蓄热的热容量指标，决定着一个燃烧期内蓄热室内格子砖能贮存多少热量；

（4）格子砖的当量厚度 $S(\mathrm{m}$ 或 $\mathrm{mm})$，$S = u_k \Big/ \left(\dfrac{\sigma}{2}\right)$ 或 $S = \dfrac{2u_k}{\sigma}$，它是将砖量完全平铺在蓄热面之间形成的砖厚，由于格子砖是两面工作的，所以要除以 2，它说明了格子砖在热交换中的利用程度，S 越小，表示利用得越好；

（5）格孔的当量直径或水力学直径 $d_{当}$（m 或 mm），是异形

孔换算成相当于圆孔时的直径。

这些热工特性的计算公式如表7-4所示。

表7-4 热工特性的计算公式

热工特性	方孔砖	任意孔	备　注
$\sigma/m^2 \cdot m^{-3}$	$\sigma = 4b/(b+\delta)^2$	$\sigma = L/(A_{孔}+A_{砖})$	b—格孔边长;
$\Phi/m^2 \cdot m^{-2}$	$\Phi = b^2/(b+\delta)^2$	$\Phi = A_{孔}/(A_{孔}+A_{砖})$	δ—格砖厚度;
$u_k/m^3 \cdot m^{-3}$	$u_k = 1-\Phi$	$u_k = 1-\Phi$	$A_{孔}$—异形砖的格孔面积;
S/m	$S = 2u_k/\sigma$	$S = 2u_k/\sigma$	$A_{砖}$—异形砖的砖占面积;
$d_{当}/m$	$d_{当} = 4b^2/(4b)$	$d_{当} = 4A_{孔}/L$	L—异形孔周长

国内热风炉常用格子砖的热工特性列于表7-5和表7-6。

表7-5 国内常用格子砖热工特性

名　称	格孔尺寸/mm	格砖厚度/mm	1m³格子砖加热面积 σ /m²·m⁻³	活面积 Φ/m²·m⁻²	填充系数 u_k =1-Φ	1m³格子砖质量 G/kg·m⁻³	格子砖单重/kg·块⁻¹	当量厚度 S/mm	水力学直径 $d_{当}$/mm
5孔高铝砖	52×52	80	24.65	0.33	0.67	1809	9.3	38	
5孔黏土砖	50×70	80	28.73	0.432	0.568	1250	7.04	39.536	60.13
5孔硅砖	55×55	80	30.6	0.41	0.59	1120	5.2	38.6	53.2
7孔高铝砖	φ43	90	38.07	0.4093	0.5907	1535.8	7.84	31.02	
19孔	φ30		48.61	0.365	0.635			26.14	30
37孔	φ23		59.83	0.344	0.656			21.93	23

表7-6 六角形格孔格子砖的主要特性

格砖外形	六角形	六角形	格孔形状	六角形	六角形
格孔尺寸/mm	30	20	蓄热体容积 V_s/m³·m⁻³	0.6025	0.6463
单位加热面积 f/m²·m⁻³	55.14	73.36	当量厚度 s/mm	21.85	17.62
活面积 Φ/m²·m⁻²	0.3975	0.3537	V_s/f 值/km²·m⁻³	10.93	8.81

7-36 怎样选择热风炉格子砖的砖型和热风炉蓄热面积？

答：蓄热式热风炉曾使用过的格子砖有板片型、波纹板型、5孔矩形、7孔蜂窝型等。考虑格子砖砖型时应注意以下几点：（1）要有较大的受热面积以供进行热交换，过去用过的板片型的受热面积为 $18.6 \sim 20 \text{m}^2/\text{m}^3$，波纹板型为 $24 \sim 26 \text{m}^2/\text{m}^3$，5孔矩形为 $29 \sim 35 \text{m}^2/\text{m}^3$，而现在使用的19孔砖为 $50 \text{m}^2/\text{m}^3$ 左右，因此它们淘汰了板片、5孔和7孔砖；（2）要有和受热面相适应的砖量（重量）来保证蓄热，减少送风周期内的风温波动，19孔格子砖的砖量达到 28.73kg，而耐火球的只有 14.5kg，因此格子砖将淘汰耐火球；（3）尽可能地引起气流扰动，保持较高的流速以提高传热速率；（4）要有足够的建筑稳定性，板片砖砌筑的蓄热室稳定性差，因此被多孔砖替代。在具体选择格子砖时，还必须根据除尘情况而定，如果高炉煤气除尘不好，便不能采用过小的格孔砖，否则煤气中的灰尘在燃烧时产生熔化，堵塞格孔很难处理。只有煤气含尘小于 $10 \text{mg}/\text{m}^3$ 时，才可采用多孔矩形或多孔蜂窝型格子砖，这种砖型结构稳定性好，受热面积也大，是高温热风炉的常用砖型。

蓄热面积是热风炉的主要参数，用每立方米高炉容积的蓄热面积表示。这个值越高，说明热风炉的蓄热能力越大，允许缩小风温与热风炉拱顶的温度差，从而向高炉提供更高的风温。目前热风炉的蓄热面积一般为 $70 \sim 90 \text{m}^2/\text{m}^3$。在现代高风温热风炉上，这个数值偏小了，因为现在高炉强化冶炼，加热的风量增加很多，所以今后应采用在单炉送风的条件下一座热风炉每分钟加热 1m^3

鼓风所拥有的蓄热面积作为指标来判断热风炉的加热能力。我国热风炉为取得 1150 ~ 1200℃ 的风温，这一指标要达到 11 ~ 13m² / （座·m³·min⁻¹）。现已用小格孔砖来增大热风炉的蓄热面积，例如由 7 孔砖的 $\phi43mm$ 改为 19 孔 $\phi30mm$ 的砖，蓄热面增加 26%，这将使热风炉的热效率提高，获得更接近于拱顶温度的高风温。

7-37　球式热风炉的球床有哪些热工特性，与格子砖相比它有何特点？

答：球式热风炉的重要参数之一是球床的气孔度 ε，它是自由堆积的耐火球的球床中气孔的体积分数，也就是球床横截面上气孔的面积，实际上相当于格子砖的自由通道面积。球床的气孔度与球的堆放排列状况有关，完全堆列时最不稳定，但 ε 最大（$\varepsilon = 0.476$），而完全品字形堆列时最稳定，但 ε 最小（$\varepsilon = 0.259$）。球式热风炉的球床是自由堆放的，它的 ε 介于 0.476 与 0.259 之间，最初约为 0.42，但随着热风炉使用时间的延长，耐火球会因气流运动的影响而重新堆列，逐步向最稳定的状态过渡，因此球床的 ε 逐渐变小，使热风炉的阻力增大。一般在 ε 降到 0.28 时就要换球以增加 ε，降低阻力。设计和建造时常忽视这一特点，选用的助燃风机风压过低，因而在球式热风炉使用一段时间后（短则 6 个月，长则 1 年）就出现煤气燃烧量下降而造成风温下降。

球床的其他热工特性为：

（1）每立方米球床的蓄热面积 σ，m²/m³，$\sigma = \dfrac{6}{d}(1 - \varepsilon)$；

（2）每立方米球床的质量 r，t/m³，$r = r_0(1 - \varepsilon)$；

（3）气孔的当量直径 $d_{当}$，m，$d_{当} = \dfrac{4\varepsilon}{\sigma} = \dfrac{2}{3} \times \dfrac{\varepsilon}{1 - \varepsilon}d$；

（4）球的当量厚度 S，m，$S = \dfrac{2\,(1 - \varepsilon)}{\sigma} = \dfrac{1}{3}d$；

（5）质量系数 $\dfrac{r}{\sigma}$，kg/m²，$\dfrac{r}{\sigma} = \dfrac{1}{6}r_0 d$。

其中，d 为球的直径，m；r_0 为球的耐火材质的密度，kg/m³，硅球为 2.37 ~ 2.39，高铝球为 2.7，黏土球为 2.2。

对比 $d = 40mm$ 的球组成的球床与格孔尺寸为 40mm × 40mm、砖厚为 40mm 的格子砖可以得出：

（1）$1m^3$ 球床的蓄热面积比格子砖的大，相差将近 4 倍，从热交换来说，球的优势大。

（2）$1m^2$ 蓄热面积的球床拥有的砖量即质量系数小得多，球的质量系数为 13 ~ 10.67kg/m²，而格子砖的达 78 ~ 64kg/m²，是球的 6 倍，因此燃烧期内球床蓄热比格子砖的少，到送风期，风温降就很大。

（3）球床气流通过的当量直径小而且不规则，$\phi 40mm$ 球床的 $d_{当} = 14.5mm$，比格子砖的小 2 倍多，而且随使用时间的延长球床的 ε 变小，$d_{当}$ 也随之变小，降到 10mm 以下，比格子砖的小 4 倍。$d_{当}$ 的变小加快了气流的速度，对热交换有利，但阻损加大，不利于燃烧和送风风压的稳定。

（4）球床参与热交换的当量厚度要薄很多，只有格子砖的 25% ~ 30%，这也不利于蓄热。

从上面的对比可以看到，球床的蓄热面积大，可以缩小热风温度与拱顶温度的差距，这是球式炉可以达到 1150℃ 以上高风温的原因，但是它的球量太小，因此必须以缩短送风期来维持风温。生产中往往用加大球量的方法来维持适当的送风期，这又使得球式热风炉的高度比理论上的要高很多，这在某种程度上又使球式热风炉蓄热室失去了可以低的优势。由于以上原因，新建高炉不再采用球式热风炉，已有的球式热风炉也在大修时改造为顶燃格子砖热风炉。

7-38　顶燃球式热风炉如何改造以达到高效长寿？

答：球式热风炉本身因填充的耐火球而存在着固有缺陷。球床的气孔度，即烟气和鼓风通过的通道随着生产的延续而逐渐变小，造成流体通过的阻力增大，表现在燃烧期煤气燃烧不好，热风炉不能贮存足够的热量，烟道废气 CO 含量增加，污染环境；

送风期热风压力损失增加，风温下降，必须定期换球；另一缺陷是加热面过大，而蓄热室的高度比理论高度大很多。现有球式炉采用的球顶结构不合理，水平套管式燃烧器混合效果差。燃烧不完全，部分煤气进入球床继续燃烧，使球渣化变形黏结。因此球式热风炉达不到高效（热效率80%以上）、长寿（为二代高炉服务）和高风温的要求。建议将球式热风炉在高炉大修时进行改造，其方向是改造为顶燃格子砖式。现在很多公司、设计院（例如河南豫兴、安耐克、中冶京诚等）都做了不同方案。改造遵循的原则是保持原有热风炉外壳，将拱顶结构及燃烧器改造成适应双预热燃烧单一高炉煤气的多个小型陶瓷燃烧器，而球床部分则改砌高效 19 孔或 37 孔格子砖。例如，豫兴热风炉工程公司在对河北奥森钢铁公司 $510m^3$ 高炉球式热风炉改造时采用带有环形上喷燃烧器和格孔直径为 18mm 的 37 孔格子砖（图7-20），

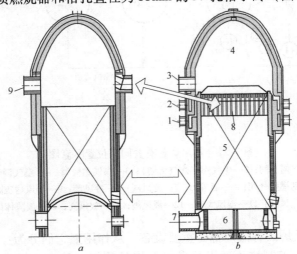

图 7-20　河北奥森钢铁公司球式热风炉改造前后示意图

（河南豫兴热风炉工程公司提供）

a—改造前；b—改造后

1—助燃空气入口；2—煤气入口；3—热风出口；4—燃烧室；5—蓄热室内砌 ϕ18mm
的 37 孔砖；6—冷风室；7—烟气出口；8—燃烧器；9—改造前燃烧器

取得了很好的效果。月平均风温最高达到1300℃，拱顶温度与热风温度差在80℃左右。一般将球式热风炉改造为顶燃格子砖式热风炉后，热风炉的热效率可提高3%~8%。

7-39 热风炉有哪些阀门，它们的作用是什么?

答: 蓄热式热风炉加热鼓风后，连续向高炉送风是通过切换各阀门的工作状态而实现的。热风炉各有关阀门布置的示意图示于图7-21。

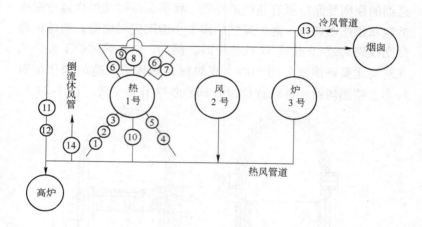

图7-21 热风炉各有关阀门位置示意图

1—煤气调节阀;2—煤气阀（煤气大闸）;3—煤气燃烧阀;4—空气调节阀;
5—助燃空气阀;6—烟道阀;7—废风阀;8—冷风阀;9—冷风均压阀;
10—热风阀;11—混风大闸;12—混风阀;13—放风阀;14—倒流休风阀

热风炉的各阀门都是重要设备，从作用上它们分为:

（1）控制烧炉过程的燃烧系统的阀门，其中包括煤气燃烧阀、助燃空气阀、煤气调节阀、空气调节阀、烟道阀、废风阀。在烧炉时废风阀关闭，其他阀门处于开放状态，到送风时，这些阀门又都处于关闭状态。废风阀的作用是送风期结束转为燃烧期时，所有阀门都处于关闭状态，打开废风阀放去热风炉内的高压热风，在热风炉处于常压后关闭。

（2）控制送风过程的送风系统的阀门，其中包括热风阀、冷风阀、混风阀、混风调节阀、冷风均压阀。在送风过程中，在实施冷风调节风温时，除冷风均压阀外，其他阀门都处于开启状态，而在转为燃烧时，又都处于关闭状态。冷风均压阀是在燃烧转送风后，所有阀门都处于关闭状态时打开，将高压冷风送入热风炉内，使热风炉处于高压状态后关闭，再顺序打开冷风阀和热风阀。

7-40　什么叫陶瓷燃烧器？

答：燃烧器是热风炉的重要设备，是在助燃空气配合下燃烧煤气的，燃烧的好坏影响着烟气最高温度和煤气利用状况等。在20 世纪 50～60 年代采用的栅格式或套筒式金属燃烧器，其缺点是煤气与助燃空气混合差，燃烧不好，而且还会产生脉动，从20 世纪 60 年代后期逐步被陶瓷质燃烧器所替代。所谓陶瓷燃烧器就是燃烧器用陶瓷质耐火材料制成，中小高炉用的陶瓷燃烧器大多用高铝质磷酸盐耐热混凝土或矾土耐热混凝土制成，而现代大中型高炉则采用高铝堇青石耐火材料制造陶瓷燃烧器，也有用莫来石堇青石耐火材料制造的。现在陶瓷燃烧器分为有焰、无焰和半焰三种（图 7-22）。套筒式和矩形陶瓷燃烧器属有焰，栅格式属短焰和无焰，用于高热值煤气富化的三孔式属半焰。国内热风炉大都采用套筒式，因为它结构简单，容易制作，阻力损失小，也适用于改良内燃式热风炉。

7-41　热风炉使用哪些燃料，如何计算燃料需要量和可能达到的拱顶温度？

答：高炉使用的燃料有三种：高炉煤气、转炉煤气和焦炉煤气。天然气资源丰富的前苏联也曾使用天然气。

我国高炉的热风炉使用高炉煤气（CO 含量为 23%～28%，H_2 含量为 1%～4%，热值为 3350～3770kJ/m^3），在中小高炉上

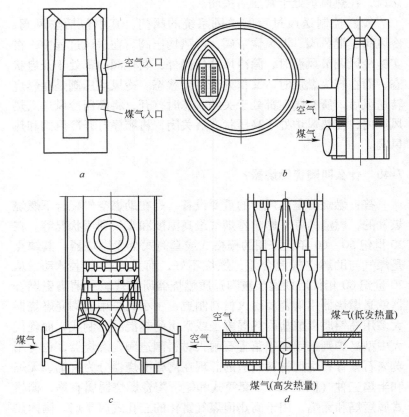

图 7-22　常用陶瓷燃烧器

a—套筒式；b—矩形；c—栅格式；d—三孔式

使用单一高炉煤气可将拱顶温度烧到 1300℃ 左右，风温可达 1050～1150℃。在大高炉上由于燃料比低，高炉煤气热值较低（3000kJ/m³ 左右），不能满足 1200℃ 风温的要求，为此就需要采取煤气富化的方法（加入转炉煤气、焦炉煤气或天然气）。在没有高热值煤气时，一般采用助燃空气和煤气预热的办法，将助燃空气预热到 250～600℃ 和煤气预热到 200～250℃。

热风炉需要的煤气量可通过热平衡来估算：

$$V_{煤气} = \frac{V_{风} 60 \; (i_{热} - i_{冷})}{\tau_{燃} \eta \; (Q_{煤气} + Q_{助空} + Q_{低})}$$

式中　$V_{风}$——风量，m^3/min；

　　　$i_{热}$——热风的焓，$i_{热} = c_{热} t_{热}$，kJ/m^3；

　　　$i_{冷}$——冷风的焓，$i_{冷} = c_{冷} t_{冷}$，kJ/m^3；

$c_{热}$，$c_{冷}$——分别为热风和冷风的平均比热容，$kJ/(m^3 \cdot ℃)$；

$t_{热}$，$t_{冷}$——分别为热风温度和冷风温度，℃；

　　　$\tau_{燃}$——热风炉燃烧期时间，h，二烧一送时为 1.83h，半交叉并联时为 1.33h；

　　　η——热风炉的热效率，一般为 0.7 ~ 0.8；

　　　$Q_{煤气}$——燃烧用煤气带入的物理热，$Q_{煤气} = V_{煤气} c \, t_{煤气}$，$kJ/m^3$；

　　　$Q_{助空}$——助燃空气带入的物理热，$Q_{助空} = V_{助空} c \, t_{助空}$，$kJ/m^3$；

　　　$Q_{低}$——煤气的低热值，kJ/m^3，可按煤气成分计算：

$$Q_{低} = 126.36\varphi_{CO} + 107.85\varphi_{H_2} + 358.81\varphi_{CH_4} + \cdots + 233.06\varphi_{H_2S}$$

例　某高炉 $V_{风} = 400 m^3/min$，燃烧用高炉煤气体积分数（%）为：CO 26、CO_2 14、H_2 0.5、N_2 59.5，三座热风炉二烧一送，热风炉热效率为 0.75，$t_{热} = 1100℃$，$t_{冷} = 50℃$。

（1）计算煤气热值为：

$$Q_{低} = 126.36 \times 26 + 107.85 \times 0.5 = 3339.3 \; (kJ/m^3)$$

（2）计算 $1 m^3$ 煤气燃烧需要的助燃风量。理论助燃风量为：

$$L_0 = \frac{100}{21}\left(\frac{1}{2}\varphi_{CO} + \frac{1}{2}\varphi_{H_2}\right) = 4.76 \; (0.5 \times 0.26 + 0.5 \times 0.005)$$

$$= 0.631 \; (m^3/m^3)$$

在空气过剩系数 $\alpha = 1.10$ 时，实际助燃风量为：

$$L = \alpha L_0 = 1.10 \times 0.631 = 0.694 \; (m^3/m^3)$$

（3）燃烧 $1 m^3$ 煤气形成的烟气量为：

$$V_{烟气} = \frac{1}{100} \; (\varphi_{CO} + \varphi_{H_2} + \varphi_{CO_2} + \varphi_{N_2} + \varphi_{H_2O})$$

$$= 1.585 \; (m^3/m^3)$$

（4）煤气消耗量为：

$$V_{煤气} = \frac{400 \times 60 \ (1100 \times 1.4257 - 50 \times 1.3051)}{1.83 \times 0.75 \ (1 \times 100 \times 1.293 + 0.694 \times 20 \times 1.302 + 3339.3)}$$

$$= 7871 \ (m^3/h)$$

这样加热鼓风每小时消耗的煤气量约为 8000m³。

（5）拱顶能达到的温度可用下式计算：

$$t_{理} = \frac{Q_{煤气} + Q_{助空} + Q_{低}}{V_{烟气} c}$$

也可用经验式计算：

$$t_{理} = 1.2 \frac{Q_{低}}{4.187} + 330$$

按本例条件：

$$t_{理} = 1.2 \times \frac{3339.3}{4.187} + 330 = 1287(℃)$$

$$i = c \ t_{理} = \frac{Q_{煤气} + Q_{助空} + Q_{低}}{V_{烟气}}$$

$$= \frac{1 \times 100 \times 1.289 + 0.694 \times 20 \times 1.302 + 3339.3}{1.585} = 2200.1$$

用内插法计算：

温度/℃	i_{CO_2}	i_{H_2O}	i_{N_2}	i_{O_2}	$i_{烟气}$
1500	3522.0	2755.7	2200.1	2295.3	2536.31
1400	3256.9	2541.1	2040.1	2131.0	2349.95
1300	2991.13	2328.0	1882.09	1967.7	2164.15

$$t_{理} = 1300 + \frac{35.85}{185.80} = 1319 \ (℃)$$

根据生产的规律：

$$t_{实} = (0.9 \sim 0.95) t_{理} = 1200 \sim 1250 \ (℃)$$

7-42 热风炉如何烘炉?

答：新建、大修或中修的热风炉，在使用前必须进行烘炉，以缓慢升高温度的方法（烘炉）将热风炉砌体中的水分排出，同时让蓄热室积蓄一定热量。烘炉操作的好坏影响到热风炉的寿命。烘炉前要根据所用耐火材质（高铝砖、硅砖等）制定好烘炉曲线，烘炉时严格按升温曲线连续进行，烘炉过程中要定时取样分析废气成分和水分，烘炉结束时，拱顶温度保持在1000℃以上。烘炉的方法有以下两种：

（1）在热风炉外砌筑一个简易炉灶，用来烧煤或其他燃料，把简易炉灶中产生的热烟气由热风炉燃烧口引入燃烧室，通过蓄热室，经烟道排出。此法一般在小高炉或没有气体燃料时采用。用此法将顶温升高到600~700℃，大约每平方米加热面积需耗用5~6kg煤。

（2）用煤气烘炉。此法操作简便，不需另砌炉灶，但烘炉初期，因炉内温度低，需在燃烧室内加一些木柴等易燃物并借助自然通风助燃，以免风大将火吹灭。用此法将顶温烧到900~1000℃时，每平方米加热面积消耗高炉煤气35~40m³。

由于各热风炉使用的材质不完全相同，烘炉技术和经验也有差别，故烘炉时间和升温速度也存在着不同。高铝砖和黏土砖砌筑的热风炉烘炉时间一般为7~15天，硅砖砌筑的要30~45天。图7-23示出了不同耐火材料砌筑的热风炉的烘炉温度曲线。从

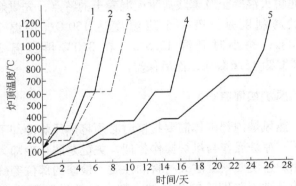

图 7-23　热风炉烘炉温度曲线

1—黏土高铝砖中修热风炉；2—黏土高铝砖新建、大修热风炉；

3—耐热混凝土砌筑的热风炉；4—使用多年的硅砖热风炉；

5—新砌筑的硅砖热风炉

图 7-23 上可以看出烘炉以拱顶温度为依据，但也要兼顾废气温度，不允许超过正常规定的温度。烘炉时的升温是前期慢、中期平稳、后期快，一般是：

（1）用高铝砖和黏土砖砌筑的热风炉在烘炉时，在 300℃ 以下升温速度为每小时 4～5℃；达到 300℃ 时，保温 16h 以上；300～600℃ 每小时升温 6～8℃；600℃ 以上每小时升温 10～15℃。

（2）用硅砖与高铝砖、黏土砖砌筑的热风炉在烘炉时，由于硅砖在 300℃ 以下发生 $\gamma \to \beta \to \alpha$ 的石英相变，会产生体积膨胀，而且这种相变是可逆的；当温度升到 573℃ 时，还有 $\beta \to \alpha$ 的石英相变和体积膨胀；只有在 600℃ 以上时相变和体积膨胀现象才停止。所以只要采用了部分硅砖，烘炉制度就要按硅砖的要求进行，即 300℃ 以下的升温速度是 2～3℃/h，在 150℃ 和 300℃ 两个水平各需保温一段时间（2 天左右）；300～600℃ 时为 5℃/h 左右；到达 600℃ 时要保温 3 天左右；600℃ 以上升温速度为 10～15℃/h。

（3）如果采用陶瓷燃烧器，在正式烘热风炉之前，要根据矾土水泥耐火混凝土及磷酸盐耐火混凝土的特点，先烘烤陶瓷燃烧器。烘烤制度是：第一个班温度达 150℃，保温 3 个班；150～350℃，每小时升温 12.5℃，在 350℃ 再保温 3 个班；350～600℃ 为 15.6℃/h，而后保温。

7-43　热风炉如何凉炉？

答：热风炉内部砌体需要检修时必须将热风炉冷却下来，这就叫凉炉。凉炉操作与烘炉操作相似，关键是防止冷却太快造成损坏。凉炉速度要根据耐火材料的性质、检修的部位等确定。一般高铝砖和黏土砖砌筑的热风炉，整个凉炉过程需要 4～5 天；硅砖热风炉的凉炉时间短则 20～30 天，长则 80～90 天，前者用冷风凉炉，后者是自然缓冷。

通常凉炉是前期作混风炉，在拱顶温度降到 200～250℃ 时，用助燃空气继续凉炉至顶温降到 50 ~ 70℃。硅砖热风炉的凉炉速度要慢得多，鞍钢的做法是，凉炉前热风炉停止烧炉，仍然送风供高炉停炉用，顶温逐步降到 900℃，高炉停炉休风后借用其他高炉的少量冷风送入热风炉，用陶瓷燃烧器上人孔排放，冷却速度在 5℃/h，到 550℃ 恒温一段时间（3 ~ 5 个班），再以 2.5℃/h 速度缓冷到 260℃ 恒温，然后再以 2.5℃/h 速度缓冷到 160℃ 恒温，最后以 2.5℃/h 速度冷到常温。首钢的做法是仍然用作混风炉，只是凉炉速度放慢一点。各厂通过凉炉实践都取得了一些成功经验，鞍钢、首钢硅砖热风炉凉炉后都重新使用，而且都已在 25 年以上。

7-44　如何选择热风炉烧炉制度？

答：烧炉是热风炉操作的主要环节。烧炉操作的好坏直接关系到风温水平高低、热效率大小和热风炉寿命。为了获得高风温而不损坏炉顶，通常采用快速烧炉制度，即在燃烧初期，用最大的煤气量与小的过剩空气系数相配合，进行强化燃烧，在最短时间（一般 15 ~ 30min）内将顶温烧到规定值，这一阶段的烧炉称为加热期。然后加大过剩空气系数，以小的煤气量维持顶温，逐步提高烟道温度至规定界限，使整个热风炉充分蓄热，这一阶段称为保温蓄热期。实现快速烧炉根据不同条件有以下 3 种方法：

（1）固定煤气量，调节助燃空气量。这种方法由于一直是使用最大煤气量，当顶温达到规定值后，增加助燃空气量，提高过剩空气系数，因而废气量增加，流速增大，有利于对流传热，从而强化了热风炉中、下部的热交换作用，是较好的强化燃烧方法，但仅适用于助燃风机有余力的热风炉。

（2）固定空气量，调节煤气量。这种方法在保温蓄热期减少煤气量，因而热交换不如第一种好，但调节方便，适用于助燃风机无余力的热风炉。

（3）煤气量与空气量都不固定。这种方法在保温蓄热期煤气量与助燃空气都减少，多在煤气压力波动大和控制烟道温度时采用，适用于微机控制燃烧，有利于节约燃料。

热风炉烧炉制度的选择应遵循的原则是：充分发挥助燃风机和煤气管网的能力，最大限度地增加热风炉的蓄热量，做到燃烧完全、热效率高、降低能量消耗。根据热风炉的设备状况和操作条件来选定热风炉的烧炉制度。一般助燃风机能力大又可以调节的热风炉可选用固定煤气调节空气的方法；而助燃风机能力不足、助燃风量又不可调的则宜于选择固定空气量调煤气的方法；新建自动化程度高的热风炉可选用煤气量和空气量都不固定的方法。

7-45 怎样确定合理的燃烧、送风周期？

答： 热风炉是燃烧、送风交替循环进行的，一个周期包括燃烧、送风和燃烧与送风转换操作 3 部分的时间。转换操作的时间短而固定，一般为 0.17h，所要选定的主要是燃烧时间和送风时间。燃烧是蓄热过程，时间越长蓄热越多，但它受顶温和烟道温度的限制。送风是放热过程，时间越长，虽然放出的热量越多，但风温却越来越低；而且由于顶温和烟道温度降低幅度很大，必须有较长的燃烧时间才能使积蓄的热量达到下次送风的要求。因此燃烧期与送风期是相互制约的。合理的燃烧和送风周期应该根据热风炉座数、送风方式和高炉所需风温水平选定。从风温水平出发，使送风期内放出的热量正好能在燃烧期内蓄积起来，既不造成热量的亏欠，也不至造成达到蓄积热量要求后的减烧、停烧，使热风炉的能力得到充分发挥。

例如，当高炉有 3 座热风炉时可采用的制度为二烧一送、一烧二送和半交叉并联。这样燃烧周期和送风周期就可定为二烧一送时送风周期 1h、燃烧周期 1.83h，半交叉并联时送风周期 1.5h、燃烧周期 1.33h，一烧二送由于燃烧周期过短，很少采用。

7-46 什么叫并联送风，有几种并联送风形式，并联送风有何优缺点？

答： 一座高炉常有 3 座或 4 座热风炉，一般是一座送风，其他几座燃烧，交替进行。随着高炉强化冶炼，对风温要求越来越高，为使风温稳定在较高水平，常采用两座热风炉同时送风即称并联送风。并联送风有以下几种形式：

（1）4座炉交叉并联送风制，即在整个送风期间都是双炉送风，其中一座为主送，另一座为副送。当副送炉的顶温和烟道温度降低到界限值时改为燃烧，换一座刚蓄热的热风炉为主送，原主送炉改为副送，如此循环下去，始终保持双烧双送（图7-24）。

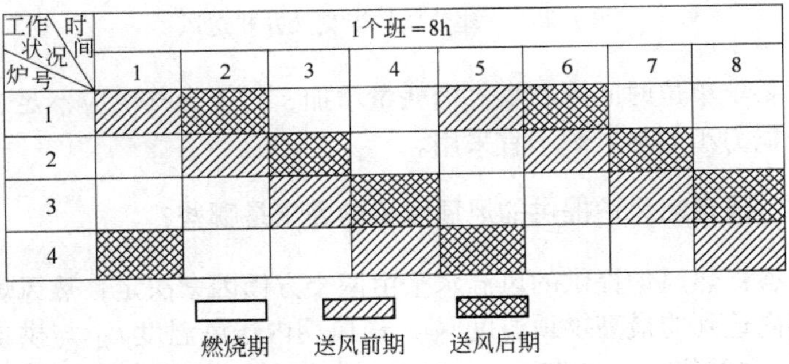

图7-24　4座热风炉交叉并联送风

（2）3座炉半双炉交叉并联送风制，即在送风期内一半时间为双炉送风，一半时间为单炉送风。它把每座送风期分为3个阶段（主送、单送、副送），第一阶段蓄热多，鼓向高炉的一部分风量通过它作为主送，而另一部分风量通过另一座热风炉的送风后期作为副送。到第二阶段，副送热风炉因顶温、烟道温度降到界限值转为燃烧，鼓风量全部通过主送炉单送。第三阶段主送炉蓄热量已大量放出，只能做副送炉，另一座刚蓄足热的热风炉转为主送，如此循环叫半交叉并联（图7-25）。

并联送风的优点是增加了单位鼓风量的加热面积，可显著提高风温，交叉并联送风时可提高风温20～40℃，充分发挥热风炉的供热能力，热风炉热效率得到改善。但由于送风时间延长，热风炉供热多，需要蓄积的热量也多，而燃烧时间相对缩短了，

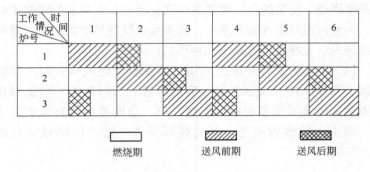

图 7-25　3 座热风炉半交叉并联送风

因而要求单位时间内的煤气消耗量增加，对于煤气供应不足、燃烧器能力小的热风炉不宜采用。

7-47　决定热风炉提供的风温水平的因素是哪些?

答：热风炉提供的风温水平由两个方面因素决定：热风炉燃烧期内达到的最高拱顶温度 $t_拱$；送风期内送风温度 $t_风$ 与拱顶温度 $t_拱$ 的差值。$t_拱$ 越高，$t_风$ 与 $t_拱$ 的差值 Δt 越小，热风炉提供的风温水平就越高。在现代热风炉上，燃烧期内达到的最高 $t_拱$ 在大高炉上可达到 1400～1420℃，而在中小高炉上一般在 1250～1280℃，而送风期内 Δt 值在 80～250℃，操作得好的 Δt 可在 80～100℃，差的在 200～250℃，有的甚至超过 250℃。这样在操作好的热风炉上送风温度可达 1300℃，而差的只能送到 1000℃左右。

7-48　决定热风炉燃烧期拱顶温度 $t_拱$ 的因素有哪些?

答：制约热风炉燃烧期 $t_拱$ 水平的因素较多，主要包括以下几个：

（1）煤气质量。它从三个方面影响 $t_拱$：煤气热值；含尘量；含水量。

1）煤气热值。现代高炉的燃料比低，煤气中的 CO 含量降到 20% ~22%，虽然喷吹煤粉以后，煤气中的 H_2 含量有所提高，达到 3% 左右，但高炉煤气的热值仍然降到 3000kJ/m^3 左右，这样的热值只能使 $t_{拱}$ 达到 1200~1250℃。例如可用高热值煤气富化来提高热值，或将高炉煤气和助燃空气预热来弥补高炉煤气热值的不足。

2) 含尘量。煤气中的炉尘在高温下与拱顶砖和上部格子砖（球）作用而使它们渣化，既影响传热，也降低了格子砖的寿命。这个因素是 20 世纪 40~50 年代前后制约热风炉 $t_{拱}$ 的决定性因素，也是造成布袋除尘早期经常出现布袋烧坏，煤气含尘量升高现象而影响热风炉寿命和风温的重要因素。煤气含尘量与 $t_{拱}$ 的关系如下：

煤气中含尘量/mg·m^{-3}	80~100	<50	<30	<20	<10	<5
允许拱顶温度 $t_{拱}$/℃	1100	1200	1250	1350	1450	1550

3) 含水量。高炉采用湿法除尘时，煤气中富含水分，即饱和水和机械混合水。饱和水与煤气温度有关，常采用降低煤气温度的方法以降低饱和水含量。至于机械水是喷水残留在煤气中的，常用高效脱水器来减少其数量。实践表明，当煤气中水分不超过 10%（80g/m^3）时，煤气中水分每增加 1%（8g/m^3），煤气的 $Q_{低}$ 将降低 33.5kJ/m^3，也就是净煤气中水分每增加 1%，热风炉拱顶温度将降低 8℃ 左右。采用干法除尘就完全解决了这个含水问题。

(2) 燃烧期内煤气燃烧时的过剩空气系数。为保证煤气中可燃成分 CO、H_2 等能完全燃烧成 CO_2 和 H_2O，燃烧需要的氧必须超过化学反应所要求的氧量。这样实际助燃空气量超过了按化学反应计算的理论需要量：n = 实际空气耗量/理论空气耗量，称为过剩空气系数。显然 n 值越大，燃烧 1m^3 煤气产生的烟气量就越多，燃烧的火焰温度就越低。在燃烧单一高炉煤气时，n 在 1.05~1.30 之间波动，在这个范围内 n 每降低 0.05，$t_{拱}$ 可上升 18℃。在煤气富化时，由于焦炉煤气、转炉煤气、天然气的可燃成分多,燃烧时的 n 值要比烧单一高炉煤气时的大。在这种情况下,如果 n 值降低 0.05,影响 $t_拱$ 的幅度将增大 24 ~ 30℃。n 值在一定程度上是由陶瓷燃烧器的结构决定的。因为陶瓷燃烧器的结构和制造安装质量决定着煤气与助燃空气混合的好坏,所以改进结构、优化煤/空混合、降低 n 值是提高 $t_拱$ 的一项技术措施。

(3) 拱顶及上部的格子砖耐火材料。$t_拱$ 应低于所用耐火材料的荷重软化温度 100 ~ 150℃。20 世纪 50 年代以前耐火材料质量不是很好,因此拱顶耐材质量和砌筑质量曾是 $t_拱$ 的制约性因素,现在耐材质量大幅度提高,使用低蠕变铝砖和硅砖,这个问题已完全解决。

(4) 炉壳晶界腐蚀。在煤气燃烧的高温下,N_2 和 O_2 分解成单体 N 和 O,而 N 和 O 随后又生成氮氧化物 NO_x,煤气中又含有 S 和 H_2S 等燃烧时产生的 SO_x。NO_x 和 SO_x 通过砖缝扩散到炉壳内表面,与冷凝在炉壳上的 H_2O 生成 HNO_3 和 H_2SO_4,在有 Fe^{3+} 存在的条件下成为钢材的强腐蚀剂。在炉壳内存在应力的地方,HNO_3 和 H_2SO_4 沿着晶格侵入内部,裂纹扩展而导致钢板破裂,而热风炉生产过程中产生的脉冲拉应力和疲劳应力更促使发生腐蚀破裂。因此,NO_x 的生成量和防晶界腐蚀是制约 $t_拱$ 的重要因素。NO_x 生成量与温度的关系示于图 7-26。从图 7-26 可以看出,NO_x 生成量的拐点在 1400℃ 左右。当燃烧温度超过这一温度时,NO_x 生成量迅猛增加,形成 HNO_3 的数量和几率将大幅度上升,晶界腐蚀危害随之加重。虽然在生产中采取了一系列措施来预防,但它们只能减缓腐蚀的进展,而不能根除,因此将 $t_拱$ 限制在 1400℃ 以下,使 NO_x 产生量尽可能少则成为唯一途径。

通过以上分析可以得出结论,在现有技术条件下决定燃烧期 $t_拱$ 的因素是炉壳晶界腐蚀,它决定了 $t_拱$ 最合适的温度是 (1380 ±20)℃。

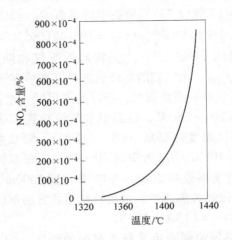

图 7-26　烟气中 NO_x 生成量与温度的关系

7-49　如何在烧单一高炉煤气达到热炉拱顶温度 $t_拱 = (1380 \pm 20)$ ℃，怎样缩小热风温度 $t_风$ 与拱顶温度 $t_拱$ 之间的温度差以达到 (1280 ± 20) ℃高风温？

　　答：高炉煤气是高炉炼铁的副产品，属于低热值燃气，用它烧炉获得 1200～1300℃ 风温是低热值煤气使用的最佳方案，但是现代高炉的燃料比已降低，先进的在 500kg/t 以下，一般的在 540kg/t 左右。炉顶煤气中可燃部分 CO 降到 20%～24% 左右，H_2 则在 1.5%～3%，这样煤气热值相应为 2900～3200kJ/m³。这样的高炉煤气在热风炉内燃烧加热格子砖时其 $t_拱$ 只能达到 1200～1300℃，无法获得 1200～1300℃ 风温。要获得 1200～1300℃ 风温，需要使拱顶温度达到 (1380 ± 20) ℃，如何达到，这可从热风炉内火焰温度的计算式得到回答：

$$t_拱 = t_火焰 \times 0.95, \qquad t_火焰 = \frac{Q_低 + Q_煤气 + Q_助燃}{V_煤气 c_烟气}$$

　　从计算式看出有两条途径可使 $t_火焰$ 达到 1400～1420℃：一是富化煤气，即将高热值煤气兑入高炉煤气中，使它的热值提高

到能达到 $t_拱 = (1380 \pm 20)$℃所要求的热值 $Q_低 = 5000kJ/m^3$ 或更高，例如兑入 1% 焦炉煤气（$Q_低 = 19620kJ/m^3$）可使混合煤气的 $Q_低$ 值提高约 $148kJ/m^3$；二是将高炉煤气和助燃空气加热，提高 $Q_煤气$ 和 $Q_助空$，用它们的物理热来补充高炉煤气 $Q_低$ 的不足。现在热风炉只烧单一高炉煤气，所以是采用后一途径。一般来说将煤气预热到 200～250℃，将助燃空气预热到 200～600℃。预热的效果是煤气温度每提高 100℃可提高 $t_拱$ 50℃左右，助燃空气温度每提高 100℃，$t_拱$ 可提高 30～35℃。在双预热时，其效果是两者分别预热效果之和，在中国大到 5500m³ 高炉，小到 450m³ 高炉的顶燃式热风炉，采用双预热的方法单燃低热值高炉煤气均可达到 $t_拱 = (1380 \pm 20)$℃。

在 $t_拱$ 被热风炉钢壳免受晶界腐蚀的温度（1380 ± 20）℃控制下，要达到（1280 ± 20）℃高风温的途径就只有缩小 $t_风$ 与 $t_拱$ 之间的温度差在 100℃以下。怎样达到这个温度差成为关键，在现有技术条件下达到这个 100℃温差的措施有：

（1）选择合理的 $\sigma_格/u_格$ 比值和比较小的格孔直径、最佳的通道面积，以改善和强化热风炉内的热交换，使热风炉蓄热室在燃烧期内贮存更多的热量。特别是蓄热室上部能贮有更多的高温热量，如果格与砖的格孔直径已经达到最佳通道面积，则热风温度将达到最高值。实践表明，现有的 19 孔格孔直径为 25～30mm，它的加热面达到 $\sigma = 55m^2/m^3$ 左右，蓄热体容积 $u_K = 0.64m^3/m^3$ 左右，最佳通道面积在 $0.36m^2/m^3$ 左右。为使燃烧期储蓄更多的高温热量，可采用山东慧敏公司的高效蓄热体覆层技术，既可提高格砖的性能，又可提高格砖蓄热量 30% 左右，其使用效果可提高 $t_风$ 15～20℃。以较小的格孔强化了蓄热室下部的对流传热，也有利于提高 $t_风$。

（2）燃烧期提高废气温度。研究和实践表明提高废气温度 100℃，可提高送风温度 40℃。过去废气温度受两个因素制约：废气温度高后，热风炉的热效率降低；热风炉铸铁炉箅和支柱允许的最高工作温度。在现代热风炉的烟道上设有换热器，利用废气余热预热烧炉用煤气和助燃空气到 150 ~ 300℃，使进入烟囱的废气温度降低到 100 ~ 150℃ 以下，提高了热风炉的热效率，解决了第一个制约因素。至于铸铁炉算和支柱允许的工作温度可通过加入合金元素（例如 Mo 等）来提高，合金铸铁的允许工作温度可提高到 550 ~ 600℃，第二个制约因素也得到解决。这样在现代高炉热风炉上，提高废气温度成为提高风温的重要手段。

（3）适当缩短送风周期，使送风末期的风温水平提高并用于混风。研究和实践表明，适宜的送风周期与格砖的热工特性有关，特别是通道面积，通道面积越小，送风周期越延长。在现代选用的 19 孔 ϕ（25 ~ 30）mm 格孔的格砖时，最佳通道面积在 0.36m²/m³ 的情况下，送风周期应以 45 ~ 50min 为宜，不宜超过 1h。

（4）选择交叉并联或半交叉并联送风（见 7-46 问）。其实质是用低温鼓风与高温鼓风进行混风，即用送风末期低于设定风温的部分鼓风去降低另一座送风初期高于设定风温的温度达到设定风温。实践证明交叉并联送风可提高风温 40℃ 左右，而半交叉并联送风可提高风温 20℃ 以上。

（5）冷风进入热风炉的地方炉算子区域设置导流板，使冷风进入蓄热室得到合理分布，使冷风与格砖间热交换更完善。这一技术措施成熟，可提高风温 10℃ 左右。

（6）采用全自动烧炉、换炉技术，既可减少烧炉的煤气消耗量 5% ~ 10%，减少换炉过程的时间、风温和风压波动，还可以提高风温 15℃ 左右。

7-50　有哪些方法用于预热助燃空气和煤气?

答：预热助燃空气和煤气有以下几种方法：

（1）利用热风炉烟气余热预热。这种方法既回收了烟气余热，提高了热风炉的热效率，又预热了助燃空气和煤气，使高炉风温得到提高。目前应用于热风炉烟气余热回收的换热器有：回转式换热器（马钢）、板式换热器（攀钢）、热管式换热器（鞍钢等很多厂）和热媒式换热器（本钢、柳钢等）。4 种换热器的特点列于表 7-7。

表 7-7　热风炉余热回收换热器特点对比

项目 ＼ 形式	回 转 式	板 式	热 管 式	热 媒 式
工作原理	由转子和换热元件组成圆盘式回转蓄热室，热烟气和冷空气各通过一半面积。运转时，转子的换热元件交替加热、冷却，烟气将热量传给换热元件，换热元件将热量传给冷空气。转子转一周完成一个热交换循环	由钢板制成波浪形的烟气和空气直接换热的换热器	通过气-液相变和循环流动传递热量的高效传热元件。它是在抽成真空的管内充以工作介质，热端介质受热蒸发，冷端介质冷凝放热，加热管外的气体	借助于传热介质热媒体的循环传递热量。热媒体在烟气换热器中吸收热量，再进入空气和煤气换热器中放热，加热空气和煤气。热媒体的循环流动由循环泵完成
工作介质	无	无	水	水、油、乙醇、苯等
辅助动力消耗	大	无	无	有
漏风损失/%	8~20	无	无	无
预热气体	只能是空气	只能是空气	空气、煤气	空气、煤气
传热系数	较大	较大	大	大
结构	紧凑，体积小，但较复杂	简单但庞大	简单，体积小	较复杂，体积小
基建投资	较高	低	低	高
维修量	较大	小	较小	大
安全程度	安全	安全	安全	油等介质易燃易爆

回转式换热器因其漏风损失和动力消耗大，结构较复杂，只能预热助燃空气，而且造价较高，因此未能在热风炉烟气余热回收中推广，但近年来随着技术的进步，一种陶瓷质高效回转式换

热器正在发展并逐渐应用于余热回收。板式换热器虽然结构简单、维修方便，但设备庞大，阻损大，只能预热空气，故其应用受到限制。目前使用最多的是以热水为介质的热管式换热器，它分整体式和分离式两种，图 7-27 示出了热管式换热器的工艺流

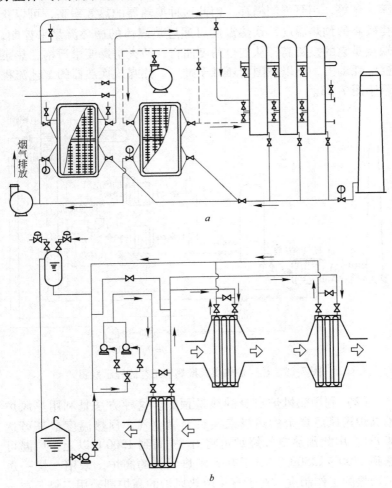

图 7-27　热风炉热管式换热器工艺流程示意图

a—整体式；b—分离式

程。热管式换热器的缺点是煤气和助燃空气预热温度不能太高，一般是在 150~250℃，超出极限温度，热管就会爆裂。热媒式换热器的优点是烟气换热器可直接安置在烟道上，而空气和煤气换热器可任意布置，由于热媒式换热器的传热介质使用油、乙醇、苯等，用泵强制循环，因此这种换热器的热效率高，可以获得较高的预热温度，预热温度可通过热媒体的循环流量来控制，缺点是它的投资高，从安全角度而言，防火防爆要求严格，热泵要消耗动力，所以在国内还难于推广。热媒式换热器的工艺流程示于图 7-28。

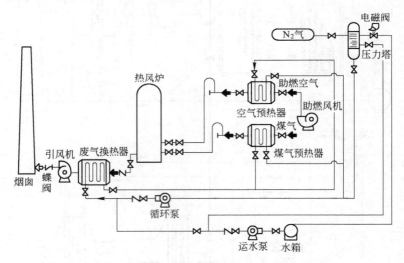

图 7-28　热风炉热媒式换热器工艺流程示意图

（2）利用热风炉自身的热量预热。这种方法是利用热风炉给高炉送风后剩余的热量来预热助燃空气，预热温度最高可达 800℃，用此预热空气烧炉可将 $t_拱$ 提高到 1500℃ 以上，风温可送到 1300~1350℃。对于有 3 座热风炉的高炉，采用一烧一送一预热的工作制度，对于有 4 座热风炉的高炉则采用二烧一送一预热的工作制度。具体操作方法是一座热风炉烧好后，开始先给高炉送风，给高炉送完风后，再改送助燃空气，送完空气后再转为燃烧,如此循环地进行。在助燃风预热到 800℃时,拱顶温度要多降低 30℃左右。

采用热风炉自身热量预热助燃空气法后,热风炉在设备上要做适当改造:

1) 增设助燃风冷风阀、助燃风热风阀、助燃风管道;

2) 燃烧器能力要扩大,因为增加预热助燃空气后,燃烧期缩短,拱顶温度降低过多,因此需快速烧炉来弥补燃烧期的缩短和拱顶温度的降低;

3) 助燃风机的风压要提高,一是为了弥补预热通过热风炉时增加的压头损失,二是为了满足快速燃烧的需要。

在操作上自身预热法要多耗一些煤气(15%左右),烟气量增大,烟气带离热风炉的热量增多,因此最好的方案是烟道再设余热回收装置预热煤气。增加了助燃风热风阀也使冷却水耗量有所增加。这些生产费用的增加是完全能够通过风温的提高来弥补的。

(3) 设置专门的燃烧炉和高效金属换热器预热。有两种方案实施预热:一种是燃烧炉形成的高温烟气完全通过专门的换热器加热助燃空气和煤气;另一种是燃烧炉形成的高温烟气加入热风炉,烟道废气勾兑成 600℃高温烟气后再经换热器加热煤气和助燃空气。在国外广泛采用前种换热器的方案,我国鞍钢采用混合烟气通过金属换热器,将煤气和助燃空气预热到 300℃的方案,在高炉煤气发热量为 $3000 \sim 3200 kJ/m^3$ 的情况下,可获得 $1150 \sim 1180$℃的风温。现在国内大高炉为热风炉建两座专用小顶燃热风炉来加热助燃空气,可加热到 600℃以上,使用烧单一高炉煤气的热风温度达到 1300℃。例如鞍钢 3200m³ 高炉和曹妃甸 5500m³ 高炉就采用的这一方案,取得风温 (1300 ± 20)℃的好效果。

7-51　怎样进行换炉操作?

答:换炉操作包括由燃烧转为送风和由送风转为燃烧两部分。

由燃烧转为送风的操作程序是：

（1）停止燃烧：

1）关煤气调节阀；

2）关煤气阀；

3）关助燃风阀或停助燃风机；

4）关燃烧阀；

5）关烟道阀。

（2）送风：

1）开冷风均压阀小门，待炉内压力上升到接近风压后开冷风阀；

2）开热风阀；

3）需要混风时，开混风调节阀。

由送风转为燃烧的操作程序是：

（1）停止送风：

1）关冷风阀，同时关冷风均压阀小门；

2）关热风阀；

3）开废风阀放净炉内热风，均衡炉内与烟道之间的压力。

（2）烧炉：

1）开烟道阀，关废风阀；

2）开燃烧阀；

3）开煤气阀；

4）小开煤气调节阀，点火燃烧；

5）开助燃风机（或风阀）；

6）大开煤气调节阀，调整煤气与空气的配比。

7-52 怎样进行热风炉的休风操作和倒流休风操作？

答：热风炉休风的操作程序是：

（1）当高炉风压降到 50kPa 以下时，关混风调节阀和混风大闸；

（2）见到停风信号后，关热风阀及冷风阀；

（3）长期休风时，应在鼓风机停机后，将冷风阀及烟道阀打开；

（4）应根据休风时间的长短，将正在燃烧的热风炉按规定程序停止燃烧。

倒流休风操作是使高炉内的煤气通过送风管道进入热风炉，在热风炉内燃烧后从烟道（或专设的倒流烟囱）排除，其程序是：

（1）用倒流烟囱进行倒流时，接到通知后打开倒流放散阀，停止倒流时，关闭倒流放散阀；

（2）用热风炉倒流时，接到通知后，先打开烟道阀，而后打开热风阀，停止回压时先关热风阀，然后关烟道阀。

7-53 热风炉有哪些常见的操作事故，如何处理？

答：在热风炉换炉及休风操作中，如违反规程，便会发生事故，常见的操作事故及处理方法简述如下：

（1）烟道阀或废风阀未关或未关严就开冷风均压阀，风从烟道跑走，造成高炉风压风量波动，甚至影响高炉顺行。处理方法是：当开冷风均压阀后，高炉风压下降多而不回升时，应立即关冷风均压阀，停止送风，待检查好后再送风。

（2）燃烧阀未关或未关严就开冷风均压阀，造成大量热风从燃烧阀跑出，引起高炉风压波动甚至引发崩料，破坏热风炉燃烧设备，此时若煤气阀不严则不仅泄漏煤气还会发生爆炸。处理方法是：开冷风均压阀小门后若发现燃烧阀处跑风，应立即关冷风均压阀，停止往炉内送风。

（3）换炉停止燃烧时，若先停助燃风，后关煤气阀，会造成一部分未燃烧的煤气进入热风炉，容易形成爆炸气体，因此一定要严格执行先关煤气、后关助燃风的规定。

（4）用热风炉倒流时，如果冷风阀未关严，高炉煤气倒流过来，有使煤气进入冷风总管而发生爆炸的可能。处理方法是：关热风阀停止倒流，先通过烟道将煤气抽走。

（5）休风时，若风压降到零而没有关热风阀、冷风阀，使煤气倒流到冷风总管时，应立即关热风阀，打开烟道阀，将煤气抽走。

（6）热风阀或冷风阀未关严就开废风阀，会造成高炉风压下降或风压剧烈波动，甚至引发崩料和灌渣。应严格按规程操作，杜绝出现这类事故。

（7）废风阀未开或未放净废风就开启烟道阀或燃烧阀，这样热风炉内冷风压力未回到零位，会拉断烟道阀、燃烧阀等的传动钢绳或天轮，烧坏电机。操作工应严密注视冷风压力表，不放净废风不开烟道阀和燃烧阀。

7-54　什么叫热风炉炉壳的晶间腐蚀，如何预防？

答：当热风炉拱顶温度长时间在 1400℃ 以上时，燃烧期的火焰温度超过 1500℃，助燃空气和煤气中的 N_2 与 O_2 结合形成 NO_x，煤气中的硫燃烧形成 SO_x，这些氧化物与冷凝的水反应形成硝酸、亚硝酸、硫酸、亚硫酸的混合物，对炉壳钢板造成腐蚀。它的实质是这些酸类在钢板表面形成电解质，有较高的电势，在电化学的作用下侵蚀钢板。热风炉炉壳存在着拉应力，这种侵蚀破坏了钢板的晶间结合键，引起钢板裂缝，裂缝沿晶界向钢材母体延伸、扩大。

预防的方法是：设计和施工要采取措施减少应力的产生和消除应力，例如进行低应力设计，焊接后要进行热处理以消除应力；使用抗腐蚀的热风炉炉壳专用钢板，例如使用含钼低合金钢；热风炉炉壳内表面加涂层，一般使用的涂层料有环氧树脂，防腐胶质水泥，由石墨、树脂和黏结剂组成的 ACT_{20} 抗酸涂料，煤焦油环氧树脂等；控制腐蚀区钢壳周围温度高于露点，防止冷凝水生成并与 NO_x 和 SO_x 反应成酸。最常用的办法是用铝板给热风炉做一内置绝缘材料的罩帽，使该部位炉壳温度在 150～300℃；采用干法除尘或煤气脱水降低煤气的含水量等。

风温在 1200℃ 以上的热风炉必须采取防晶间腐蚀的措施。

我国宝钢、鞍钢、首钢等的高风温热风炉上都采取了上述相应的措施。

7-55　从热风炉到炉缸的送风管路由哪些部分组成?

　　答:从热风炉到炉缸的送风管路由热风总管、热风围管、鹅颈管、弯头、直吹管和风口三套（大套、中套和小套）等组成。一般将鹅颈管、弯头、直吹管和风口三套合称风口装置（图7-29）。各部件的作用说明如下:

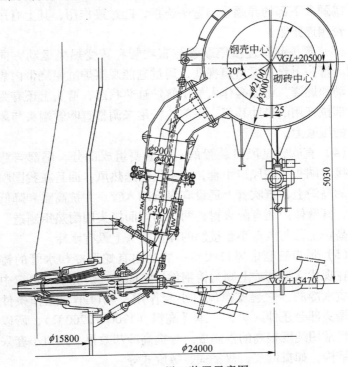

图7-29　风口装置示意图

　　(1) 热风总管和围管的作用是将热风从热风炉输送和分配到各个风口装置。它们的装备上有两点要处理好:一点是保温,要尽可能降低热风输送过程的热量损失,需加强绝热措施,应采用既耐高温又绝热的耐火材料，例如高铝纤维毡或高铝空心球填料等；另一点是管路受热产生位移，拉坏热风炉热风出口支管和向热风炉围管方向产生很大推力，使热风围管由圆形变形成椭圆形，这要采用波纹管和长拉杆吸收热膨胀机构。

（2）现代高炉的鹅颈管上都配有波纹管（伸缩管），以解决热风围管和炉体因生产后受热膨胀和外来应力引起的位移。波纹管一般允许工作压力为 0.5MPa，其内衬有不定形耐火材料，并有高铝纤维棉绝热。现代大型高炉上面还装备有热风流量测量装置。鹅颈管下部的异颈管与弯头连接，起过渡作用，其上有吊杆与炉壳相连张紧。

（3）弯头起到连接鹅颈管与直吹管和转变热风运动方向的作用。弯头上设有风口窥视孔，通过它能观察炉缸燃烧带内焦炭的运动和燃烧，帮助操作人员了解炉缸热状态，弯头上还有为拉紧下部拉杆用的带肋耳板。下部拉杆用来调整直吹管端头与风口球面的压紧力。

（4）直吹管是风口装置的一个重要组成部分，尾部与弯头相连接，端头压住风口小套，它不仅输送热风，而且在我国喷吹煤粉的高炉上，直吹管上还设有煤枪插入管。为抗高温和降低热损失，其管体内还有耐火衬，两端的球面接头用耐热钢制造。高风温高炉上，与风口小套接触的球面接头上设有水冷。

（5）风口三套中风口大套一般是内有蛇形冷却水管的铸铁件，在现代大型高炉上则为铸钢件，它固定在炉壳上；风口中套是铜质水冷的，它起支撑风口小套作用；风口小套工作条件恶劣，端头部分还伸入炉缸，承受高温（1700～2200℃），所以风口小套常用纯度很高的铜制成。为提高冷却效果，风口小套采用多种结构，如贯流式、双室式、螺旋式等。

7-56　高炉风口小套为什么会损坏？

答：风口损坏的原因较多，最突出的是：铁水熔损、磨损、开裂 3 种。

（1）铁水熔损。由于风口前端伸入炉缸，因此在炉缸工作发生波动时铁水接触到风口小套，在极短的时间内热流急剧增大，传热受阻，铁将铜熔损。在正常生产时，冷却水流过风口时，热量通过铜质风口壁传给水，有少量水在内壁上吸热而汽化形成较大的气泡，这种现象叫局部泡状沸腾，它对传热和冷却都有强化作用，是正常现象，风口小套仍可安全工作。但当高温铁水粘到风口小套上时，强大的热流使风口内壁表面的水汽化成微小蒸汽泡而连成一片汽膜，紧贴在内壁表面，这种现象叫膜状沸腾。紧贴在内壁表面的汽膜隔离了水与内壁的热交换，水无法将热带走，风口壁的温度急剧上升，在超过铜的熔化温度 1083℃时铜就被熔化，造成风口熔损。研究表明，如果有足够大的水速能破坏汽膜，而将产生的微小气泡带走，使冷却水连续不断地将热量带走，风口就不会被铁水熔损，这样的水速应达到 13 ～ 16m/s。在传统的空腔式风口上要达到这么高的水速是不可能的，因此改进结构是最有效的办法，因而出现了贯流式、螺旋式等。

（2）磨损。它包括两个方面，即风口小套内侧被喷吹煤粉射流磨坏和外侧被炉缸内炉料特别是循环运动的焦炭磨坏。为减少磨损，喷煤时煤枪喷出的射流前进的方向应与直吹管和风口中心线重合，这样就可减少和避免煤粉射流的磨损，这在煤枪结构和插枪技术上是完全可以解决的。炉料和焦炭的磨损在炉缸工作不好时容易发生，因为高炉正常生产时，伸入炉缸内的风口前端会结成渣皮保护层。所以维持炉缸良好的工作状态是解决炉料磨损的重要途径，也有些厂家在风口的表面喷涂耐磨的陶瓷质材料来抵御磨损。

（3）开裂。主要是由于风口壁内外侧温度差大和压力差大（风压与冷却水压差），而且这种温差和压力差是经常变化的，它们给风口造成热疲劳和机械疲劳，再加上风口材质和制造工艺上的缺陷（铸造有气泡、微孔、焊接不符合要求等），风口就会产生裂缝，这要从风口材质和制造工艺上改进。

7-57 为什么热风出口处会出现砖衬破裂、烧红现象，如何解决？

答：在生产中热风炉工作 2 ~ 3 年后，热风出口或热风支管与总管连接的三岔口出现温度过高、砖衬破损、掉砖、钢壳烧红，甚至崩裂现象，在一些热风炉上成为限制风温的因素。人们经常认为已经在热风支管上设置了波纹管，出现的现象是组合砖设计不好、制造和砌筑质量差造成的。应该说它们可能是造成这种现象的原因之一，但不是决定性因素。这实际上是对热风支管上出现的盲板力认识不足，因而采取的应对措施不足以克服出口处的应力，当应力接近和超过钢材的屈服强度时，钢壳就会变形，甚至开裂。

热风炉是一个固定在基础上的筒体，热风支管设置在其一侧，开孔的不对称性使热风炉在送风周期内在送风压力作用下存在一个数值很大的盲板力矩。热风支管另一端与总管相接是一个三通接口，存在着三通盲板力，它通过拉杆作用于热风管道支架的固定支点上。这样热风支管在其出口处同时受到热风炉盲板力矩和三岔口三通盲板力的作用。吴启常等利用有限元模型对热风出口处受力进行计算，结果表明：热风出口处的应力不均匀，最大应力值出现在出口与热风阀之间的管道上部，其值可达 208MPa，而在盲板力作用的热风炉炉壳与支管管道上部交界处出现的变形量达到 17mm 左右。外部钢壳的变形挤压周围砖衬，首先挤碎隔热砖，使其失去作用而导致钢壳温度升高，在热风炉燃烧及送风周期工作中反复出现，造成变形不断加剧，温度不断升高的恶性循环，进而导致热风出口处的砖衬变形、掉砖，使钢壳开裂。

相应的解决措施有：（1）在热风出口和三岔口部位的钢壳处打箍，改善拉杆固定点处受力情况（图7-30），这样可将出口处最大应力值降低到安全值以下；（2）将支管波纹管设置在出口与热风阀之间，以避免燃烧周期时间内热风压力对热风出口的影响；（3）将三岔口下的支架改为固定支架，使热风支管免受热风总管周期膨胀的影响，也避免热风支管产生膨胀位移影响热风总管。

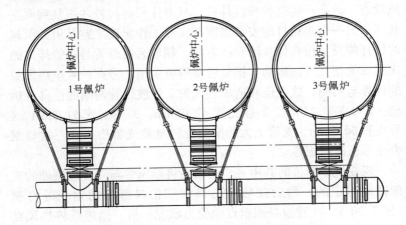

图 7-30 热风炉热风出口处炉壳打箍示意图

7-58 为什么热风总管会出现掉砖烧红现象，甚至断裂事故，如何解决？

答：目前热风总管的设计安装都采用"无应力"思路，解决热风管受热膨胀带来的问题。此思路就是在热风管道设置多个波纹管膨胀器和与之数量相同的分段式拉杆组。尽管如此，生产中仍然会出现问题，主要是这种设计和安装仅考虑了膨胀，而没有考虑盲板力和拉杆也会伸长的影响。

（1）堵头盲板力。在 20 世纪 50 年代热风围管是吊挂在炉身架上的，热风总管与之连接，总管产生的膨胀位移作用在围管上，使围管产生变形，由圆变成不规则的椭圆，造成多风口的直吹管不能与弯头很好接触而漏风，采用"无应力"设计后，将围管固定在高炉框架上，使总管与围管的接点成为固定端，总管只能沿其水平中心线向围管相反端移动。所产生的盲板力与热风压力和管道内径有关，在 $1500m^3$ 级高炉上仅为 $200t$，$3200m^3$ 高炉上接近 $300t$，而在 $5000m^3$ 以上高炉上可达 $500 \sim 600t$。

（2）拉杆伸长。造成拉杆伸长的原因有两个：一个是送风周期内热风管道盲板力引起的拉杆弹性伸长，只要热风炉处于送风状态，就会产生这种弹性伸长，只有休风时拉杆才恢复到原有状态；另一个是拉杆的安装温度与实际工作温度之差及由此引起的拉杆伸长。拉杆伸长沿轴线方向，朝着远离总管与围管接口的固定端的相反方向运动。据吴启常等对宝钢1号高炉4座热风炉的计算与实测，这个位移造成热风炉支管波纹管两端的位移量达到：1号支管24mm，2号支管42.05mm，3号支管51.5mm，4号支管66.5mm。支管上大的横向位移量使支管出口和三岔口钢壳变形，砖衬损坏。

现在设计单位的其中一个对策是将热风管与总管连接处的支架做成固定的，然后在热风出口和三岔口部位的钢壳处打箍（图7-30），改善拉杆固定点的受力状况；另一措施是将热风支管段的波纹管安装于热风出口与热风阀之间，以避免燃烧周期内热风压力通过热风阀时对热风出口的影响。

第5节 喷煤系统

7-59 高炉喷煤工艺流程由哪些系统组成，如何分类？

答：高炉喷煤工艺流程由原煤贮运，煤粉制备、煤粉输送、喷吹设施、干燥气体制备和动力供气等组成，工艺流程框图示于图7-31。如果是直接喷吹则没有煤粉输送系统。

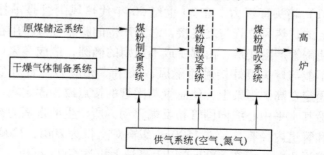

图7-31 喷煤工艺流程框图

从煤粉制备和喷吹设施的配置上分，喷煤工艺有直接喷吹和间接喷吹两种。制粉和喷吹两系统合在一起直接向高炉喷吹的工艺叫直接喷吹；制粉和喷吹分开，制备好的煤粉用罐车或仓式泵气力输送将煤粉送到建在高炉附近的喷吹站，再向高炉喷吹的工艺叫间接喷吹。现在新建的高炉一般采用直接喷吹，而高炉座数偏多且高炉附近地方又狭窄的老企业常采用间接喷吹。

从保证连续喷吹和计量喷吹罐的设置上划分，喷吹方式有串罐式和并罐式两种（图 7-32、图 7-33）。直接喷吹可采用并罐式或串罐式，而间接喷吹多采用串罐式。并罐式是两台或三台喷煤罐并列布置，一台喷煤时，另一台装粉和升压，第三台等待喷煤，由计算机控制轮换喷吹。并罐式工艺简单，煤粉计量容易，虽占地面积大，但设施的高度低，工程投资省（比串罐式节省约

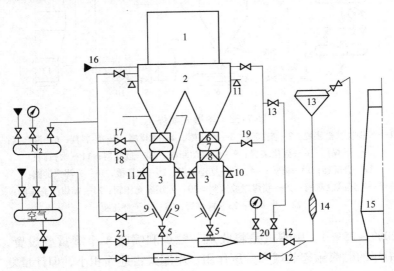

图 7-32　并罐式喷煤工艺

1—布袋收煤粉装置；2—煤粉仓；3—喷煤罐；4—混合器；5—下煤阀；6—回转式钟阀；
7—软连接；8—升降式钟阀；9—流化装置；10，11—电子秤压头；
12—快速切断阀；13—分配器；14—过滤器；15—高炉；16—输煤管道；
17—补压阀；18—充压阀；19—放散阀；20—吹扫阀；21—喷吹阀

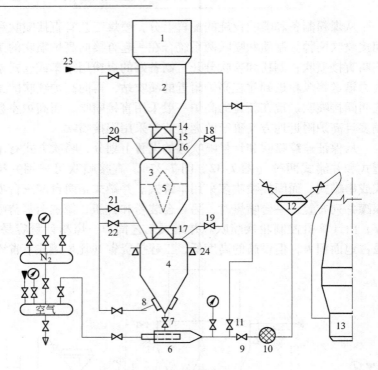

图 7-33 串罐式喷煤工艺

1—布袋收煤粉装置；2—集煤罐；3—贮煤罐；4—喷煤罐；5—导料器；6—混合器；
7—下煤阀；8—流化装置；9—快速切断阀；10—过滤器；11—吹扫阀；
12—分配器；13—高炉；14，17—摆动钟阀；15—软连接；16—升降式钟阀；
18—贮煤罐放散阀；19—喷煤罐放散阀；20—贮煤罐充压阀；21—喷煤罐充压阀；
22—补压阀；23—输煤管；24—电子秤压头

20%～25%）。串罐式是将收煤、贮煤和喷吹 3 个罐重叠设置，中间的贮煤罐起装煤和升压作用。串罐式占地面积小，但计量复杂，投资稍高。

从喷煤罐出粉到风口喷枪的方式有单管路加分配器和多管路直接到达风口两种（图 7-34、图 7-35）。它们又都可分为上出料和下出料。单管路的特点是工艺设备简单，投资省，维护量少，易于实现喷煤自动化，而且还有下料顺畅、不易积粉和自动调节等优点。多管路需从喷吹罐引出多条喷煤管线到风口，通常一个风口一条管线，因此它的设备就复杂一些，维修量随之增大，而且能耗也高，因此现在新建的喷煤系统多采用单管路方式。

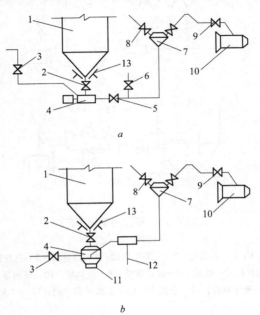

图7-34　单管路喷煤工艺

a—下出料；b—上出料

1—喷煤罐；2—下煤阀；3—压缩空气阀；4—混合器；5—自动切断阀；
6—吹扫阀；7—分配器；8—送煤阀；9—煤枪；10—高炉直吹管；
11—流化室；12—二次风；13—流化装置

7-60　喷煤制粉的任务是什么，用哪些设备来完成？

答：喷煤制粉的任务是将原煤安全地加工成符合喷煤要求的煤粉，主要是粒度组成和水分含量：无烟煤－200目的占70%～80%以上，烟煤－200目的占50%以上；水分含量要求为1%，最高不得超过2%。

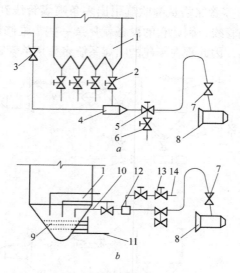

图 7-35 多管路喷煤工艺

a—下出料；b—上出料

1—喷煤罐；2—下煤阀；3—压缩空气阀；4—混合器；5—三通旋塞阀；

6—吹扫阀；7—喷枪；8—高炉吹管；9—流化板；10—煤粉导出管；

11—流化风管；12—合流管；13—二次风调节阀；14—二次风

喷煤制粉系统的工艺流程示于图 7-36。这一工艺的特点是：（1）煤粉的烘干和磨细同时进行；（2）煤粉烘干的介质同时又是煤粉输送的载体；（3）采用中速磨煤机，取消了原球磨机必须的粗粉分离器；（4）采用高浓度布袋收粉器，取消了原流程的一、二级离心收粉装置；（5）全系统负压操作。

7-61　制粉使用哪些磨煤设备，各有何特点？

答：将块状物料磨成粉料所使用的磨按其碾磨元件的运转速度可分为低速、中速和高速 3 种。目前我国磨煤主要使用低速的筒式钢球磨煤机和中速的碗式或平盘式磨煤机，欧美（例如英国）喷吹粒煤的企业则使用高速的锤式机。

我国第一代喷煤系统主要是从发电厂的制粉和煤粉喷入锅炉

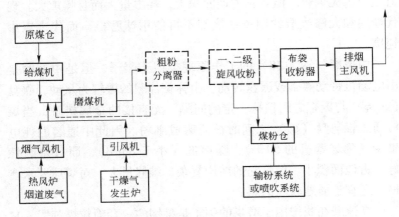

图 7-36　喷煤制粉工艺流程图

技术移植过来的，所以那时喷煤制粉也是采用筒式球磨机，现在仍有一些厂在使用球磨机（图 7-37）。球磨机的工作原理是转动的筒体将钢球带到一定的高度后，钢球沿抛物线落下，把在衬板表面的原煤砸碎，而处在钢球与衬板之间的底层钢球与钢球之间也由于筒体的移动发生相对运动，把其间的煤粒碾磨成细粉。球磨机的特点是设备简单，易维护，对煤质要求不严，适合于当

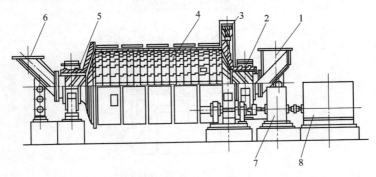

图 7-37　筒式球磨机

1—进料部；2—轴承部；3—传动部；4—转动部；5—螺旋管；
6—出料部；7—减速机；8—电动机

时喷吹的无烟煤。但是它占地面积大，耗电量大而且噪声大。现代新建和大修改造的制粉系统都不再使用球磨机，而代之以中速磨。

中速磨（图7-38）的工作原理类似于碾子，但是中速磨是由电动机带动碾碗或碾盘转动，由弹簧加载的碾辊为从动，碾盘（或碗）与碾辊之间保持一定的间隔，无直接的金属接触，当煤粒通过辊与盘（碗）之间时被研磨成细粉。因此中速磨的耗电量少（为球磨机的50%），噪声低（小于85dB），而且密封性好，占地面积小。但是它的结构复杂，维修量大，对煤质要求严格，适宜于质地较软的煤。

高速磨在我国用于磨煤的例子是某钢的一套喷粒煤装置，它类似于烧结厂破碎熔剂的锤式磨。

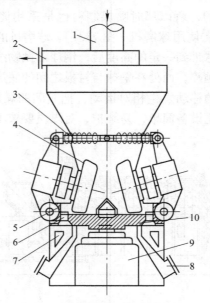

图7-38　中速磨煤机

1—原煤入口；2—气粉出口；3—弹簧；4—辊子；5—挡环；6—干燥气通道；
7—气室；8—杂物箱；9—减速箱；10—转盘

7-62　干燥气在制粉过程中的作用是什么，常使用哪些干燥气?

答：干燥气在制粉过程中起以下 3 个作用：

（1）将原煤所含的较高的水分（6% ~ 10%），在制粉过程中干燥到 1% ~ 1.5%；

（2）干燥气体具有一定的运动速度，可运载和分离煤粉；

（3）干燥气能降低制粉系统的含氧浓度，是制粉系统的惰化剂。

制粉系统使用的干燥气有燃烧炉烟气、热风炉烟道废气和前两种的混合气。

制粉对干燥气的要求是进入磨煤机时的温度在（280 ± 20）℃左右，氧含量在 6% 以下。

燃烧高炉煤气的燃烧炉产生的烟气温度高于 300℃，使用时必须兑入冷空气，结果使烟气氧含量升高，有可能超过所要求的 6%，所以这种干燥气只适用于无烟煤。热风炉烟道废气用作磨煤干燥气，既可利用它的余热，又能惰化制粉系统的气氛，但它的温度波动大，从热风炉抽到磨煤机处时温度可能达不到要求。实际生产中常用 90% ~ 95% 的热风炉废气和 10% ~ 5% 的燃烧炉烟气的混合气做干燥气，它可保证磨煤机入口处的温度在 280℃，氧含量低于 6%，因此是适用于任何煤种的常用干燥气。

采用热风炉烟道废气做干燥气时应注意以下几点：（1）要降低热风炉的漏风率，特别是要使烟道阀关严，避免送风期内冷风从烟道阀漏入烟道废气内；（2）换炉时，由废风阀排出的剩余热风应用单独的管道直通烟囱排放，或引入另座热风炉作充压用；（3）优化热风炉的烧炉达到完全燃烧，并将烧炉的空气过剩系数降低 1.05 ~ 1.10。

7-63　间接喷吹时的粉煤输送工艺流程使用哪些设备?

答：输煤的工艺流程见图 7-39。输煤的主要设备是仓式泵。煤粉仓的煤粉装入仓式泵后，用氮气（含高挥发分的烟煤）或压缩空气（无烟煤）将其流化，煤粉进入混合器，用压缩空气（或氮气）输送，一般输送浓度较高，送到喷吹站布袋收粉进入收煤罐。当收煤罐充满后停止送煤，用压缩空气（或氮气）将管内积存煤粉吹扫干净，等待下一次输煤。生产中一台仓式泵可以往任何一个喷吹站输煤。

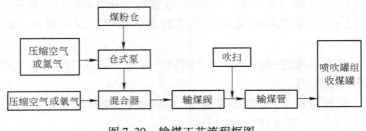

图 7-39 输煤工艺流程框图

7-64 什么叫浓相输送和浓相喷吹？

答：现在对浓相输送和浓相喷吹尚没有统一的标准，目前我国喷吹煤粉的浓度在 $5 \sim 30 kg/m^3$，公认为这属于稀相喷吹。人们常把浓度大于 $40 \sim 60 kg/m^3$ 的输送和喷吹称为浓相输送和浓相喷吹。

浓相的优点是：浓度高后输送的介质减少，煤粉在管内的流速低（稀相输送速度在 20m/s 以上，而浓相时为 $5 \sim 7m/s$），既节省能耗，减少管道磨损，又可提高输煤量和喷吹量。

7-65 喷吹系统有哪些设备和装置？

答：喷吹系统的主要设备和装置有：

（1）混合器。混合器是使输送气体与煤粉混合，并使煤粉从仓式泵或喷吹罐启动的设备。它利用从喷嘴喷射出的高速气流所产生的相对负压对煤粉进行吸附、混匀和启动，喷嘴周围产生的相对负压的大小与喷嘴直径、气流速度和喷嘴的位置有关。一般混合器的位置是可以前后调节的，通过位置的调节找到最佳状态。

　　现在使用的混合器有：最简易的引射混合器、流化混合器（也叫沸腾式混合器）和流化罐混合器，它们的结构示于图7-40。引射混合器结构简单，寿命长，价格便宜，被广泛使用。流化床和流化罐混合器内均设有流化板，可提高喷射能力和喷射浓度，它们的结构比引射混合器的复杂，但易于实现喷煤自动化，适合于浓相输送和喷吹。

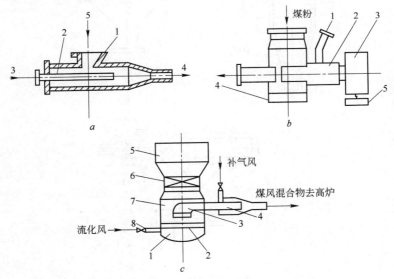

图 7-40　混合器结构示意图

a—引射混合器：1—混合器外壳；2—混合器喷嘴；3—喷吹风；
4—煤风混合物出口；5—下煤口

b—流化混合器：1—喷吹风；2—煤量调节；3—执行器；4—流化室；5—计算机及控制器

c—流化罐混合器：1—流化气量；2—流化板；3—排料口；4—补气装置；
5—喷煤罐；6—下煤阀；7—流化床；8—流化风入口

　　（2）分配器。分配器是单管路喷吹方式必须设置的装置，从喷吹罐来的煤粉由它分配到各风口煤枪。分配器的形式很多，但最常用的是瓶式、锥式和盘式 3 种（图7-41）。瓶式因其体内的煤粉与喷吹介质容易产生涡流，阻力大，易积粉，现已不大使用；锥式和盘式克服了上述瓶式的缺点，煤粉和喷吹介质沿固定流向出入，阻力小，分配煤量均匀且不积粉，内壁喷涂耐磨材质，寿命长，已被广泛采用。

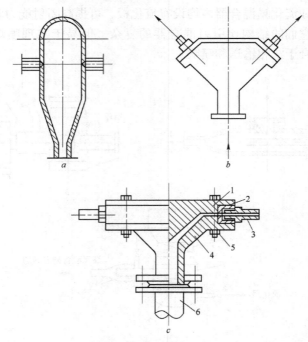

图 7-41　分配器示意图

a—瓶式；b—锥式；c—盘式

1—顶盖；2—分配环；3—喷嘴；4—后盘；5—螺栓；6—入口管

（3）喷煤枪。喷煤枪是喷煤的重要设备之一，使用过的煤枪有斜插式、直插式和风口固定式，我国喷煤多用斜插式。喷枪用耐热钢或不锈钢无缝钢管制成，有的带有逆止热风装置和在喷枪端头喷涂 Al_2O_3 材质的，寿命长。人们为富氧大喷煤也研制了多种氧煤枪（又叫氧煤燃烧器），它们多为双层耐热钢管，外管吹氧内管通煤，氧以亚音速喷出，达到与煤流充分混合燃烧的目的。在中国不论哪种氧煤枪都没有完全解决寿命短的问题，所以至今难于广泛使用，有待进一步研究改进。

7-66　什么叫喷吹粒煤工艺，它有什么特点？

答： 这是英、法等国部分高炉采用的喷吹煤粉工艺，其煤粉粒度小于 $74\mu m$ 的只占 20%，平均粒度为 $0.55 \sim 0.63mm$，采用快速的冲击式或锤式破碎机制粉，磨煤的同时用干燥气干燥粒煤，水分控制在 $1\% \sim 6\%$，粒度控制在小于 $2mm$ 的占 95% 以上。

粒煤制备工艺具有以下特点：

（1）投资省，生产成本低。由于采用冲击式或锤式破碎机生产，工艺简化，电耗以及维修费用大幅度降低，投资较磨制粉煤工艺降低 30%，生产成本降低 50%，热耗干燥可节省 $1/4$。

（2）比较安全。由于粒煤粒度小于 $74\mu m$ 部分仍占 $10\% \sim 30\%$，在煤仓中可能发生积粉，甚至管路堵塞，导致燃爆，因此制粉车间在设计时仍应设防火防爆设施，但是由于细粉含量较少，其燃爆的可能性较小，斯肯索普厂喷吹粒煤 11 年未发生燃爆事故，所以喷吹粒煤比较安全。

但是由于粒煤颗粒较大，比较难燃烧，所以喷吹粒煤应具备以下相应条件：

（1）选用高挥发易燃煤种，如斯肯索普厂采用挥发分大于 30% 的煤种，法国洛尔卡特公司喷吹粒煤使用高挥发分长焰煤，可以实现在风口区粒煤充分燃烧。

（2）煤粒含有结晶水，在风口前燃烧过程中爆裂为细粉。

（3）高风温。喷吹粒煤时一般高炉使用风温不宜低于 1100℃。

（4）富氧喷吹。鼓风氧含量应大于 25%，英国斯肯索普喷吹粒煤时鼓风氧含量最高达到 29%。

（5）原燃料精。入炉料含铁高，还原性高，粒度组成好，尤其焦炭质量要好。

第6节 煤气清洗与烟尘处理

7-67 高炉煤气为什么要清洗?

答: 高炉煤气是冶金工厂宝贵的气体燃料,但它不能直接由高炉送往用户,因为它含有 $10 \sim 30g/m^3$ 的炉尘,这些炉尘会堵塞管道,渣化设备的耐火材料,降低设备的使用寿命,影响传热效率等,所以高炉煤气必须清洗除尘,以达到用户的要求。高炉煤气的用户主要是焦炉、热风炉和加热炉,也可用于发电锅炉。焦炉对煤气含尘量要求严格,需小于 $8mg/m^3$;热风炉的要求与其格孔大小有关,一般要求含尘量为 $10mg/m^3$,在一些中小高炉上使用 $60mm \times 60mm$ 格孔或 $\phi 60mm$ 球时,含尘量要求在 $20mg/m^3$ 以下。

7-68 高炉煤气清洗除尘有哪些工艺流程?

答: 所有煤气的清洗除尘都要靠外力来完成,为此要消耗能量和增加清洗费用。高炉煤气清洗采用能量消耗低、费用少的三段式除尘,即粗除尘、半精除尘和精除尘。粗除尘采用重力除尘器,除去 $100\mu m$ 的粉尘,效率可达 $70\% \sim 80\%$;半精除尘干式采用离心器,湿法采用洗涤塔或中低能文氏管(能耗为压力降低的压力能, $4 \sim 8kPa$),除去大于 $20\mu m$ 的粉尘,效率在 $85\% \sim 90\%$;精除尘干式采用板式电除尘器、布袋除尘器,湿式采用电除尘、高能文氏管(能耗为 $12 \sim 15kPa$),可除去粒度小于 $20\mu m$ 的粉尘。这样采用循序渐进的三段式除尘可取得良好的除尘效果。应该说绝大部分的动力是消耗在精除尘除去最后 $10\% \sim 15\%$ 炉尘的阶段,且消耗了 $85\% \sim 90\%$ 的清洗费用。

按上述三段式除尘组合成的高炉煤气清洗工艺流程有:

湿法(1)重力除尘器—溢流文氏管—高能文氏管;(2)重力除尘器—洗涤塔—高能文氏管。过去精除尘阶段常用静电除尘器,现已被高能文氏管取代。近年来广泛采用环缝洗涤系统

（比索夫除尘器）。

干法（1）重力除尘器—布袋除尘器；（2）重力除尘器—板式电除尘器。

湿法除尘效果稳定，清洗后的煤气质量好；其缺点是净煤气含水量高，产生污水，既消耗大量的水，还要进行污水处理。

干法的优点是净煤气温度高，有利于 TRT 发电，其最大优点在于消除了污水，有利于环保，但是工作不稳定，净煤气含尘量有波动而且净煤气中含碳氢化合物、酚和氰化物，它们遇水溶解，腐蚀管道。防腐技术还没有完全解决。现在我国 $1000m^3$ 级以下高炉采用纯干除尘，在大高炉上很少采用纯干除尘的，大都干、湿并联，在干法达不到要求时切换成湿法。

7-69 重力除尘器是如何除尘的？

答：重力除尘器（图 7-42）的外力主要是重力，在除尘器内，如果重力≥浮力＋流体阻力，粉尘就能沉降，在重力－浮力＞流体阻力时就加速度沉降，如果重力－浮力＝流体阻力就等速度缓慢沉降。在重力除尘器内除了重力外还有惯性力，由于煤气进出重力除尘器时有运动方向的变化，所以惯性力也起到一定的作用。在重力和惯性力的作用下 $100\mu m$ 甚至更小的炉尘也可以清除掉。重力除尘器的尺寸主要是直筒部分的直径和高度，一般直径按煤气流速为 $0.6 \sim 1.5m/s$（高值适用于高压高炉，低

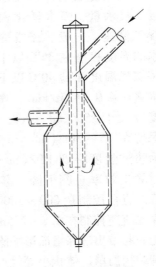

图 7-42 重力除尘器

值适用于常压小高炉）设计，高度则按煤气在直筒部分停留的时间 $12 \sim 15s$ 计算。

7-70 洗涤塔是如何除尘的?

答:洗涤塔（图7-43）本身是一种冷却设备。高炉煤气从下部通入，在塔内的上升过程中被上部喷淋的水冷却，同时也被水饱和，随着温度的下降，有的饱和水以被润湿的尘粒为核冷凝成水滴，水与尘一起下降到塔底而达到清洗除尘的目的。炉尘的可润湿性越好，煤气温度冷得越低，除尘效果越好。因此影响洗涤塔除尘效果的因素主要有冷却用水的温度、喷水量、喷水雾化程度与煤气流速。一般洗涤塔冷却用水的温度控制在35℃以下，能将煤气温度降到40℃以下；喷水量在$4.0 \sim 4.5 t/km^3$，喷淋强度应大于$15 t/(m^2 \cdot h)$，一般保持在$16 \sim 30 t/(m^2 \cdot h)$，因为喷淋强度降到$15 t/(m^2 \cdot h)$时除尘效率急剧下降；雾化水滴的直径控制在$500 \sim 1000 \mu m$；

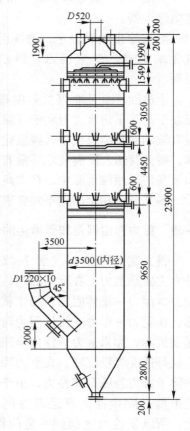

图7-43　洗涤塔

煤气流速控制在$1.8 \sim 2.5 m/s$，过大的流速会将过小的水滴和灰尘一起带出洗涤塔而影响除尘效率。现在溢流和低能文氏管因具有结构简单、体积小等优点，已取代洗涤塔。

7-71 文氏管是如何除尘的?

答:文氏管是文丘里管的简称，它由收缩管、喉口和扩张管组成（图7-44），在溢流文氏管上还设有溢流水箱。煤气和水以极大的速度（溢流文氏管为50~70m/s，高能文氏管为90~120m/s）通过喉口，流体呈紊流，水被高速煤气冲击而雾化，使煤气与水充分接触，如同在洗涤塔内那样，一是降温，二是将粉尘润湿，饱和水冷凝与润湿的粉尘一起沉降。由于文氏管降温和润湿粉尘的效果比洗涤塔好，所以它的除尘效果也好。文氏管的除尘效果与煤气流速和耗水量有关：耗水量一定，煤气流速越

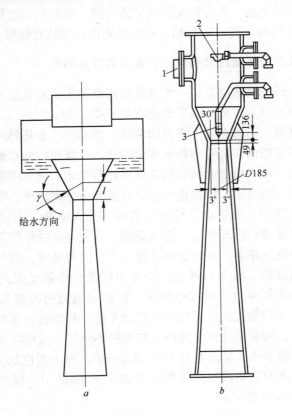

图7-44 文氏管

a—溢流文氏管；b—高能文氏管

1—人孔；2—螺旋形喷水嘴；3—弹头式喷水嘴

大，除尘效果越好，它们基本上是直线关系；流速一定，耗水量越多，除尘效果也越好。流速大则能耗就高，一般溢流文氏管的能耗控制在 $4 \sim 8kPa$，而高能文氏管则控制在 $12 \sim 15kPa$，当能耗小于 $4 \sim 5kPa$ 时，除尘效果极差。现在用双文串联可将煤气含尘量降到 $5mg/m^3$ 以下。为保证煤气净化程度，需保持喉口煤气流速恒定，而煤气的流量和压力常有波动，所以出现了喉口直径可变的文氏管，即在喉口部位设置调节机构，我国宝钢就采用了翻板式变径机构。为降低文氏管的压力降，喉口的加工精度要达到 $R_a = 1.6\mu m$，转角要缓和，表面要光洁，安装要精细。

7-72 什么是环缝洗涤装置，它是如何除尘的？

答： 环缝洗涤装置由一个环缝洗涤塔和主式旋流脱水器以及相关给排水设施组成。其工艺流程示于图 7-45。

煤气进入布置在同一塔内的两级：预洗涤段和环缝段进行除尘。在预洗段内多层喷嘴将水雾化后喷入，雾化后的水滴与煤气充分混合，煤气被加湿到饱和并得到初步净化。煤气中颗粒的较大粉尘被水滴捕集，依靠重力作用从煤气中分离出来，沿塔内壁流入集水槽中，通过水位控制装置排到高架水槽，自流到沉淀池，水经处理后循环使用。在环缝段，预洗涤后的煤气通过导流管进入环缝洗涤器，在环缝洗涤器上方也设有喷嘴，煤气在此进一步降温冷却、除尘和降压。精除尘后煤气中的水采用两级分离：大水滴靠重力从煤气中分离，而小水滴通过旋流脱水器去除。环缝段和旋流脱水器的排水管合并在一起通过一套共用控制装置排水，用泵送到预洗涤段上部再循环使用。这样串联分级循环使用，很省水，耗水量在 $1.8 \sim 2.2t/m^3$，排水温度约为 $55℃$，经环缝洗涤装置清洗后煤气的含尘量小于 $5mg/m^3$，煤气中机械水含水量小于 $10g/m^3$。

7-73 电除尘器如何除尘？

答： 电除尘器除尘的原理是利用电晕电极放电，即带尘煤气

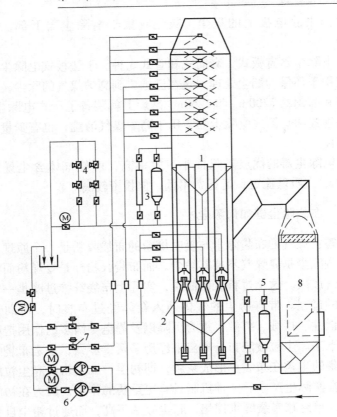

图 7-45　环缝洗涤系统工艺流程图

1—环缝洗涤塔；2—环缝洗涤器；3—预洗涤段水位检测；4—预洗涤段水位控制阀；
5—环缝段水位检测；6—再循环水泵；7—环缝段水位控制阀；8—旋流脱水器

通过两极间的高压（15000～80000V）电场时，由于电场不均匀，在电晕电极附近电场强度大，煤气通过时，被电离为正负两种离子，离子附着在尘粒上，也使尘粒带有电荷。在电场力的作用下，荷电粉尘移向电极，并与电极上的异性电中和，尘粒沉积在电极上。在干式电除尘器上，积累到一定粉尘厚度后的电极板被击打或振动，使尘粒脱离极板而落存于灰斗中；在湿式电除尘器上，则通过向电极表面喷水，使集尘电极上形成水膜，水往下流动而去除电极上的灰尘，灰泥收集于电除尘器下部，定期排走。

电除尘器有板式、套筒式和管式 3 种。干法板式电除尘器广泛应用于环保的烟尘处理，现在已推广到高炉煤气的除尘，我国武钢和邯钢的 $3200m^3$ 和 $1260m^3$ 高炉上就装备了干式电除尘器。湿法管式和套筒式电除尘器常用于高炉煤气清洗，也有少量应用于环保。

电除尘器的优点是阻损小，效率高，可使气体含尘量降到 $5mg/m^3$，质量稳定，运行费用低，但投资较高。

7-74 布袋除尘器如何除尘?

答：煤气的布袋除尘与喷吹煤粉的布袋收粉是一个原理，不过布袋除尘是要煤气不要其炉尘，而布袋收粉却是要煤粉而将载体烟气放散。这个过程看似简单，实际上布袋纤维过滤是一个很复杂的过程。带有粉尘的气体通入箱体经过布袋时，借助于筛滤、惯性、拦截、扩散、重力沉降以及静电等诸多的作用把粉尘沉积下来。尘粒被滤布分离出来经历了两个步骤，一是布袋的纤维捕集的尘粒在布袋上形成灰膜，即初层；二是初层对尘粒的捕集。在实际生产中后一种机制具有更重要的作用，因为在初层形成前，单纯靠布袋纤维捕集，除尘效率不高，而通过粉尘自身成层的作用，可捕集 $1\mu m$ 左右的微粒，效率达到 99%。高炉煤气经布袋除尘后，含尘量在 $6mg/m^3$ 以下。当布袋上的集尘层达到一定厚度时，阻力增大，需要用反吹的办法去掉集尘层。反吹时不应破坏初层，常用反吹前后的压差来判断初层是否被破坏。反吹后的布袋再投入使用，由于保留了初层，除尘效率可保持在很高的水平，煤气的含尘量也保持稳定。布袋除尘器一般都有若干个箱体，它们轮流进行除尘和反吹，连续地完成煤气除尘任务。布袋除尘器的箱体为圆柱形，按煤气的进气方式分为上进气与下进气两种。上进气是气流方向和灰尘降落的方向一致，反吹时有利于灰尘沉降，但灰斗部分易形成煤气死区，温度低，易结露，卸灰困难。下进气的反吹效果差，但灰斗部位温度较高，易卸灰。

布袋除尘器的技术特性：一是过滤负荷，即每平方米布袋面积每小时过滤的煤气量；二是反吹周期，即多长时间反吹一次。有了这两个技术指标，就可以根据高炉煤气量设计除尘箱体数、布袋数和反吹风机能力等。

这两个指标的高低主要受布袋材质影响，我国小高炉常用的玻璃纤维布袋，性脆、抗折性差，一般过滤负荷为 $45m^3/(m^2 \cdot h)$，反吹周期为 1.5h 左右。而耐热尼龙针刺毡抗折性好，一般过滤负荷可达 $70m^3/(m^2 \cdot h)$ 以上，反吹周期为 10～20min；但它的耐热性较差，一般在 300℃ 以下，要求有严格的温度控制措施。

7-75　发展布袋除尘需要加强哪些方面的工作？

答：为了加速推广和大型化，目前我国布袋除尘尚有以下几个需要解决的问题：

（1）布袋材质，应尽快研究耐高温、高强度、高效率、使用寿命长的合成纤维或金属纤维布袋；

（2）用人工凭经验检查布袋是否破损，既费事又不准确，应研究自动检测手段；

（3）需解决耐高温、高压阀门的密封问题，防止煤气泄漏；

（4）进一步解决好除尘系统的控温问题；

（5）解决好卸灰系统的灰位探测和机械设备的防尘问题，以便顺利卸灰；

（6）研究炉尘的综合利用；

（7）研究清除净煤气中碳氢化物和氰化物的技术措施。

7-76　对炼铁的烟尘治理有哪些要求？

答：高炉炼铁的烟尘主要来自于出铁场和原料系统。

高炉每生产 1t 生铁，在出铁场平均散出 2.5kg 烟尘，其中正常出铁时，出铁沟、渣沟、撇渣器、摆动流嘴、铁水罐等各点产生的烟尘称为一次烟尘，其总量约为 2.15kg，占全部烟尘量的 86%；高炉开、堵铁口时产生的烟尘称为二次烟尘，其量约为 0.35kg，占 14%。国家环保标准中要求 1000m³ 级以上高炉的出铁场都应设置一次烟尘和二次烟尘的净化设施，而小于 1000m³ 级的高炉应设置一次烟尘的净化设施。

高炉原料系统中产生粉尘的地方主要有原燃料槽上的卸料，皮带机的转运和槽下筛分，原燃料装入料车、集料斗等，含尘浓度一般在 5~8g/m³。国家标准要求矿槽上、下都采用皮带机，所有转运站、槽上受料口及槽下筛分设施都应设除尘净化装置，用皮带机向炉顶上料时应设置单独的除尘装置；要求所有除尘后排放的气体含尘量小于 100mg/m³，而工作环境空气中的含尘量降到 10mg/m³。

7-77　出铁场的烟尘如何治理？

答： 目前出铁场的一次烟尘捕集治理，主要采用在产生烟尘的部位（出铁口、铁沟、撇渣器、摆动流嘴和铁水罐）设防尘罩（图 7-46），然后用风机抽走烟尘，烟尘通过除尘管道进入布袋除尘器（首钢、鞍钢等）或电除尘器（武钢等）进行净化，净化后气体的含尘量小于 50mg/m³，排入大气。武钢 5 号高炉出铁场除尘工艺流程示于图 7-47。

二次烟尘治理是较困难的问题，现在有 3 种治理装置：第一种是自然抽风气帘式，即把整个房顶看成是一个大通风罩，在周围设有通风气帘抽风除尘，日本各厂大都采用这种方案；第二种是垂幕式，由活动垂幕组成的抽风通道将粉尘抽走到除尘器除尘，我国首钢 2 号高炉 1979 年开始使用，1985 年宝钢 1 号高炉也采用此种方式，这种方式还有一些不足之处，如垂幕升降频繁、容易烧坏、投资较高等，有待进一步完善；第三种是如同一次烟尘治理那样在出铁口产尘点设密封罩分散捕集，统一抽风处理，鞍钢 10 号和 11 号高炉采用这种形式。

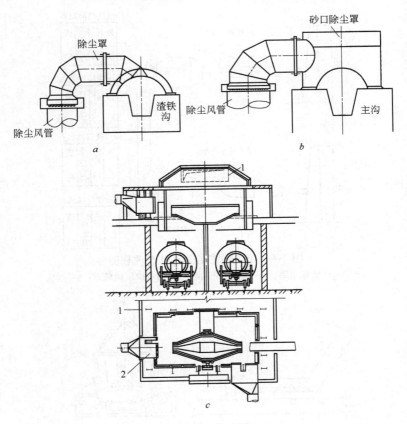

图 7-46　防尘罩

a—渣铁沟罩；b—主沟罩；c—摆动流嘴罩

1—顶吸罩；2—侧吸罩

7-78　原料系统的粉尘如何治理？

答：原料系统的粉尘治理一般都采用抽风罩、密封罩或两者结合使用，将带粉尘的空气经管道抽到除尘器净化，净化后的空气经烟囱放散。

各产尘点密封方式示于图 7-48 ~ 图 7-50。

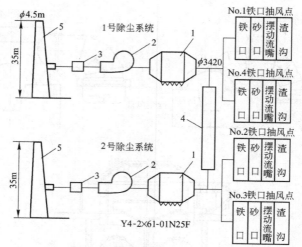

图 7-47 武钢出铁场除尘工艺流程图

1—224m² 电除尘器；2—风机；3—消声器；4—炉顶抽风点；5—烟囱

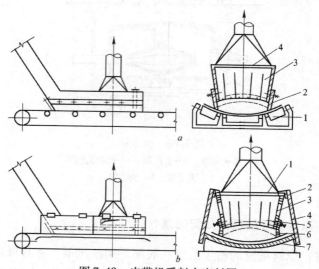

图 7-48 皮带机受料点密封罩

a—单层密封罩：1—托辊；2—橡胶板；3—遮尘帘；4—导料槽；
b—双层密封罩：1—导料槽；2—折页；3—空气回流孔；4—外罩；
5—遮尘帘；6—橡胶板；7—托板

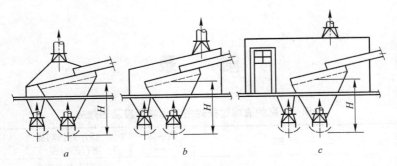

图 7-49 振动筛密封

a—局部密封；b—整体密封；c—大容积密封

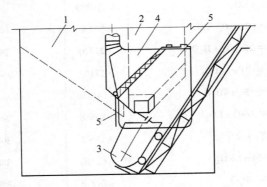

图 7-50 料车坑抽风罩

1—矿石漏斗；2—焦炭漏斗；3—料车；4—吸尘罩；5—围板

附 录

附表 1 高炉冶炼过程的主要化学反应及热效应

反 应	热效应 /$J \cdot mol^{-1}$	反应开始明显进行的温度/℃
$CaCO_3 = CaO + CO_2$	−178030	530，在空气中 750，在高炉中
$CO_2 + C = 2CO$	−165766	
$MgCO_3 = MgO + CO_2$	−110830	
$3Fe_2O_3 + CO = 2Fe_3O_4 + CO_2$	+37130	141
$3Fe_2O_3 + H_2 = 2Fe_3O_4 + H_2O$	+21820	280
$Fe_3O_4 + 4CO = 3Fe + 4CO_2$	+17163	400 ~ 500
$Fe_3O_4 + 4H_2 = 3Fe + 4H_2O$	−147630	400 ~ 500
$Fe_3O_4 + CO = 3FeO + CO_2$	−20888	240
$FeO + CO = Fe + CO_2$	+13605	300
$Fe_3O_4 + H_2 = 3FeO + H_2O$	−62220	240
$FeO + H_2 = Fe + H_2O$	−27718	300
$6Fe_2O_3 + C = 4Fe_3O_4 + CO_2$	−45970	390
$2Fe_3O_4 + C = 6FeO + CO_2$	−216800	750 ~ 800
$2FeO + C = 2Fe + CO_2$	−145620	850 ~ 900
$3Fe_2O_3 + C = 2Fe_3O_4 + CO$	−128636	390
$Fe_3O_4 + C = 3FeO + CO$	−144878	750 ~ 800
$FeO + C = Fe + CO$	−152161	800 ~ 850
$Fe_3O_4 + 4C = 3Fe + 4CO$	−148742	500
$Fe_2SiO_4 + 2C = 2Fe + SiO_2 + 2CO$	−335880	800 ~ 850
$SiO_2 + 2C = Si + 2CO$	−619300	1350 ~ 1550

反　　　应	热效应 /J·mol^{-1}	反应开始明显 进行的温度/℃
$2MnO_2 + CO = Mn_2O_3 + CO_2$	+226797	20~80
$2MnO_2 + H_2 = Mn_2O_3 + H_2O$	+184690	40~100
$3Mn_2O_3 + CO = 2Mn_3O_4 + CO_2$	+170203	150~200
$Mn_3O_4 + CO = 3MnO + CO_2$	+51906	200~300
$Mn_3O_4 + H_2 = 3MnO + H_2O$	+10590	200~300
$MnO + H_2 = Mn + H_2O$	-162500	1400
$MnO + CO = Mn + CO_2$	-121590	1400
$MnO + C = Mn + CO$	-287356	1050~1150
$Ca_3(PO_4)_2 + 5C = 3(CaO) + 2[P] + 5CO$	-1586870	1100
$SiO_2 + 2C = Si + 2CO$	-628277	
$TiO_2 + 2C = Ti + 2CO$	-694330	395
$V_2O_5 + 2CO = V_2O_3 + 2CO_2$	+199550	400~500
$V_2O_5 + 2H_2 = V_2O_3 + 2H_2O$	+116900	400
$V_2O_5 + 2C = V_2O_3 + 2CO$	-116230	
$V_2O_3 + C = 2VO + CO$		1200
$NiO + H_2 = Ni + H_2O$	-2050	229~230
$NiO + CO = Ni + CO_2$	+39270	344~346
$CuO + CO = Cu + CO_2$	+121970	~100
$2CuO + C = 2Cu + CO_2$	+86460	460±5
$As_2O_5 + 2CO = As_2O_3 + 2CO_2$	+303470	200~400
$ZnO + H_2 = Zn + H_2O$	-107360	450
$ZnO + CO = Zn + CO_2$	-66030	375
$PbO + CO = Pb + CO_2$	+64190	400
$FeS + CaO + C = Fe + CaS + CO$	-149140	700~800
$2C + O_2 + \frac{79}{21}N_2 = 2CO + \frac{79}{21}N_2$	+250970	

续附表1

反 应	热效应 /J·mol^{-1}	反应开始明显 进行的温度/℃
$C_{非晶} + O_2 = CO_2$	+408860	
$C_{石墨} + O_2 = CO_2$	+393030	
$C_{非晶} + \frac{1}{2}O_2 = CO$	+125480	
$C_{石墨} + \frac{1}{2}O_2 = CO$	+109600	
$CH_4 + H_2O = CO + 3H_2$	−206210	
$CH_4 + CO_2 = 2CO + 2H_2$	−251640	
$2CH_4 + O_2 = 2CO + 4H_2$	+74820	
$C_2H_6 + O_2 = 2CO + 3H_2$	+135580	
$C_3H_8 + 1.5O_2 = 3CO + 4H_2$	+226600	
$C_4H_{10} + 2O_2 = 4CO + 5H_2$	+309080	
$C_5H_{12} + 2.5O_2 = 5CO + 6H_2$	+404460	

附表2 元素在高炉冶炼中的分配

元 素	铁种及冶炼条件	进入气相 λ/%	进入渣相(挥发后) μ/%
Fe	铸造铁	0	0.2 ~ 0.4
	炼钢铁	0	0.4 ~ 1.0
	铁合金	0	2 ~ 4
Mn	锰 铁	8 ~ 15	10 ~ 15
	镜 铁	<5	15 ~ 20
	铸造铁	0	25 ~ 30
	贝氏铁	0	30 ~ 40
	炼钢铁	0	40 ~ 50
	木炭炼铁	0	50 ~ 60
	酸性渣冶炼	0	20 ~ 80
Si	硅 铁	10 ~ 20	
	铸造铁	5 ~ 0	
	炼钢铁及锰铁	0	
P		0	0

元　素	铁种及冶炼条件	进入气相 λ/%	进入渣相（挥发后）μ/%
S	铁合金	40~60	99
	镜　铁	20~30	99
	铸造铁	15~20	97~99
	炼钢铁	0~10	90~95
V		0	15~25
Ti		0	40~95
Cr		0	15~80
K, Na		30~40	100
Zn		80~100	0

附表3　原料及产品焓示例

a. 液态生铁和炉渣的热含量

铁　种	生铁热含量/kJ·kg⁻¹	炉渣热含量/kJ·kg⁻¹
木炭生铁	1090~1130	1630~1675
托马斯生铁	1090~1130	1675~1760
平炉生铁	1130~1170	1720~1800
贝氏生铁	1215~1255	1800~1885
铸造铁	1255~1300	1885~2010
硅　铁	1340~1380	2010~2095
锰　铁	1170~1215	1840~1970

b. 不同温度下生铁和炉渣的热含量

品　种	热含量/kJ·kg⁻¹							
	1250℃	1300℃	1350℃	1400℃	1450℃	1500℃	1550℃	1600℃
灰口铁	1143	1189	1235	1277	1319	1361		
白口铁	1089	1126	1164	1202	1239	1277		
炉渣			1562	1666	1771	1855	1939	2022

c. 烧结矿的热容（c_0^t）及热含量（ω）（均为近似值）

t/℃	100	200	300	400	500
c_0^t/kJ·(kg·℃)⁻¹	0.67	0.71	0.75	0.80	0.84
ω/kJ·kg⁻¹	67	142	225	320	400

附表4　高炉冶炼中常用换算值

a. 影响煤气发生量的因素

影　响　因　素	煤气发生量及变化
$1m^3$ 风（湿分1%）	发生 $1.20m^3$ 煤气
1kg 焦炭（湿分2%）	发生 $3.30m^3$ 煤气
1kg 重油（湿分2%）	发生 $5.85m^3$ 煤气
1kg 煤粉（湿分2%）	发生 $4.84m^3$ 煤气
$1m^3$ 天然气（湿分2%）	发生 $4.75m^3$ 煤气
使用 100% 烧结矿（含铁42% ~ 52% 冶炼炼钢铁）	$3300 ~ 3500m^3/t$ 焦，约为风口处风量的 1.35 倍
使用 100% 铁矿石（含铁44% ~ 52% 冶炼炼钢铁）	$3500 ~ 3800m^3/t$ 焦，约为风口处风量的 1.38 倍
炉料中铁分每增加1%	煤气发生量减少1%
使用非熔剂性烧结矿同碱度 1.5 以下的熔剂性矿石比较，碱度每提高 0.2 ~ 0.3	煤气发生量减少1%
每提高风温 100℃	煤气发生量减少 1.5% ~ 2.5%
生铁含锰从2.2%降低到0.6%	煤气发生量减少 3.0% ~ 3.5%

b. 各种生铁的换算系数

生铁牌号	换算系数	生铁牌号	换算系数
炼钢铁	1.0	球18	1.18
Z14	1.14	球20	1.20
Z18	1.18	含钒生铁	1.05
Z22	1.22	含钒、钛生铁	1.10
Z26	1.26	$(w_V > 0.2\%,$	
Z30	1.30	$w_{Ti} > 0.1\%)$	
Z34	1.34	镜铁	1.50
球10	1.0	硅铁	2.00
球13	1.13	锰铁	2.50

c. 各种燃料折合干焦系数

燃料名称		计算单位	折合干焦系数
焦炭（干焦）		kg/kg	1.0
焦　丁		kg/kg	0.9
重油（包括原油）		kg/kg	1.2
喷吹用煤粉	灰分≤10%	kg/kg	1.0
	10%＜灰分≤12%	kg/kg	0.9
	12%＜灰分≤15%	kg/kg	0.8
	15%＜灰分≤20%	kg/kg	0.7
	灰分＞20%	kg/kg	0.6
沥青煤焦油		kg/kg	1.0
天然气		kg/m³	1.1
焦炉煤气		kg/m³	0.5
木炭、石油焦		kg/kg	1.0
型焦或硫焦		kg/kg	0.8

附表5　常用燃料发热值

燃料名称	$Q_{DW}^{y}/kJ \cdot kg^{-1}$	燃料名称	$Q_{DW}^{y}/kJ \cdot m^{-3}$
标准煤	29310	高炉煤气	3150～4190
烟　煤	29310～35170	发生炉煤气（混合煤气）	5020～6700
褐　煤	20930～30140	水煤气	10050～11300
无烟煤	29310～34330	焦炉煤气	16330～17580
焦　炭	29310～33910	天然气	33490～41870
重　油	40610～41870		
石　油	41870～46050		

附表 6　影响燃耗和产量的因素与数值

序号	因素	变动量	数据来源	影响量/% 焦比	影响量/% 产量	推荐数值/% 焦比	推荐数值/% 产量	备注
1	矿石铁分 (TFe) (质量分数)	1%	鞍钢1955年条件（烧结矿50%，TFe：49%~53%）	1.9		1~1.5	2~2.5	适用于天然矿多、矿石品位低的条件
			鞍钢1976~1983年数据统计分析	1~1.5				适用于一般条件，高炉操作方针偏重降低焦比时，取推荐焦比较小值及产量较大值，否则相反
			首钢条件（TFe含量大于55%）	1.5	1.5			
			本钢	1.5~1.6	2~2.5			
			前苏联	1~1.5	2~2.5			
2	烧结矿FeO (质量分数)	1%	鞍钢1964年高炉冶炼试验（烧结矿含FeO18%~15%）	1~2	1.5	1~1.5		保持烧结矿品位和质量不变，而降低FeO含量
			首钢、杭钢、济钢	1.5				
			本钢	0.7~0.9	0.9			
			济钢、梅山	1				
			包钢	2				
			日本低FeO，低SiO₂烧结矿	0.6~0.8				

续附表6

序号	因素	变动量	数据来源和影响量/%			推荐数值/%		备注
			数据来源	焦比	产量	焦比	产量	
3	烧结矿碱度 m_{CaO}/m_{SiO_2}，自熔性以下	0.1	鞍钢1955年条件（烧结矿率50%，碱度0.6~1.0）	3.5~3.8		3~3.5	3~3.5	烧结矿约100%
			本钢1958年条件（烧结矿率100%）	3.8				
			大钢	3.3				
			阳泉钢铁厂	3				
4	烧结矿率	10%	鞍钢1950~1958年资料	4~4.5		2~3	2~3	烧结矿与品位相近的天然矿可互相置换
			首钢、大钢、济钢	2				
			济钢、包钢	3				
			日本（70%为基准）	10kg				
5	烧结矿小于5mm含量	1%	首钢	0.2		0.5	0.5~1.0	
			本钢	0.12	0.6~0.8			
			前苏联	0.5	0.5~1			
			日本	4~7kg				

续附表6

序号	因素	变动量	数据来源和影响量/% 数据来源	焦比	产量	推荐数值/% 焦比	产量	备注
6	矿石金属化率	10%	日本1965年648m³高炉试验	5	7	5~6	5~6	
			前苏联	5~6	5~6			
7	焦炭灰分（全焦冶炼）	1%	鞍钢20世纪50年代条件（灰分12.58%~14.58%）	1.76~1.9				喷吹燃料时按下式计算修正系数：修正系数=入炉焦比/（入炉焦比+喷吹量置换比）
			鞍钢经验数据	15kg	3			
			首钢	1.5	1.5	2	3	
			杭钢、济钢、太钢、梅山、包钢	2	3			
			加拿大	15kg				
			德国	5~10kg				
			日本（灰分10%）	10kg				
			首钢	1.5				
8	煤粉灰分	1%	煤粉灰分对焦比的影响 相当于干焦炭灰分对焦比的影响，影响焦比=喷煤粉量×2%			煤粉量×2%		

续附表6

序号	因素	变动量	数据来源和影响量/% 数据来源	焦比	产量	推荐数值/% 焦比	产量	备注
9	焦炭含硫（质量分数）	0.1%	分析计算	1.2~2	>2	1.5~2	1.5~2	
			梅山	1.6~2				
			杭钢、济钢	1~2				
			包钢	1.5				
10	焦炭强度		日本君津 4063m³ 高炉，DI_{15}^{150} 降低 1%	3	3.3	6~7	6~7	
			日本 DI_{15}^{20} 变化 1%	3	6.8			
			德国 M10 变化 1%	8kg				
			美国内陆公司，ASTM 稳定性 $w_{(s)}$ 变化 1%		2			
			加拿大，ASTM 稳定性 $w_{(s)}$ 变化 1%	8kg	1			
11	石灰石	100kg	分析计算（只考虑分解热和 CO_2）	30kg				
			分析计算（包括上项及渣量影响）	40kg				
			首钢、梅山、包钢	25kg				
			加拿大	15kg				
			前苏联	25kg				

续附表6

序号	因素	变动量	数据来源和影响量/% 数据来源	焦比	产量	推荐数值/% 焦比	产量	备注
12	碎铁	100kg	分析数据，碎铁 w_{Fe}≤60%	20kg	3	20~40kg	3~7	按碎铁质量选取
			分析数据，碎铁 w_{Fe}>60%~80%	30kg	5			
			分析数据，碎铁 w_{Fe}>80%	40kg	7			
			首钢	22kg				
			日本（以零为基准，碎铁1kg）	0.3kg				
13	干风温	100℃	综合经验数据 风温范围/℃　700~800　800~900　900~1000　>1000 焦比/%　5~6　4~5　4~5　3.5~4.5 产量/%　2.5~3.5　2.5~3.5			综合经验数据	综合经验数据	
			梅山、本钢（900~1000℃）	20kg				
			包钢（1000~1100℃）	25~30kg				
			杭钢（950~1030℃）	12~14kg				

续附表6

序号	因素	变动量	数据来源和影响量/%			推荐数值/%		备注
			数据来源	焦比	产量	焦比	产量	
13	干风温	100℃	首钢（>800℃）	17kg		综合经验数据	综合经验数据	
			加拿大	22.5kg				
			前苏联 风温范围/℃ 500~800 800~1000 1000~1200 900~1200 焦比/% 4.8 3.3 2.8 产量/% 2~3 1.5~2.5					
			日本（900~1250℃）	8~20kg				
			日本（以1050℃为基准，10℃风温）	1kg				
			首钢	1kg				
			日本（以25g/m³为基准）	1kg				
14	鼓风湿度	1g/m³	一般数据（变动量10g/m³）	7~8kg		1kg	0.1~0.5	
			前苏联数据（变动量10g/m³）	2	1~1.5			

续附表6

序号	因素	变动量	数据来源和影响量/%			推荐数值/%		备注
			数据来源	焦比	产量	焦比	产量	
15	富氧	1%	鞍钢2号高炉（900m³）富氧21%~28.4%，喷煤73~170kg/t试验	0.5	2.5~3	0.5	2.5~3	
			前苏联某钢厂1965年高炉试验		3.7~4.3			
			前苏联（喷吹天然气，鼓风含氧<35%）		2~3			
			美国威尔顿1号高炉（1783m³）2号高炉（1334m³），1967~1968年		5.4~7.1			
			1970年日本日新厂2924m³高炉富氧3.3%		3.15			
			首钢		4			
16	喷吹天然气	1m³	前苏联	0.8~1.1kg				
			加拿大	1kg				
17	喷吹焦油	1kg	北美	1kg				

续附表6

序号	因素	变动量	数据来源和影响量/%			推荐数值/%		备注
			数据来源	焦比	产量	焦比	产量	
18	喷吹重油	1kg	鞍钢1971年总结 喷油量/kg·t⁻¹　<40　40~60　60~80　>80 置换比(焦/油)/kg·kg⁻¹　1.25~1.35　1.15~1.25　1.10~1.15　1.00~1.10			鞍钢总结数据	鞍钢总结数据	
			首钢	1.2kg				
			前苏联	0.9~1.5kg				
			前苏联(油量40~80kg/h)	1.0~1.4kg				
			日本(吨铁油量40~60kg/t,富氧2%~3%)	1.2~1.5kg				
19	喷吹煤粉	1kg	鞍钢1971年总结(阳泉煤,A≤15%) 喷煤量/kg·t⁻¹　<40　40~60　60~80　>80 置换比(焦/煤)/kg·kg⁻¹　0.85~0.90　0.80~0.85　0.75~0.80　0.70~0.80			无烟煤可采取鞍钢数据,喷烟煤0.8~1.2kg		数据中,前3项为无烟煤,后4项为烟煤,视喷煤量及煤粉质量而定
			首钢、梅山	0.8kg				

续附表6

序号	因素	变动量	数据来源			推荐数值/%		备注
			数据来源	焦比	产量	焦比	产量	
19	喷吹煤粉	1kg	前苏联（喷煤量60～100kg/t）	0.8～0.9kg		无烟煤可采取数据，喷吹烟煤0.8～1.2kg		数据中，前3项为无烟煤，后4项为烟煤，视喷煤量及煤粉质量而定
			美国阿什兰厂（115kg/t, V34%～38%）	0.75～0.94kg				
			首钢试验（V36.76%）	0.95～1.0kg				
			马钢（V26%～33%）	0.87～0.98kg				
			日本大分厂（V32.5%, A7.5%, 吨铁52kg/t）	1.03～1.21kg				
20	喷吹焦炉煤气	1m³	前苏联	0.4～0.6kg				
			经验数据	4kg	0.7			
21	生铁含硅（质量分数）	0.1%	首钢 $w_{[Si]}$<0.6%	4kg	4	4～5kg	1%～1.5%	适于炼钢生铁及低标号铸造生铁，渣碱度低者选低值
			大钢 $w_{[Si]}$≤1.5%	4kg				
			$w_{[Si]}$>1.5%～2.5%	6kg				
			$w_{[Si]}$>2.5%	8.5kg				

续附表6

序号	因素	变动量	数据来源	焦比	产量	推荐数值/% 焦比	推荐数值/% 产量	备注
21	生铁含硅（质量分数）	0.1%	梅山 $w_{[Si]}$=0.5%~1.5%	5kg		5~8kg	1.5%~2%	适于铸造生铁，标号高者选高值
			杭钢 $w_{[Si]}$=0.2%~1.5%	7.5kg				
			加拿大	6.5kg				
			日本 $w_{[Si]}$=0.65%为基准	7.5kg				
			前苏联	5~7kg	1~1.5			
22	生铁含锰（质量分数）	0.1%	分析计算	2kg	0.3	1.5~2kg	0.3%	
			太钢	1.4kg				
			加拿大	1kg				
23	生铁含磷（质量分数）	0.01%	加拿大	0.1kg				
24	渣量	100kg	分析计算（只考虑渣的熔化热）	20kg	3	3~3.5	4~5	适于自熔性烧结矿率高时
			分析计算（包括上项及熔剂分解热和 CO_2 影响）	50kg	8			
			加拿大	25kg		7~8	8	适于用石灰石调碱度引起的渣量变化
			日本（渣量<350kg/t）	15~25kg				
			前苏联（只考虑炉渣带走热量）	10~15kg	2~3			

续附表6

序号	因 素	变动量	数据来源和影响量/%			推荐数值/%		备 注
			数据来源	焦 比	产 量	焦 比	产 量	
24	渣量	100kg	前苏联（综合考虑炉渣带走热量及原料含铁量的全效果）	15~20kg	6~7			视吨铁渣量而定
25	炉渣碱度 m_{CaO}/m_{SiO_2}	0.1	鞍钢1955年条件（碱度1.0~1.25）	18kg		2.5~3.5	2.5~3.5	
			济钢	20kg				
26	直接还原度 r_d	0.1	鞍钢1955年条件，r_d=0.4~0.6	8~9		8~9	8~9	r_d低时取上限，r_d高时取下限
27	炉顶压力	0.01MPa	经验数据（小于0.098MPa）	0.5	2~3	0.3~0.5	1~3	随顶压提高而增产节焦效果递减
			日本（小于0.196MPa）	1.7kg	2			
28	冶炼强度	0.1	前苏联			1		
			鞍钢、本钢	1	1			
29	矿石整粒		鞍钢1952年4号高炉烧结矿80%，磁铁矿20%，磁铁矿粒度10~70mm改为6~50mm	-3.6%				
			首钢1962年2号高炉粒度大于60mm天然矿由0增加到22.8%	+7.3%	6.4			

续附表 6

序号	因素	变动量	数据来源和影响量/%			推荐数值/%		备注
			数据来源	焦比	产量	焦比	产量	
29	矿石整粒		首钢试验炉冶炼结果： 矿石粒度由 8~75mm 改 为 8~30mm	−9.5%				
			矿石粒度由 8~45mm 改 为 8~30mm	−8.6%				
			日本天然块矿 30%~40%： 矿石粒度由 8~40mm 改 为 8~30mm	−10~ 13kg/t				
			矿石粒度由 8~30mm 改 为 8~25mm	−5~ 7kg/t				

注：本表摘自《高炉炼铁工艺及计算》，成兰伯主编，冶金工业出版社，1994 年 4 月出版。

附表 7　炼铁生产用烧结矿、球团矿标准

a. 优质铁烧结矿技术指标（YB/T 421—2005）

项目名称	化学成分（质量分数）/%				物理性能			冶金性能	
	TFe	CaO/SiO₂	FeO	S	转鼓指数(+6.3mm)/%	筛分指数(−5mm)/%	抗磨指数(−0.5mm)/%	低温还原粉化指数 RDI(+3.15mm)/%	还原度 RI/%
允许波动范围	±0.40	±0.05	±0.05	—					
指标	≥57.00	≥1.70	≤9.00	≤0.030	≥72.00	≤6.00	≤7.00	≥72.00	≥78.00

b. 普通铁烧结矿技术指标（YB/T 421—2005）

项目名称			化学成分（质量分数）/%				物理性能			冶金性能	
碱度	品级		TFe 允许波动范围	CaO/SiO₂ 允许波动范围	FeO 不大于	S 不大于	转鼓指数(+6.3mm)/%	筛分指数(−5mm)/%	抗磨指数(−0.5mm)/%	低温还原粉化指数 RDI(+3.15mm)/%	还原度 RI/%
1.50~2.50	一级		±0.50	±0.08	11.00	0.060	≥68.00	≤7.0	≤7.0	≥72.00	≥78.00
	二级		±1.00	±0.12	12.00	0.080	≥65.00	≤9.0	≤8.0	≥70.00	≥75.00
1.00~1.50	一级		±0.50	±0.05	12.00	0.040	≥64.00	≤9.0	≤8.0	≥74.00	≥74.00
	二级		±1.00	±0.10	13.00	0.060	≥61.00	≤11.00	≤9.0	≥72.00	≥72.00

c. 酸性铁球团矿的技术要求（YB/T 005—2005）

项目名称		化学成分（质量分数）/%				物理性能						冶金性能	
	品级	TFe	FeO	SiO₂	S	抗压强度/N·个⁻¹	转鼓指数(+6.3mm)/%	筛分指数(−5mm)/%	抗磨指数(−0.5mm)/%	膨胀率/%	粒度(8~16mm)/%	还原度指数(RI)/%	低温还原粉化指数(RDI)(+3.15mm)/%
指标	一级品	≥64.00	≤1.00	≤5.50	≤0.02	≥2000	≥90.00	≤3.00	≤6.00	≤15.00	≥85.00	≥70.00	≥70.00
	二级品	≥62.00	≤2.00	≤7.00	≤0.06	≥1800	≥86.00	≤5.00	≤8.00	≤20.00	≥80.00	≥65.00	≥65.00
允许波动范围	一级品	±0.40											
	二级品	±0.80											

注：冶金性能指标应报出检验数据，暂不作为考核指标，其检验验期由各厂自定。

附表8　生铁标准（GB/T 717—1998、GB 718—2005、GB 1412—2005、GB 3795—2006、YB 5125—93）

铁种	炼钢生铁			铸造生铁						球墨铸铁	
牌号	炼04	炼08	炼10	铸34	铸30	铸26	铸22	铸18	铸14	球10	球12
代号	L04	L08	L10	Z34	Z30	Z26	Z22	Z18	Z14	Q10	Q12
Si	≤0.45	>0.45 ~0.85	>0.85 ~1.25	≥3.20 ~3.60	≥2.80 ~3.20	≥2.40 ~2.80	≥2.00 ~2.40	≥1.60 ~2.00	≥1.25 ~1.60	0.50 ~1.00	>1.00 ~1.40
Mn 一组	≤0.40			≤0.50						≤0.20	
Mn 二组	>0.40~1.00			>0.50~0.90						>0.20~0.50	
Mn 三组	>1.00~2.00			>0.90~1.30						>0.50~0.80	
P 特级	≤0.100			≤0.06						<0.05	
P 一级	>0.100~0.150			>0.06~0.10						>0.05~0.06	
P 二级	>0.150~0.250			>0.10~0.20						>0.06~0.08	
P 三级	>0.250~0.400			>0.20~0.40							
P 四级				>0.40~0.90							
P 五级											
S 特类	≤0.02			≤0.03						≤0.02	
S 一类	>0.020~0.030			≤0.04						≤0.03	
S 二类	>0.030~0.050			≤0.05						≤0.04	
S 三类	>0.050~0.070									≤0.045	
C	≥3.50			>3.30						≥3.40	

化学成分（质量分数）/%

续附表 8

铁种			高炉锰铁				含钒生铁			
牌号			FeMn-78	FeMn-73	FeMn-68	FeMn-63	钒02	钒03	钒04	钒05
代号							F02	F03	F04	F05
化学成分（质量分数）/%	Si	一组	≤1.0	≤1.0	≤1.0	≤1.0	≤0.45			
		二组	≤2.0	≤2.0	≤2.0	≤2.0	>0.45~0.8			
		三组								
	Mn		75.0~82.0	70.0~75.0	65.0~70.0	60.0~65.0	$w_V \geq$ 0.2, w_{Ti} ≤0.6	$w_V \geq$ 0.3, w_{Ti} ≤0.6	$w_V \geq$ 0.4, w_{Ti} ≤0.6	$w_V \geq$ 0.5, w_{Ti} ≤0.6
	P	一级	≤0.25	≤0.25	≤0.30	≤0.30				
		二级	≤0.35	≤0.35	≤0.40	≤0.40				
		三级					≤0.15			
		四级					>0.15~0.25			
		五级					>0.25~0.4			
	S	特类	≤0.03	≤0.03	≤0.03	≤0.03				
		一类					≤0.05			
		二类					≤0.07			
		三类					≤0.10			
	C		≤7.5	≤7.5	≤7.0	≤7.0				

参 考 文 献

［1］王筱留．钢铁冶金学（炼铁部分）［M］．2 版．北京：冶金工业出版社，2000．

［2］项钟庸，王筱留，等．高炉设计——炼铁工艺设计理论与实践［M］．北京：冶金工业出版社，2007．

［3］周传典．高炉炼铁生产技术手册［M］．北京：冶金工业出版社，1999．

［4］由文泉，赵民革．实用高炉炼铁技术［M］．北京：冶金工业出版社，2003．

［5］张寿荣，于仲洁，等．高炉失常与事故处理［M］．北京：冶金工业出版社，2012．

［6］刘云彩．高炉布料规律［M］．北京：冶金工业出版社，2005．

［7］那树人．炼铁计算［M］．北京：冶金工业出版社，2005．

［8］那树人．炼铁计算辨析［M］．北京：冶金工业出版社，2010．

［9］黄希祜．钢铁冶金原理［M］．3 版．北京：冶金工业出版社，2002．

［10］范广权．高炉炼铁操作［M］．北京：冶金工业出版社，2008．

［11］汤清华，马树涵，等．高炉喷吹煤粉知识问答［M］．北京：冶金工业出版社，1997．

［12］周取定，孔令坛．铁矿石造块理论与工艺［M］．北京：冶金工业出版社，1989．

［13］范广权．球团矿生产技术问答（上、下册）［M］．北京：冶金工业出版社，2010．

［14］薛俊虎．烧结生产技能知识问答［M］．北京：冶金工业出版社，2003．

［15］周师庸，赵俊国．炼焦煤性质与高炉焦炭质量［M］．北京：冶金工业出版社，2005．

［16］李哲浩．炼焦生产问答［M］．北京：冶金工业出版社，2003．

［17］A. H. 拉姆．现代高炉过程的计算分析［M］．北京：冶金工业出版社，1987．

［18］李化论．制氧技术［M］．2 版．北京：冶金工业出版社，2009．

冶金工业出版社部分图书推荐

书　　名	作者	定价(元)
钢铁冶金学（炼铁部分）（第2版）	王筱留	29.00
高炉炼铁生产技术手册	周传典	118.00
炼铁厂设计原理	万　新	38.00
高炉炼铁设计原理	郝素菊	28.00
热镀锌使用数据手册	李九岭	108.00
带钢连续热镀锌（第3版）	李九岭	86.00
带钢连续热镀锌生产问答	李九岭	48.00
常用金属材料的耐腐蚀性能	蔡元兴	29.00
气相防锈材料及技术	黄红军	29.00
环境材料	张震斌	30.00
金属材料学	齐锦刚	36.00
金属材料与成型工艺基础	李庆峰	30.00
金属表面处理与防护技术	黄红军	36.00
有色金属特种功能粉体材料制备技术及应用	朱晓云	45.00
复合材料	尹洪峰	32.00
高炉热风炉操作与煤气知识问答	刘全兴	29.00
锌的腐蚀与电化学	章小鸽	59.00
金属材料力学性能	那顺桑	29.00